202

物理入試問題集　物理基礎・物理

数研出版編集部 編

1. 本書の編集方針

今春，全国の国・公・私立大学および大学入学共通テストで出題された物理の入試問題を全面的に検討し，これらの中から，大学入学共通テストも含めて来春の入試対策に最良と考えられる良問を精選した。

2. 本年度入試の全般的傾向と来年度入試の対策

全般的な出題傾向として，単なる答えを求めるだけでなく，その答えを出すのに必要な式を書かせたり，物理的思考過程を記述させる問題が多くなっている。近年では，身近な題材を物理現象と関連づけて考察させる問題なども増えており，「21 考察問題」ではそのような問題を扱った。これらの傾向はさらに続くものと思われるので，十分に考え方・解き方を練習しておく必要があろう。

3. 採録問題のねらいと程度

問題A：それぞれの項目における標準的な重要な問題を扱った。
問題B：ここまでやっておけば万全と思われる少し程度の高い問題を選んである。
記述　：記述問題には，この記号をつけた。
思考　：思考力・判断力・表現力などを必要とする問題には，この記号をつけた。

目　次

学校別問題索引 …………………2
基 物　1　等加速度運動 …………3
基 物　2　力とつりあい …………4
基 物　3　運動の法則と力学的エネルギー ….8
基　4　抵抗力を受ける運動 …..11
物　5　運動量の保存 …………14
物　6　円運動・万有引力 ……..21
物　7　単振動 …………25
基　8　温度と熱量 …………32
物　9　気体分子の運動と状態変化 ………..34
基 物　10　波の性質 …………42
基 物　11　音波 …………43
物　12　光波 …………48
基 物　13　静電気力と電場 …………55
物　14　コンデンサー …………57
物　15　直流回路 …………64
物　16　電流と磁場 …………69
物　17　電磁誘導 …………75
物　18　交流回路 …………82
物　19　電子と光 …………86
物　20　原子と原子核 …………88
基 物　21　考察問題 …………93

※基は物理基礎，物は物理の内容を含む章

学校別問題索引

■数字は問題番号を示す。

大学入学共通テスト(本試験)…………44，54
大学入学共通テスト(追試験)……………1，17

《国立大学》
東北大学……………………………………65
福島大学………………………………………8
東京大学……………………………………32
東京医科歯科大学………………………31，80
東京工業大学………………………………41
東京農工大学………………………………52
横浜国立大学………………………………18
新潟大学…………………………………48，71
福井大学……………………………………58
岐阜大学……………………………………45
静岡大学……………………………………19
浜松医科大学………………………………79
名古屋大学…………………………………12
名古屋工業大学……………………………2，42
京都大学……………………………………70
京都工芸繊維大学…………………………38
大阪大学…………………………………40，83
神戸大学……………………………………68
岡山大学…………………………………46，59
広島大学……………………………………50
香川大学………………………………14，51，82
徳島大学……………………………………23
九州大学……………………………………75
佐賀大学……………………………………10
熊本大学…………………………………24，76

《公立大学》
札幌医科大学……………………………4，72
東京都立大学………………………………13
横浜市立大学…………………………28，53，64
富山県立大学………………………………20
名古屋市立大学…………………………39，84
大阪公立大学……………………………27，36
和歌山県立医科大学………………………67

《私立大学》
学習院大学………………………………11，60
慶應義塾大学…………………………29，78，85
上智大学…………………………………30，61
東京都市大学……………………………21，35
立教大学…………………………………16，47
早稲田大学……………………………6，25，57，74
金沢工業大学……………………………33，66
京都産業大学……………………………15，22
同志社大学……………………………5，43，62
立命館大学………………………………9，55
大阪工業大学…………………………49，69，81
関西大学…………………………………56，73
関西学院大学……………………………37，77
広島工業大学………………………………7，26

《その他》
防衛大学校…………………………………34
防衛医科大学校……………………………3，63

1　等加速度運動

A　1.（自由落下）

次の問いに答えよ。ただし，空気の抵抗はないものとする。

授業の探究活動で，小球の落下運動について実験をした。

図1のように，校舎の外にある階段から小球を投げ下ろす。屋上の高さを原点にとり，鉛直下向きを正の向きとして y 軸をとる。小球Aを時刻 $t=0$ に速さ v_0 で3階から鉛直下向きに投げた。

時刻 $t=0$ から小球Aが地面に到達するまでの，時刻 t における小球Aの位置 y_A，速度 v_A，加速度 a_A を，図2のようにグラフに表す。このとき，図2の座標軸(a)，座標軸(b)，座標軸(c)は，それぞれ y_A，v_A，a_A のどれに対応するか。最も適当なものを，後の①～⑥のうちから1つ選べ。

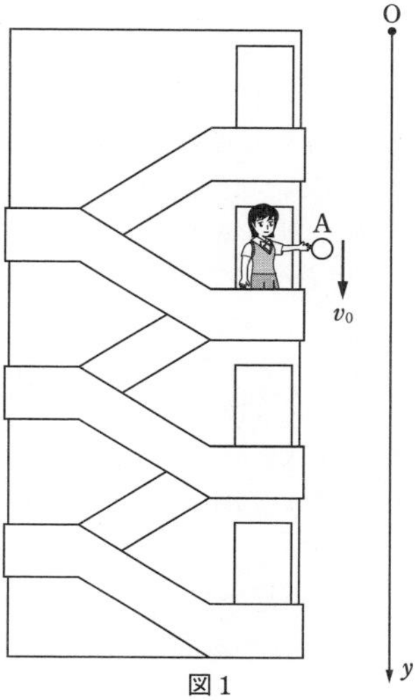

図1

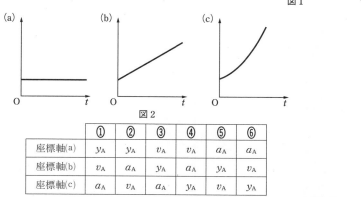

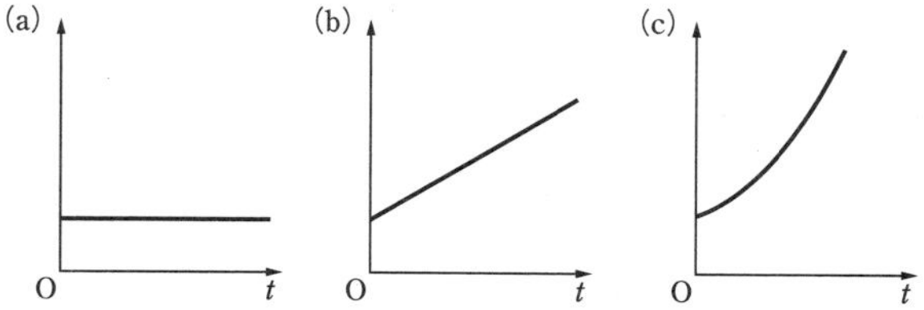

図2

	①	②	③	④	⑤	⑥
座標軸(a)	y_A	y_A	v_A	v_A	a_A	a_A
座標軸(b)	v_A	a_A	y_A	a_A	y_A	v_A
座標軸(c)	a_A	v_A	a_A	y_A	v_A	y_A

〔共通テスト 物理基礎(追試)〕

2.（斜面への斜方投射）

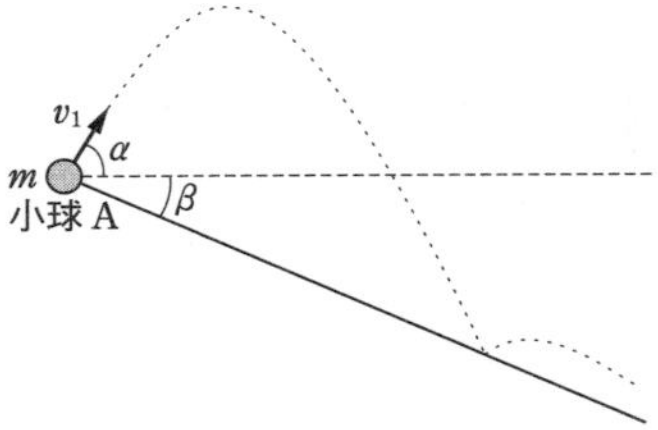

図のように，質量 m の小球Aを速さ v_1〔m/s〕で水平方向から右上方へ角度 α〔rad〕の向きに射出し，水平方向から右下方へ角度 β〔rad〕傾斜した斜面に衝突させることを考える。角度の範囲を $0<\alpha<\frac{\pi}{2}$，$0<\beta<\frac{\pi}{2}$ とする。また，重力加速度の大きさを g〔m/s²〕とする。

(1) 小球Aが射出されてから時間 t_1〔s〕だけ経過した瞬間の，小球Aの速度の水平方向成分と鉛直方向成分を g，v_1，α，t_1 のうち必要なものを用いて表せ。ただし，水平方向は右向きを正，鉛直方向は上向きを正とし，この時点で小球Aと斜面は一度も衝突していないとする。

(2) 重力加速度を斜面方向と斜面に垂直な方向に分解したときの各成分を g，β を用いて表せ。ただし，斜面方向は右下向きを正，斜面に垂直な方向は右上向きを正とする。

(3) 小球Aが射出されてから，初めて斜面に衝突するまでの時間を g，v_1，α，β を用いて表せ。

(4) 小球Aの射出地点から，初めて斜面と衝突する地点までの水平距離を g，v_1，α，β を用いて表せ。

(5) 一定の初速 v_1 のもとで角度 α を変化させたとき，(4)で求めた水平距離が最大となる α を，β を用いて表せ。必要であれば三角関数の公式 $\sin\theta\cos\phi=\frac{1}{2}\{\sin(\theta+\phi)+\sin(\theta-\phi)\}$ を用いよ。

〔名古屋工大〕

2　力とつりあい

A　**3.（浮力）**

次の文章を読み，次の問いに答えよ。

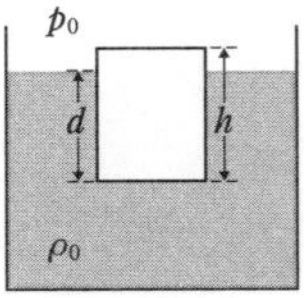

密度 ρ_0 の水が，大気に上面が開放された容器に入っている。この水中に断面積が S，高さが h の変形しない円柱状の物体が，円柱の中心軸が鉛直方向に平行な状態で，水面から円柱の下面までの深さが $d(<h)$ まで沈んだ状態で静止している。なお，容器周辺の一様な大気圧を p_0，重力加速度の大きさを g とし，力の向きは鉛直方向上向きを正とする。

(1) 大気が物体の上面を押す力はどうなるか。最も適当なものを，次の①～⑤のうちから1つ選べ。

① 0　② $-p_0S$　③ $-(p_0+\rho_0gd)S$　④ $-(p_0+\rho_0gh)S$　⑤ $-\{p_0+\rho_0g(h-d)\}S$

(2) 水が物体の下面を押す力はどうなるか。最も適当なものを，次の①～⑤のうちから1つ選べ。

① p_0S　② $(p_0+\rho_0gd)S$　③ $(p_0+\rho_0gh)S$　④ $\{p_0+\rho_0g(h-d)\}S$　⑤ 0

(3) この物体に作用する浮力はどうなるか。最も適当なものを，次の①〜⑤のうちから１つ選べ。

① 0　② $\rho_0 gdS$　③ $\rho_0 g(h-d)S$　④ $\rho_0 g(d-h)S$　⑤ $\rho_0 ghS$

(4) この物体の密度をρとする。この物体に作用する重力はどうなるか。最も適当なものを，次の①〜⑤のうちから１つ選べ。

① $-\rho gdS$　② $\rho g(d-h)S$　③ $\rho g(h-d)S$　④ $-\rho ghS$　⑤ ρghS

(5) この物体の密度ρは，物体が静止している水の密度ρ_0，物体の高さhおよび水に沈んでいる深さdを用いて表した場合，どうなるか。最も適当なものを，次の①〜⑤のうちから１つ選べ。

① $\dfrac{\rho_0(h+d)}{d}$　② $\dfrac{\rho_0 d}{h}$　③ $\dfrac{\rho_0 h}{d}$　④ $\dfrac{\rho_0(h-d)}{d}$　⑤ $\dfrac{\rho_0(d-h)}{h}$

〔防衛医大〕

4.（物体の重心とつりあい）

厚さを無視できる質量がM，短辺の長さがa，長辺の長さが$b(>2a)$の一様な曲がらない長方形の平らな板ABCDを考え，辺AB，BC，CD，DAの中点をそれぞれW，X，Y，Zとする。ZXに一致してx軸，YWに一致してy軸をとり，その交点を原点Oとする。また，Oから距離$r\left(<\dfrac{a}{2}\right)$にある$x$軸上の点$(r,\ 0)$をPとする。次の問いに答えよ。式で解答するときには，指定のある場合を除き，問題文中で与えられた文字のみを用いよ。板には鉛直下向きに重力がはたらき，重力加速度の大きさをgとする。円周率をπとする。

(1) 板面ABCDが水平になるように，点Pを通りy軸に平行な線でこの板を下から支え，点Xに質点をつけて板を水平に保ちたい。この質点の質量を求めよ。

次に，点Xの質点を取り除き，点Zから距離rにあるx軸上の点Qを中心とする半径rの円形部分をこの板から切り抜いた残りの部分をSとする。この板Sの質量分布はx軸について対称なので，Sの重心Gはx軸上にある。そのx座標をx_Gとする。

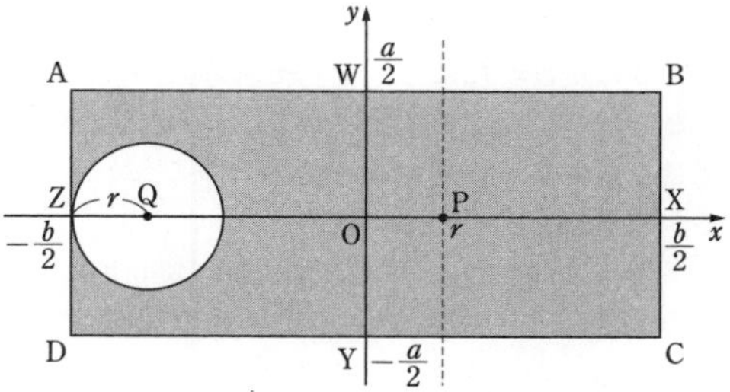

円形部分が切り抜かれた長方形の板S

(2) 切り抜いた円形部分の質量を求めよ。

(3) x_Gを求めよ。

(4) 点Pを通るy軸に平行な線で板Sを下から支え，点Xに質点をつけてSを水平に保ちたい。この質点の質量を求め，M，a，b，rを用いて表せ。

(5) 記述 点Xの質点を取り除き，板Sを水平にして，BGを通る線で下からSを支えたとき，Sはどのようになるか，理由も含めて20字以内で答えよ。

(6) 板Sの板面が鉛直面と平行になるように，点Bに糸をつけてつるすと，しばらくしてSが静止した。このとき，辺BAが鉛直線となす角度θ（鋭角で考える）の正接$\tan\theta$を求め，a，b，x_Gを用いて表せ。

〔札幌医大〕

5.（剛体が倒れない条件）

次の文中の空欄［ア］～［ク］に当てはまる式または数値を記せ。また，図3には適切な力を表す矢印を作用点の位置を黒点で示しながらかけ。ただし，重力加速度の大きさを g とする。

図1のように，密度が一様で直方体(高さ a，幅 $3a$)の物体Aを，水平となす角 $\theta(\geqq 0)$ を変えることができるあらい斜面Bの上に置く。Aのどの面がBと接していても，AとBとの間の静止摩擦係数を μ，動摩擦係数を $\mu'(<\mu)$ とする。θ が小さいときにB上で静止していたAは，θ を徐々に大きくして θ が摩擦角 θ_0 をこえると，転倒することなくすべり下り始めた。$\tan\theta_0=$［ア］である。ある角度 $\theta(>\theta_0)$ でBの傾きを固定し，AをBの上に静かに置いたところ，Aは加速度の大きさが［イ］で転倒することなくすべり下りた。Aがすべり始めてから距離 L だけすべり下りたときのAの速さは［ウ］である。

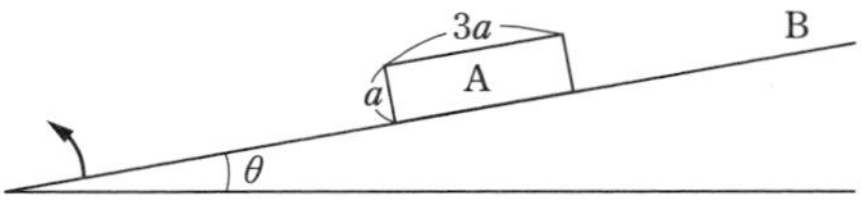

図1

次に，図2のように，物体Aを高さが $3a$ になるようにして，水平となす角 θ の斜面Bの上にAを置いたところ，AはB上で静止した。このとき，AがBから受ける垂直抗力の作用点は，Aの下端の点Pから距離［エ］の位置にある。図3には，Aにはたらく重力を表す矢印を，その作用点の位置(重心)を黒点で示しながらかいてある。この重力の表記にならって，大きさと作用点の位置に注意して，AがBから受ける垂直抗力と静止摩擦力のそれぞれを表す矢印を図3にかけ。ただし，それぞれの力の作用点の位置を黒点で示すこと。さらに，この状態から θ を徐々に大きくしていくと，AはB上をすべることなく転倒した。このことから，$\mu>$［オ］であることがわかる。

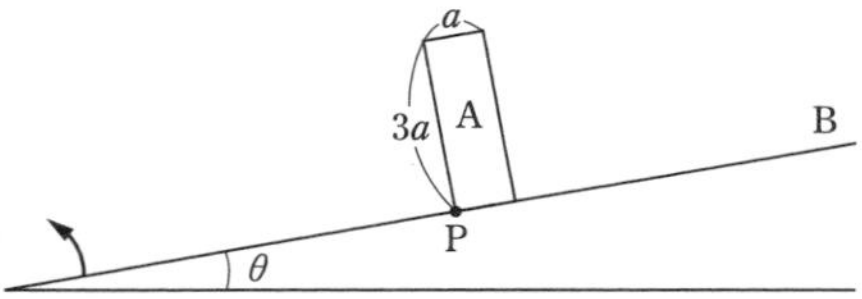

図2

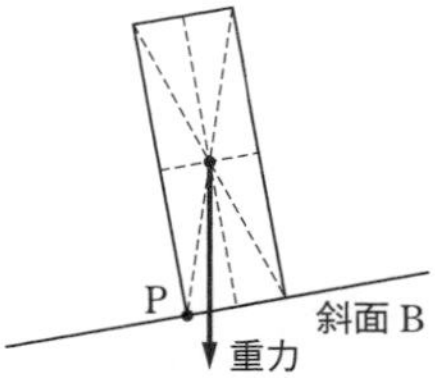

図3

最後に，図4のように，斜面Bの水平となす角 θ を物体Aが転倒することのない角度 θ_1 に固定した。AをB上に置き，Bと接しているAの一端Qからの距離が a となる高さの位置に軽い糸をAに取りつけ，糸がBの傾き方向と平行になるように糸を引いた。糸を引く力を徐々に大きくしていくと，糸を引く力がある値をこえたときに，Aは転倒することなくB上をすべり上がり始めた。Aが動きだす直前の糸の張力の大きさは，Aにはたらく重力の大きさの［カ］倍であり，AがBから受ける垂直抗力の作用点はQから距離［キ］の位置にある。また，糸の位置を変更する場合に，Aに取りつける糸を引いてAが転倒することなくB上をすべり上がるためには，糸をQからの距離が［ク］となる高さの位置よりも小さくする必要がある。ただし，この値は $3a$ をこえないものとする。〔同志社大〕

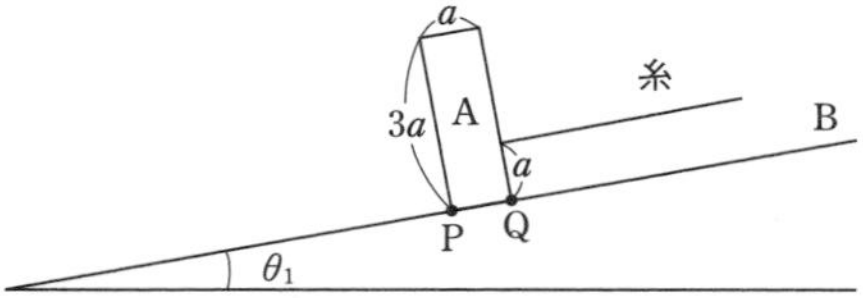

図4

6. （棒のつりあい）

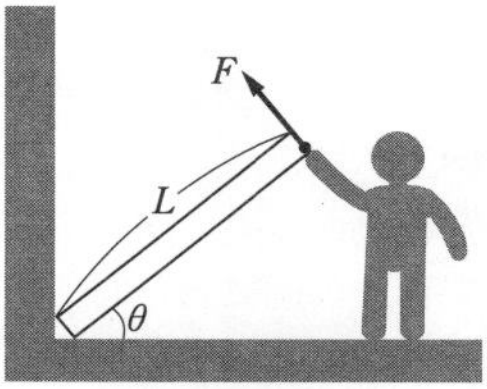

図1

図1のように，長さL，質量Mで密度が一様な棒を，ひとりでゆっくりと垂直に立てることを考える。この人は，常に棒の端を棒に対して垂直な力で押す。また，棒の他端は頑丈な壁のすみに常に触れている。棒と床との角度をθとし，棒の太さは無視し，棒に接するすべての部分の摩擦はないものとする。重力加速度の大きさをgとして，次の問いに答えよ。必要であれば，$\varDelta\theta$が非常に小さいときは，近似式 $\cos\varDelta\theta=1$，$\sin\varDelta\theta=\varDelta\theta$ を用いよ。

(1) 棒と床との角度がθで静止しているとき，人が棒を垂直に押す力Fを，L，M，g，θの中から必要な記号を用いて表せ。

(2) (1)の状態から，非常に小さな角度$\varDelta\theta$だけ動かした。このとき人が棒にした仕事$\varDelta W$を □×$\cos\theta$と表すとき，□ の中に入る式を$\varDelta\theta$，L，M，gの中から必要な記号を用いて表せ。

(3) 棒が床に置かれている状態から垂直に立てるまでに，人がした仕事を，L，M，gの中から必要な記号を用いて表せ。

次に，図2および図3のように，長さ$2L$，質量$2M$で密度が一様な棒を，ひとりでゆっくりと垂直に立てることを考える。この人は，地面から高さHのところを棒に対して垂直な力F'で押しながら，壁に向かって近づいている。また，棒の端は頑丈な壁のすみに常に触れている。棒の壁に接している端をA，他端をBとし，棒の太さは無視する。棒に接するすべての部分の摩擦はないものとする。重力加速度の大きさをgとして，次の問いに答えよ。

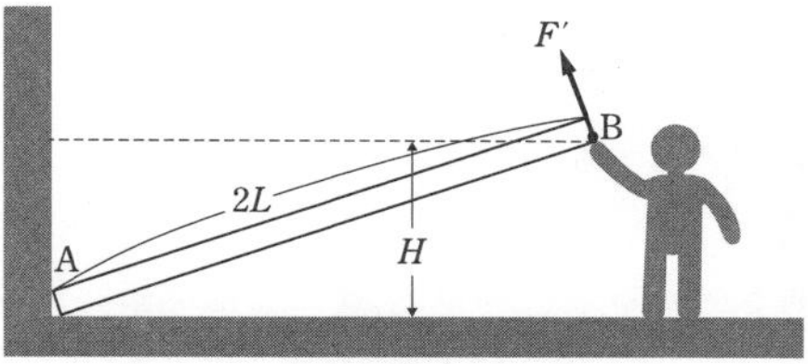

図2

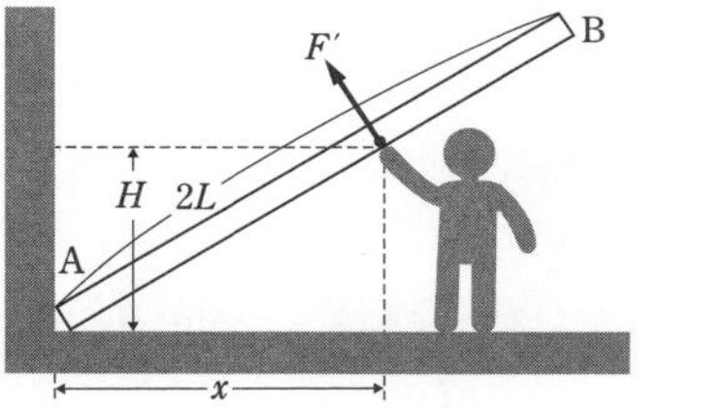

図3

(4) 図2のように，棒の端Bを棒に対して垂直に力F'で押し静止させた。このときの力F'の大きさと，他端Aが壁から受ける力F_{W}の大きさを，それぞれH，L，M，gの中から必要な記号を用いて表せ。

(5) 図3のように，人が棒を押す点と壁との距離をxとする。このとき人が棒を押す力F'を，x，H，L，M，gの中から必要な記号を用いて表せ。

(6) 人が押す力F'の最大値および，そのときのxを，H，L，M，gの中から必要な記号を用いて表せ。

〔早稲田大〕

3　運動の法則と力学的エネルギー

A

7. (斜面上の小物体の放物運動)

図１のように，水平面から角度 α〔rad〕だけ傾いたなめらかな斜面がある。この斜面の下端に原点Oをとり，斜面上の座標軸として，水平方向に x 軸を，斜面にそって x 軸と垂直な方向に y 軸をとる。時刻 $t=0$ s に，質量 m〔kg〕の物体を原点Oから斜面にそって x 軸と角度 θ〔rad〕$\left(0<\theta<\frac{\pi}{2}\right)$ をなす方向に速さ v_0〔m/s〕で打ち出した。物体は斜面上を放物線を描いて運動し，x 軸上の点Pに到達した。重力加速度の大きさを g〔m/s²〕とし，物体の大きさは無視できるとして，次の問いに答えよ。

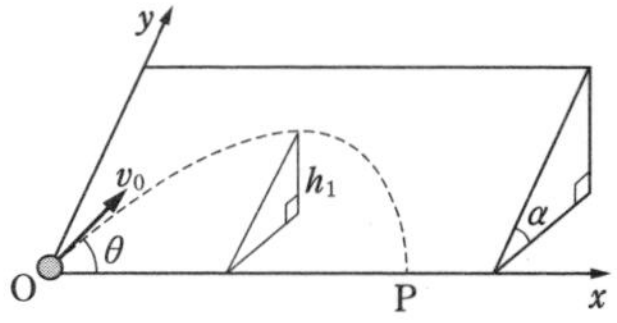

図１

(1) 物体に作用する力に関する次の文章中の空欄に当てはまる数式を答えよ。ただし，数式は α，g および m のうちから必要なものを用いて表せ。

図２は斜面を x 軸の正の方向から見た図であり，運動している物体に作用している重力 $\vec{F}$，垂直抗力 $\vec{f}$ が太い矢印で示されている。$\vec{F}$ の大きさは［ア］〔N〕であり，$\vec{F}$ の y 成分は［イ］〔N〕である。

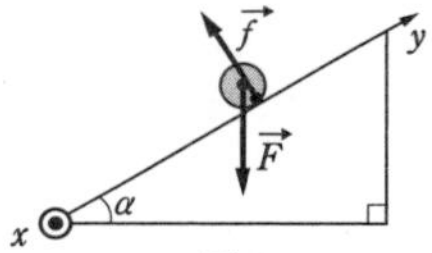

図２

(2) 時刻 t における物体の加速度の x 成分 a_x〔m/s²〕と y 成分 a_y〔m/s²〕を求めよ。

(3) 時刻 t における物体の速度の x 成分 v_x〔m/s〕と y 成分 v_y〔m/s〕を求めよ。

(4) 物体が最高点に達する時刻 t_1〔s〕を求めよ。

(5) 最高点に達したときの物体の水平面からの高さ h_1〔m〕を求めよ。

(6) 角度 α を２倍に変えたとき，最高点での物体の水平面からの高さ h_1 はどうなるか。以下の選択肢①～③から選べ。ただし，$0<\alpha<\frac{\pi}{4}$ とする。

① 大きくなる　　② 変わらない　　③ 小さくなる

(7) 原点Oから点Pまでの距離 d〔m〕を求めよ。

〔広島工大〕

8. (鉛直面内の物体の運動)

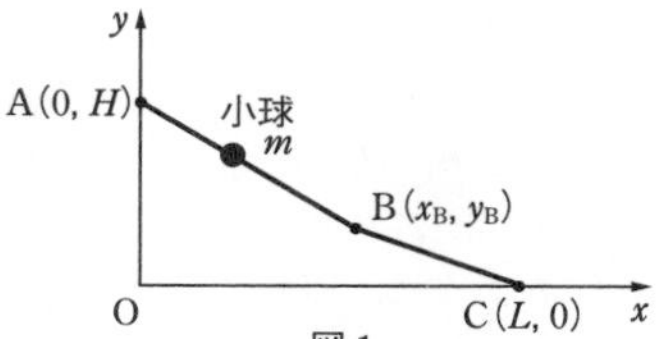

図1

図1のように，鉛直面内での小球の運動を考える。小球には小さな穴があけられており，その穴に図中の太線で表される針金が通されている。点Oを原点として，水平方向右向きにx軸をとり，鉛直上向きにy軸をとる。針金の位置と形状を決める点A$(0,\ H)$，点B$(x_B,\ y_B)$および点C$(L,\ 0)$を定義する。なお，針金の太さは無視できるものとする。小球は大きさが無視できる質点とみなせるとし，質量mをもち，鉛直下向きに重力を受ける。ただし，$0 \leqq x_B \leqq L$，$0 \leqq y_B < H$，重力加速度の大きさをgとし，摩擦や空気抵抗はないものとする。次の問いに答えよ。

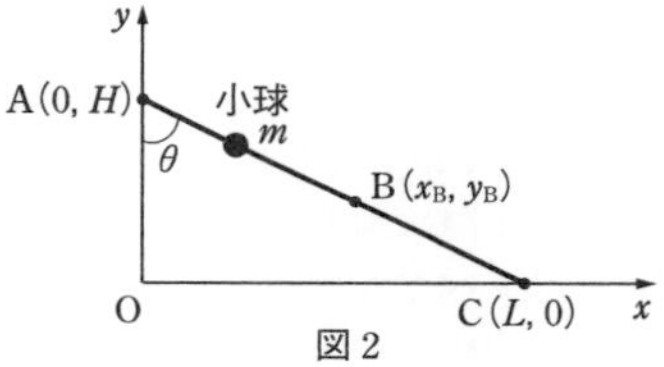

図2

〔A〕 まず，図2に示すように，点A，点Bおよび点Cが一直線上に並んでおり，小球が線分AC上を運動する場合を考える。線分ACが鉛直下向きとなす角度を$\theta$$(0^\circ \leqq \theta < 90^\circ)$とする。時刻 $t=0$ で，小球は点Aにあり，初速度は0(ゼロ)とする。

(1) 小球の線分ACの方向の運動方程式を書け。なお，点Aから点Cへ向かう向きの小球の加速度をaとする。解答は角度θを用いて表せ。

(2) 小球が点Cに到達する時刻t_Cを求めよ。ただし，解答は加速度aと角度θを用いずに表せ。

(3) 時刻t_Cにおける小球の速さv_Cを求めよ。

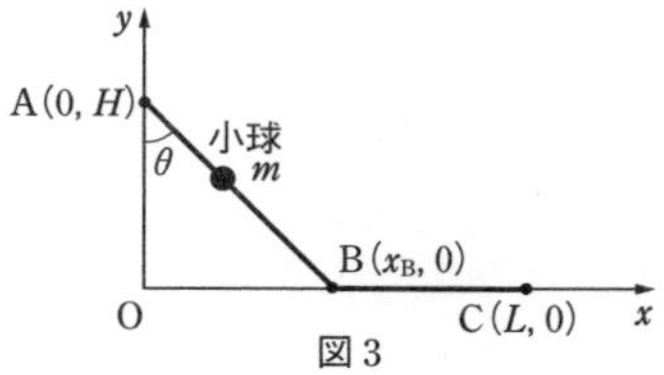

図3

〔B〕 次に，図3に示すように，点Bの位置を$(x_B,\ 0)$とする場合を考える。小球は点Aと点Bを通る線分AB，および点Bと点Cを通る線分BCにそって運動する。線分ABが鉛直下向きとなす角度を$\theta$$(0^\circ \leqq \theta < 90^\circ)$とする。時刻 $t=0$ で，小球は点Aにあり，初速度は0(ゼロ)とする。なお，点Bで小球の速さは変わらないが，小球の運動方向は線分ABの方向から線分BCの方向に瞬間的に変わるものとする。

(1) 小球が点Aから点Bへ移動するのにかかる時間T_1を求めよ。ただし，解答は角度θを用いずに表せ。

(2) 小球が点Bから点Cへ移動するのにかかる時間T_2を求めよ。ただし，解答は角度θを用いずに表せ。

(3) 次に，点Cのx座標を $L=H$ とした。点Bのx座標x_Bを0，$\dfrac{H}{\sqrt{3}}$，Hとしたときの，小球が点Aから点Cへ移動するのにかかる時間をそれぞれ，T_α，T_β，T_γとする。このとき，T_α，T_β，T_γの大小関係を求めよ。なお，必要であれば，$\sqrt{2}=1.414$，$\sqrt{3}=1.732$ を用いてよい。

〔福島大〕

9.（斜面をすべるのにかかる時間と慣性力）　思考

次の文章を読み，［ア］〜［カ］に適切な数式を記入せよ。また，［い］〜［ほ］には指定された選択肢から最も適切なものを1つ選べ。ただし，［ア］〜［カ］の解答は，文字定数として $h,\ M,\ m,\ g,\ \theta,\ N,\ a$ のうち必要なもののみを用いること。また，［は］の選択肢を選ぶ際に必要であれば表を参考にしてもよい。

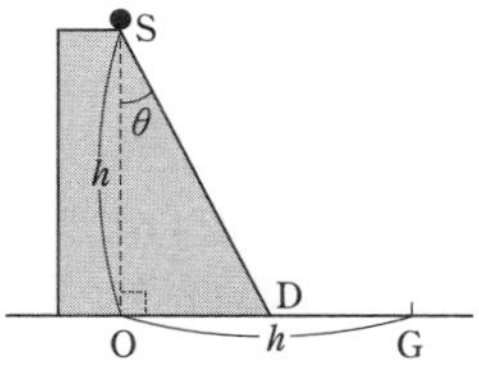

図のように，SODが直角三角形であるような高さ h のすべり台が水平面に固定されている。小球がスタート地点Sを静かに離れて点Dを通過し，点Oから h だけ離れたゴール地点Gに到達する運動を考える。ただし，経路はなめらかにつながっていて，小球が点Dを通過するときは，速さを保ったまま，向きのみを変化させるものとする。すべり台と小球の質量をそれぞれ M，m，重力加速度の大きさを g，すべり台の斜面のなす角 ∠OSD を θ とする。さまざまな値をとる $\theta\,(0^\circ \leqq \theta \leqq 45^\circ)$ に対して，小球が点Gにできるだけ早く到達するような θ を見つけたい。ただし，小球は図の紙面を含む平面内のみを運動するものとし，小球にはたらく摩擦力や空気抵抗はすべて無視できるものとする。

小球がすべり台の斜面をすべっている間，小球は斜面から大きさ［ア］の垂直抗力を受けながら斜面方向に等加速度運動をする。その加速度の大きさは［イ］であり，点Sから点Dに到達するまでにかかる時間は $\sqrt{\dfrac{h}{2g}} \times$［い］となる。点Dに到達したときの小球の速さは［ウ］であることから，点Dから点Gに到達するまでにかかる時間は $\sqrt{\dfrac{h}{2g}} \times$［ろ］となる。したがって，$\theta$ のとりうる値が $\theta=5^\circ,\ 10^\circ,\ 20^\circ,\ 30^\circ,\ 40^\circ,\ 45^\circ$ であった場合，これらの θ の値のうち，小球が点Sから最短時間で点Gに到達するのは，$\theta=$［は］の場合である。

表

θ	$\sin\theta$	$\cos\theta$	$\tan\theta$	$\dfrac{1}{\sin\theta}$	$\dfrac{1}{\cos\theta}$	$\dfrac{1}{\tan\theta}$
5°	0.09	1.00	0.09	11.47	1.00	11.43
10°	0.17	0.98	0.18	5.76	1.02	5.67
20°	0.34	0.94	0.36	2.92	1.06	2.75
30°	0.50	0.87	0.58	2.00	1.15	1.73
40°	0.64	0.77	0.84	1.56	1.31	1.19
45°	0.71	0.71	1.00	1.41	1.41	1.00

※小数第3位が四捨五入されている。

次に，すべり台の固定を外し，すべり台が自由に動ける場合を考える。ただし，すべり台は図の紙面を含む平面内の水平方向のみを運動するものとし，すべり台にはたらく摩擦力や空気抵抗はすべて無視できるものとする。

小球がすべり台の斜面をすべっている間，小球は斜面から垂直抗力を受ける一方，すべり台はその反作用を受けて水平方向に等加速度運動をする。このとき，小球が斜面から受ける垂直抗力の大きさを N，すべり台の加速度の大きさを a とすると，すべり台の運動方程式は $Ma=$［エ］と表せる。その一方，すべり台とともに運動する観測者からみた場合，小球には観測者の加速度の向きとは逆向きで大きさ［オ］の慣性力がはたらく。この慣性力を考慮することにより，すべり台の斜面に垂直な方向の小球にはたらく力はつりあう。この力のつりあいの式とすべり台の運動方程式を連立して解くことで，すべり台の加速度の大きさが $a=g\times$ [に] と求まる。小球が点Dに到達した直後の，すべり台と小球の運動エネルギーの和は [カ] である。その後，小球が点Dから点Gに到達するまで，すべり台と小球はそれぞれ速度が変化することなく運動する。このように，力がはたらかない物体の速度は変化しない，という物理法則のことを [ほ] の法則とよぶ。

[い]，[ろ] に対する選択肢

① $\sin\theta$　② $\cos\theta$　③ $\tan\theta$　④ $\dfrac{2}{\sin\theta}$　⑤ $\dfrac{2}{\cos\theta}$

⑥ $\dfrac{2}{\tan\theta}$　⑦ $1-\sin\theta$　⑧ $1-\cos\theta$　⑨ $1-\tan\theta$　⑩ $1-\dfrac{1}{\tan\theta}$

[は] に対する選択肢

① 5°　② 10°　③ 20°　④ 30°　⑤ 40°　⑥ 45°

[に] に対する選択肢

① $\dfrac{m}{M}\sin\theta\cos\theta$　② $\dfrac{M}{m}\sin\theta\cos\theta$　③ $\dfrac{m}{M}\sin^2\theta$　④ $\dfrac{M}{m}\cos^2\theta$

⑤ $\dfrac{m\sin\theta\cos\theta}{m\cos^2\theta+M}$　⑥ $\dfrac{M\sin\theta\cos\theta}{m\cos^2\theta+M}$　⑦ $\dfrac{m\sin^2\theta}{m\sin\theta\cos\theta+M}$　⑧ $\dfrac{M\cos^2\theta}{m\sin\theta\cos\theta+M}$

[ほ] に対する選択肢

① エネルギー保存　② 角運動量保存　③ 作用反作用　④ 慣性　⑤ 万有引力

〔立命館大〕

4　抵抗力を受ける運動

A　**10.（あらい水平面上の物体の運動）**

図のように，質量 m の物体が，表面のあらい水平な台の上に置かれており，水平に伸びた2本の糸につながれている。それぞれの糸には，なめらかに回る軽い滑車の先に，質量 M の物体と質量 M' の物体がつり下げられている。ただし，$M>M'$ とする。各物体と糸は静止している。物体にはたらく空気抵抗と糸の質量を無視できるものとし，重力加速度の大きさを g，物体と台との静止摩擦係数を μ として，次の問いに答えよ。

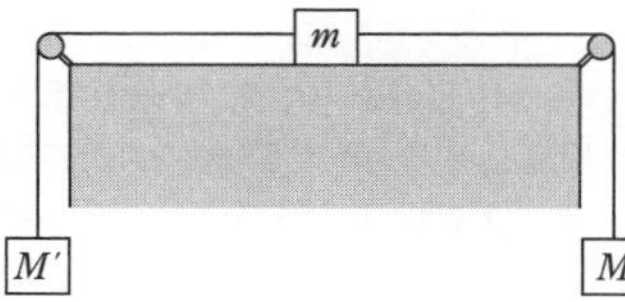

(1) 質量 m の物体にはたらく摩擦力の大きさを F として，この物体の水平方向のつりあいの式を書け。

(2) 各物体と糸が静止しているために必要な，以下の条件式の空欄を埋めよ。

$\mu\geqq$ [　　]

質量 m の物体と質量 M' の物体の間の糸を切り離すと，質量 m の物体と質量 M の物体は，ともに加速度の大きさ a で運動を始めた。このときの，質量 m の物体と台との動摩擦係数を μ' とし，糸の張力の大きさを T とする。質量 m の物体が台の上にあるとして，次の問いに答えよ。

(3) 質量 M の物体の鉛直方向の運動方程式を書け。

(4) 質量 m の物体の水平方向の運動方程式を書け。

(5) 加速度の大きさ a を m，M，g，μ' で表せ。

(6) 質量 m の物体が，動き始めてから時間 t が経過するまでに動いた距離を m，M，g，μ'，t で表せ。

(7) 質量 m の物体と質量 M の物体の力学的エネルギーの総和の，動き始めてから時間 t が経過するまでの変化量を，m，M，g，μ'，t を用いて表せ。

〔佐賀大〕

11．（あらい斜面上の物体の運動）

次の問いに答えよ。問題に与えられていない記号が必要なときは定義して用いよ。

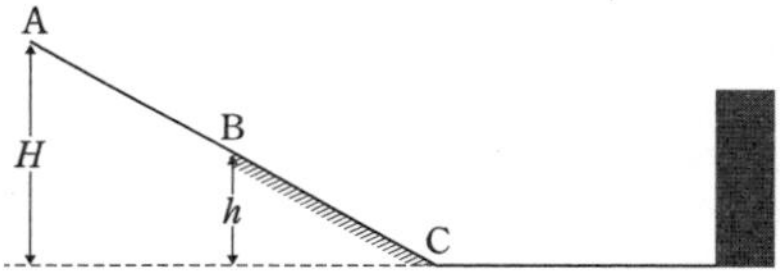

図のような水平からの角度30°の斜面と水平面の上を，質量 m の小さな物体が運動する。斜面の点Aと点Bの間および水平面はなめらかで，物体との間に摩擦はない。斜面の点Bと点Cの間はあらく，物体との間に摩擦がある。AとBの水平面からの高さはそれぞれ H と h である。斜面はCでなめらかに水平面に接続されている。重力加速度の大きさを g とする。

物体をAに置き，静かにはなした。物体はAとBの間で加速し，BとCの間を一定の速さですべった。

(1) BとCの間での物体の速さを求めよ。

(2) 物体がBとCの間を運動する際に物体にはたらく垂直抗力の大きさを求めよ。

(3) BとCの間での斜面と物体の間の動摩擦係数を求めよ。

(4) 物体がAからCに移動する間に，
　(a) 重力，(b) 摩擦力，(c) 斜面からの垂直抗力
のそれぞれが物体にする仕事を符号も含めて求めよ。

物体はCで速さを変えずに斜面から水平面に移り，右側の壁で速さを変えずにはねかえり，(1)で求めたのと同じ速さのまま斜面をのぼり始めた。

(5) BとCの間をのぼっているときの物体の加速度は一定である。加速度の大きさを求めよ。

物体は斜面上のBとCの間で静止した。

(6) 物体が斜面をのぼり始めてから静止するまでの時間を求めよ。

(7) 物体が静止した点の水平面からの高さを求めよ。

〔学習院大〕

12. (液体の抵抗を受ける物体)

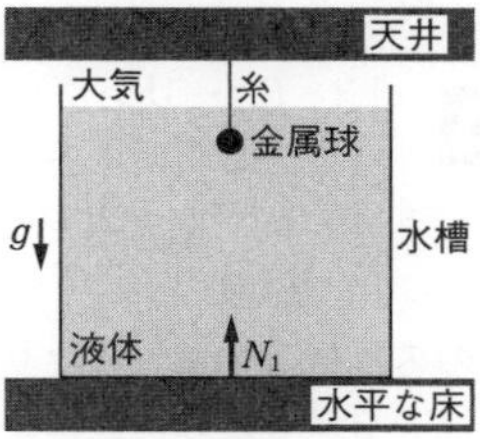

図のように，一様な密度 ρ，体積 V である粘度の高い液体が，水平な床の上に置かれた質量 M の水槽に入っている。また，体積を無視できる質量 m の金属球が，天井から糸でつるされ，水槽の側面から十分離れた位置に，液体に完全につかり静止している。

いま，時刻 $t=0$ において糸を静かに切断すると，金属球は鉛直方向に落下運動を始め，その速度は終端速度に到達した。その後，金属球は底面に衝突し，十分に時間がたったのちに底面上で静止した。金属球が終端速度に到達したとみなせる時刻を t_1，底面上で静止したとみなせる時刻を t_2 とする。

ここで，金属球が液体の中を速度 v で運動するとき，金属球は，速度と逆向きに大きさ $k|v|$ の抵抗力を受けるものとする。ただし，k は正の定数とする。また，金属球の体積を無視できることから，金属球が液体から受ける浮力は考えなくてもよいものとする。糸の体積や質量，糸が液体や大気から受ける抵抗力，水槽の変形，液体の温度変化，液面の振動および高さの変化は無視できるものとする。重力加速度の大きさを g として，以下の設問に答えよ。

(1) 時刻 $t=0$ で糸を切る直前および直後において，水槽が床から受ける垂直抗力の大きさをそれぞれ N_1，N_2 とする。N_1，N_2 をそれぞれ M，ρ，V，m，g，k の中から必要なものを用いて表せ。

(2) 時刻が $0<t<t_1$ の範囲にあるとき，液中を落下する金属球の速度を v，加速度を a（いずれも鉛直下向きを正）とする。このときの金属球に関する運動方程式を m，g，v，a，k の中から必要なものを用いて表せ。また，このとき，水槽が床から受ける垂直抗力の大きさ N_3 を M，ρ，V，m，g，k，v の中から必要なものを用いて表せ。

(3) 金属球の速度が終端速度に到達したとみなせる時刻 $t=t_1$ において，水槽が床から受ける垂直抗力の大きさは N_4 となった。N_4 を M，ρ，V，m，g，k の中から必要なものを用いて表せ。

(4) 水槽が床から受ける垂直抗力の大きさ N の時刻 t に伴う変化の概形として，最も適切なものを以下の選択肢の中から1つ選べ。ただし，$t_1<t<t_2$ の時間における N の変化は複雑なので，選択肢のグラフには描かれていない。なお，選択肢のグラフはいずれも，横軸は t，縦軸は N，原点はOであり，破線は補助線である。

①
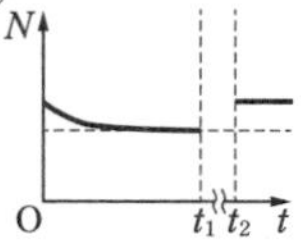

②
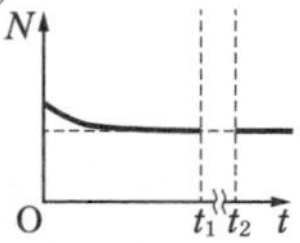

③
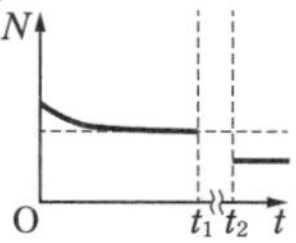

④
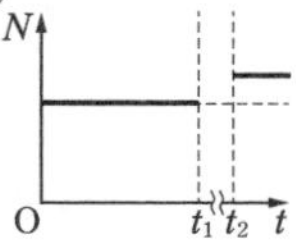

⑤
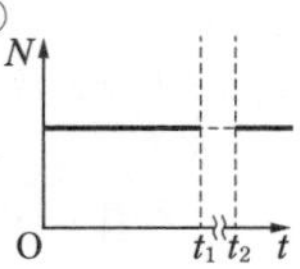

⑥
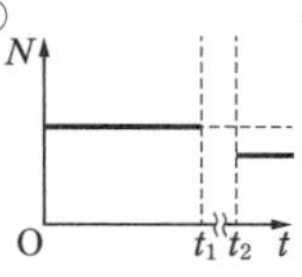

⑦
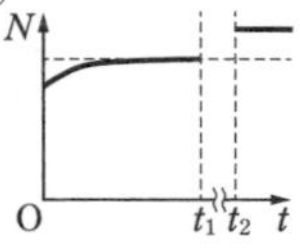

⑧
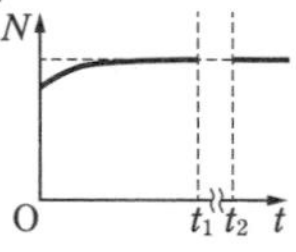

⑨
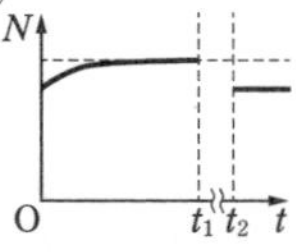

〔名古屋大〕

5 運動量の保存

A 13.（カーリング）

以下の問いに答えよ。円周率はπとする。

カーリングは，水平な氷上でチームどうしが石(ストーン)を交互に投げてねらった位置にすべらせたり，他のストーンをぶつけたりして，ストーンを同心円の中心点から最も近い位置に停止させて得点する競技である。以下では，氷上でのストーンの衝突運動を考える。

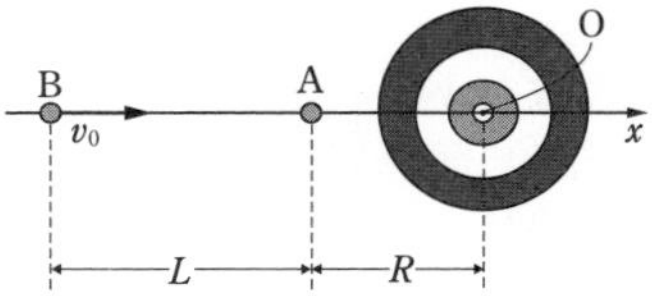

図のように，同心円の中心点Oをx軸が通っており，OからRだけ離れたx軸上の位置にストーンAが静止している。Oから$L+R$だけ離れたx軸上の位置からストーンBを速度v_0でx軸の正の向きに投げたところ，x軸上を運動し，ストーンAに衝突した。2つのストーンは，質量がともにmで，ともにx軸上のみを運動する質点とみなすことができるものとする。衝突する直前のストーンBの速度をv_1，衝突した直後のストーンAおよびBのx軸方向の速度をそれぞれv_A，v_Bとする。重力加速度の大きさをg，ストーンと氷の間の動摩擦係数をμ'，ストーンAとストーンBの間の反発係数(はねかえり係数)を$e(0<e\leqq 1)$とする。

(1) v_1を，v_0，g，μ'，Lを用いて表せ。

(2) 衝突によりストーンAがストーンBから受けた力積を，m，v_1，v_Bを用いて表せ。

(3) v_Aおよびv_Bを，それぞれv_1，eを用いて表せ。

(4) $g=9.80\,\mathrm{m/s^2}$，$\mu'=0.0490$，$e=1.00$，$L=24.0\,\mathrm{m}$，$R=12.0\,\mathrm{m}$であるとき，衝突した後にストーンAがOで停止するようなv_0〔m/s〕を，有効数字3桁で求めよ。

〔東京都立大(前期) 改〕

14.（2物体の衝突）

図に示すように，水平に設置された直線コース上に置かれた質量mの物体Aと質量Mの物体Bがあり，物体Aには質量が無視できるばね定数kのばねが物体B側に取りつけられている。

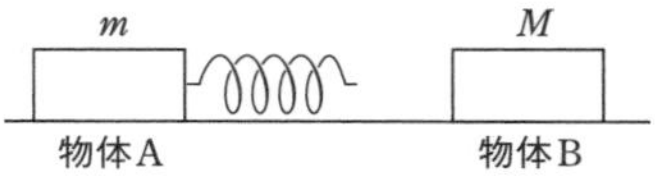

いま，物体Aが，図中，右向きに大きさvの速度で進み，静止していた物体Bと，ばね部分をはさんで衝突して，その後，再び離れた。このとき，コースと，物体A，物体Bとの間にはそれぞれ摩擦はないものとし，必要ならば重力加速度の大きさをgとして，以下の問いに答えよ。なお，図の右向きを正とする。

〔A〕 物体Aが最も物体Bに近づいた瞬間について，次の(1)～(4)に答えよ。

(1) 物体Aから見た物体Bの相対速度を答えよ。

(2) 物体Bの速度を求めよ。

(3) 物体Aと物体Bの運動エネルギーの和を求めよ。

(4) ばねの自然の長さからの縮みの絶対値を求めよ。

〔B〕 物体Aと物体Bの衝突の過程について，次の(5)に答えよ。

(5) 衝突中に物体Bに生じる最大の加速度を求めよ。

〔C〕　物体Aと物体Bが再び離れた後について，次の(6)，(7)に答えよ。

(6) 物体Aと物体Bの運動エネルギーの和を求めよ。

(7) 物体Aの速度が衝突前の物体Aの速度と同じ向きで大きさが $\frac{1}{4}$ になるのは m 対 M の比がいくらのときか，最も簡単な整数比で答えよ。

〔香川大〕

15. (斜面をもつ台と小球の運動)

次の文章を読み，［　　］に適する数式または数値を入れよ。ただし，［　　］内に記号が記載されている場合は，それらの中から必要なものを用いて表せ。また，{　　} の中から最も適切なものを選び，記号で答えよ。

図のように，質量 M の物体Aが水平でなめらかな床の上に静止している。物体Aの上面の高さは h であり，右側はなめらかな曲面となっている。物体Aの左方向には障害物はないが，右方向の離れた位置には壁が存在する。いま，物体Aの曲面の上端から，質量 m $(m<M)$ で大きさを無視できる小球を静かに落下させる。ただし，小球は曲面にそって運動し，曲面の下端と床との間をなめらかに運動できるものとする。なお，小球および物体Aは同一鉛直面内を運動する。また，重力加速度の大きさを g とし，空気抵抗は無視する。

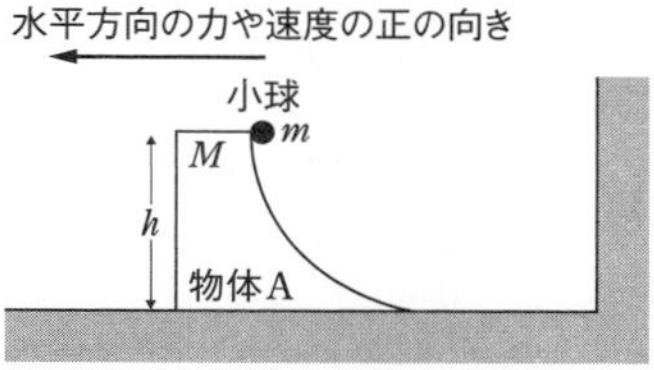

曲面の上端から落下し始める直前の小球の重力による位置エネルギーは，床を基準面とすると，［ア］である。小球が曲面にそって落下を始めると，物体Aも動き始める。小球が曲面を下り，物体Aから離れるときの小球の速さを u_0，物体Aの速さを V_0 とする。小球が物体Aから離れた直後の小球と物体Aの水平方向の運動量の和はゼロとなり，図の左向きを水平方向の力や速度の正の向きとして，［イ m, M, u_0, V_0］$=0$ と書ける。また，このときの小球と物体Aの力学的エネルギーの和は，［ウ m, M, u_0, V_0］となる。(イ)$=0$，および小球と物体Aの力学的エネルギーの和の保存を考えると，u_0 は，$u_0=$［エ m, M, g, h］と表される。物体Aから離れた小球は図の右向きに進み，壁と衝突する。小球と壁とのはねかえり係数(反発係数)を e とすると，壁と衝突してはねかえった小球の速さ u_1 は，$u_1=$［オ e, u_0］と表される。

以下では，小球が壁と弾性衝突する場合を考える。このとき，壁ではねかえった小球の物体Aに対する相対速度の大きさは，m および M を含む式で表すと，［カ m, M, u_0］と書ける。この相対速度が正の向きであることからもわかるように，小球はいずれ物体Aに追いつく。小球が物体Aに追いつく直前の，小球と物体Aの水平方向の運動量の和は，［キ m, u_0］と書ける。物体Aに追いついた小球は，曲面をのぼり始め，最高点に達する。この最高点の床からの高さを y とする。小球が最高点に達したとき，物体Aに対する小球の相対速度は0となり，物体Aの速さ V_1 は，$V_1=$［ク m, M, u_0］と書ける。このときの小球と物体Aの力学的エネルギーの和は，V_1 を含む式で表すと，［ケ m, M, y, g, V_1］となる。また，y を h を含む式で表すと，$y=$［コ m, M, h］である。

最高点に達した小球は，再び曲面を下り，物体Aから離れたのちに壁と衝突する。はねかえった直後の小球の物体Aに対する相対速度が正であれば，小球は再び物体Aに追いつき，曲面をのぼる。m が M よりも十分に小さい場合には，小球はこのような運動をくり返すことになる。この場合，これ以降の物体Aの運動について考えると，

サ{① 小球が曲面を上下運動するたびに物体Aは加速され，十分に時間が経過した後でも物体Aの速さはどこまでも大きくなり続ける。

② 小球が曲面を上下運動するたびに物体Aは加速されるが，十分に時間が経過した後には物体Aの運動エネルギーは(ア)よりも大きな値で一定となる。

③ 小球が曲面を上下運動するたびに物体Aは加速されるが，十分に時間が経過した後には物体Aの運動エネルギーは(ア)以下の値で一定となる。

④ 小球が曲面を上下運動するたびに物体Aは加速と減速をくり返し，十分に時間が経過した後には物体Aの運動エネルギーは $\frac{1}{2}MV_0{}^2$ よりも大きな値で一定となる。

⑤ 小球が曲面を上下運動するたびに物体Aは加速と減速をくり返し，十分に時間が経過した後には物体Aの運動エネルギーは $\frac{1}{2}MV_0{}^2$ 以下の値で一定となる。}

〔京都産業大〕

16. (平面内での小球の衝突)

次の文を読み，次の設問(1)〜(5)に答えよ。

図のように，xy 平面はなめらかな水平面とする。半径 r の球Aが xy 平面上で静止している。球Aと等しい大きさの球Bが球Aに衝突した。図は衝突直前のようすを表している。衝突時の球Aの中心を原点にとり，衝突前の球Bの速度の向きを x 軸の正の向きにとる。すべての角度は x 軸の正の向きを0とし，反時計回りにはかることにする。球Aの質量，衝突後の速度をそれぞれ m，$\vec{v}=(v_x,\ v_y)$，球Bの質量，衝突前の速度，衝突後の速度をそれぞれ M，$\vec{V_0}=(V_0,\ 0)$，$\vec{V}=(V_x,\ V_y)$ とする。衝突前に球Bの中心の y 座標は，$y=-a$ $(0<a<2r)$ であった。球Aと球Bの間の反発係数(はねかえり係数)を e とする。球の回転，空気抵抗は無視できるものとする。衝突時に球Aが球Bから受ける力の向きと x 軸の正の向きがなす角を α〔rad〕$\left(0<\alpha<\frac{\pi}{2}\right)$ とすると，

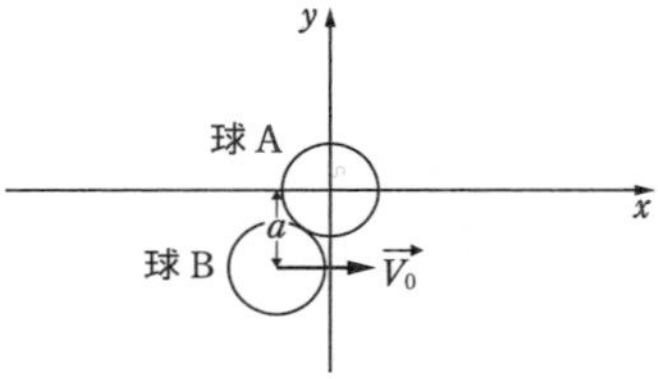

$\sin\alpha=$ ［ア］

である。xy 座標系を，xy 平面に垂直で原点を通る軸を中心に角度 α だけ回転した座標系を $x'y'$ 座標系とする。衝突前の球Bの速度成分を $x'y'$ 座標系で $(V_{0x'}{}',\ V_{0y'}{}')$ と表すと，

$V_{0x'}{}'=$ ［イ］，$V_{0y'}{}'=$ ［ウ］

である。衝突後の球Aの y' 方向の速度成分は0である。衝突後の球Aおよび球Bの速度成分を $x'y'$ 座標系でそれぞれ $(v_{x'}{}',\ 0)$，$(V_{x'}{}',\ V_{y'}{}')$ と表すと，衝突前後の x' 方向および y' 方向の運動量保存の法則から，それぞれ

V_{0x}'＝ エ ，V_{0y}'＝ オ

が成りたつ。また，反発係数の定義より，力がはたらく x' 軸方向の速度成分には

e＝ カ

の関係が成りたつ。これらの関係式から，

$\dfrac{v_x'}{V_{0x}'}$＝ キ ，$\dfrac{V_x'}{V_{0x}'}$＝ ク

が得られる。この衝突によって失われた運動エネルギーは ケ である。

(1) 文中の空所(ア)に当てはまる数式を，r，α を用いて記せ。

(2) 文中の空所(イ)・(ウ)に当てはまる数式を，V_0，α を用いて記せ。

(3) 文中の空所(エ)・(オ)に当てはまる数式を，m，M，v_x'，V_x'，V_y' の中から必要なものを用いて記せ。

(4) 文中の空所(カ)に当てはまる数式を，v_x'，V_x'，V_{0x}' を用いて記せ。

(5) 文中の空所(キ)～(ケ)に当てはまる数式を，m，M，V_0，e，α の中から必要なものを用いて記せ。

〔立教大〕

17. (鉛直線上の2球の衝突) 思考

次の文章を読み，後の問い(1)～(5)に答えよ。

落下した小球が水平な床と弾性衝突し，鉛直上方にはねかえる運動について考える。重力加速度の大きさを g とし，速度は鉛直上向きを正の向きにとる。また，空気抵抗は無視する。

まず，1つの小球の運動を考える。床からの高さ h の位置から，小球を速さ v_0 $(v_0>0)$ で鉛直方向に投げ上げる場合と，投げ下ろす場合を考える。

(1) 投げ上げても，投げ下ろしても，小球が床に到達する直前の速さは同じになる。その速さを表す式として正しいものを，次の①～⑤のうちから1つ選べ。

① $\sqrt{2gh+v_0^2}$　② $\sqrt{2gh-v_0^2}$　③ $\sqrt{2gh}+v_0$　④ $\sqrt{2gh}-v_0$　⑤ $\sqrt{2gh}$

(2) 小球は床ではねかえり，その後，最高点に到達する。この最高点の高さについて述べた文として正しいものを，次の①～⑤のうちから1つ選べ。

① 投げ上げた場合は h より大きく，投げ下ろした場合は h より小さい。
② 投げ下ろした場合は h より大きく，投げ上げた場合は h より小さい。
③ 投げ上げても，投げ下ろしても，h より大きい。
④ 投げ上げても，投げ下ろしても，h より小さい。
⑤ 投げ上げても，投げ下ろしても，h に等しい。

次に，質量 m の小球Aと，より軽い質量 km $(0<k<1)$ の小球Bを用意する。図1のようにAの真上にBがくるようにし，AとBの間に少しだけ隙間をあけて静止させてから，同時に自由落下させる。図2のように，Aは床ではねかえり，直後に落下してきたBと弾性衝突する。Bと衝突する直前のAの速度を v とする。Aと衝突する直前のBの速度は $-v$ としてよい。ただし，AとBは衝突後も同一鉛直線上を運動し，2つの小球の衝突において運動量の和は変わらないものとする。

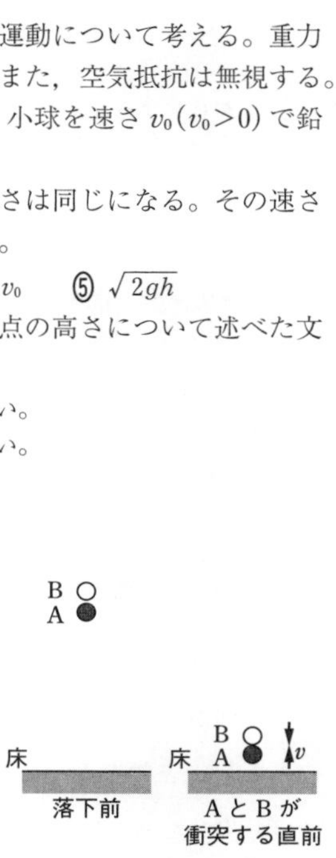

図1　図2

(3) 次の文章中の空欄 ア に入れる式として正しいものを，後の①〜⑥のうちから１つ選べ。

２つの小球が衝突した直後のAの速度 v_A とBの速度 v_B は，k と，床からはねかえった直後のAの速度 v を用いてそれぞれ次のように書ける。

$v_A=$ ア

$$v_B=\frac{3-k}{1+k}v$$

① $\frac{1-3k}{1+k}v$　② $-\frac{3-k}{1+k}v$　③ $\frac{3-k}{1+k}v$　④ $\frac{1-3k}{1-k}v$　⑤ $-\frac{3-k}{1-k}v$　⑥ $\frac{3-k}{1-k}v$

(4) ２つの小球の運動に関する文として正しいものを，次の①〜④のうちから１つ選べ。

① ２つの小球の力学的エネルギーの総和は，自由落下開始から２つの小球の衝突前まで保存されているが，衝突後は保存されない。

② ２つの小球の力学的エネルギーの総和は，落下とともに増大し，２つの小球が衝突したとき，最大になる。

③ Aの運動エネルギーは，床との衝突で変わらない。

④ Bの運動エネルギーは，Aとの衝突で変わらない。

(5) Aと衝突した後のBの運動に関する文として正しいものを，次の①〜⑤のうちから１つ選べ。

① k が大きいほどBは高く上がるが，自由落下前の高さまで到達することはない。

② k が大きいほどBは高く上がり，自由落下前の高さを必ずこえる。

③ k の値によらず，Bが到達する最高点は，必ず自由落下前の高さとなる。

④ k が小さいほどBは高く上がるが，自由落下前の高さまで到達することはない。

⑤ k が小さいほどBは高く上がり，自由落下前の高さを必ずこえる。

〔共通テスト 物理(追試)〕

18.（物体と壁との衝突） 思考

次の文章の ア 〜 エ および カ 〜 ス に適切な式または数値を入れよ。また，オ は図の①〜⑧の記号で示す向きから適切な記号を選べ。また，必要に応じて下記の公式を用いよ。

$$\sin 2\theta=2\sin\theta\cos\theta$$

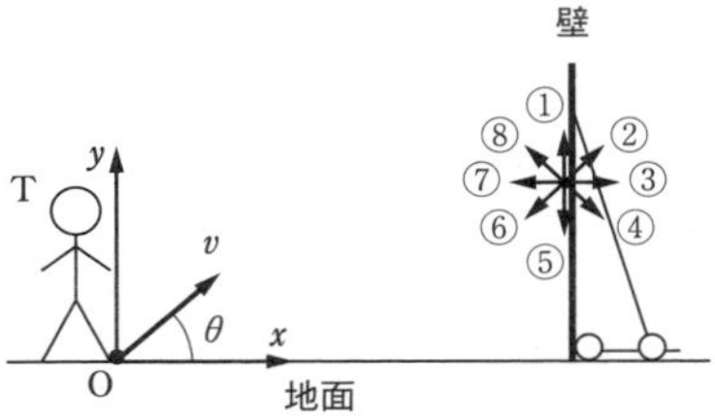

サッカー選手Tが，水平方向に自由に動く十分な高さのある鉛直な壁(質量 M)に向かってボール(質量 m)をける。図のようにTの足もとの位置に座標の原点Oをとり，Tから壁への向きに水平に x 軸を，鉛直上向きに y 軸をとる。$x=L$ $(L>0)$ の位置にある壁に向かって，Tが原点Oにあるボールを初速度の大きさ v，x 軸の正の向きとのなす角 $\theta\left(0<\theta<\frac{\pi}{2}\right)$ でけり出したときの運動を考える。ボールは大きさのない質点とみなし空気などによる抵抗は無視し，ボールと壁との反発係数は $e(0<e<1)$ とする。壁は十分になめらかであり，ボールが衝突した際の衝突面に平行な方向のボールの速度の変化はないものとする。また，T

はけった位置から動かず，ボールは xy 軸を含む鉛直面内で運動するものとする。重力加速度の大きさは g とする。

壁が地面に固定されている場合を考える。T がボールをけり出した時刻を $t=0$ とすると，ボールが最初に壁または地面に衝突するまでの間，時刻 $t\,(t>0)$ におけるボールの x，y 座標はそれぞれ $x(t)=$ [ア]，$y(t)=$ [イ] と表される。ボールが地面に衝突せずに壁に衝突したとすると，ボールは高さ [ウ] で壁と衝突し，その後の速度の x 方向の成分の大きさは [エ] である。衝突した際にボールが受ける力積の向きは [オ] で，その大きさは [カ] である。また，壁との衝突により失われた運動エネルギーの大きさは [キ] である。

けったボールが，地面に衝突せずに最初に壁に当たり，その後途中で地面に衝突することなくTの足もとである原点Oにもどってきたとする。このときのボールの初速度の大きさを v_0，x 軸の正の向きとのなす角を $\theta_0\left(0<\theta_0<\dfrac{\pi}{2}\right)$ とすると，$v_0=$ [ク] となる。このようにけったボールが一度も地面に衝突せずに足もとにもどる運動に必要な最小の初速度の大きさを $v_0{}^{\min}$ とすると，$v_0{}^{\min}=$ [ケ] であり，そのときの角 θ_0 を $\theta_0{}^{\min}$ とするとき，$\theta_0{}^{\min}=$ [コ] である。

ここで，ボールが一度も地面に衝突することなくTの足もと付近にもどるために，初速度の大きさに要求される精度を考える。初速度の大きさ $v'=v_0+\delta v$ $\left(ただし \left|\dfrac{\delta v}{v_0}\right|\ll 1\right)$，$x$ 軸とのなす角 θ_0 でけり出したとき，地面に衝突せずに最初に壁に当たり，その後途中で地面に衝突することなく x 座標が δx の位置で地面に衝突した。このときの δx と $\dfrac{\delta v}{v_0}$ との関係は，$\left(\dfrac{\delta v}{v_0}\right)^2$ を無視して，e と L を用いて，$\delta x=$ [サ] $\times\dfrac{\delta v}{v_0}$ と表される。

壁の固定を外し，x 軸の方向のみに自由に動けるようにした。地面と壁を支える台の間の摩擦はないものとする。静止していた壁に当たったボールがTのいる向きにはねかえるために M と m が満たすべき条件式は，[シ] である。この条件下でのボールの運動は，反発係数が [ス] の固定された壁に衝突したときの運動と同一になる。

〔横浜国大〕

B 19. **(床とのくり返し衝突)**

図のように水平な床上に水平方向に x 軸，鉛直上向きの方向に y 軸をとる。原点Oから速さ v_0 で，x 軸となす角 θ〔rad〕$\left(0<\theta<\dfrac{\pi}{2}\right)$ の方向に大きさの無視できる質量 m のボールを投げた。ボールはある高さまで達した後，なめらかな床に衝突し，なめらかな床の上を何度もはねながら進んだ。やがてボールはなめらかな床の上をすべり始め，しばらくすべった後，摩擦のある床の領域へ入った。その後，摩擦のある床を l だけすべり，静止した。重力加速度の大きさを g，ボールとなめらかな床の間の反発係数を $e\,(0<e<1)$，ボールと摩擦のある床の間の動摩擦係数を μ，円周率は π として，以下の問いに答えよ。ただし，空気抵抗は無視できるものとする。

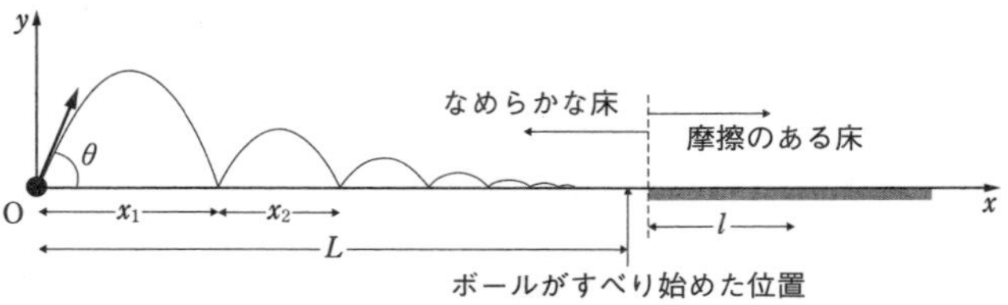

(1) ボールを投げた瞬間のボールの速度の水平方向の成分 v_x と鉛直方向の成分 v_y を v_0, θ を用いて表せ。

(2) ボールを投げてから1回目の衝突までにかかった時間 t_1 を g, v_0, θ を用いて表せ。

(3) 原点Oから1回目の衝突位置までの水平距離 x_1 を g, v_0, θ を用いて表せ。

(4) 1回目の衝突のとき，ボールは一定の力を時間 Δt の間受けてはねかえったと考える。この力の y 成分を e, m, v_0, θ, Δt を用いて表せ。

(5) 1回目の衝突から2回目の衝突までにかかった時間 t_2 を e, g, v_0, θ を用いて表せ。

(6) 1回目の衝突位置から2回目の衝突位置までの水平距離 x_2 を e, g, v_0, θ を用いて表せ。

(7) n を $n \geqq 2$ の整数とするとき，$n-1$ 回目の衝突位置から n 回目の衝突位置までの水平距離 x_n を e, g, n, v_0, θ を用いて表せ。

(8) ボールを投げてからなめらかな床の上をすべり始めるまでに移動した水平方向の距離 L を e, g, v_0, θ を用いて表せ。なお必要であれば下記の公式を用いよ。

$$\sum_{n=1}^{\infty} e^{n-1} = \frac{1}{1-e}$$

(9) ボールを投げてからなめらかな床の上をすべり始めるまでに衝突によって失われたエネルギーを m, v_0, θ を用いて表せ。

(10) 摩擦のある床をすべった距離 l を g, v_0, θ, μ を用いて表せ。

(11) $L+l$ は次式のように表すことができる。

$$L+l = \boxed{\text{ア}} \times \sin(2\theta+\phi) + \boxed{\text{イ}}$$

ただし，ϕ〔rad〕は

$$\tan\phi = \boxed{\text{ウ}}$$

を満たす。$\boxed{\text{ア}}$, $\boxed{\text{イ}}$ および $\boxed{\text{ウ}}$ に入る式を e, g, v_0, μ のうち必要なものを用いて表せ。なお必要であれば下記の公式を用いよ。

$$A\sin\alpha + B\cos\alpha = \sqrt{A^2+B^2}\sin(\alpha+\beta)$$

ただし，A, B, α〔rad〕, β〔rad〕は実数であり，$\tan\beta = \dfrac{B}{A}$ である。

(12) $e=\dfrac{1}{2}$, $\mu=\dfrac{\sqrt{3}}{8}$ の場合について，v_0, g は一定にして θ を変化させたときの $L+l$ の最大値を考える。

(a) $L+l$ が最大値をとるときの θ の値を示せ。

(b) $L+l$ の最大値を g, v_0 を用いて表せ。

〔静岡大〕

6　円運動・万有引力

A

20. (振り子の運動)

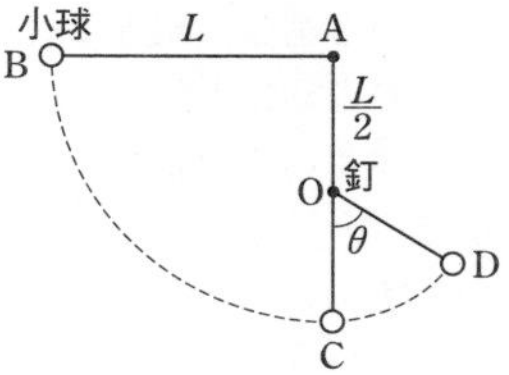

図のように，長さLの伸び縮みしない軽い糸の端に質量mの小球を取りつけ，他端を点Aに固定する。点Aから距離$\frac{L}{2}$だけ真下にある点Oには細い釘があり，糸は釘にかかる。小球は鉛直面内のみを運動し，空気抵抗は無視できるものとする。重力加速度の大きさをgとして，次の問い(1)〜(5)に答えよ。

初めに，糸がたるまず水平になる位置Bから小球を静かにはなした。

(1) 小球が最下点Cを通過するときの速さを求めよ。

(2) 糸が釘にかかる直前の，糸の張力の大きさを求めよ。

(3) 糸が釘にかかった直後の，糸の張力の大きさを求めよ。

(4) 糸が釘にかかった後，小球が鉛直方向から角度$\theta\left(0<\theta<\frac{\pi}{2}\right)$の位置Dに達したときの，糸の張力の大きさを求めよ。

次に，小球を位置Bにもどし，小球に下向きの速さを与えた。

(5) 小球を点Aに到達させるために必要な，小球に与える下向きの最小の速さを求めよ。

〔富山県大〕

21. (水平面内の円運動)

次の文章を読み，後の問いに答えよ。ただし，重力加速度の大きさをgとし，空気抵抗は無視できるものとする。

水平な床の上に置かれたあらい板の上に質量mの小物体をのせる。図1のように，板の一端を持ち上げて傾けていくと，板と床のなす角がθをこえたときに小物体は板をすべり下りた。

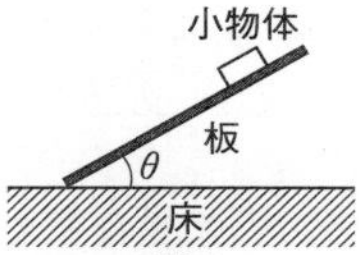

図1

(1) 小物体と板の間の静止摩擦係数を求めよ。

次に，図2のように，この板を水平な床となす角が45°($>\theta$)になるように傾け，床と接している板の端を通る鉛直軸のまわりに角速度ωで回転させた。この板に小物体をのせて静かにはなす。床に静止した観測者が見ると，小物体は水平面内を角速度ωで半径rの等速円運動を行った。

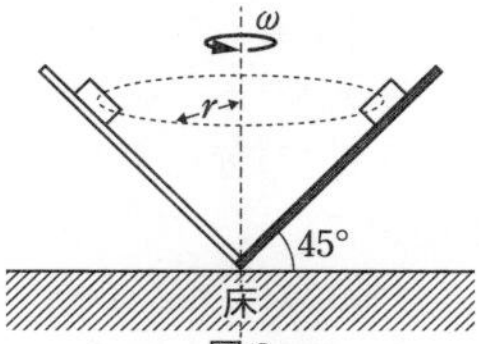

図2

板の角速度ωを徐々に小さくしていく場合，角速度ωがω_1より小さくなると，小物体は板をすべり下りる。一方，角速度を徐々に大きくしていく場合，角速度ωがω_2より大きくなると，小物体は板をすべり上がる。

(2) 角速度がω_1のとき，小物体といっしょに回転する観測者が見た小物体にはたらく遠心力の大きさをm，r，ω_1で表せ。

(3) 角速度がω_1のとき，小物体が板から受ける垂直抗力の大きさをm，g，r，ω_1で表せ。

(4) 角速度ω_1をg，r，θで表せ。

(5) 小物体と板の間の静止摩擦係数をω_1，ω_2を用いて表せ。

〔東京都市大〕

22. (摩擦を受ける小球の円運動)

次の文章を読み，[　　]に適する数式または数値を入れよ。ただし，[　　]内に記号が記載されている場合は，それらの中から必要なものを用いて表せ。また，{　　}の中から最も適切なものを選び，記号で答えよ。

図のように，鉛直方向の軸と角度θを保ちながら，軸のまわりに一定の角速度ωで回転する棒がある。この棒に質量mのビーズ(穴の開いた小球)がつけられており，ビーズは棒にそってなめらかに運動できるものとする。ビーズが動けるのは棒の支点より上の部分であり，棒は十分長いため，ビーズが棒の上端から外れることはない。棒の支点からビーズまでの距離をrで表す。また，鉛直下向きに重力がはたらいており，重力加速度の大きさをgとし，ビーズに空気抵抗ははたらかないものとする。

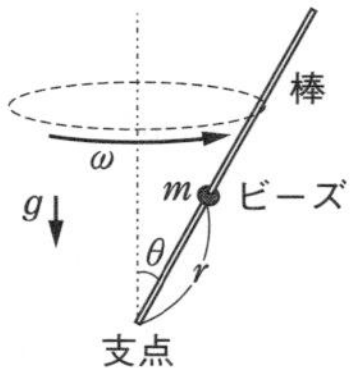

(1) まず，ビーズが棒の支点から距離 $r=r_0$ を保ったまま運動しているとする。このとき，ビーズは水平な平面内を円運動しており，ビーズの速さは[ア r_0, ω, θ]で与えられ，ビーズの運動エネルギーは[イ m, r_0, ω, θ]である。また，ビーズにはたらく向心力の大きさは[ウ m, r_0, ω, θ]であり，向心力はビーズにはたらく**エ**{① 重力，② 垂直抗力，③ 重力と垂直抗力の合力}に等しい。

　一方，ビーズといっしょに運動する観測者から見ると，ビーズには重力と垂直抗力に加えて遠心力がはたらき，遠心力の大きさfは $f=$[オ m, r_0, ω, θ] である。また，ビーズにはたらく重力は棒にそった方向と棒に垂直な方向に分けて考えることができて，重力の棒に垂直な方向の成分の大きさは[カ m, g, θ]である。ビーズにはたらく遠心力も同じように分けて考えられるため，ビーズにはたらく垂直抗力の大きさNは

$N=$[キ m, g, f, θ] である。さらに，棒の支点からビーズまでの距離は $r=r_0$ のまま変わらないので，ビーズにはたらく棒にそった方向の力はつりあっており，$r_0=$[ク ω, g, θ] であることがわかる。

(2) 次に，棒の角速度ωは(1)と同じままで，棒の支点からビーズまでの距離を $r=r_1(r_1>r_0)$ にした場合を考える。距離を変えた後，棒にそった方向のビーズの初速が0であったとすると，その後ビーズは**ケ**{① 棒にそって上昇し，やがて棒に対して静止する。② 棒にそって上昇し続ける。③ $r=r_0$ になるまで棒にそって下降する。④ 棒にそって下降し，$r=r_0$ のまわりを棒にそって振動する。⑤ 棒にそって下降し続け，支点に達して(つまり $r=0$ で)静止する。}

(3) 次に，ビーズと棒の間に摩擦力がはたらく場合，(2)のr_1がある程度小さければ，ビーズは棒に対して静止したままである。$r=r_1$ でビーズが棒に対して静止していて，ビーズと棒の間の静止摩擦係数がμである場合を考える。このとき，ビーズにはたらく垂直抗力の大きさN'は $N'=m\sin\theta\times$[コ r_1, g, ω, θ] である。また，ビーズにはたらく棒にそった方向の力のつりあいを考えると，ビーズが棒に対して静止し続ける条件は

$r_1\leqq r_0\times$[サ μ, $\tan\theta$]

である。ただし，静止摩擦係数は $\mu<\tan\theta$ であるものとする。

〔京都産業大〕

23. （鉛直面内の円運動）

図のように，なめらかで水平な床の上に，なめらかな表面をもつ質量 M の台が水平に置かれている。台の右側は，点Oを通る紙面に垂直な軸を中心とした半径 l の半円筒状に，直方体がくりぬかれた形をしている。図は床に鉛直な断面を示しており，面ABは水平で，曲面BCになめらかにつながっている。点Oを原点とし，水平右向きに x 軸，鉛直上向きに y 軸をもつ xy 座標をとる。重力加速度の大きさは g とする。床は十分広く，空気の影響は無視できるものとする。運動はすべて図の紙面内(同一鉛直面内)で起きているものとし，次の問いに答えよ。

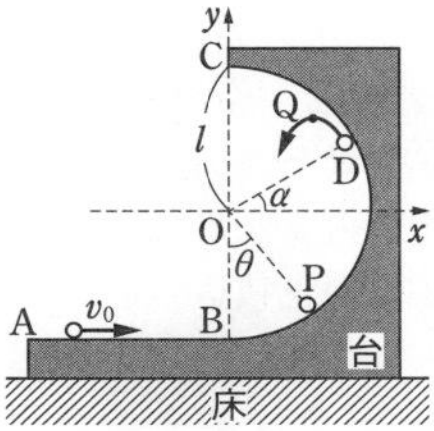

〔A〕 台を床に固定し，質量 m の小物体を面AB上のある点から速さ v_0 で水平右向きにすべらせた。小物体は半円筒にそって運動し，BC間の途中の点Dで台から離れ，最高点Qに達したのち落下した。x 軸とODのなす角を α，点Dにおける小物体の速さを v_1，点Dから点Qまでに要する時間を t とする。小物体の大きさは無視できるとする。

(1) 小物体がBD間の $\angle BOP = \theta$ となる点Pにあるとき，小物体の速さ v を，v_0，θ，l，g を用いて表せ。

(2) 点Pで小物体が受ける垂直抗力の大きさ N を，m，v_0，θ，l，g を用いて表せ。

(3) 速さ v_1 を，α，l，g を用いて表せ。

(4) 時間 t を，v_1，α，g を用いて表せ。

(5) 点Qの座標 $(X_Q,\ Y_Q)$ が次の等式で表されるとき，[ア]〜[オ]の空欄に入る式または文字を，v_1，α，l，g のうちから必要なものを使って書き表せ。

$X_Q =$ [ア] × [イ] − [ウ] × [エ] × t　　$Y_Q =$ (ア) × (エ) + (ウ) × (イ) × t − [オ] × t^2

〔B〕 台の固定を外し，静止した台の面AB上のある点から，質量 m の小物体を速さ v_2 で水平右向きにすべらせた。小物体は半円筒にそって運動してある高さまで上がったのち，台から離れることなく折りかえし，半円筒にそって下りて面ABに引きかえした。小物体の大きさは無視できるとする。

(6) 小物体が最大の高さに達したときの小物体の床に対する速さを，v_2, m, M を用いて表せ。

(7) 面ABに引きかえした小物体が，床に対して左向きに進むのは，m と M の間にどのような関係があるときか。次の①〜⑧のうちから最も適切なものを1つ選んで番号で答えよ。

① $m < \frac{1}{2}M$　② $m > \frac{1}{2}M$　③ $m < M$　④ $m > M$

⑤ $m < \sqrt{2}M$　⑥ $m > \sqrt{2}M$　⑦ $m < 2M$　⑧ $m > 2M$

〔徳島大〕

24. （宇宙エレベーター） 思考

図1のように，人工衛星が地球の自転周期と同じ周期で，自転の向きに赤道上を回っているとする。この人工衛星は，地上から見て静止して見えることから静止衛星という。また，この軌道を静止軌道とよぶ。地

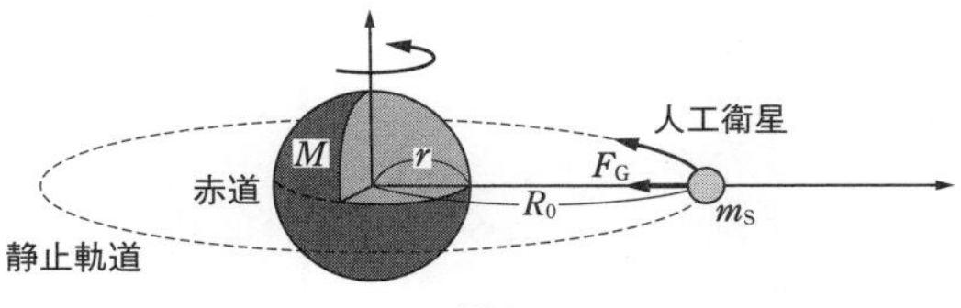

図1

球の質量を M〔kg〕，地球の半径を r〔m〕，人工衛星の質量を m_S〔kg〕，静止軌道の半径を R_0〔m〕，万有引力定数を G〔N·m^2/kg^2〕，地球の自転周期を T〔s〕とし，次の問いに答えよ。ただし，空気抵抗は無視できるとする。

(1) 地球が人工衛星に及ぼす万有引力の大きさ F_G〔N〕を，G，M，m_S，R_0 を用いて表せ。

(2) 人工衛星の向心加速度の大きさ a_C〔m/s^2〕を，R_0，T を用いて表せ。

(3) 静止軌道の半径 R_0 を，G，M，T を用いて表せ。

次に，図2のように，人工衛星と地球の赤道上の一点を長さ L〔m〕のケーブルで接続し，人工衛星を静止軌道より外側の位置で静止衛星とした。ケーブルの質量は無視できるとし，次の問いに答えよ。

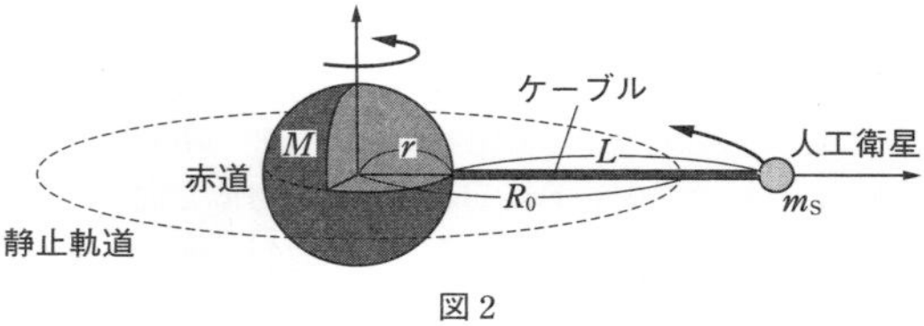

図2

(4) ケーブルに作用する張力の大きさ F_T〔N〕を，G，M，m_S，r，L，T を用いて表せ。

図3のように，ケーブルを利用してコンテナーを人工衛星まで運ぶ。これを宇宙エレベーターとよぶ。質量 m_C〔kg〕のコンテナーを地上から人工衛星まで運んだのち，コンテナーを人工衛星から静かにはなした。次の問いに答えよ。

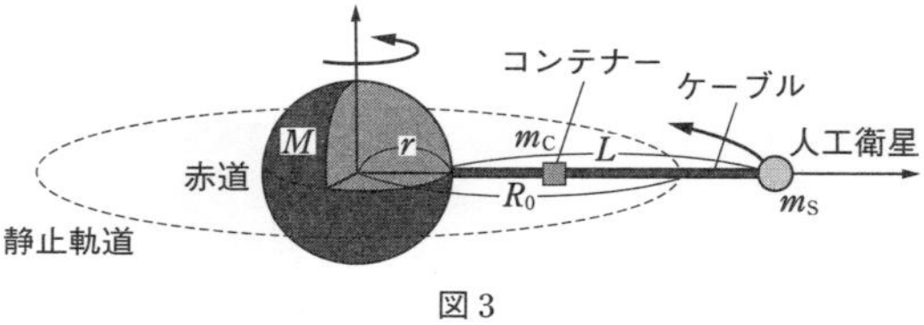

図3

(5) コンテナーを地上から人工衛星まで運ぶのに必要な仕事 W〔J〕を，G，M，m_C，r，L，T を用いて表せ。

(6) コンテナーを無限の遠方に飛ばすために，ケーブルの長さ L が満たすべき条件を，R_0 と r を用いて表せ。

〔熊本大〕

25. (宇宙船の運動)

惑星X(質量 M，半径 R)に宇宙船を送って探査することを考えよう。簡単のため，宇宙船は十分に小さいとし，質点とみなす。また，惑星Xは一様な球とみなし，その大気や自転の影響は考えない。万有引力定数を G とする。

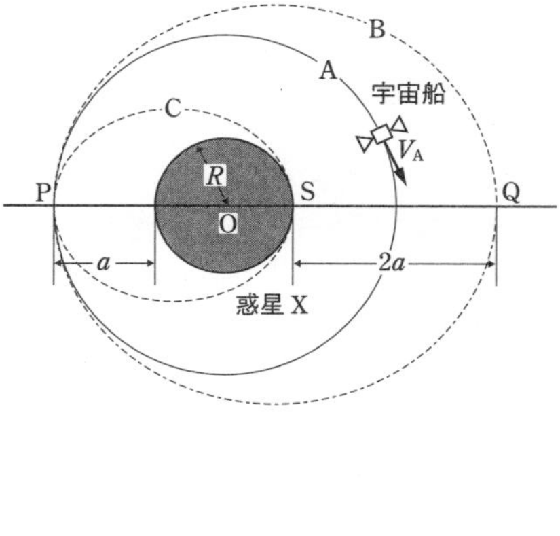

まず，図に示すように，惑星Xの表面から一定の高度 a を保つ円軌道Aの上を，宇宙船が一定の速さ V_A で等速円運動をしている場合を考える。

(1) 宇宙船の速さ V_A を求めよ。

(2) 宇宙船の運動エネルギーを K_A，位置エネルギーを U_A，力学的エネルギーを E_A とするとき，U_A と E_A はそれぞれ K_A の何倍か，符号を含めて求めよ。ただし，惑星Xから無限遠方を位置エネルギー U_A の基準とする。

(3) ケプラーの第三法則により，円軌道Aの半径 $R+a$ の3乗と，その軌道上の等速円運動の周期 T_A の2乗は比例する。つまり，$T_A{}^2=k(R+a)^3$ が成りたつ。このときの比例係数 k を求めよ。

ここで，宇宙船の軌道が図に示す点P(高度 a)と点Q(高度 $2a$)を通るだ円軌道Bの場合を考える。ただし，点P，点Qおよび惑星Xの中心Oはだ円軌道Bの長軸上にある。

(4) ケプラーの第二法則により，宇宙船の位置と惑星Xの中心Oを結ぶ線分が単位時間に通過する面積は一定である。点Pにおける宇宙船の速さ V_P は，円軌道Aのときの宇宙船の速さ V_A の何倍か求めよ。

(5) だ円軌道Bのときの宇宙船の力学的エネルギー E_B と，円軌道Aのときの宇宙船の力学的エネルギー E_A との差を，$\varDelta E=E_B-E_A$ とする。$\varDelta E$ は円軌道Aのときの宇宙船の運動エネルギー K_A の何倍か，符号を含めて求めよ。

次に，図の点PでOPに垂直な方向に探査機を宇宙船からはなした。その探査機は，図に示すように，点Pと点Sを端点とし点Oを通る線分を長軸とするだ円軌道Cを通った。ただし，点Sは惑星Xの表面にあり，探査機は質点とみなす。

(6) (3)のケプラーの第三法則は，同じ比例係数 k のままで，だ円軌道Cにも成りたつ。探査機が点Pで放出されてから初めて点Sに至るまでの時間 T を求めよ。

〔早稲田大〕

7 単　振　動

A

26. (水平ばね振り子)

軽いつる巻きばねに小球をつけて，なめらかな水平面上で振動させるばね振り子について考えよう。

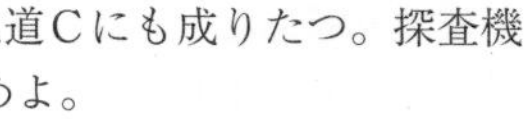

図1

小球の質量を m〔kg〕，ばね定数を k〔N/m〕とすると，ばね振り子の振動の周期 T〔s〕は

$$T=2\pi\sqrt{\frac{m}{k}}$$

となる。初めに，小球の質量を m_0〔kg〕にして，ばねを伸ばして小球をはなすと，小球は振幅 A〔m〕，周期 $T_0=1.0\,\mathrm{s}$ で単振動した。次の問いに答えよ。

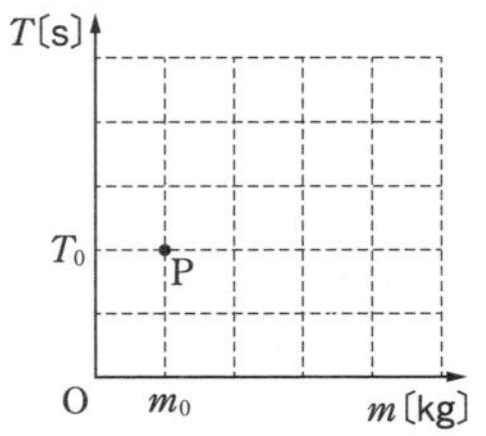

図2

⑴ ばねの伸びを変え，半分の振幅で単振動させたとき，振動の周期はいくらか。

⑵ ばねにつける小球の質量を4倍の$4m_0$にして，振幅Aで単振動させたとき，振動の周期はいくらか。

⑶ ばねにつける小球の質量mを変え，振幅Aで単振動させたとき，振り子の周期Tはどのように変化するか。周期Tとmの関係を表すグラフの，おおよその形を図2にかけ。ただし，初めの質量m_0のときは，点Pとする。　〔広島工大〕

27．(斜面上での単振動)

図1のように，水平な床と角度30°をなす十分に長いなめらかな斜面がある。斜面の最下点の位置Oに自然の長さlのばねの左端を固定し，ばねの右端に質量mの小さな物体Aを取りつけたところ，ばねは自然の長さからdだけ縮んだ位置でつりあって静止した。このつりあいの位置から斜面にそって距離sの位置に質量mの小さな物体Bを置き，物体Bを静かにはなしたところ，物体Bは斜面にそって落下し，物体Aと衝突した。なお，物体Aと物体Bは完全非弾性衝突をするとし，衝突後は斜面にそって運動するものとする。斜面にそってx軸をとり，x軸の原点を斜面の最下点の位置O，斜面の右上向きを正とする。重力加速度の大きさをg，円周率をπとし，物体Aおよび物体Bの大きさ，空気抵抗は無視できるものとして，次の問いに答えよ。

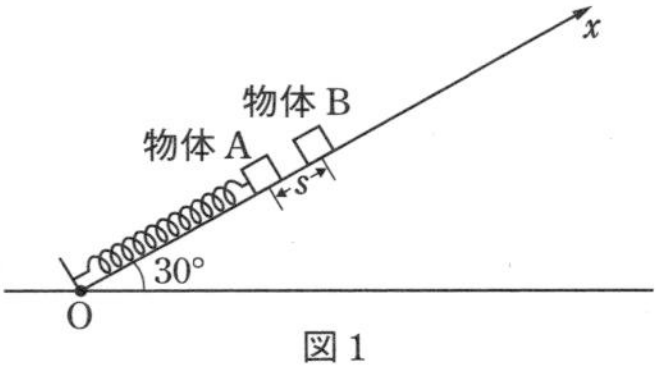

図1

⑴ ばね定数を求めよ。

距離sがある値より小さいとき，図2に示すように，物体Aと物体Bは衝突後に離れることなく一体となり，斜面にそって単振動をした。ここで，一体となった2つの物体を1つの物体として考える。

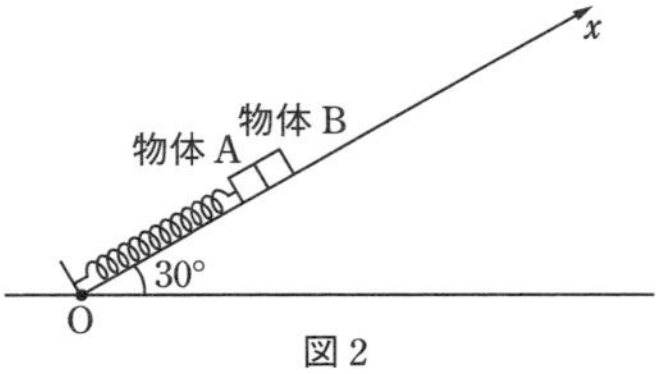

図2

⑵ 物体Bが物体Aと衝突した直後における，一体となった物体の速さを求めよ。

⑶ 一体となった物体の位置をx，斜面にそった加速度をaとして，この一体となった物体の斜面にそった運動方程式を書け。

⑷ 一体となった物体の単振動の中心の位置および周期を求めよ。

距離sがある値より大きいとき，物体Bは物体Aと衝突し，一体となって斜面にそって運動した後，物体Bは物体Aから離れる。以下では，物体Aと物体Bが一体となって運動し，離れるまでの間の運動を考える。

⑸ 一体となった物体の位置をx，斜面にそった加速度をaとして，物体Aと物体Bの斜面にそった運動方程式を，それぞれ書け。ただし，物体Aが物体Bに及ぼす力をFとする。

⑹ ⑸のFをm，l，d，s，x，g，πのうち必要なものを用いて表せ。

⑺ 物体Bが物体Aから離れる瞬間における物体Bの位置および速さを求めよ。

⑻ 物体Bが物体Aから離れるためのsの条件を，不等式を用いて表せ。　〔大阪公大〕

28. (浮力による単振動)

図1のように，一様な素材でできた円柱の底面の中心におもりをつけて水に入れると，円柱はその底面を下に向け，一部を水面上に出して静止した。円柱の断面積を S，長さを L とする。おもりの大きさは無視でき，円柱とおもりの質量の合計を M とする。また，水の密度を ρ_0，重力加速度の大きさを g とし，水と円柱およびおもりの間にはたらく摩擦は無視できるものとして，次の問いに答えよ。ただし，円柱は傾かずに静止および運動するものとする。

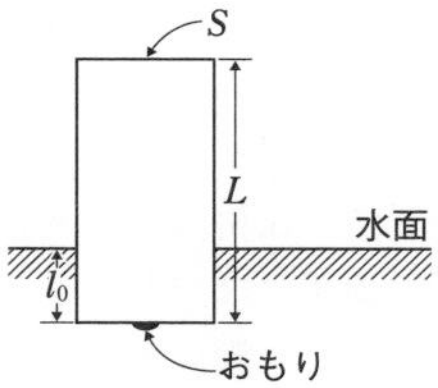

図1

(1) 静止した状態での水面下の円柱の長さを l_0 として，円柱にはたらいている浮力の大きさ f を l_0 を用いて表せ。

(2) l_0 を求めよ。

(3) 静止した状態で，円柱の上面が水面より下がらないために質量 M が満たす条件を求めよ。

次に，図2のように，円柱を上面から鉛直下向きに押し，円柱の一部が水面上に出ている状態で静止させた後にはなした。円柱は一部が常に水に入った状態で上下方向に振動を始めた。静止しているときに円柱を押している力の大きさは F_0 だった。

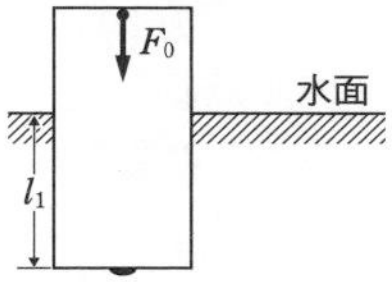

図2

(4) 円柱が静止しているとき，水面下の円柱の長さ l_1 を求めよ。

(5) 記述 この振動が単振動であることを示せ。

(6) この振動の周期 T_0 を求めよ。

振動を止め，もう一度円柱を上面から鉛直下向きに押し，円柱の一部が水面上に出ている状態で静止させた後にはなした。円柱は鉛直上向きに動き始め，今度は完全に水面から飛び出た。静止しているときに円柱を押している力の大きさは F_1 だった。

(7) 円柱が完全に水面から飛び出るために必要な F_1 の条件を求めよ。

(8) 円柱が完全に水面から飛び出た直後の円柱の速さを求めよ。

〔横浜市大〕

29. (2物体の衝突と浮力による単振動)

次の文章中の [ア] ～ [コ] に適切な式を記入せよ。

密度 ρ の水に浮かぶ，底面積 S，質量 M の円柱形状の物体の運動を考える。物体は傾くことなく鉛直方向のみで運動し，物体が水面下に完全に沈むことはないものとする。空気抵抗，および，水面の高さや水面の形状の変化は無視する。物体が水から受ける力は浮力のみとし，運動している物体が受ける浮力は，静止している物体が受ける浮力と同じとする。また，物体上面はなめらかであるとする。重力加速度の大きさを g とする。

(1) 図1のように，物体上面が水面と平行で静止するように浮かべた。このとき，アルキメデスの原理により，物体が水から受ける浮力の大きさは，物体の水中にある部分の体積と同じ体積の水の重さに等しい。したがって，物体にはたらく重力と浮力のつりあいを考えると，物体の水面から下に沈んでいる部分の長さは［ ア ］であることがわかる。次に，物体上面に鉛直下向きに力を加え，物体をゆっくりと沈めた。図2のように，物体を図1の状態から x だけ沈めたときに加えている力の大きさは［ イ ］である。また，物体上面に加える力は物体を沈めた長さに応じて変化することから，その関係のグラフを考えると，図1から図2の状態に至るまでに物体上面に加えた力がした仕事は［ ウ ］となる。

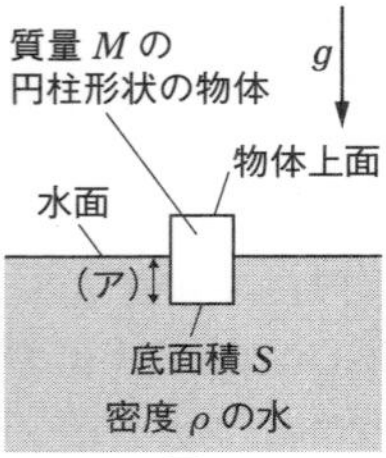

図1

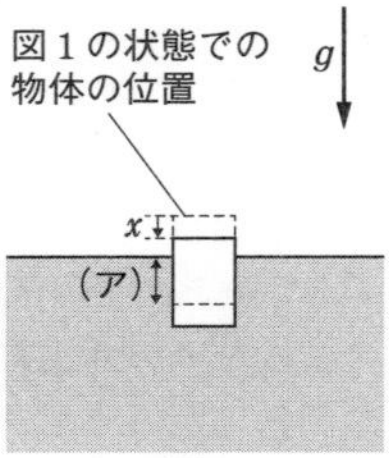

図2

(2) 次に，力を取り除き，物体を再び図1の状態で静止させた。その後，図3のように，物体上面から高さ d，物体上面の円の中心から水平距離 L の位置にある質量 m $(m<M)$ の小球が，水平方向に投げ出された。小球は物体上面の円の中心に落下し，弾性衝突をしてはねかえった(反発係数は1である)。小球が投げ出されてから物体に衝突するまでの時間は［ エ ］であるから，小球が水平方向に投げ出されたときの速さは［ オ ］である。小球と物体の衝突が弾性衝突であることと，衝突前後の運動量保存を考えると，衝突直後の小球の速度の鉛直成分の大きさは［ カ ］であり，衝突直後の物体の速度の鉛直成分の大きさは［ キ ］である。

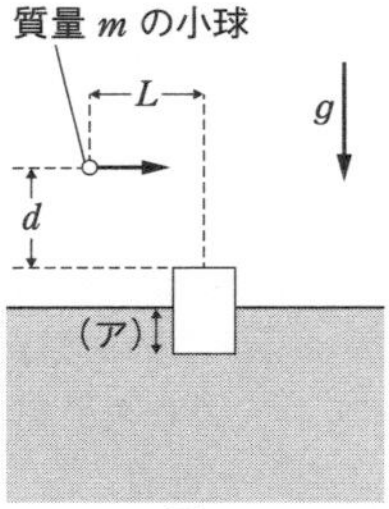

図3

(3) 小球と物体が衝突した後のそれぞれの運動を考える。衝突後に小球が上昇し最高点に達したときの高さは，衝突前の物体上面を基準として［ ク ］である。また，衝突後に物体のもつ運動エネルギーは，物体が沈むにつれて徐々に減少し，衝突前の状態から［ ケ ］の長さだけ沈んだときに0となった。物体にはたらく浮力は，物体の水面から下に沈んでいる部分の長さに比例する。また，物体にはたらく重力と浮力の合力は，物体を図1の位置にもどそうとする復元力と考えることができる。これらのことから，衝突してから物体の運動エネルギーが0になるまでに経過した時間は［ コ ］である。ただし，物体と小球は一度しか衝突しなかった。

〔慶應義塾大〕

30. (ばねでつながれた2物体の運動)　思考

図1のように，大きさが無視できる質量 m の小球AとBが，自然の長さ l，ばね定数 k の質量を無視できるばねでつながれ，なめらかで水平な直線上を運動している。ここで，小球AとBは同じ直線上にある。直線に垂直な壁の表面が $x=0$ となるように直線と平行に x 軸を定め，壁から離れる向きを x 軸の正の向きとする。時刻 $t<0$ では，小球AとBおよびそれらの重心の速度はすべて $-v$ $(v>0)$ で，ばねの長さは自然の長さに等しかった。

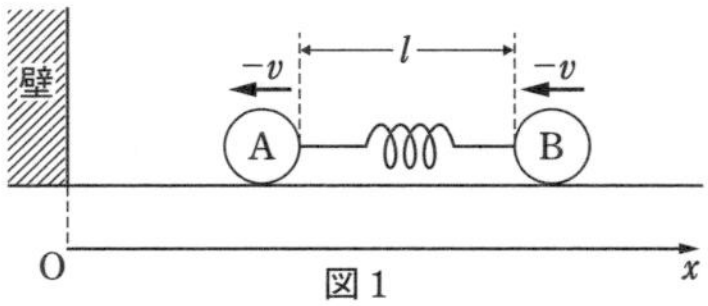

図1

小球Aが時刻 $t=0$ で壁と弾性衝突した後，時刻 $t=T$ で再び壁に衝突した。時刻 $t<T$ で小球Bおよび小球AとBの重心の位置はそれぞれ図2のように変化した。

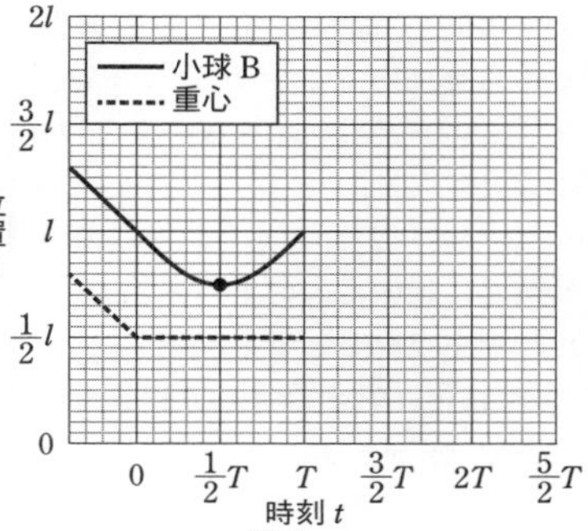

図2

(1) 壁との衝突で小球Aが受けた力積を k, l, m, v のうち必要なものを用いて表せ。

(2) 衝突直後の小球AとBの運動量の和を k, l, m, v のうち必要なものを用いて表せ。

(3) 衝突直後の小球AとBの運動エネルギーの和を k, l, m, v のうち必要なものを用いて表せ。

(4) 時刻 T を k, l, m, v のうち必要なものを用いて表せ。

(5) 図2のグラフから値を読み取り，k を l, m, v を用いて表せ。

時刻 $t=T$ で小球Aが壁に衝突した後，小球Aが壁に固定されるようにしたところ，小球Bは単振動を始めた。

(6) 小球Bについて，時刻 $T<t<\frac{5}{2}T$ の範囲での位置の時間変化をグラフに実線で表せ。必要に応じて $\sqrt{2}\fallingdotseq1.4$ の近似を用いてよい。

壁の材質を変えて，図1のように時刻 $t<0$ で再び小球AとBおよび自然の長さのばねを速度 $-v$ で運動させたところ，時刻 $t=0$ で小球Aが壁と完全非弾性衝突した。この衝突の後，小球Bが小球Aと衝突することはなかった。

(7) 小球Aと壁が接触している時間は T の何倍かを数値で答えよ。

(8) 次の文章の〔　　〕に適切な用語を入れよ。

「小球Aが壁から離れた後，小球AとBの運動量はどちらも時間とともに変化するが，ばねでつながれた小球AとBを1つの物体系と考えたとき，ばねによる力は〔　　〕なので運動量の和は保存される。」

(9) 小球Aが壁から離れた後の，小球AとBの重心の運動を表す用語を記せ。　〔上智大〕

B

31. (3つのばねによる2物体の単振動)

質量 m の物体2つとばね定数 k のばね3つを用いて，なめらかな水平面上に連結したばね振り子をつくった(図1)。両物体に力を加えないとき，それらはばねの自然の長さの位置(図1中の点 O_1, O_2)に静止している。両物体はばねの伸縮方向にのみ動き，両端の壁は動かない。物体 j (=1, 2) の点 O_j からの変位を，右向きを正にとり x_j で表す。また物体 j の速度を v_j, 加速度を a_j で表す。ばねの質量や空気抵抗の影響は無視できる。解答は問題文末尾にある[　　]内の記号のうち必要なものを用いて表現すること。

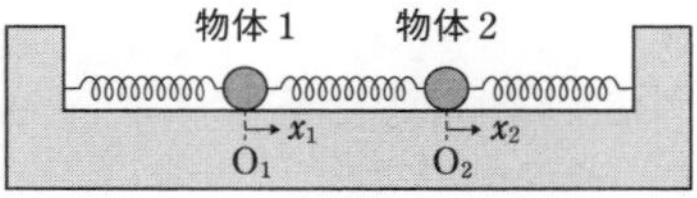

図1

両物体に手で外力を加えて $x_1=d$ (>0), $x_2=0$ の位置に静止させた。物体2を動かないように固定したまま，物体1のみからそっと手をはなすと物体1は単振動を始めた。

(1) 物体1に対する運動方程式を記せ。[m, k, x_1, v_1, a_1]

(2) 単振動の周期 T を求めよ。[m, k, d]

両物体を $x_1=x_2=0$ の位置にもどして静止させ，手をはなした。その後，物体2のみに手で外力を加えて $x_2=d$ となる位置に静止させた。このとき物体1も移動したのち静止した。

(3) 物体1の位置 x_1 を求めよ。[m, k, d]

(4) 物体2に加えている外力を求めよ。右向きを正とする。[m, k, d]

(5) 3つのばねに蓄えられている弾性力による位置エネルギーの和を求めよ。[m, k, d]

前問の状態において物体2からそっと手をはなすと，両物体は運動を始めた。手をはなした時刻を $t=0$ とする。

(6) 両物体に対する運動方程式を記せ。数式には括弧を用いずに表すこと。
[m, k, x_1, x_2, v_1, v_2, a_1, a_2]

両物体の運動を調べるために，変数変換 $y_1=x_1+x_2$，$y_2=x_1-x_2$ を行う。また y_j($j=1$, 2) に対応する速度を u_j，加速度を b_j で表す。

(7) u_1 および b_2 を，もとの変数を用いて表せ。[x_1, x_2, v_1, v_2, a_1, a_2]

(8) (6)で求めた2つの運動方程式を，新しい変数を用いて書き直せ。
[m, k, y_1, y_2, u_1, u_2, b_1, b_2]

(9) 時刻 $t=0$ での y_1 および u_2 の値，すなわち $y_1(0)$，$u_2(0)$ の値を記せ。[m, k, d]

(10) $y_1(t)$，$y_2(t)$ を求めよ。[m, k, d, t]
また，それらの概形を図2のグラフに示せ。$y_1(t)$ は実線，$y_2(t)$ は点線で示すこと。ただし $t\geqq 0$ であり，グラフの横軸にある T は(2)で求めた量である。

(11) $x_2(t)$ を求めよ。[m, k, d, t]　〔東京医歯大〕

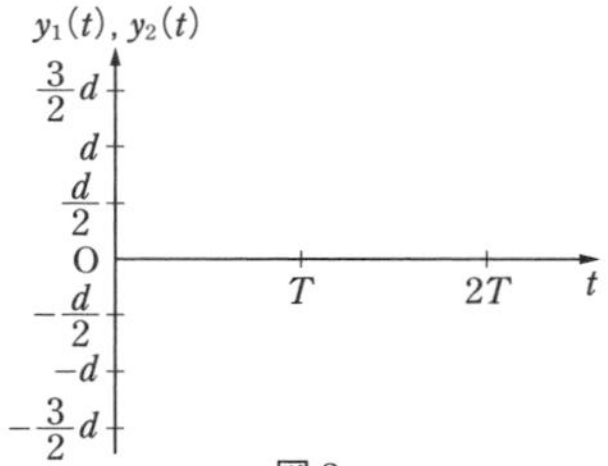

図2

32. (ベルトコンベア上の物体の単振動)　思考

図1のように，十分に長いベルトをもつベルトコンベアをベルトと床とのなす角が $\theta\left(0<\theta<\frac{\pi}{2}\right)$ となるように水平な床に固定する。ベルトのなす斜面にそった x 軸を斜面上向きが正になるようにとる。x 軸は常に床に対して静止している。このベルト上の物体の運動を考える。物体Aの質量は m である。また，ベルトと物体Aとの間の静止摩擦係数は μ，動摩擦係数は μ' である。物体は x 軸方向にのみ運動し，回転しないものとする。特に断りのないかぎり，物体の座標や速度はこの x 軸に対して定義する。重力加速度の大きさを g とし，物体の大きさや空気抵抗は無視してよい。

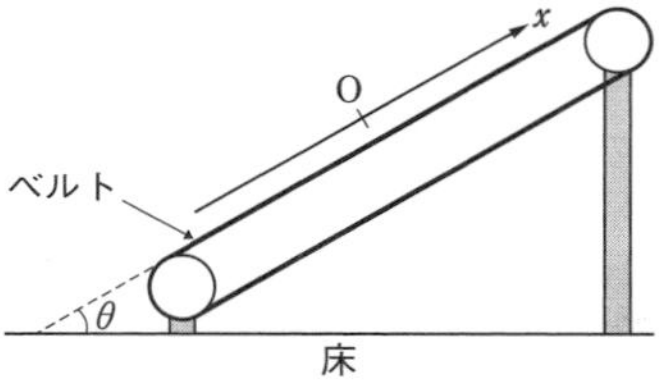

図1

〔A〕 初めに図2のように，$\theta=\theta_1$ とし，ベルトが静止しているときの物体Aの運動を考える。$x=0$ において物体Aに初速度 v_0($v_0>0$) を与えたところ，物体Aは斜面にそって上昇した後，再び $x=0$ にもどった。

(1) 物体Aが最高点に到達したときの x 座標を求めよ。

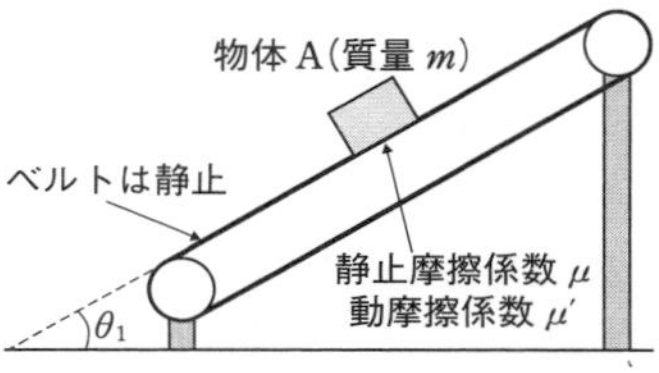

図2

(2) 物体Aが $x=0$ にもどったときの速度を μ', v_0, θ_1, m, g のうち必要なものを用いて表せ。

〔B〕 次に，図3のように $\theta=\theta_2$ とし，一定の速度 $V(V>0)$ でベルトが動いているときの物体Aの運動を考える。

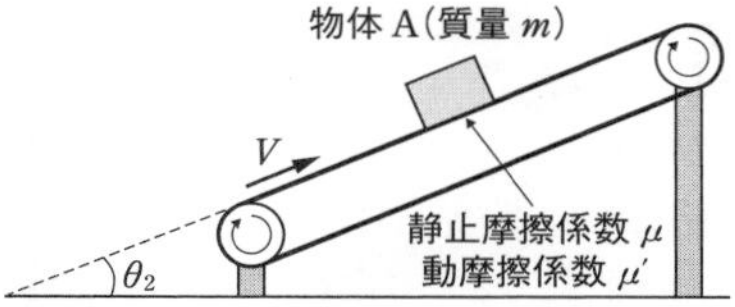

図3

(1) 時刻 $t=0$ に物体Aを初速度0でベルトに置いたところ，物体Aは斜面上向きに移動し始めた。物体Aの速度を時刻 $t\,(t>0)$ の関数として表せ。

(2) $x=0$ において物体Aに初速度 $-v_0(0<v_0<V)$ を与えたところ，物体Aは斜面にそって下降した後，再び $x=0$ にもどった。物体Aが $x=0$ にもどったときの速度を求めよ。

〔C〕 図4のように $\theta=\theta_3$ とし，ばね定数 k のばねでつながれた物体Aと物体Bをベルト上に置く。物体Aは物体Bより常に高い位置にある。ベルトは一定の速度 $V(V>0)$ で動いている。物体Bの質量は m で，物体Bとベルトとの間に摩擦はない。ばねは均質であり，ばねの質量は無視できる。

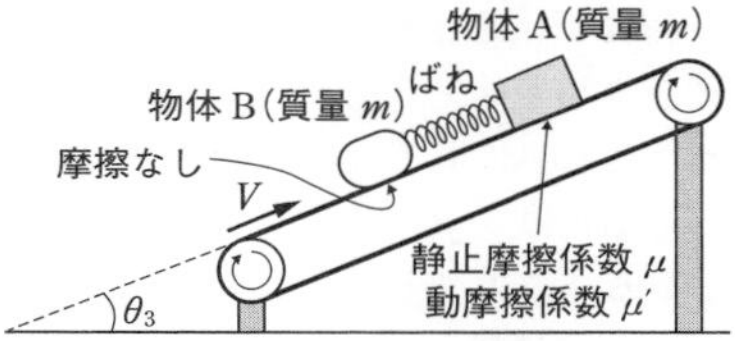

図4

ばねを自然の長さから長さ d_0 だけ伸ばした状態で，物体Aおよび物体Bを速度0でベルトに置いたところ，２つの物体は x 軸に対して静止し続けた。

(1) d_0 を V, θ_3, m, g, k のうち必要なものを用いて表せ。

(2) μ' を V, θ_3, m, g, k のうち必要なものを用いて表せ。

次に物体Bの速度を0から V に瞬間的に変えた。この時刻を $t=0$ とする。物体Aは時刻 $t_1(t_1>0)$ に初めてベルトと同じ速度になった。物体Aおよび物体Bの速度をそれぞれ v_A および v_B とする。

(3) 時刻 $t\,(0<t<t_1)$ における物体Aと物体Bの重心Gの速度 $v_G=\dfrac{v_A+v_B}{2}$ を t, V, θ_3, m, g, k のうち必要なものを用いて表せ。

(4) 時刻 $t\,(0<t<t_1)$ における物体Aおよび物体Bの運動は，重心Gから見るとそれぞれ単振動とみなせる。このことを用いて $0<t<t_1$ における v_B および t_1 を，それぞれ t, V, θ_3, m, g, k のうち必要なものを用いて表せ。ここで，重心Gから物体Aおよび物体Bまでの距離がともに d だけ減少すると，物体Aがばねから受ける力は $2kd$ 変化することを用いてもよい。

時刻 t_1 以降，物体Aはベルトに対して静止し続けた。

(5) 時刻 $t\,(t>t_1)$ における v_B を t, V, θ_3, m, g, k のうち必要なものを用いて表せ。

(6) 物体Aがベルトに対して静止し続けるために μ が満たすべき条件を，V, θ_3, m, g, k のうち必要なものを用いて表せ。

〔東京大〕

8 温度と熱量

A

33. (熱量の保存)

次の［ア］〜［エ］にそれぞれの**解答群**から最も適する答えを選べ。

質量 m_A〔g〕で比熱が c_A〔J/(g·K)〕の物体Aと，質量 m_B〔g〕で比熱が c_B〔J/(g·K)〕の物体Bがある。

一般に，物体の比熱は，その物体の温度の変化と，物体に与える熱量の関係を定量的に考察するうえで，重要な量である。例えば，物体に与えた熱がすべてその物体の温度変化に使われるとすると，Aの温度を T〔K〕から $3T$〔K〕に上げるためには，［ア］〔J〕の熱量をAに対して与えなければならないということがわかる。

また比熱がわかれば，温度の異なる2つの物体を熱的に接触させた場合，その2つの物体の温度変化を定量的に考察することもできる。例えば，T_A〔K〕のAと T_B〔K〕$(T_A > T_B)$ のBを接触させ，十分時間がたち，AとBがともに T_1〔K〕になるという現象を考える。このときAとBの間でのみ熱の移動があったとすると，Aが T_A〔K〕から T_1〔K〕になるまでに失った熱量は［イ］〔J〕であり，Bが T_B〔K〕から T_1〔K〕になるまでに得た熱量は［ウ］〔J〕である。このことから $T_1=$［エ］〔K〕であるとわかる。

［ア］の解答群

① m_Ac_AT　② $2m_Ac_AT$　③ $3m_Ac_AT$　④ $4m_Ac_AT$

［イ］の解答群

① $m_Ac_AT_A$　② $m_Ac_AT_1$　③ $m_Ac_A(T_1-T_A)$　④ $m_Ac_A(T_A-T_1)$

［ウ］の解答群

① $m_Bc_BT_B$　② $m_Bc_BT_1$　③ $m_Bc_B(T_1-T_B)$　④ $m_Bc_B(T_B-T_1)$

［エ］の解答群

① $\dfrac{m_Ac_AT_A+m_Bc_BT_B}{m_Ac_A+m_Bc_B}$　② $\dfrac{m_Ac_AT_A+m_Bc_BT_B}{m_Ac_A-m_Bc_B}$

③ $\dfrac{m_Ac_AT_A-m_Bc_BT_B}{m_Ac_A-m_Bc_B}$　④ $\dfrac{m_Ac_AT_A-m_Bc_BT_B}{m_Ac_A+m_Bc_B}$

〔金沢工大〕

34. (水の状態変化)

図1のように，ヒーターと温度計を内蔵した金属容器が断熱箱に納められている。この金属容器に200gの氷を入れたところ，氷と金属容器全体の温度は一様に −19℃になった。この状態を初期状態とよぶことにする。ヒーターのスイッチを入れて，一定の電力10Wでゆっくり加熱したところ，金属容器内の温度は図2のA→B→C→Dのように変化した。金属容器内の圧力は1気圧に保たれており，また水の蒸発の影響や金属容器内の空気，ヒーター，温度計，および断熱箱の熱容量は無視できるものとする。水の比熱を4.2J/(g·K)とし，氷や水，金属容器や実験に用いる球体の比熱は，実験した温度範囲でそれぞれ一定であるとして次の問いに答えよ。

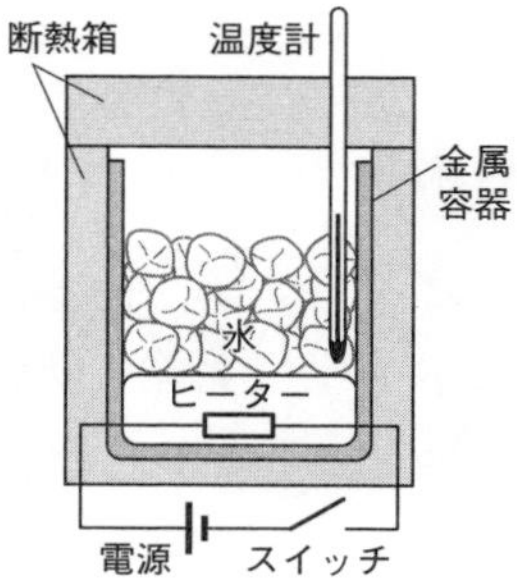

図1

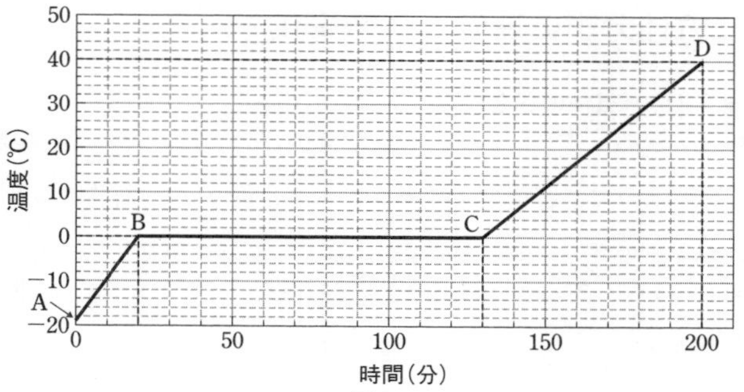

図2

(1) 200g の氷が 0°C になってから完全に融解するまでに加えられた熱量として最も適切なものを次の①～⑤のうちから1つ選べ。

① 1.2×10^4 J　② 4.2×10^4 J　③ 6.6×10^4 J　④ 7.8×10^4 J　⑤ 1.2×10^5 J

(2) 氷の融解熱として最も適切なものを次の①～⑤のうちから1つ選べ。

① 60J/g　② 210J/g　③ 330J/g　④ 390J/g　⑤ 600J/g

(3) 金属容器の熱容量として最も適切なものを次の①～⑤のうちから1つ選べ。

① 210J/K　② 230J/K　③ 250J/K　④ 270J/K　⑤ 290J/K

(4) 氷の比熱として最も適切なものを次の①～⑤のうちから1つ選べ。

① 1.8J/(g·K)　② 1.9J/(g·K)　③ 2.0J/(g·K)　④ 2.1J/(g·K)　⑤ 2.2J/(g·K)

次に，水と金属容器の温度が 40°C になったところでヒーターのスイッチを切り，その中に表1のいずれかの物質からなる温度 2°C，質量 100g の球体を入れた。十分に時間が経過した後，全体の温度は 37°C になった。

表1　物質の比熱[注)]

物質	比熱〔J/(g·K)〕
金	0.13
銀	0.24
亜鉛	0.39
鉄	0.45
アルミニウム	0.90

注）理科年表 2023（丸善出版）に基づく。25°C，1気圧での値。

(5) 金属容器に入れた球体の素材は何と推定されるか。最も適切なものを次の①～⑤のうちから1つ選べ。

① 金　② 銀　③ 亜鉛　④ 鉄　⑤ アルミニウム

球体を取り出して系を初期状態にもどし，(5)の素材からなる質量 200g の球体を 80°C に加熱して金属容器に入れた。十分に時間が経過した後，氷の一部が融解していた。

(6) 融解した氷の質量として最も適切なものを次の①～⑤のうちから1つ選べ。

① 5.8g　② 6.3g　③ 6.8g　④ 7.3g　⑤ 7.8g

〔防衛大〕

9 気体分子の運動と状態変化

A

35. (気体の混合)

次の[ア], [イ]に最も適するものを，それぞれの**解答群**の中から1つずつ選べ。

図のように，容積 V の断熱容器Aと容積 $\frac{2}{3}V$ の断熱容器Bがコックのついた細い管でつながれている。初めコックは閉じられていて，容器Aには圧力 P，絶対温度 T の単原子分子理想気体が入っており，容器Bには圧力 $3P$，絶対温度 $\frac{3}{2}T$ の単原子分子理想気体が入っていた。コックを開いて気体を混合させると，混合後の気体の圧力は P'，絶対温度は T' になった。このとき，$\frac{T'}{T}=$[ア]，$\frac{P'}{P}=$[イ] である。ただし，気体の内部エネルギーの和は，混合の前後で保たれるものとする。

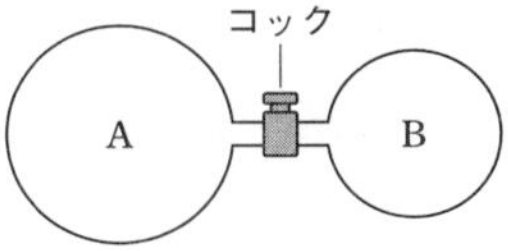

[ア]の解答群

① $\frac{2}{5}$　② $\frac{7}{5}$　③ $\frac{9}{7}$　④ $\frac{11}{7}$　⑤ $\frac{5}{13}$　⑥ $\frac{15}{13}$

[イ]の解答群

① $\frac{9}{5}$　② $\frac{3}{5}$　③ $\frac{1}{5}$　④ $\frac{11}{7}$　⑤ $\frac{13}{7}$　⑥ $\frac{15}{7}$

〔東京都市大〕

36. (気体分子の運動)

気体の圧力と内部エネルギーについて，気体分子の運動の観点から考える。

図1のように，ピストン付きの片側の閉じた容器に，質量 m の単原子分子 N 個からなる気体を閉じこめた。この容器と外部との間における熱の出入りは無視できる。容器の内壁にそって x, y, z 軸をとり，気体と接するピストンの面を面Aとする。面Aは各辺の長さが L の正方形で y 軸に垂直であり，ピストンは y 軸に平行な向きになめらかに動かせるとする。最初，ピストンは面Aが $y=L$ の位置にあるように固定されていた。容器の内壁および面Aと分子の衝突は弾性衝突であるとする。また，分子と分子の間には力がはたらいていないものとし，重力は無視できるとする。

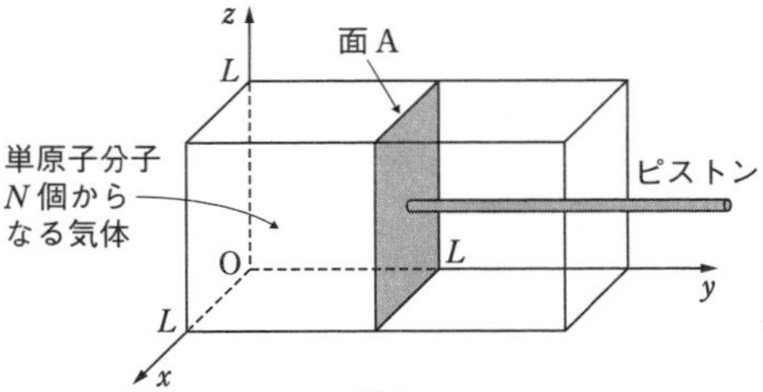

図1

まず，1つの分子と面Aの衝突について考える。面Aに衝突する直前の分子の速度の y 成分を v_y とする。分子どうしの衝突は生じないとしてよい。

(1) この分子と面Aの1回の衝突において，面Aが分子から受ける力積の大きさを求めよ。

(2) この分子が時間 t の間に面Aと衝突する回数を求めよ。

(3) 面Aが時間 t の間に，この分子から受ける平均の力の大きさを求めよ。

次に，N 個の分子全体を考える。N 個の分子について，速さの2乗の平均を $\overline{v^2}$，速度の x,

y, z 成分の2乗の平均をそれぞれ $\overline{v_x{}^2}$, $\overline{v_y{}^2}$, $\overline{v_z{}^2}$ とする。分子の運動はどの方向にも均等で偏りがないため, $\overline{v_x{}^2}=\overline{v_y{}^2}=\overline{v_z{}^2}$ と考えることができる。よって, $\overline{v_y{}^2}=\dfrac{\overline{v^2}}{3}$ としてよい。

(4) 面Aが時間 t の間に, N 個の分子から受ける平均の力 F を求め, その結果を利用して, この気体の圧力 p を求めよ。ただし, どちらも N, m, L, $\overline{v^2}$ を用いて表すこと。

続いて, ピストンを動かしたときの気体の内部エネルギーの変化について考える。ピストンの固定を外した後, ピストンを一定の速さで y 軸の負の向きにゆっくりと動かし, 図2のように, 面Aが $y=L-\Delta L$ の位置に到達したときにピストンを再び固定した。ただし ΔL は L に比べて十分に小さいとする。ピストンを動かしていた時間を T とし, ピストンを動かす前後での気体の内部エネルギーの変化を ΔU とする。

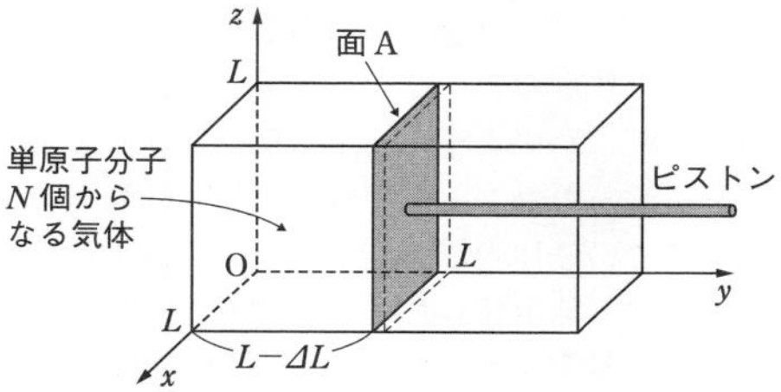

図2

まず, 1つの分子について, ピストンを動かす前後での運動の変化を考える。ピストンを動かし始めた後, 面Aと初めて衝突する直前の分子の速度の y 成分を v_y とする。

(5) ピストンを動かし始めた後, 面Aと初めて衝突した直後の分子の速度の y 成分を求めよ。

(6) ピストンを動かし終えた後の, 分子の速度の y 成分の大きさを求めよ。ただし ΔL が十分に小さいため, ピストンを動かしていた時間 T の間に分子と面Aが衝突する回数は, (2)の答えで t を T としたものに等しいとしてよい。

次に, N 個の分子全体について考える。

(7) N 個の分子の運動エネルギーの総和は, ピストンを動かす前は $\dfrac{N}{2}m(\overline{v_x{}^2}+\overline{v_y{}^2}+\overline{v_z{}^2})$ であったが, ピストンを動かし終えた後には [ア] $\times\Delta L$ だけ増加した。ただし $\dfrac{\Delta L}{L}$ が十分に小さいため, 近似式 $\left(1+\dfrac{\Delta L}{L}\right)^2 \fallingdotseq 1+2\dfrac{\Delta L}{L}$ が成りたつものとする。

[ア] に入る適切な式を N, m, L, $\overline{v^2}$ を用いて表せ。

(8) ピストンの移動によりこの気体が外部からされた仕事 W を求め, 断熱変化における熱力学第一法則 $\Delta U=W$ が成りたっていることを示せ。ただし ΔL が十分に小さいため, 気体の圧力 p は(4)の答えに等しいとしてよい。

〔大阪公大〕

37. (気球)

気体に関する次の問いに答えよ。

〔A〕 物質量 n の単原子分子理想気体を考える。気体の単位物質量当たりの質量を M, 気体定数を R とする。気体は, 密度 ρ, 体積 V, 温度 T の状態にあった。

(1) 気体の圧力 P を, n は使わずに, V, T, ρ, M, R のうち必要なものを用いて答えよ。

気体の圧力 P を一定に保った状態で, 気体に熱量 Q をゆっくりと与えたところ, 気体の体積が $\Delta V\,(>0)$ だけ膨張した。

(2) この過程で気体が外部にした仕事を，P，Q，$\varDelta V$，T のうち必要なものを用いて答えよ。

(3) この過程で，気体の密度はどのように時間変化するかを，次の選択肢から最も適切なものを選び，記号で答えよ。

① 変わらない　　② 単調に減少する
③ 単調に増加する　　④ 増加と減少をくり返す

(4) この過程での気体の温度の変化を $\varDelta T$ とする。気体の内部エネルギーの変化および与えた熱量 Q を，$\varDelta T$，n，R のうち必要なものを用いてそれぞれ答えよ。

〔B〕 図に示すように下端に開口部がある薄い素材でできた球体に，積荷を搭載したゴンドラがつり下げられた気球を考える。開口部があるため，そこでの球体内部の空気の圧力は周囲の大気の圧力と等しくなる。空気以外の気球全体(ゴンドラ，つり下げるひもを含む)の質量を100kg，積荷の質量を140kg，球体内部の体積を $V=600\,\mathrm{m^3}$ とする。大気の温度は $T_0=280\,\mathrm{K}$ で高度によらず一定とする。地表での大気の密度は $\rho_0=1.2\,\mathrm{kg/m^3}$，大気の圧力は $P_0=1.0\times10^5\,\mathrm{Pa}$ とする。空気は理想気体として風の影響は無視する。積荷の体積も無視する。またゴンドラ，つり下げるひもの体積は無視する。重力加速度の大きさは高度によらず $g=9.8\,\mathrm{m/s^2}$ とする。

気球が地表にある場合を考える。

(1) 球体内の空気の質量の値を答えよ。

(2) 球体内の空気を加熱したところ，気球は浮上した。浮上した瞬間の球体内部の空気の密度と温度の値をそれぞれ答えよ。

(3) 気球には，球体内部の空気の温度をいくら上げても気球が浮かなくなる質量の限界値がある。この気球が浮上できる積荷の質量の最大値を答えよ。

次に，ゴンドラの積荷を減らして，球体内部の空気の温度を(2)の値に保ち続けたところ，周囲の大気の密度が $1.1\,\mathrm{kg/m^3}$ となる高度まで気球は上昇して静止した。

(4) ある高度 h での大気の圧力を P_h，密度を ρ_h とする。P_h を T_0，P_0，ρ_0，ρ_h，g のうち必要なものを用いて答えよ。

(5) 上昇した気球に搭載されている積荷の質量の値，および上昇して気球が静止した高度での大気の圧力の値をそれぞれ答えよ。

〔関西学院大〕

38. (気体の状態変化と熱効率)

なめらかに動くピストンを備えたシリンダー内に1molの単原子分子理想気体を封入し，図のような状態変化A→B→C→D→Aを1サイクルとする熱機関をつくった。状態A，B，C，Dの圧力と温度をそれぞれ，(p_A〔Pa〕，T_A〔K〕)，(p_B〔Pa〕，T_B〔K〕)，(p_C〔Pa〕，T_C〔K〕)，(p_D〔Pa〕，T_D〔K〕)(ただし，$p_\mathrm{A}>p_\mathrm{D}>p_\mathrm{B}>p_\mathrm{C}$)とし，状態AとDの体積を V_1〔$\mathrm{m^3}$〕，状態BとCの体積を V_2〔$\mathrm{m^3}$〕(ただし，$V_2>V_1$)とする。また，A→BおよびC→Dの過程は，断熱変化である。このサイクルについて次の問いに答えよ。ただし，状態変化

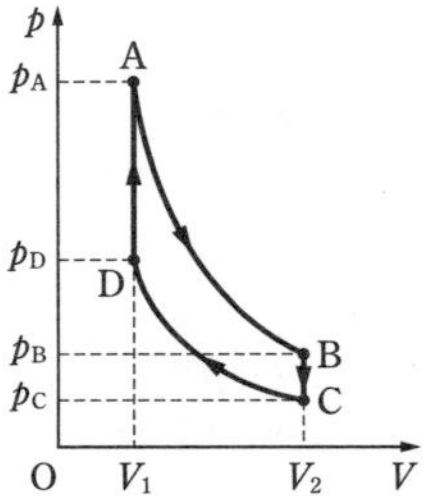

はすべてゆっくり行われるものとし，気体定数を R〔J/(mol·K)〕とする。
(1) T_A を，p_A，R，V_1 を使って表せ。
(2) T_B と T_C の大小関係を，不等式で答えよ。
(3) A→Bの過程における，
　(a) 気体の内部エネルギーの増加 $\Delta U_{A\to B}$〔J〕
　(b) 気体が吸収した熱量 $Q_{A\to B}$〔J〕
　(c) 気体が外部にした仕事 $W_{A\to B}$〔J〕
　を，R，T_A，T_B の中から必要な文字を使って表せ。
(4) B→Cの過程における，
　(a) 気体が外部にした仕事 $W_{B\to C}$〔J〕
　(b) 気体が吸収した熱量 $Q_{B\to C}$〔J〕
　を，R，T_B，T_C の中から必要な文字を使って表せ。また，
　(c) $Q_{B\to C}$ は正か負か0か，答えよ。
(5) D→Aの過程における，
　(a) 気体が吸収した熱量 $Q_{D\to A}$〔J〕
　を，R，T_A，T_D の中から必要な文字を使って表せ。また，
　(b) $Q_{D\to A}$ は正か負か0か，答えよ。
(6) この熱機関の1サイクルの間に，気体が外部にした正味の仕事 W〔J〕を，R，T_A，T_B，T_C，T_D の中から必要な文字を使って表せ。
(7) この熱機関の熱効率を，R，T_A，T_B，T_C，T_D の中から必要な文字を使って表せ。

〔京都工芸繊維大〕

39.（気体の状態変化と圧力）

図1Aのように，鉛直方向に立てられた断面積 S のシリンダーになめらかに動くことのできるピストンで単原子分子理想気体(以下，気体とよぶ)を密閉した。ピストンの重さと厚さは無視できる。シリンダーは，液体を流入させるための注入口と液体を流出させるための排出口に，水平方向に走る細い管を介してつながっている。注入口の下端はシリンダーの底面から高さ $3a\,(a>0)$ の位置にあり，コックを使って液体と気体の流入を制御できる。排出口は注入口の鉛直上方にあり，排出口の下端と注入口の下端は距離 $h\,(a<h<2a)$ だけ離れている。シリンダーの側面とピストンは熱を通さず，シリンダーの底面は熱の出入りができるようになっている。シリンダーの壁の厚さは無視できる。シリンダーと注入口・排出口とをつなぐ細い管およびコックの大きさ・体積も無視できる。

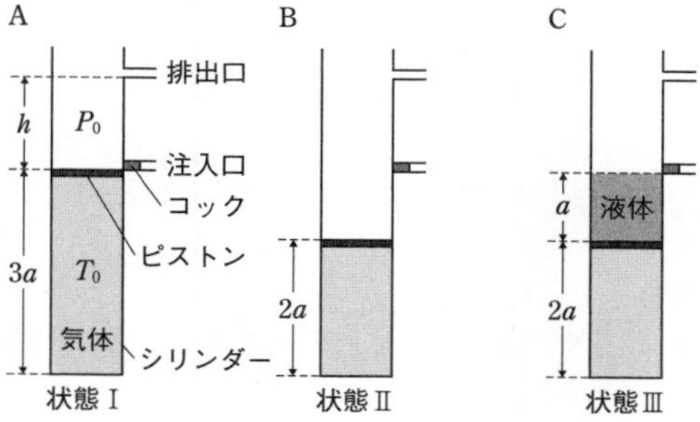

図1

大気圧 P_0 の外気にさらされたピストンによって閉じこめられた気体の絶対温度は T_0 であり，ピストンの高さは注入口の下端と同じであった。この状態をⅠとよぶ(図1 A)。ここから気体の温度が自然に下がり，ピストンの高さが $2a$ になった。この状態をⅡとよぶ(図1 B)。さらにコックを開き，加熱しながら気体の体積を変化させることなく液体を静かに流入させ，液面の高さが注入口の下端と同じになったところでコックを閉じた。この状態をⅢとよぶ(図1 C)。

気体の状態は十分にゆっくり変化するものとし，重力加速度の大きさを g，液体の密度を ρ として，次の問いに答えよ。

(1) 状態Ⅱでの気体の絶対温度はいくらか。

(2) 状態変化Ⅰ→Ⅱの間に気体が外部にした仕事はいくらか。

(3) 状態変化Ⅱ→Ⅲの間に気体が外部にした仕事はいくらか。

状態Ⅲに引き続き，気体の加熱を続けると，液面はゆっくり上昇し，排出口の下端に達した。この状態をⅣとよぶ(図2 A)。さらに加熱を続けると，液体が排出口から流出し始めた。そして，ピストンが排出口の下端に達したと同時にすべての液体の排出が終わり，ここで加熱を止めた。この状態をⅤとよぶ(図2 B)。

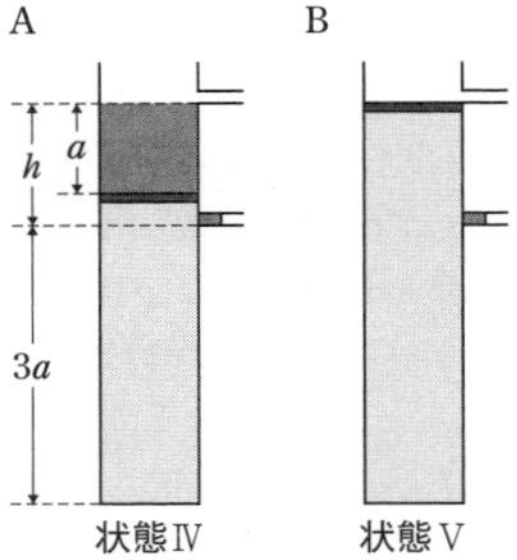

図2

(4) 状態Ⅲ，Ⅳ，Ⅴ，それぞれでの気体の圧力および絶対温度を求め，次の表の欄(a)～(f)に記せ。

	圧力	絶対温度
状態Ⅲ	(a)	(b)
状態Ⅳ	(c)	(d)
状態Ⅴ	(e)	(f)

(5) 状態変化Ⅲ→Ⅳの間に気体が吸収した熱量はいくらか。

(6) 状態変化Ⅳ→Ⅴの間に気体が外部にした仕事はいくらか。

(7) 状態変化Ⅳ→Ⅴの間に気体が吸収した熱量はいくらか。

さらに，状態Ⅴは，気体の温度が自然に下がるにつれてピストンの位置も下がり，状態Ⅰにもどった。ここでコックを開くと，ピストンの位置が下がるにつれて液体が流入し，状態Ⅲにもどった。

(8) 状態変化Ⅲ→Ⅳ→Ⅴ→Ⅰ→Ⅲの一巡で，気体が外部にした仕事はいくらか。

〔名古屋市大〕

B

40.（気体の状態変化）

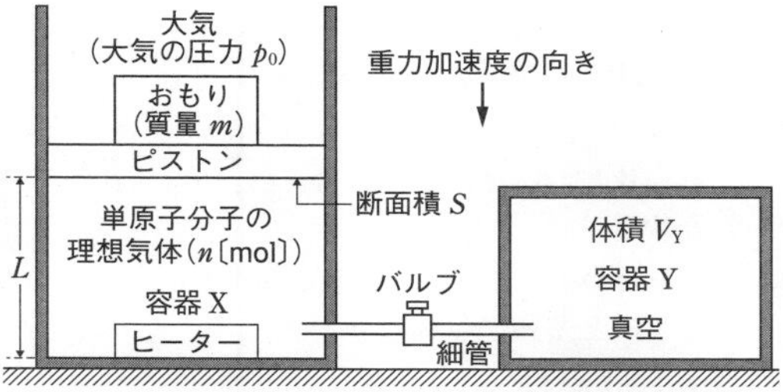

図に示すように，大気環境下で円筒容器XとYが水平な床に固定されている。容器XとYは細管とバルブ(コック)を介して内部がつながっている。容器X内のピストンは，断面積 S の底面をもち，鉛直方向に摩擦なしでなめらかに動くことができる。また，ピストンの位置は固定することもできる。容器Xの中にはヒーターがあり，気体の温度を上げることができる。容器Y内の体積は V_Y である。

最初，細管のバルブは閉じられている。容器X内には n〔mol〕の単原子分子の理想気体が入っており，容器Y内は真空となっている。また，ピストンに質量 m のおもりがのせられている。

すべての容器，細管，バルブやピストンは断熱材料でつくられている。また，ピストンの質量，細管の体積，ヒーターの体積およびヒーターの熱容量は無視できるものとする。気体定数を R，重力加速度の大きさを g，大気の圧力を p_0 として次の問いに答えよ。なお，単原子分子の理想気体のゆっくりとした断熱変化では，圧力 p と体積 V が「pV^γ＝一定」の関係を満たす。γ は比熱比とよばれる定数である。また，大気の圧力 p_0 は一定で，容器内の気体の分子にはたらく重力は無視できるものとする。

(1) 初めにピストンが自由に動ける状態にした。すると，ピストンは，図のようにその底面が容器X内の底面から高さ L の位置で静止していた。このときの容器X内の気体の温度 T_1 を，p_0，m，g，S，L，n，R のうち必要なものを用いて表せ。

(2) (1)の状態(温度 T_1)から，ピストンの底面を高さ L の位置のまま固定し，バルブを開いた。すると，気体は容器Y内に広がるだけで容器の壁やピストンに対して仕事をせず，バルブを開いて十分に時間が経過した後に，容器X内とY内の気体の温度と圧力は等しくなった。このときの気体の温度 T_2 を，T_1，p_0，m，g，S，L，V_Y のうち必要なものを用いて表せ。

(3) (2)の状態から，バルブを開いたままヒーターを用いて容器X内とY内の気体の温度を T_3 まで上昇させて，ピストンの固定を外した。すると，ピストンの底面は高さ L の位置で変わらなかった。このときの気体の温度 T_3 を，p_0，m，g，S，L，V_Y，n，R のうち必要なものを用いて表せ。

(4) (3)の状態から，バルブを再び閉じて，おもりをピストンからゆっくりと外した。すると，容器X内の気体において，ゆっくりとした断熱変化が起こり，ピストンの底面は高さ $L+\Delta L$ の位置となった。このとき，$\dfrac{\Delta L}{L}$ を，p_0，m，g，S，γ，n，R のうち必要なものを用いて表せ。

(5) 次の文章の［ア］と［イ］に入るべき式を，それぞれの｛　　｝の中に与えられた文字のうち必要なものを用いて表せ。

(3)および(4)の過程における内部エネルギー変化と仕事を求めてみよう。まず，(3)の操作において，ヒーターによって容器X内とY内の気体を T_2 から T_3 まで温めたことによる内部エネルギー変化 ΔU は

$\Delta U=$ ア $\{p_0,\ m,\ g,\ S,\ L,\ V_Y,\ n,\ R\}$

となる。また，(4)の断熱変化で気体がピストンに対して行った仕事 W は

$W=$ イ $\{p_0,\ m,\ g,\ S,\ L,\ \Delta L,\ V_Y\}$

と表せる。

(6) (3)の状態から，バルブを開いたまま，おもりをピストンからゆっくりと外した。すると，容器X内とY内の気体において，ゆっくりとした断熱変化が起こり，ピストンの底面は高さ $L+\Delta L'$ の位置となった。このとき，$\Delta L'$ と(4)で求めた ΔL の比 $\dfrac{\Delta L'}{\Delta L}$ を，L，S，V_Y のうち必要なものを用いて表せ。

〔大阪大 改〕

41.（気体の状態変化と熱効率）

図1のようにシリンダーとピストンおよび温度調節機からなる装置に理想気体1molが封入されている。必要に応じて温度調節機により気体を加熱あるいは冷却するものとする。初期状態を体積 V_0，圧力 p_0，温度 T_0（状態0）とする。状態0から図2に示す体積 V_e（$V_e>V_0$）の状態への次の3通りの変化を考える。

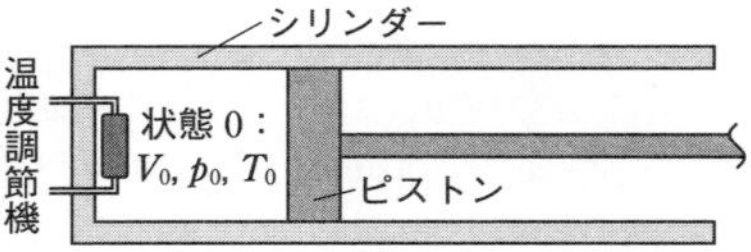

図1

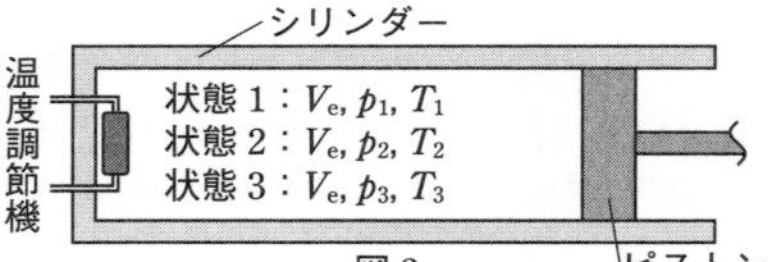

図2

・定圧変化：変化後の体積 V_e，圧力 p_1，温度 T_1（状態1）
・等温変化：変化後の体積 V_e，圧力 p_2，温度 T_2（状態2）
・断熱変化：変化後の体積 V_e，圧力 p_3，温度 T_3（状態3）

ここで，定圧モル比熱を C_p，定積モル比熱を C_V とし，比熱比を $\gamma=\dfrac{C_p}{C_V}$，体積比を $a=\dfrac{V_e}{V_0}$ とする。なお，シリンダーとピストンの間には摩擦はないものとする。さらに，気体はシリンダーおよびピストンと熱のやりとりをしないものとする。

〔A〕 定圧変化，等温変化，断熱変化において気体が外部にする仕事をそれぞれ W_p，W_T，W_A とし，定圧変化および等温変化において気体に加える熱量をそれぞれ Q_p，Q_T とする。次の問いに答えよ。

(1) 定圧変化，等温変化，断熱変化の概略を p–V 図としてかけ。そして W_p，W_T，W_A の大小関係を不等式で表せ。

(2) $\dfrac{W_p}{Q_p}$ および $\dfrac{W_T}{Q_T}$ を C_p，C_V を用いた数式，あるいは数値で表せ。

〔B〕 状態0から状態3への断熱変化を用いた熱機関を考える。状態0から状態3への断熱変化の後，圧力を p_3 に保ちながら，体積を V_e から V_0 にもどす。ここで，圧力 p_3，体積

V_0 の状態を状態 4 とし，その温度を T_4 とする。その後，体積を V_0 に保ちながら気体に熱量 Q を加え，状態 4 から状態 0 にもどす。次の問いに答えよ。

(3) 問〔A〕の W_A と Q の比 $\dfrac{W_A}{Q}$ を a と γ を用いて表せ。

(4) この熱機関の熱効率 e_A は a と γ を用いると次のように表される。空欄 $\boxed{\text{ア}}$ に当てはまる数式を答えよ。

$$e_A = 1 - \frac{\boxed{\text{ア}}}{a^{\gamma} - 1}$$

〔C〕 状態 0 から状態 2 への等温変化を用いた熱機関を考える。ここで状態 0 から状態 2 への等温変化において気体が外部にする仕事は $p_0V_0\log_e a$（e は自然対数の底）と表される。この等温変化後の状態 2（圧力 p_2）から，体積を V_e に保ちながら状態 3（圧力 p_3）まで変化させ，その後圧力を p_3 に保ちながら体積を V_e から V_0 にもどす。すなわち問〔B〕と同様に温度 T_4 の状態 4 まで変化させる。その後，体積を V_0 に保ちながら気体に熱量 Q を加え，状態 4 から状態 0 にもどす。次の問いに答えよ。

(5) 状態 2 から状態 3 への変化において気体が放出する熱量 Q_1 を p_0，V_0，γ，a を用いて表せ。ただし，気体が熱を吸収する場合には熱量は負とする。

(6) この熱機関の熱効率 e_T は a と γ を用いると次のように表される。空欄 $\boxed{\text{イ}}$ と $\boxed{\text{ウ}}$ に当てはまる数式を答えよ。

$$e_T = \frac{a^{\gamma}\log_e a + \boxed{\text{イ}}}{\boxed{\text{ウ}}}$$

〔D〕 状態 0 から状態 1 への定圧変化を用いた熱機関を考える。この定圧変化後の状態 1（圧力 p_1）から，体積を V_e に保ちながら状態 3（圧力 p_3）まで変化させ，その後圧力を p_3 に保ちながら体積を V_e から V_0 にもどす。すなわち，問〔B〕および問〔C〕と同様に温度 T_4 の状態 4 まで変化させる。その後，体積を V_0 に保ちながら気体に熱量 Q を加え，状態 4 から状態 0 にもどす。次の問いに答えよ。

(7) この熱機関の熱効率 e_p は a と γ を用いると次のように表される。空欄 $\boxed{\text{エ}}$ に当てはまる数式を答えよ。

$$e_p = \frac{(\gamma-1)(a-1)(a^{\gamma}-1)}{\boxed{\text{エ}}}$$

(8) $a=10$ および $\gamma=\dfrac{5}{3}$ として，この熱機関の熱効率 e_p と，問〔B〕および問〔C〕における熱機関の熱効率 e_A と e_T の 3 つの大小関係を不等式で表せ。必要に応じて

$$10^{\frac{5}{3}} \fallingdotseq 46,\quad 0.1^{\frac{5}{3}} \fallingdotseq 0.022,\quad \log_e 10 \fallingdotseq 2.3$$

であることを用いてよい。

〔東京工大〕

10 波 の 性 質

A

42. (波の反射)

長さ 1000mm(＝1m) のまっすぐで一様な細い金属棒の一端を原点とし，棒にそって x 軸をとる。一端($x=0$)から図1に示す波形の縦波の単独の波 ABC を入射する。図1の横軸は伝播方向にそった座標 x，縦軸はある時刻における媒質の x 軸方向変位 u〔m〕である。この棒を縦波は 4000m/s の速さで伝わり，棒の両端で自由端反射する。

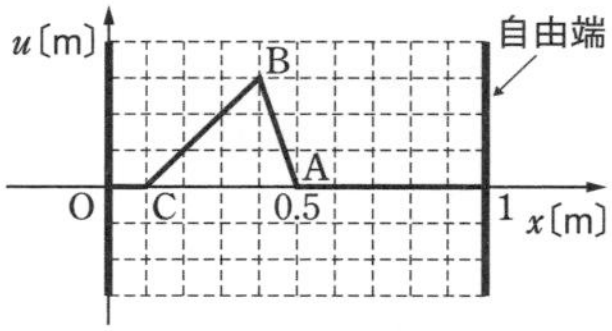

※縦軸と横軸の縮尺は異なる
図1

(1) 縦波の単独の波 ABC が $x=0.5$m の横断面を通過するのに要する時間(単独の波の前面Aが通過してから後面Cが通過するまでの時間)〔ms〕を求めよ。

(2) 単独の波 ABC が $x=0.5$m の横断面を最初に通過する過程における媒質の密度の時間変化として正しいものを次の①～④の中から選び，記号で答えよ。

① 疎→密，　② 密→疎，　③ 疎→密→疎，　④ 密→疎→密

(3) 図1に示す縦波は x 軸の正の向きに伝播し，$x=1$m の自由端で減衰なく反射する。前面Aが最初に $x=0.9$m の横断面に達した時刻を $t=0$ とし，$x=0.9$m における媒質の変位 u の時間変化を図2のグラフにかき入れよ。入射波を破線(------)，反射波を一点鎖線(-・-・-)，合成波を実線(——)で区別し，重なるところは実線を優先せよ。横軸の2箇所以上に印をつけて，その時刻 t の数値〔ms〕を入れよ。なお，図2にかかれているマス目の縦1マス分の長さは図1と同じである。

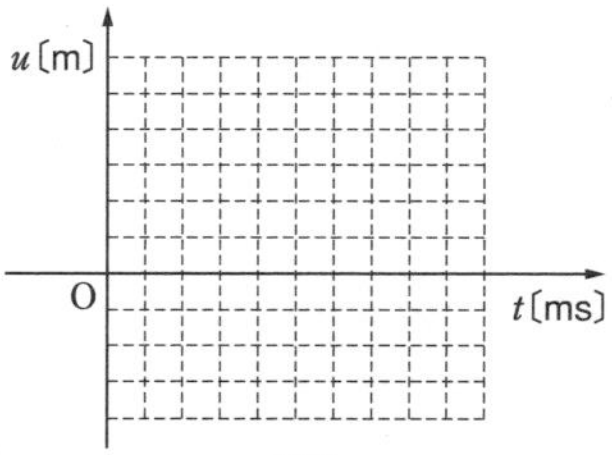

図2

〔名古屋工大〕

43. (平面波の屈折)

次の文中の空欄 ア ～ ク に当てはまる式または数値を記せ。

ホイヘンスの原理により屈折の法則を考えよう。図1のように，媒質 M_1 を速さ V_1 で進む振動数 f_1 の平面波が，入射角 θ_1 で媒質 M_2 との境界に入射する。入射波の波面が AA′ に達した瞬間にAからは M_2 へ進む素元波が発生し，続いて境界上の AB′ に達したこの波のAに近いほうから順々に素元波が生じる。A′ にあった波面が境界上の B′ に達するのに要する時間を t_1 とすると，A′B′＝ ア となる。その間に，A で生じた素元波は M_2 の中を速さ V_2 で広がり，A を中心とする半径 イ の円周上に達する。境界で次々と生じる素元波の広がり始める時刻がずれているため，半径の異なる無数の半円が M_2 の中につくられ，そのすべてに接する BB′ が屈折波の波

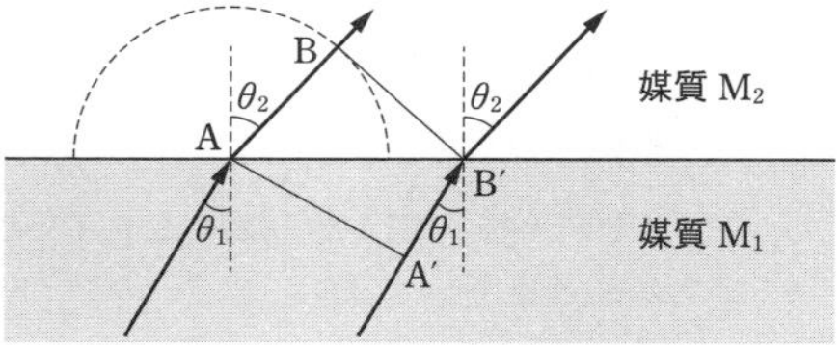

図1

面となる。直角三角形△AA′B′においてAB′をθ_1を用いて表すと AB′= ウ ，直角三角形△ABB′においてAB′を屈折角θ_2を用いて表すと AB′= エ が成りたち，これらを等しいとおくことにより屈折の法則が得られる。

ジェット気流や黒潮などのように流速の異なる帯状の領域が存在する。そのような領域の境界に波が入射すると，同じ媒質でも波の進む向きが変わる，屈折といえる現象が生じることが知られている。この場合の屈折について次のような理想的な状況で考えてみよう。図2のように，媒質が静止している領域R_1と媒質が境界に平行に一様な速さuで流れている領域R_2があり，R_1を進む振動数f_1の平面波が，入射角θ_1で境界に入射する。いずれの領域においても，媒質に対する波の進む速さはV_0である。入射波の波面がAA′に達してからA′にあった波面が境界上のB′に達するのに要する時間をt_0とする。この間に，AとB′で生じた素元波はR_2中で下流へ速さuで一様に流されながら媒質に対して速さV_0で広がる。AとB′で生じた素元波の円の中心をそれぞれCとC′とすると，このt_0だけ経過したときの移動距離は，uを用いて，

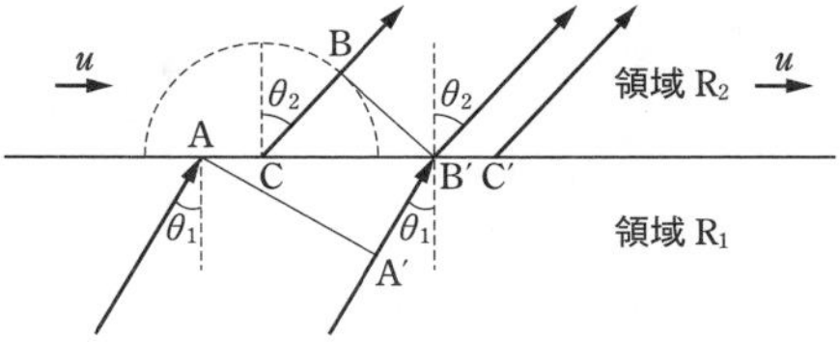

図2

B′C′=AC= オ と表される。屈折角をθ_2とすると，屈折波の振動数は カ ，波長はuを用いずに キ と表される。また，AB′=AC+CB′であることから，θ_1とθ_2を用いて，u= ク と表され，境界での波の屈折とuとの関係がわかる。

〔同志社大〕

11 音　　　波

A

44.（弦の振動）思考

次の文章を読み，後の問い(1)〜(5)に答えよ。

図1の装置を用いて，弦の固有振動に関する探究活動を行った。均一な太さの1本の金属線の左端を台の左端に固定し，間隔Lで置かれた2つのこまにかける。金属線の右端には滑車を介しておもりをぶら下げ，金属線を大きさSの一定の力で引く。金属線は交流電源に接続されており，交流の電流を流すことができる。以下では，2つのこまの間の金属線を弦とよぶ。弦に平行にx軸をとる。弦の中央部分にはy軸方向に，U字型磁石による一定の磁場（磁界）がかけられており，弦には電流に応じた力がはたらく。交流電源の周波数を調節すると弦が共振し，弦にできた横波の定在波（定常波）を観察できる。

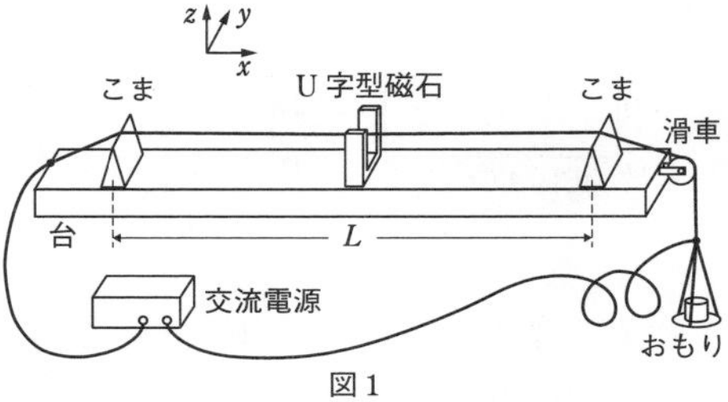

図1

(1) 次の文章中の空欄 ア ・ イ に入れる語の組合せとして最も適当なものを，後の①〜⑥のうちから1つ選べ。

金属線に交流電流が流れると，弦の中央部分は図1の ア に平行な力を受ける。弦が振動して横波の定在波ができたとき，弦の中央部分は イ となる。

	①	②	③	④	⑤	⑥
ア	x 軸	x 軸	y 軸	y 軸	z 軸	z 軸
イ	腹	節	腹	節	腹	節

(2) 弦に3個の腹をもつ横波の定在波ができたとき，この定在波の波長を表す式として最も適当なものを，次の①〜⑤のうちから1つ選べ。

① $2L$　② L　③ $\frac{2L}{3}$　④ $\frac{L}{3}$　⑤ $\frac{L}{2}$

定在波の腹が n 個生じているときの交流電源の周波数を弦の固有振動数 f_n として記録し，縦軸を f_n，横軸を n としてグラフをかくと図2が得られた。

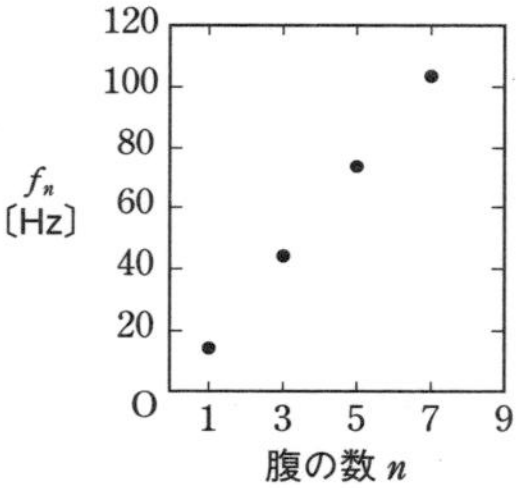

図2

(3) 図2で，原点とグラフ中のすべての点を通る直線を引くことができた。この直線の傾きに比例する物理量として最も適当なものを，次の①〜④のうちから1つ選べ。

① 弦を伝わる波の位相　② 弦を伝わる波の速さ
③ 弦を伝わる波の振幅　④ 弦を流れる電流の実効値

(4) 次の文章中の空欄 ウ に入れる式として最も適当なものを，後の①〜⑥のうちから1つ選べ。

おもりの質量を変えることで，金属線を引く力の大きさ S を5通りに変化させ，$n=3$ の固有振動数 f_3 を測定した。f_3 と S の間の関係を調べるために，縦軸を f_3 とし，横軸を S，$\frac{1}{S}$，S^2，$\sqrt{S}$ としてかいたグラフを図3に示す。これらのグラフから，f_3 は ウ に比例することが推定される。

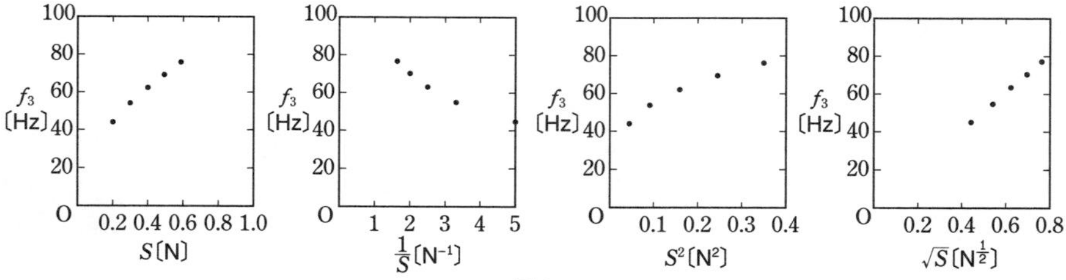

図3

① S　② $\sqrt{S}$　③ S^2　④ $\frac{1}{S}$　⑤ $\frac{1}{\sqrt{S}}$　⑥ $\frac{1}{S^2}$

次に，おもりの質量を変えずに，直径 $d=0.1$ mm，0.2 mm，0.3 mm の，同じ材質の金属線を用いて実験を行った。表1に，得られた固有振動数 f_1，f_3，f_5 を示す。

(5) 次の文中の空欄 [エ] に入れる式として最も適当なものを，直後の｛　　｝で囲んだ選択肢のうちから1つ選べ。

表1から，弦の固有振動数 f_n は

[エ] ｛① d　② $\sqrt{d}$　③ d^2　④ $\frac{1}{d}$　⑤ $\frac{1}{\sqrt{d}}$　⑥ $\frac{1}{d^2}$｝に，

ほぼ比例することがわかる。

表　1

	d=0.1mm	d=0.2mm	d=0.3mm
f_1〔Hz〕	29.4	14.9	9.5
f_3〔Hz〕	89.8	44.3	28.8
f_5〔Hz〕	146.5	73.9	47.4

以上の実験結果より，弦を伝わる横波の速さ，力の大きさ，線密度(金属線の単位長さ当たりの質量)の間の関係式を推定できる。

〔共通テスト 物理(本試)〕

45. (気柱の共鳴とドップラー効果)

図1のように，管内にピストンを備えたガラス管が水平に置かれている。まず，発振器をスピーカーにつないでこれを音源とし，このガラス管中の気柱の共鳴実験を行った。共鳴時の開口端での腹の位置は管口Oより少し外側にずれている。このずれを開口端補正という。次の(1)および(2)ではこの開口端補正を無視する。なお，すべての実験を1気圧のもとで行っている。

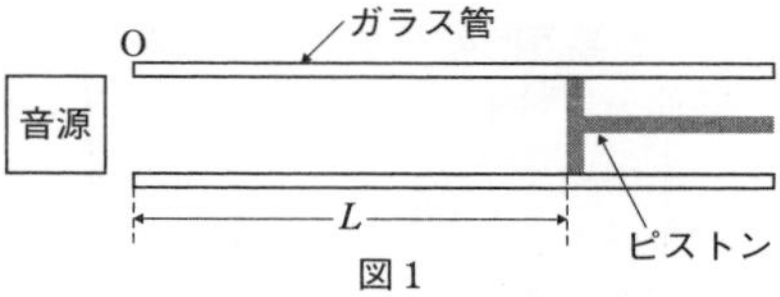

図1

(1) ピストンをOから L〔m〕離れた位置で静止させたうえで，O付近において発振器の振動数を0Hzから徐々に上げながらスピーカーを鳴らしたところ，振動数 f_0〔Hz〕で最初の共鳴が生じた。空気中の音の速さ V〔m/s〕を f_0, L を用いて表せ。また，次の共鳴は振動数 f_1〔Hz〕($f_1 > f_0$)で生じた。このときの振動数 f_1 を f_0 を用いて表せ。

(2) ピストンを(1)の位置のまま固定したうえで図2のように，管の中心軸上でOから少し離れた場所において振動数 f'〔Hz〕($f_0 < f' < f_1$)のおんさを鳴らしたところ共鳴は生じなかった。一方，このおんさを一定の速さでOに近づけていったところ共鳴が生じた。共鳴条件を満たすときの，おんさの速さの最小値 v〔m/s〕を V, f_1, f' を用いて表せ。なお，おんさの速さは音の速さよりも遅いものとする。

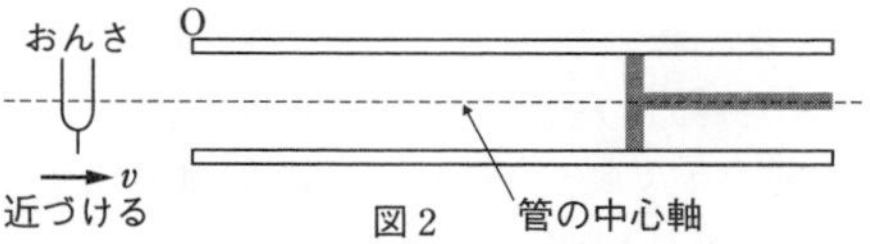

図2

次に，音源を振動数未知のおんさAとBにかえ，次のⅠ～Ⅳの実験を行った。なお，Ⅰ～Ⅲは(1)および(2)と同じ気温において行った。

Ⅰ　図3のように，O付近においておんさAを鳴らしておき，ピストンをOから徐々に遠ざけたところ，Oから距離 L_1〔m〕の位置で1度目の共鳴が生じ，距離 L_2〔m〕の位置で2度目の共鳴が生じた。

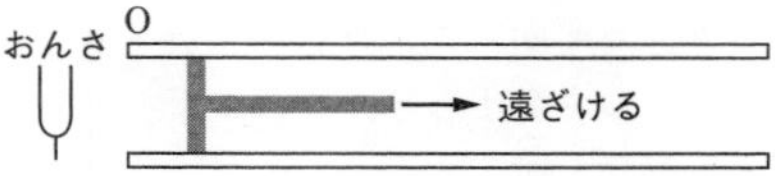

図3

Ⅱ　Ⅰの実験をおんさBにかえて行った。おんさBの2度目の共鳴が生じた位置は，おん

さAの2度目の共鳴が生じた位置よりも d〔m〕だけOから遠方へ移った。

Ⅲ　おんさAとBを同時に鳴らしたところ，毎秒 n 回のうなりが生じた。

Ⅳ　気温が ΔT〔°C〕上昇した際にⅠと同様の実験を行ったところ，1度目および2度目の共鳴の生じた位置は，Ⅱにおいて共鳴の生じた位置と一致した。

次の問いでは，開口端補正を考慮せよ。なお，開口端補正は音の振動数および気温に依存しないものとする。

(3) Ⅰにおいて，おんさAの発する音の波長 λ_A〔m〕を L_1，L_2 を用いて表せ。

(4) Ⅱにおいて，おんさBの発する音の波長 λ_B〔m〕を d，λ_A を用いて表せ。

(5) Ⅰ～Ⅲの結果をもとに，n を V，d，λ_A を用いて表せ。

(6) Ⅳにおいて，空気中の音の速さの変化量 ΔV〔m/s〕は気温の変化量 ΔT〔°C〕および比例係数 α〔m/(s·°C)〕を用いて $\Delta V = \alpha\Delta T$ のように表せるものとする。α を V，λ_A，λ_B，ΔT を用いて表せ。　〔岐阜大〕

46.（斜め方向のドップラー効果とスピードガン）思考

各問いに対する解答では{　　}内に記号が示されている場合には，その記号のうち必要なものを用いて記せ。

図1のように，速さ v で動く物体の進行方向の延長上の地点Aに装置を置く。装置から振動数 f の波を発生させ，物体で反射されてもどってきた波の振動数を測定すると，f' であった。波の速さを $V(>v)$ として，次の問いに答えよ。

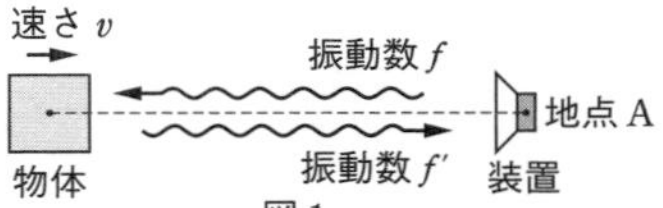

図1

(1) 速さ v で動く物体を観測者とみなし，この観測者が観測する波の振動数 f_R について考える。

(a) 波の波長 λ を求めよ。$\{f,\ V\}$

(b) 時間 t の間に観測者が受ける波の個数を，λ を用いて表せ。ここで，1波長分の波を1個と数える。$\{\lambda,\ v,\ V,\ t\}$

(c) 振動数 f_R を求めよ。$\{f,\ v,\ V\}$

(2) 速さ v で動く物体を，振動数 f_R の波を発生する発信源とみなし，地点Aの装置で測定される波の振動数 f' について考える。

(a) 時間 t の間に波が進む距離および発信源が進む距離を求めよ。$\{v,\ V,\ t\}$

(b) 地点Aで観測される波の波長を求めよ。$\{f_R,\ v,\ V\}$

(c) 振動数 f' を求めよ。$\{f_R,\ v,\ V\}$

(3) 物体の速さ v を，f' を用いて表せ。$\{f,\ f',\ V\}$

次に，図2のように，速さ v で動く物体の進行方向と角 θ をなす向きの地点Bに装置を置いた。装置から振動数 f の波を発生させ，物体で反射されてもどってきた波の振動数を測定すると，f'' であった。なお，この配置における波の反射を考える際には，物体が，その速度の地点B方向への成分で，地点Bに近づいているとみなしてよい。

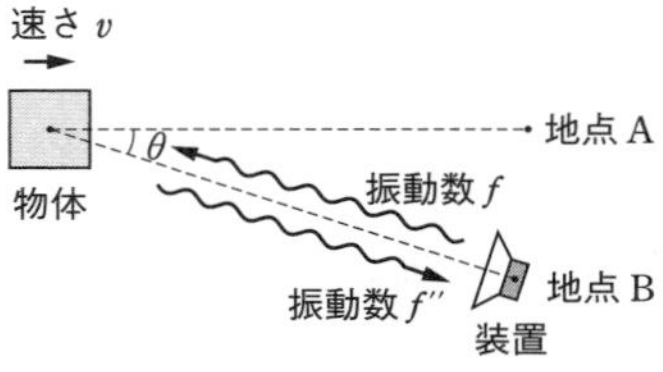

図2

(4) 物体の速さ v を，f'' を用いて表せ。$\{f,\ f'',\ V,\ \theta\}$

(5) 記述 スピードガンは，物体に超音波や電磁波を当てて反射波の振動数を測定することで，物体の速さを算出する。いま，実際には角 θ の方向(地点B)から測定したにもかかわらず，正面(地点A)から測定したと仮定して速さを算出してしまった。このとき算出した速さ($v_{測}$)は実際の速さ($v_{真}$)と比べて大きいか小さいかを理由とともに述べよ。また，相対誤差の大きさを求めよ。

ここで，相対誤差の大きさは $\dfrac{|v_{測}-v_{真}|}{v_{真}}$ で定義される。$\{f,\ V,\ \theta\}$ 〔岡山大〕

47. (音源が円運動する場合のドップラー効果)

次の〔A〕～〔C〕を読み(1)～(4)に答えよ。音の速さを V とし，風の影響はないものとする。

〔A〕 図1のように一定の振動数 f_0 の音波を出す音源Sが，一定の速さで右向きに移動しており，ある点 P_1 を通過したときに出した音を，点 P_2 で静止している観測者が聞く。このときに観測者が受け取る音波の振動数を f' とする。音源Sが点 P_1 を通過するとき，その速度の P_1P_2 方向(音源と観測者を結ぶ方向)の成分の大きさを $v(v<V)$ とする。

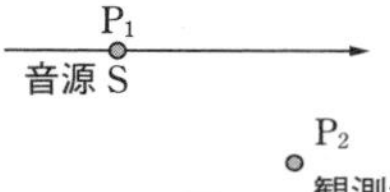

図1

(1) f' を f_0，V，v の中から必要なものを用いて記せ。

〔B〕 図2のように一定の振動数 f_0 の音波を出す音源Sが，ある点Oのまわりを周期 T，速さ $v(v<V)$ で等速円運動している。この軌道面上で軌道より外側にいる観測者Rが，音源Sから来る音波の振動数を計測している。時刻 $t=0$ のときに音源が発した音波を，観測者が受け取った際の振動数は f_0 であった。また，$t=\dfrac{T}{4}$，$\dfrac{T}{2}$，$\dfrac{3}{4}T$ のときに音源が発した音波を，観測者が受け取った際の振動数はそれぞれ f_1，f_2，f_3 であり，$f_1>f_3$ であった。また，$t=\dfrac{T}{4}$ のときの音源Sの位置での $\angle$SRO を ϕ とする。

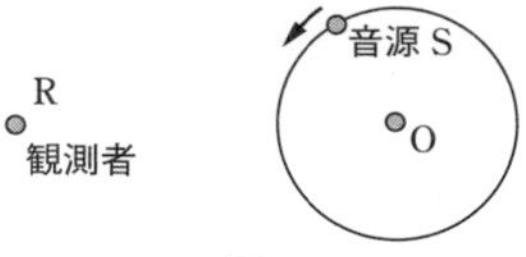

図2

(2) f_2 を，f_0，T，v，V，ϕ の中から必要なものを用いて記せ。

(3) f_3 を，f_0，T，v，V，ϕ の中から必要なものを用いて記せ。

〔C〕 図2に示した音源Sの軌道面が，図3のように傾いた。音源Sの軌道面の法線と直線ORのなす角を θ とする。時刻 $t=0$ に音源が発した音波を，観測者が受け取った際の振動数は f_0 であった。また，$t=\dfrac{T}{4}$，$\dfrac{T}{2}$，$\dfrac{3}{4}T$ のときに音源が発した音波を，観測者が受け取った際の振動数はそれぞれ f_1'，f_2'，f_3' であり，$f_1'>f_3'$ であった。また，$t=\dfrac{T}{4}$ のときの音源S の位置での $\angle$SRO を ϕ とする。

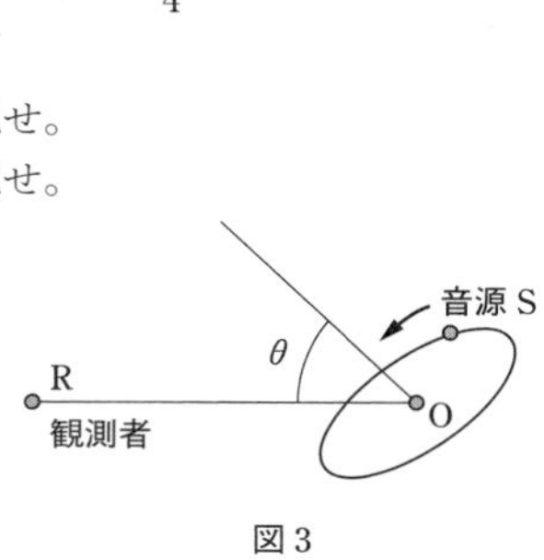

図3

(4) f_1' を，f_0，T，v，V，ϕ，θ の中から必要なものを用いて記せ。 〔立教大〕

12 光　　波

A　48. (光の屈折)

図のように，水中に単色光を発する点光源Pがあり，Pの真上の水面の点をOとする。空気の屈折率を1，水の屈折率を $n(>1)$ とし，次の問いに答えよ。

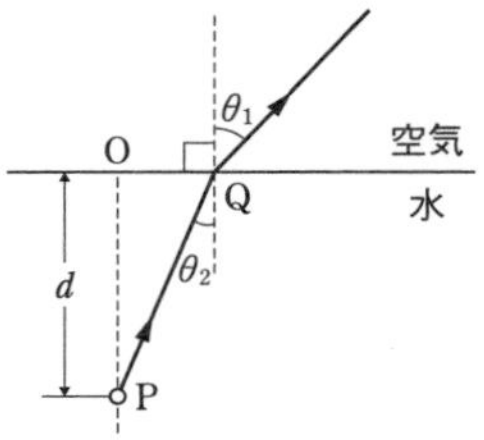

(1) 図の光の経路について，光が通過する水面上の点をQとする。Qにおける θ_1 と θ_2 の間に成りたつ関係式を書け。

(2) 光源の水面からの深さを d，OQの距離を r とし，$\sin\theta_2$ を d および r を用いて表せ。

(3) Oを中心とする半径 R の薄い不透明な円盤で水面をおおい，光源Pを鉛直上向きに徐々に上げていったところ，水面からの深さが d_c の所で空気中のどこからも光源が見えなくなった。d_c を求めよ。

(4) 半径 R の薄い不透明な円盤を置いたまま，水面全体を屈折率 $n'(>n)$，厚さ h のガラス板でおおい，(3)と同様の実験を行った。光源が見えなくなる水面からの深さ d_c' を求めよ。ただし，ガラス板と水および円盤との間にすき間はないものとする。

〔新潟大〕

49. (光ファイバー)

空所を埋め，問いに答えよ。［　エ　］は選択肢{　}の中から適切なものを選べ。

光ファイバーは光通信や医療用の内視鏡などに活用されている。そのしくみを簡単なモデルで考察しよう。図1に円柱状の光ファイバーの断面を示す。光ファイバーはまっすぐで十分に長く，その長さを l とする。光ファイバーは2層からなっており，

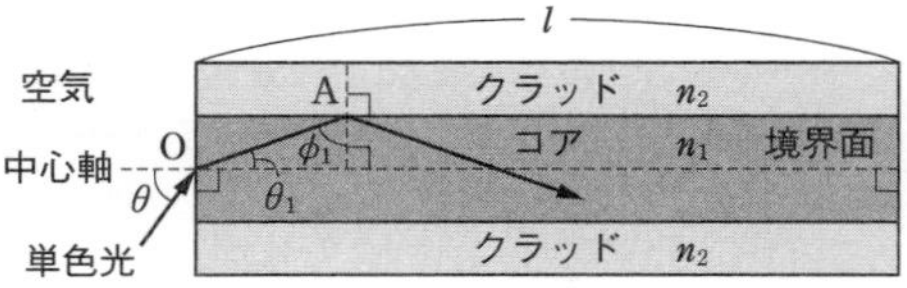

図1　光ファイバーのモデルの断面

内側の円柱状の媒質はコアとよばれ，その屈折率(絶対屈折率)は n_1 である。外側の円筒状の媒質はクラッドとよばれ，その屈折率は n_2 である。コアとクラッドの中心軸は一致しており，図1の断面はその中心軸を含んでいる。光ファイバーの両端の面は中心軸に対して垂直である。屈折率 n_1，n_2 は一定であり，$n_1>n_2>1$ とする。空気の屈折率を1とし，空気中の光の速さを c とする。

図1の矢印のように単色光(以下，光とよぶ)が空気中からコアの左端の面の中心Oに入射した。この光は図1の断面内を進むとする。光がコア内を進み，コアとクラッドの境界面で常に全反射すれば，光はコアからもれずに光ファイバーの右端の面まで伝わる。したがって離れた場所へ光の信号を少ない損失で送ることができる。

空気中から入射角 $\theta(0°\leqq\theta<90°)$ でコアに光が入射した。

(1) 屈折角 θ_1 について，$\sin\theta_1$ を θ と n_1 を用いて表せ。

(2) コアを進む光の速さを c と n_1 を用いて表せ。

以下では中心Oから入射した光がコアからもれずに光ファイバーを伝わる条件を考えよう。

図1の点Aで反射した光について，クラッドとの境界面への入射角を ϕ_1 とする。点Aで光が全反射するための条件は，ϕ_1，n_1，n_2 を用いて次の不等式で表される。

$\sin\phi_1 \geqq$ [ア] ……①

図1より $\sin\phi_1=\cos\theta_1$ である。光が空気からコアにさまざまな入射角 θ で入射したとき，コアからもれずに光ファイバーを通過する時間には差が生じる。最短の通過時間は光が中心Oから光ファイバーの右端まで最短距離で進む場合であり，l，c，n_1 を用いて [イ] となる。最長の通過時間は①式より l，c，n_1，n_2 を用いて [ウ] となる。

実際の光ファイバーでは入射角 θ による光の通過時間の差を縮めるための工夫がなされている。例えば中心軸を通る光が境界面付近を通るときよりも遅く進むようにする。そのためにコアの屈折率は一定ではなく，中心軸での屈折率が境界面付近の屈折率よりも [エ] {大きく，小さく}なるように調整されている。

コアの屈折率は一定として，①式に(1)の結果を用いることで θ，n_1，n_2 の間には次の②式の条件が成りたつ。②式を満たしていればコアから光はもれない。

$\sin\theta \leqq \sqrt{\text{[オ]}}$ ……②

光ファイバーのコアは細いため，レンズで光を集めてコアに入射させると効率がよい。これを簡単なモデルで考察しよう。図2に半径が R で焦点距離が f である円形の薄い凸レンズの断面を示す。凸レンズの中心からの距離が R 以下で入射した光はこのレンズによって屈折するものとする。凸レンズの光軸は光ファイバーの中心軸と一致しており，光ファイバーの左端から距離 f の位置に凸レンズを設置する。光軸と平行に凸レンズに入射した光は凸レンズを透過した後，中心Oに入射した。図2より入射角 θ には最大値があり，そのときの $\sin\theta$ は R と f を用いて [カ] と表される。(カ)が②式を満たすことから，n_1，n_2，R，f の間には次の③式の条件が成りたつ。

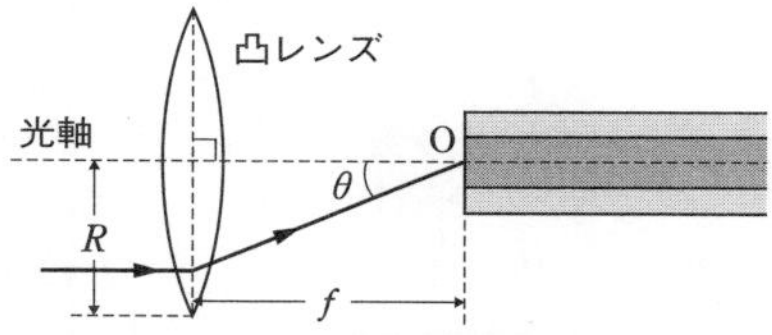

図2　凸レンズの光軸に平行に入射した後，光ファイバーに入射する光

([キ]) $\times R^2 \leqq$ (オ) $\times f^2$ ……③

(3) $f=\sqrt{3}R$ の凸レンズで③式の条件を考えよう。図3のグラフに条件の境界線を実線でかき，条件を満たす領域を斜線で示せ。

〔大阪工大〕

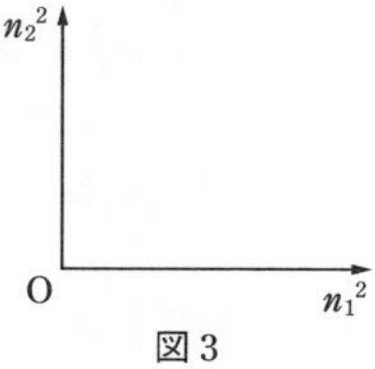

図3

50. (ヤングの実験)

2つのヤングの実験を考える。

第一の実験配置を図1に示す。空気中に板1，板2，スクリーンを平行に置く。光源からの光が，板1のスリット S_0 を，さらに板2の間隔 d の二重スリット S_1，S_2 を通った後にスクリーンに投影される。光の波長は λ である。板1と板2の距離は R，板2とスクリーンの距離は L

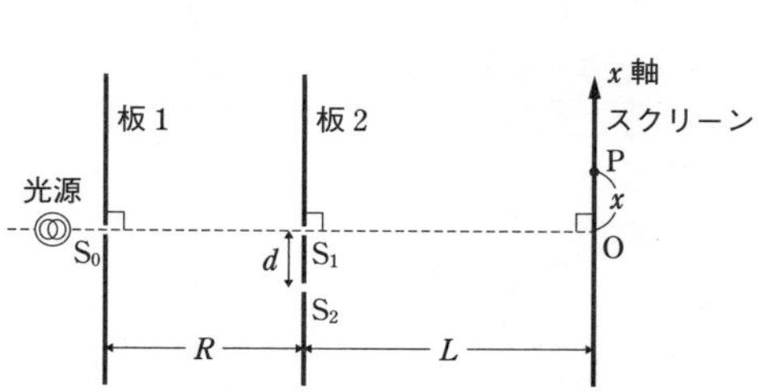

図1

である。スクリーン上に x 軸をとる。光源からスクリーンに向かって垂直に引いた点線とスクリーン上との交点を x 軸の原点Oとする。S_0, S_1, O は一直線上になるように配置されている。x 軸上の任意の点をPとし，その座標を x とする。板1と板2は光を通さず，その厚さは無視できる。スリットの幅は λ 程度，空気の屈折率は1とする。$R \gg d$, $R \gg x$, $L \gg d$, $L \gg x$ と考える。次の問いでは，指示があれば $|z| \ll 1$ のときに成りたつ①式の近似を用いよ。

$$\sqrt{1+z} \fallingdotseq 1+\frac{1}{2}z \quad \cdots\cdots ①$$

また，経路 S_0 から S_1 までの光路長(光学距離)を S_0S_1 と表すことにする。S_0S_2, S_1P, S_2P も同様である。

(1) 次の文章の［ア］～［ク］に，λ, d, L, R, x, m $(m=0,\ \pm1,\ \pm2,\ \cdots)$ から必要なものを用いて，適切な式を記入せよ。

「三角形 $S_0S_1S_2$ は直角三角形なので，光路長 S_0S_2 は［ア］である。光路差 $\varDelta R = S_0S_2 - S_0S_1$ は，近似式①を用いると，$\varDelta R \fallingdotseq$［イ］となる。光路長 S_1P と S_2P はそれぞれ［ウ］，［エ］と書け，光路差 $\varDelta L = S_2P - S_1P$ は近似式①を用いると $\varDelta L \fallingdotseq$［オ］となる。

以上の結果から，光路差 $(S_0S_2+S_2P)-(S_0S_1+S_1P)$ は［カ］となる。この光路差が $m\lambda$ に等しいとき明線が現れ，明線の座標は $x=$［キ］と表される。特に $m=0$ のときの明線の位置は $x_0=$［ク］となる。」

第二の実験配置を図2に示す。第一の実験配置に加えて，S_1 の光源側に屈折率 n を自由に変化できる厚さ W の薄膜を配置する。n を1から徐々に大きくすると，第一の実験配置で位置 x_0 にある明線が移動する。ただし，薄膜による光の反射は無視できる。また，この薄膜は S_2 を通る光に影響を及ぼさない。

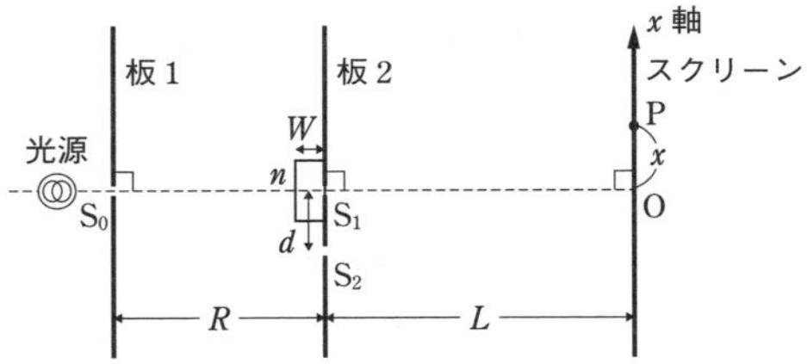

図2

(2) 次の文章の［ケ］～［シ］に，λ, d, L, R, x, W, n, m $(m=0,\ \pm1,\ \pm2,\ \cdots)$ から必要なものを用いて，適切な式を記入せよ。

「薄膜の屈折率が n のとき，光路長 S_0S_1 は［ケ］と表される。(1)と同様に光路差を計算すると，点Pが明線となる条件は［コ］となる。特に $m=0$ のときの明線の位置は $x_0'=$［サ］と表される。この明線の座標が原点Oとなるときの屈折率は $n=1+$［シ］である。」

〔広島大〕

51.（回折格子）

図1のように，光源から真空中での波長λの単色光を回折格子に垂直に入射し，スクリーン上の干渉パターンを観測することを考える。回折格子には一定の間隔dで多数のスリットが並んでいる。回折格子から距離Lだけ離れた位置に，回折格子と平行にスクリーンを置く。光源の正面をスクリーンの原点(点O)とする。距離Lは回折格子の間隔dに比べて非常に大きく，各スリットからスクリーン上の点に向かう光は平行とみなすことができる。空気の絶対屈折率を1，真空中の光の速さをcとして，次の問いに答えよ。

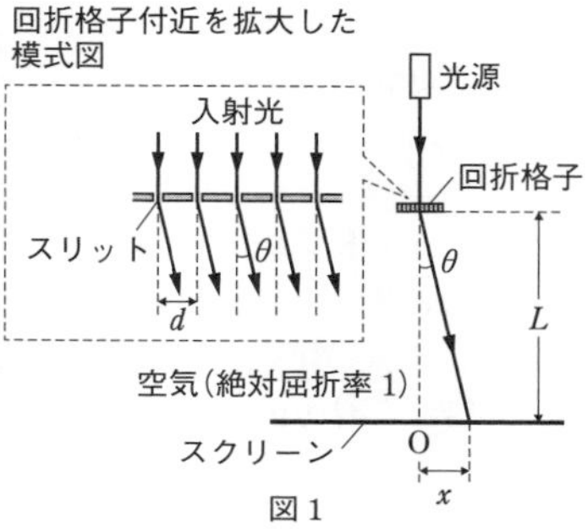

図1

(1) 空気中で光源からの単色光(真空中での波長λ)を回折格子(スリットの間隔d)に垂直に入射し，入射光の方向となす角度θの方向に回折格子からの光が強めあうとき，角度θの満たす条件を表す式を，0以上の整数mを用いて求めよ。

この回折格子を用いて，次の実験イ，ロ，ハを行った。実験では，角度θは十分に小さく，$\sin\theta \fallingdotseq \tan\theta$ と近似できるものとする。

実験イ

図1において，空気中で単色光(真空中での波長λ)を回折格子(スリットの間隔d)に入射したところ，スクリーン上の点O上に明線が観測され，そのほかにも明線が観測された。

(2) スクリーン上の点O上の明線の隣に観測された明線と点Oとの距離xを求めよ。

実験ロ

図2のように，実験イからさらに，液面がスクリーンに平行となるように絶対屈折率n_1($n_1>1$)の透明な液体に回折格子とスクリーンを浸したところ，スクリーン上に明線が観測された。以下，液面で反射した光は無視できるものとする。

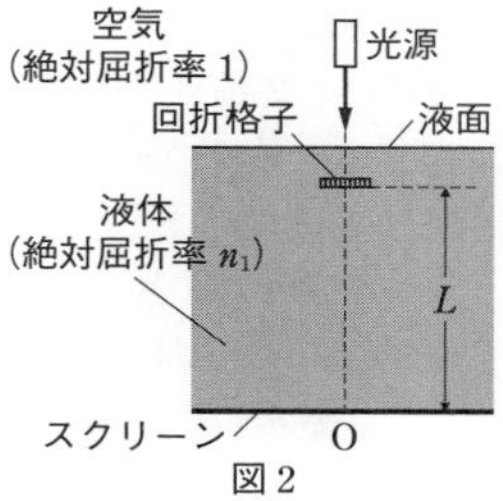

図2

(3) 光源からの単色光の液体中での速さを求めよ。

(4) 光源からの単色光の液体中での波長を求めよ。

(5) スクリーン上の点O上の明線の隣に観測された明線と点Oとの距離を求めよ。

実験ハ

図3のように，実験イからさらに，回折格子とスクリーンの間に絶対屈折率n_2($n_2>1$)，厚さDの透明で平坦な板をスクリーンに平行に設置したところ，スクリーン上に明線が観測された。以下，板と空気との境界で反射した光は無視できるものとする。

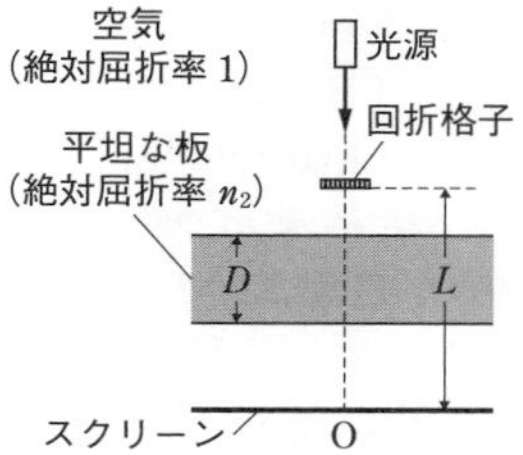

図3

(6) スクリーン上の点O上の明線の隣に観測された明線と点Oとの距離を求めよ。

(7) 真空中での波長λが5.3×10^{-7}m である単色光の光源を用いて，1.0cm 当たりのスリット数が5.0×10^{2}本の回折格子を用いたときと3.0×10^{2}本の回折格子を用いたときのそれぞれについてスクリーン上の明線の位置を調べたところ，点O上の明線の隣に観測された明線と点Oとの距離には4.5mmだけ差があった。$L=0.50$m，$D=0.20$m であるとき，挿入した板の絶対屈折率 n_2 を有効数字2桁で求めよ。

〔香川大〕

52. (ニュートンリング)

屈折率の異なる媒質の境界面での光の反射と光の干渉について考える。次の問いに答えよ。ただし，空気の屈折率を1とし，円周率を π とする。また，$|t|$ が1よりも十分小さいとき，$(1+t)^a \fallingdotseq 1+at$ (a は実数) の近似式を用いよ。

〔A〕 図1に示すように，空気中に置かれた，上面が球面で下面が平面の平凹レンズの上に，上面が平面で下面が球面の平凸レンズをのせる。ここで，点Oを原点とし，鉛直上向きを正として z 軸をとり，右向きを正として x 軸をとる。2つのレンズは点Oで接触しており，z 軸と2つのレンズの平面は直交している。平凹レンズの球面の中心は点 C_1，球面半径は R_1 であり，平凸レンズの球面の中心は点 C_2，球面半径は R_2 である。この平凸レンズの真上から波長 λ の単色光を入射させ，反射光を真上から見ると，点Oを中心とする明暗の環が同心円状に観察された。この明暗の環は，平凸レンズの下面で反射した光と平凹レンズの上面で反射した光が干渉して生じたものとする。観察される暗環は中心側から順に正の整数を用いて1番目の暗環，2番目の暗環，…と区別することとする。ただし，暗環が中心に位置した場合にかぎり，0番目の暗環とよぶこととする。また，平凹レンズと平凸レンズの屈折率を n_1 とし，$n_1>1$ とする。

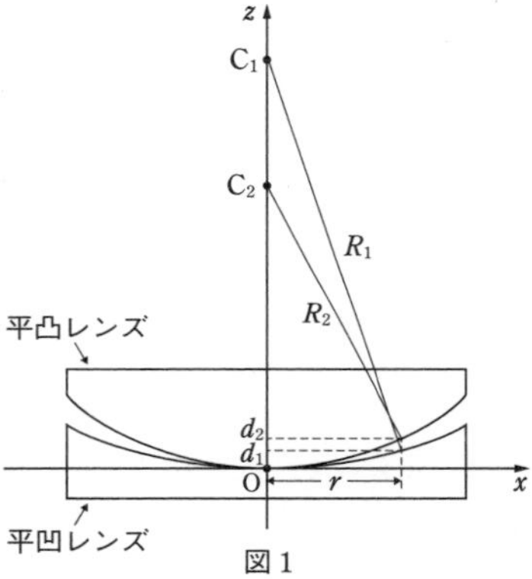

図1

(1) z 軸からの距離 r における平凹レンズ上面の z 座標 d_1 を r と R_1 を使って答えよ。ただし，d_1 および r は R_1 に比べて十分に小さいものとする。

(2) z 軸からの距離 r における平凸レンズ下面の z 座標 d_2 を r と R_2 を使って答えよ。ただし，d_2 および r は R_2 に比べて十分に小さいものとする。

(3) z 軸からの距離 r において暗環が観察される条件式を d_1, d_2, λ, および整数 m を使って答えよ。

(4) 平凹レンズの球面半径 R_1 が 1.00×10^{-1}m，単色光の波長 λ が 4.00×10^{-7}m のとき，r が 4.00×10^{-3}m の位置で4番目の暗環が観察された。このときの平凸レンズの球面半径 R_2 を m 単位，有効数字2桁で答えよ。

〔B〕 次に，図2に示すように，図1に示す平凹レンズと平凸レンズを屈折率 n_1 のガラス容器の中に置き，平凹レンズと平凸レンズ間のすき間および容器の中を屈折率 n_2 の透明な液体で満たした。この平凸レンズの真上から波長 λ の

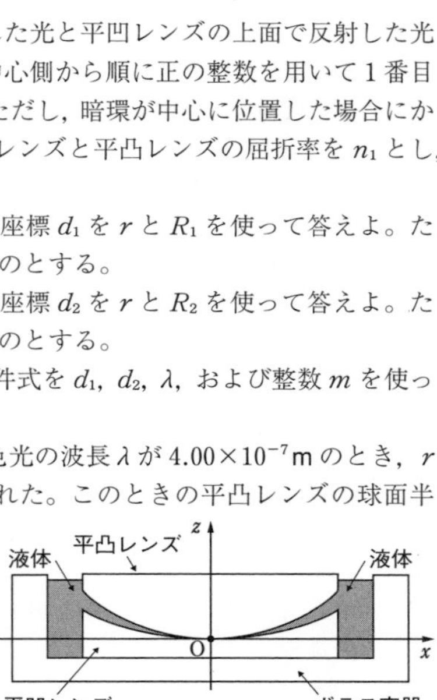

図2

単色光を入射させ，反射光を真上から見ると，点Oを中心とする明暗の環が同心円状に観察された。この明暗の環は，平凸レンズの下面で反射した光と平凹レンズの上面で反射した光が干渉して生じたものとする。観察される暗環は中心側から順に正の整数を用いて1番目の暗環，2番目の暗環，…と区別することとする。

ただし，暗環が中心に位置した場合にかぎり，0番目の暗環とよぶこととする。また，$n_2>n_1>1$ とする。

(1) 中心から数えて m 番目(m は整数)の暗環の半径を R_1，R_2，λ，n_1，n_2，m の中から必要な文字を使って答えよ。

(2) 平凹レンズの球面半径 R_1 が 1.00×10^{-1}m，平凸レンズの球面半径 R_2 が 9.00×10^{-2}m，単色光の波長 λ が 6.00×10^{-7}m のとき，反射光を上方から見たときの中心から数えて4番目の暗環と9番目の暗環の間隔が 6.00×10^{-4}m であった。このときの液体の屈折率 n_2 の数値を有効数字2桁で答えよ。

(3) (2)の状態から，図3に示すように，平凸レンズと平凹レンズの間のすき間を液体で満たしたままで，平凸レンズを鉛直上向きに移動して，中心部のすき間の距離 L を 1.00×10^{-7}m としたところ，暗環の大きさが変化した。このときに，中心から数えて1番目に観察される暗環の半径をm単位，有効数字2桁で答えよ。必要があれば $\sqrt{2}=1.41$ および $\sqrt{3}=1.73$ を用いよ。

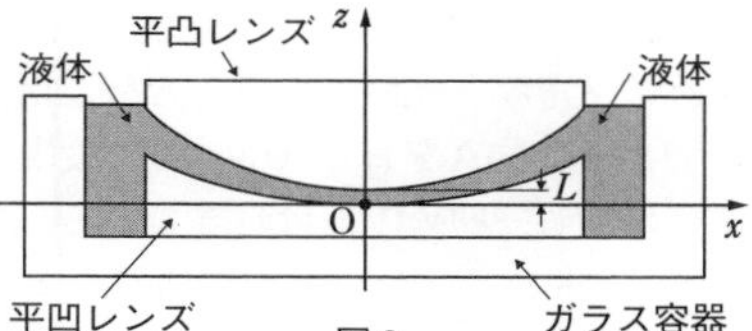

図3

(4) (3)の状態から，平凸レンズと平凹レンズの間のすき間を液体で満たしたままで，平凸レンズをさらに鉛直上向きに移動して，中心部のすき間の距離 L を 2.00×10^{-7}m とした。このときに，中心から数えて1番目に観察される暗環の半径をm単位，有効数字2桁で答えよ。

〔東京農工大〕

53. (マイケルソン干渉計) 思考

図1のように，直線的に進むレーザーを発する光源Sから出た波長 λ_0 の光線が最終的に検出器Dで検出される実験を考える。Dに到達する経路は2つあり，1つは，Sから出射して半透明鏡Hを透過し，平面鏡 M_1 で反射した後，Hで反射しDに達する。もう1つは，Sから出射してHで反射し，平面鏡 M_2 で反射した後，Hを透過しDに達する。Dではこれら2つの光線の重ねあわせによる光の強度の変化を1点で測定できる。なお，装置全体は真空中にある。

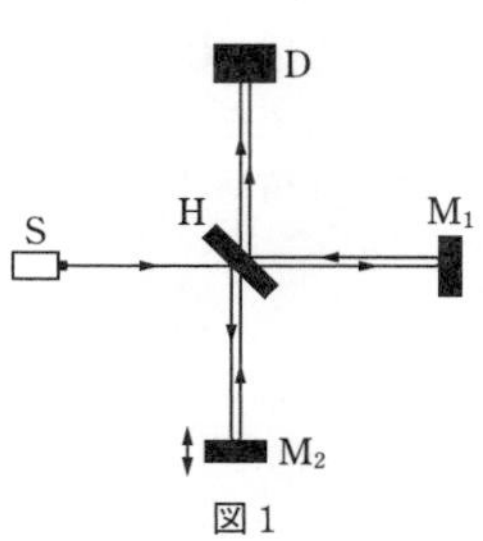

図1

初め，M_1 を固定し，M_2 を移動させ，Dで測定される光の強度が極大となるように M_2 のHからの距離を決めた。

(1) M_2 をさらに距離 L_1 だけ移動すると，光の強度は極大となった。整数 m を用いて L_1 を表せ。

その後，H と M_1 の間に厚さ d の薄膜を光線に垂直に挿入した。

(2) 薄膜の屈折率を n_1 として，薄膜を挿入したことによる 2 つの光線の光路差の変化量を表せ。

その後，光源の波長を変化させると，波長 $\lambda_1=0.50\times10^{-6}$m のときにDで測定される光の強度が極大となった。さらに，光源の波長を λ_1 から少しずつ長くしていくと，D で測定される光の強度は一度極小になるが，ある波長で再び極大となることが予想される。

(3) 薄膜の厚さは $d=2.5\times10^{-6}$m であり，波長 λ_1 に対する薄膜の屈折率は $n_1=1.5$ であった。薄膜の屈折率が波長に依存しないと仮定したとき，上記の光の強度が極大となることが予想される波長 λ_2 を求めよ。

(4) 記述 実際には，薄膜の屈折率は光の波長に依存し，光の波長が長いほど，この薄膜の屈折率は小さいことがわかっている。光の強度が極大となる実際の波長は，(3)で計算した λ_2 よりも長いか短いか，理由を含めて答えよ。

次に，薄膜を光路から外した後，図 2 のように，光を通すことができる容器AをHと M_1 の間に設置した。A にはヒーターが備えつけられ，初め内部は真空である。また，A の光路方向の長さは L_2 である。なお，A の壁の厚さおよび壁による光路長の変化は無視できるものとする。

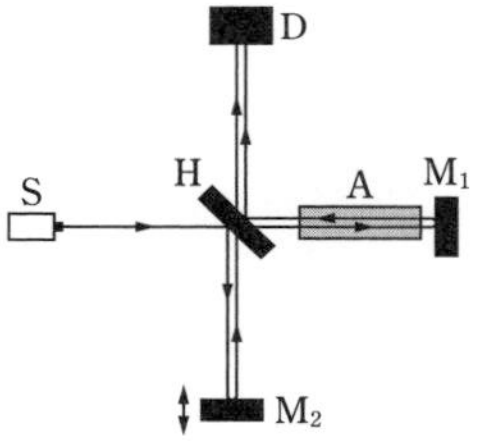

図 2

(5) Aにアルゴンガスを少しずつ入れ，D で測定される波長 λ_0 の光の強度の極大が p 回くり返されたところで，アルゴンガスの注入を止めた。この状態でのアルゴンガスの屈折率 n_2 を表せ。

(6) Aに 750J の熱量を与えたところ，A およびアルゴンガスの温度は 25°C から 49°C まで上昇した。A を真空にもどし，25°C に冷ました後，再び 750J の熱量を与えたところ，A の温度は 25°C から 50°C まで上昇した。A に注入されたアルゴンガスの物質量を求めよ。ただし，A の内部は外部と断熱されており，アルゴンガスは単原子分子理想気体として扱う。気体定数は 8.3J/(mol･K) とする。

(7) (5)において，$\lambda_0=0.59\times10^{-6}$m，$L_2=0.20$m，$p=95$ であった。また，A の容積は 4.5L であった。0°C，1 気圧のアルゴンガスの屈折率を n_3 として，n_3-1 を求めよ。ただし，気体の屈折率を n としたとき，$n-1$ の値は気体の密度に比例し，0°C，1 気圧の 1mol の理想気体の体積は 22.4L とする。

〔横浜市大〕

13 静電気力と電場

A

54.（等電位線の作図） 思考

真空中の，大きさが同じで符号が逆の2つの点電荷がつくる電位のようすを調べよう。

図1のように，長方形の一様な導体紙(導電紙)に電流を流し，導体紙上の電位を測定すると，図2のような等電位線がかけた。ただし，点P，Qを通る直線上に，負の電極(点Q)から正の電極(点P)の向きにx軸をとり，電極間の中央の位置を原点O($x=0$)にとる。また，原点での電位を0mVにとる。図2の太枠は導体紙の辺を示す。

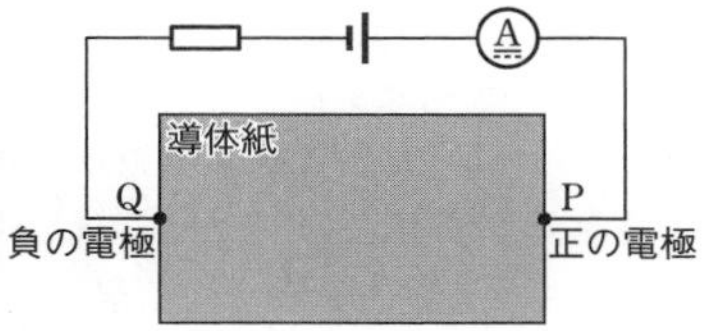

図1

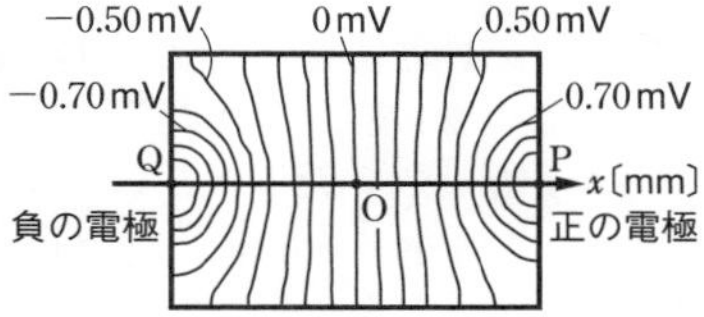

図2

(1) 次の文章中の空欄 ア ～ ウ に入れる語の組合せとして最も適当なものを，後の①～⑧のうちから1つ選べ。

図2において，導体紙の辺の近くで，等電位線は辺に対して垂直になっている。このことから，辺の近くの電場はその辺に ア であることがわかる。電流と電場の向きは イ なので，辺の近くの電流はその辺に ウ に流れていることがわかる。

	ア	イ	ウ
①	平行	同じ	平行
②	平行	同じ	垂直
③	平行	逆	平行
④	平行	逆	垂直
⑤	垂直	同じ	平行
⑥	垂直	同じ	垂直
⑦	垂直	逆	平行
⑧	垂直	逆	垂直

直線PQ上で位置x〔mm〕と電位V〔mV〕の関係を調べたところ，図3が得られた。

(2) $x=0$mm の位置における電場の強さに最も近い値を，次の①～⑥のうちから1つ選べ。

① 1×10^{-4}V/m　② 4×10^{-4}V/m
③ 7×10^{-4}V/m　④ 1×10^{-3}V/m
⑤ 4×10^{-3}V/m　⑥ 7×10^{-3}V/m

〔共通テスト 物理(本試)〕

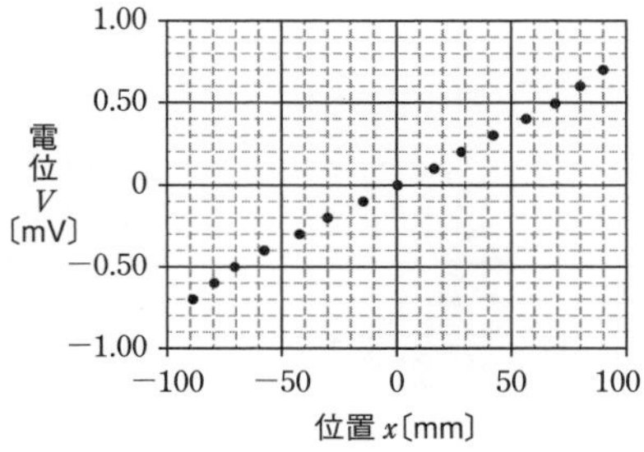

図3

B 55.（帯電体のまわりの電場・電位）

次の文章を読み，[ア]，[イ] に適切な数式を答えよ。また，[a]～[e] には指定された選択肢から最も適切なものを１つ選べ。以下の実験は真空中において行い，真空中におけるクーロンの法則の比例定数を k，電気素量を e，透磁率を μ とする。なお，必要に応じて，絶対値が１より十分小さい数 x に対して成立する近似式 $(1+x)^{\alpha} \fallingdotseq 1+\alpha x$（$\alpha$ は実数）を用いてもよい。

(1) 図１のように，互いに r だけ離れた点O，A，Bに，それぞれ電気量が $+Q$，$+2Q$，$-2Q(Q>0)$ の点電荷を置いた。このとき，点Oの点電荷が受ける静電気力の大きさは [ア] であり，その向きは [a] となる。

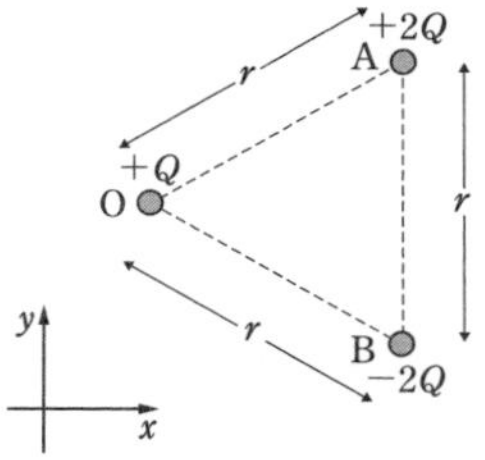

図１

(2) 図２のように，長さ L の伸び縮みしない短い棒の両端C，Dにそれぞれ電気量が $+Q$，$-Q$ の点電荷を固定した物体を考える。この物体を，その中点Nと点Oとの間の距離が r，点Oから中点Nに引いた直線とCDのなす角が θ となるように設置した。棒が受ける静電気力は無視できるものとしたとき，点Oに置いた点電荷の静電気力による位置エネルギーを以下の手順で求めてみよう。まず，点Cの点電荷について考える。$+Q$ の点電荷を点Oに置いたとき，点Oの点電荷の位置エネルギー U_{OC} を距離OCを用いて表すと，[b] である。ただし，位置エネルギーは無限遠が基準であるものとする。L が r より十分に小さいとして $\left(\dfrac{L}{r}\right)^2$ の項を無視すると，OCは

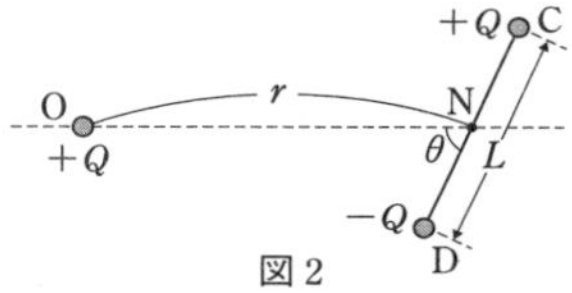

図２

$$\mathrm{OC}=\sqrt{(r+\boxed{\ \mathbf{c}\ })^2+(\boxed{\ \mathbf{d}\ })^2} \fallingdotseq r+(\mathbf{c})$$

と近似できる。点Dの点電荷についても同様にして点Oの点電荷の位置エネルギー U_{OD} を求めると，点Oに置いた点電荷の位置エネルギー $U=U_{OC}+U_{OD}$ は

$$U=\boxed{\ イ\ }\times\frac{1}{r^2-((\mathbf{c}))^2} \fallingdotseq \frac{(イ)}{r^2}$$

と表すことができる。以上のことから，L と Q が一定であるものとして，物体CDのまわりの電位 V をいくつかの角度 θ の値に対してグラフに表すと，[e] のようになる。このように，帯電体のまわりの電場や電位は，帯電体の形状や電荷の分布によって，点電荷のそれとは大きく変化することがわかる。

[a] に対する選択肢

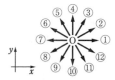

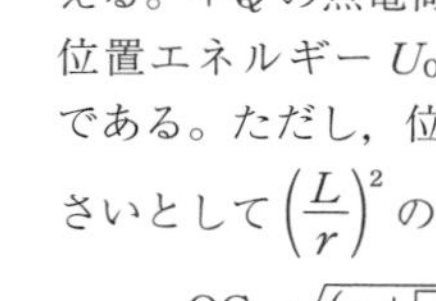

[b] に対する選択肢

① $\dfrac{kQ}{\mathrm{OC}}$　② $-\dfrac{kQ}{\mathrm{OC}}$　③ $\dfrac{kQ^2}{\mathrm{OC}}$　④ $-\dfrac{kQ^2}{\mathrm{OC}}$

⑤ $\dfrac{kQ}{\mathrm{OC}^2}$　⑥ $-\dfrac{kQ}{\mathrm{OC}^2}$　⑦ $\dfrac{kQ^2}{\mathrm{OC}^2}$　⑧ $-\dfrac{kQ^2}{\mathrm{OC}^2}$

[c], [d] に対する選択肢

① $\dfrac{L\sin\theta}{2}$　② $\dfrac{L\cos\theta}{2}$　③ $\dfrac{L\tan\theta}{2}$　④ $\dfrac{\sin\theta}{2L}$　⑤ $\dfrac{\cos\theta}{2L}$　⑥ $\dfrac{\tan\theta}{2L}$

⑦ $\dfrac{2L}{\sin\theta}$　⑧ $\dfrac{2L}{\cos\theta}$　⑨ $\dfrac{2L}{\tan\theta}$　⑩ $\dfrac{L}{2\sin\theta}$　⑪ $\dfrac{L}{2\cos\theta}$　⑫ $\dfrac{L}{2\tan\theta}$

[e] に対する選択肢

①
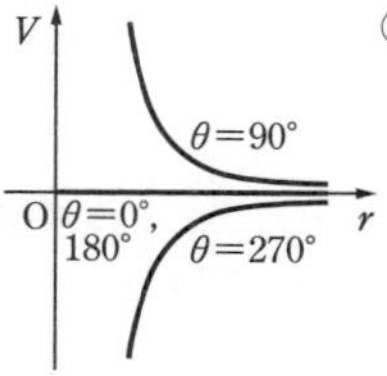

②
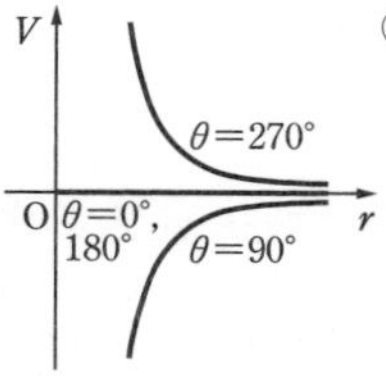

③
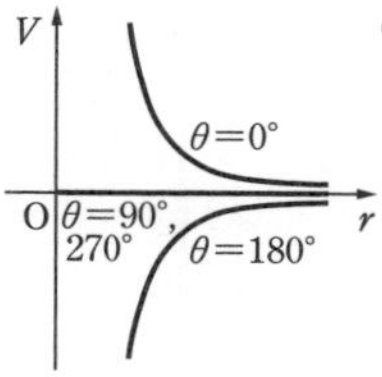

④
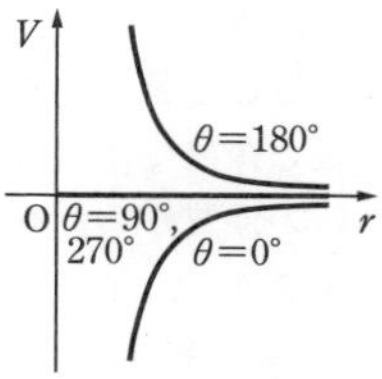

⑤
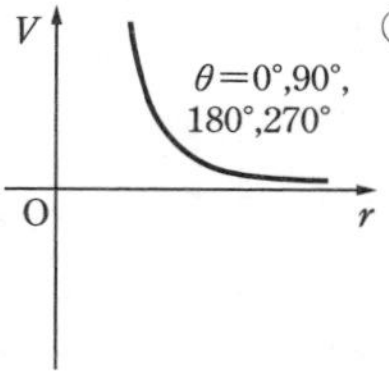

⑥
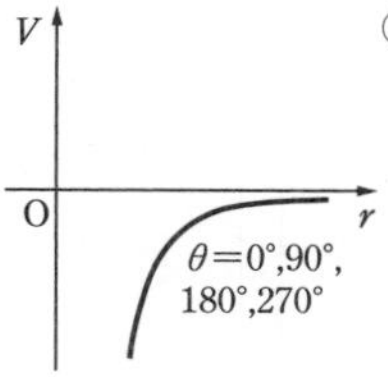

⑦
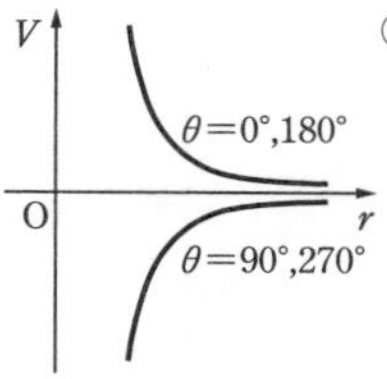

⑧
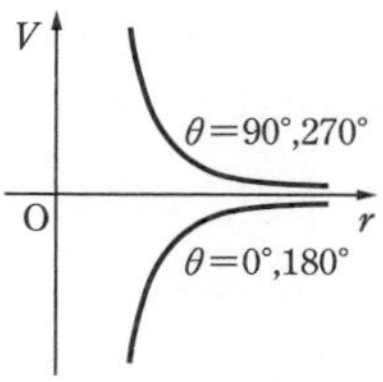

〔立命館大〕

14 コンデンサー

A

56. (平行板コンデンサー)

次の文の [a], [b] に入れるのに最も適当な式を答えよ。また, [ア]～[コ] に入れるのに最も適当なものを各問いの文末の解答群から選べ。ただし, 同じものを2回以上用いてもよい。なお, [イ*], [カ*] には文末の〔**解答群***〕から, [ウ**], [キ**] には文末の〔**解答群****〕から最も適当なものを選べ。

面積 S で正方形の2枚の極板A, Bからなる平行板コンデンサーが真空中にある。極板Aには正の電気量 Q(ただし, $Q>0$)を, 極板Bには負の電気量 $-Q$ を与えた。ただし, 極板間の間隔 d は平行板の大きさに比べて十分に小さく, 極板間に生じる電場は一様であるとしてよい。また, クーロンの法則の比例定数を k とする。このとき,

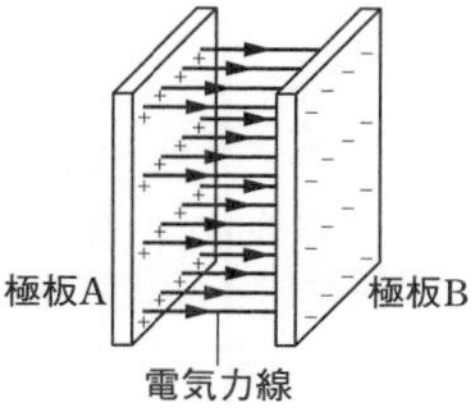

図1

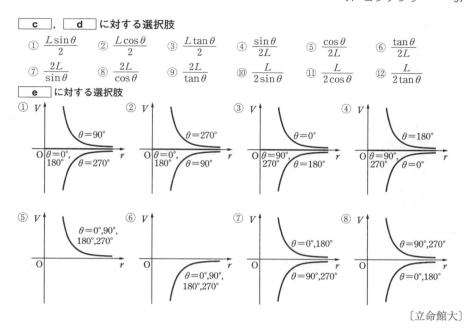

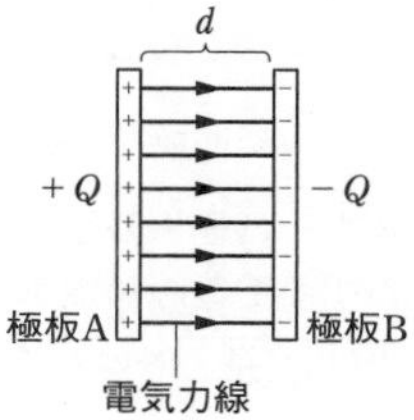

図2

電気力線は極板間で図1に示すように一様に分布し，真上から見ると図2のようになる。電気力線には次のような性質がある。

- 電気力線は正電荷から出て負電荷に入る。
- 電気力線上の各点での接線は，その点での電場の方向に一致する。
- 電場と垂直な断面における電気力線の密度(単位面積当たりの本数)は，その場所の電場の強さに等しい。
- 電気量Qに帯電した物体から出る電気力線の総数は$4\pi kQ$本である。
- 電気力線は交差したり枝分かれしたりしない。

これらの性質から，極板間の電場の強さEは $E=4\pi kQ\times$[ア] と表せる。また，極板間の電位差をVとし，EとVの関係を用いると，この式より，$Q=$[a]$\times V$ が導かれる。比例定数 $C=$(a) は，コンデンサーの電気容量という。以降のすべての操作において，極板に蓄えられた電気量は変化せず，$\pm Q$のままであるとする。

図2のコンデンサーの極板AとBの中央に図3のように極板と同じ正方形で面積S，厚さ$\dfrac{d}{3}$の，電荷をもたない導体を挿入した場合について考える。導体を挿入すると，静電誘導により導体内部の自由電子が移動し，導体表面に分布した結果，極板間の電気力線のようすは[イ*]のようになる。ここで，図3に示すように，極板Aに垂直でAからBに向かう向きにx軸をとる。ただし，極板Aの位置を $x=0$ とする。極板Bの電位を0とした場合，x軸に対して電位は[ウ**]のように変化する。極板間の電位差は[エ]$\times V$となるので，電気容量は[オ]$\times C$となる。

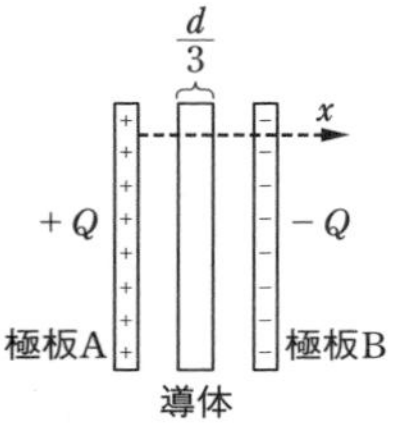

図3

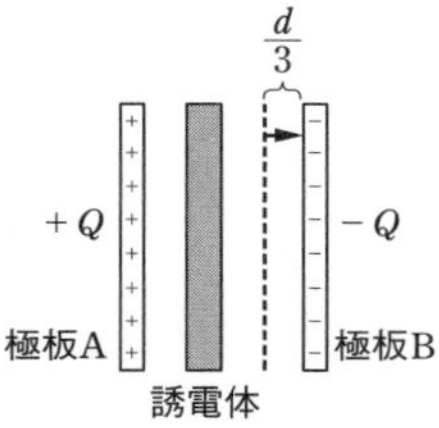

図4

次に，図2のコンデンサーの極板AとBの中央に極板と同じ正方形で面積S，厚さ$\dfrac{d}{3}$，誘電率$2\varepsilon_0$の誘電体を挿入した場合について考える。ただし，真空の誘電率を$\varepsilon_0\left(=\dfrac{1}{4\pi k}\right)$とする。誘電体を挿入すると，誘電分極により誘電体の表面には電荷が現れるため，極板間の電気力線のようすは[カ*]のようになる。したがって，極板Bの電位を0とした場合，x軸に対して電位は[キ**]のように変化する。極板間の電位差は[ク]$\times V$となるので，電気容量は[ケ]$\times C$となる。このときのコンデンサーの静電エネルギーは，誘電体を入れる前の(ク)倍となる。

さらに，誘電体を入れたまま極板Bを図4のように右向きに$\dfrac{d}{3}$だけ動かした。静電エネルギーは極板Bを動かすために外部から加えた力がする仕事の分だけ増加する。極板Bを動かす前と後の静電エネルギーの差，つまり極板Bを動かすために外部から加えた力がする仕事は[コ]$\times CV^2$である。よって，外部から加えた力の大きさは[b]$\times CV^2$となる。

〔**解答群**〕

① 0	② 1	③ 2	④ $\frac{1}{2}$	⑤ $\frac{3}{2}$	⑥ $\frac{1}{3}$
⑦ $\frac{2}{3}$	⑧ $\frac{1}{4}$	⑨ $\frac{3}{4}$	⑩ $\frac{1}{5}$	⑪ $\frac{3}{5}$	⑫ $\frac{6}{5}$
⑬ $\frac{1}{6}$	⑭ $\frac{5}{6}$	⑮ $\frac{7}{6}$	⑯ S	⑰ $\frac{1}{S}$	⑱ $\frac{S}{d}$

〔**解答群***〕

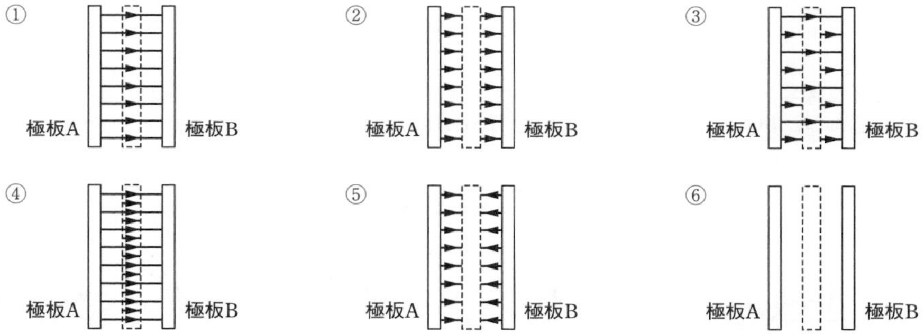

〔**解答群****〕

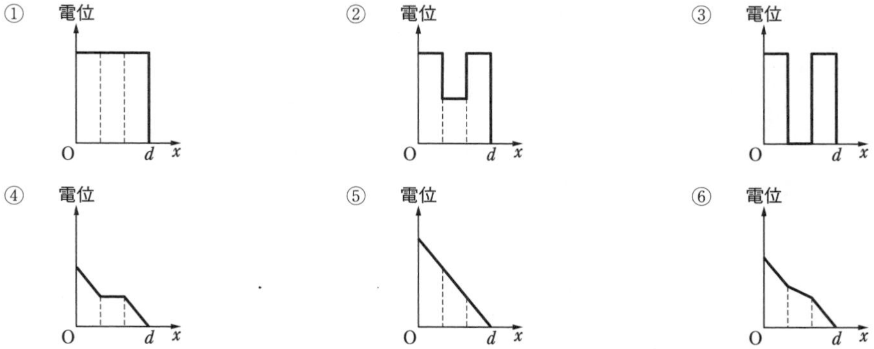

〔関西大〕

57.（球状コンデンサー）

図1のような薄い金属板でつくられた中空の金属球が2つある。金属球Aは半径 r，金属球Bは半径 R とする $(R>r)$。真空中でこれらの金属球を使用して次の操作を行った。真空の誘電率を ε_0，円周率を π とし，電位の基準は無限遠として，次の各問いに答えよ。

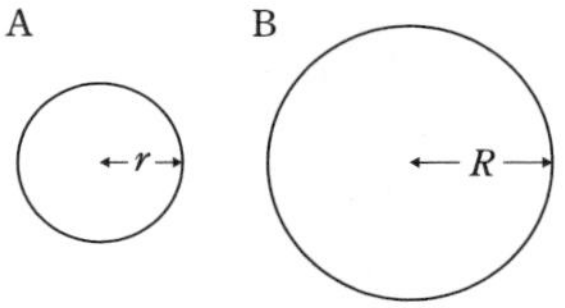

図1

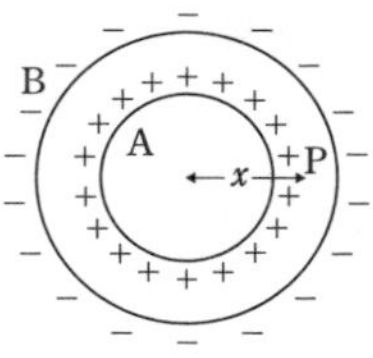

図 2

図 2 のように，金属球 B の中に，金属球 A を球の中心が一致するように入れ，金属球 A には $+Q$，金属球 B には $-Q$ の電気量を与え帯電させた。それぞれの金属球の電荷の分布は一様であるとする。

(1) 中心からの距離が $x\ (r<x<R)$ の点 P での電場の強さ E はいくらか。Q，R，r，x，ε_0 の中から必要な記号を用いて答えよ。

(2) 2 つの金属球の電気容量はいくらか。Q，R，r，ε_0 の中から必要な記号を用いて答えよ。ただし，金属球の表面の電荷が球の外側につくる電位は，金属球の中心に電荷が集中したときと等しいものとする。

(3) 真空中で，左から右に向かう一様な電場の中に，帯電していない中空の金属球を置くと，一様な電場と中空の金属球の表面に現れた電荷がつくった電場が合成される。中空の金属球の表面に現れた電荷がつくる電場のようすを，下の①～⑨の中から最も よく表している図を 1 つ選べ。

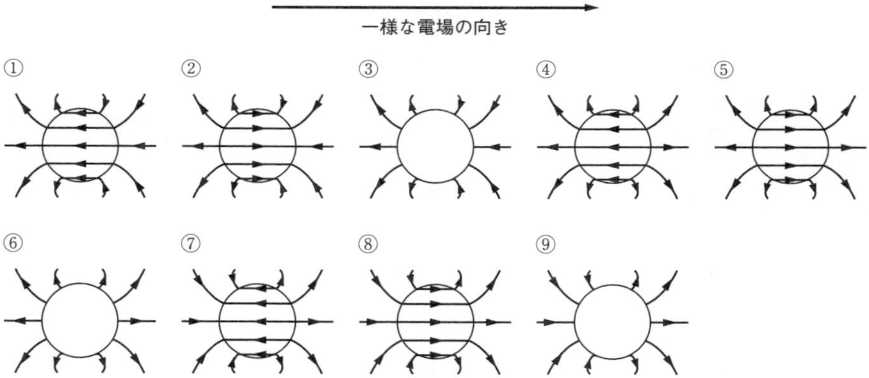

帯電している物体のとがった部分から放電が起きやすいことを説明するために，図 3 のように，真空中で半径 r の小さな金属球 C と遠く離れた半径 R の大きな金属球 D $(r<R)$ を細い導線で接続したモデルを考える。両球に合計で Q の電気量を与えたところ，金属球 C には電気量 Q_1，金属球 D には電気量 Q_2 がそれぞれ一様に帯電したとする $(Q=Q_1+Q_2)$。導線の太さは無視できるものとして，次の各問いに答えよ。

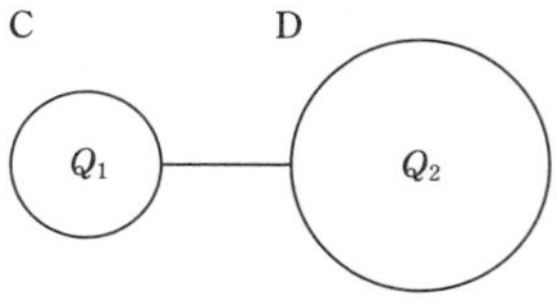

図 3

(4) 金属球 C の表面の電荷の密度を ρ_1，金属球 D の表面の電荷の密度を ρ_2 とする。ρ_1 と ρ_2 を，Q，R，r，ε_0 の中から必要な記号を用いて表せ。

(5) 金属球 C の表面の電場の強さを E_1 とし，金属球 D の表面の電場の強さを E_2 とする。E_1 と E_2 を，Q，R，r，ε_0 の中から必要な記号を用いて表せ。

以上の電場の強さの関係から，とがった部分（金属球 C に対応）から放電が起きやすいことがわかる。

〔早稲田大〕

58. (コンデンサーのつなぎかえ)

図のような電池，平行板コンデンサー，スイッチ，抵抗からなる回路について考えよう。電池の起電力の大きさは V〔V〕とし，コンデンサーの極板はすべて同じ面積 S〔m^2〕の円板であり，極板間は真空である。コンデンサー1，2，3の極板間距離はそれぞれ d〔m〕，$\frac{d}{3}$，d である。また，真空の誘電率は ε_0〔F/m〕とする。

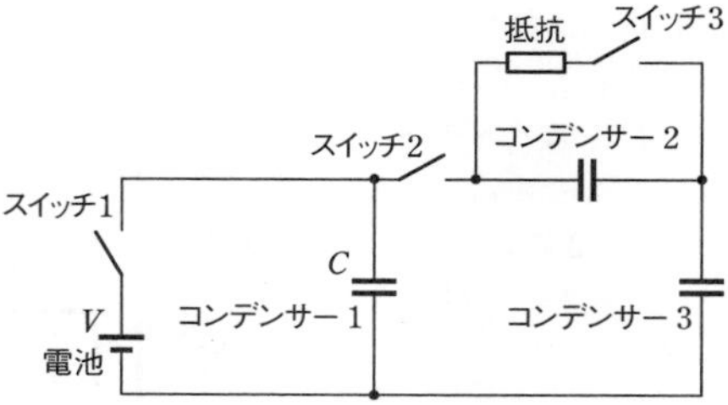

初めスイッチ1，2，3は開いている。いずれのコンデンサーにも電荷は蓄えられていない状態であった。スイッチ1を閉じて電気容量 C〔F〕のコンデンサー1を充電した。十分に時間がたち，コンデンサー1に蓄えられている電気量が Q〔C〕，静電エネルギーが U〔J〕となった。次の問いに答えよ。

(1) 電気容量 C を，S，d，ε_0 を用いて表せ。

(2) 電気量 Q と静電エネルギー U を，C，V を用いて表せ。

次にスイッチ2を閉じ，コンデンサー2，3にも充電した。十分に時間がたった時点でスイッチ1を開いた。

(3) コンデンサー1，2，3それぞれに蓄えられている電気量 Q_1〔C〕，Q_2〔C〕，Q_3〔C〕を，Q を用いて表せ。

(4) コンデンサー1，2，3に蓄えられているエネルギーの総和 U_F〔J〕を，Q，V を用いて表せ。

次に，スイッチ3を閉じると，抵抗に電流が流れたが，しばらくすると電流は0になった。

(5) スイッチ3を閉じてから，抵抗を流れる電流が0になるまでに，抵抗を通って流れた電気量の総量 q〔C〕を，Q を用いて表せ。

(6) 抵抗を流れる電流が0になった後の，コンデンサー1，2，3それぞれの極板間の電位差の大きさ V_1〔V〕，V_2〔V〕，V_3〔V〕を，V を用いて表せ。

〔福井大〕

59. (コンデンサーのつなぎかえ)

各問いに対する解答では{ }内に記号が示されている場合には，その記号のうち必要なものを用いて記せ。

図1のように，間隔 $2d$ で配置された面積 S の極板X，Yからなり，極板間が真空の平行板コンデンサー C_1 を考える。極板と同じ面積の薄い金属板Zを，極板間の中央に位置するように，極板X，Yに平行に挿入する。さらに，極板X，Yと金属板Zに抵抗R，スイッチ S_1，S_2，S_3 および電圧 V_0 の電池を接続する。最初の状態1は，スイッチ S_1 を閉じ，スイッチ S_2 および S_3 を開いて十分に時間が経過した状態であり，金属板Zの電気量

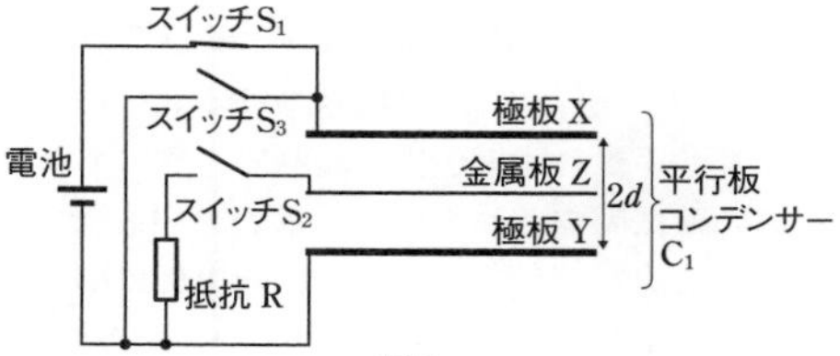

図1

は 0 であるとする。真空の誘電率を ε_0 として，次の問いに答えよ。ただし，極板の面積は十分に広く，極板間隔は十分に小さいものとする。

(1) 極板 X，Y 間の電気容量 C を求めよ。$\{\varepsilon_0,\ d,\ S\}$

次に，スイッチ S_1 を開いた後に，スイッチ S_2 を閉じた。十分に時間が経過した後の状態を状態 2 とする。

(2) 状態 2 における金属板 Z の電気量 q を求めよ。$\{C,\ V_0\}$

(3) 状態 2 における平行板コンデンサー C_1 の極板 X，Y 間の電界(電場)を図 3 に図示せよ。ただし，電界の向きを表す矢印の向き，および電界の強さを表す矢印の本数密度は，図 2 に準拠せよ。ここで，図 2 は，極板の面積 S，極板の間隔 $2d$，極板間が真空の平行板コンデンサー C_2 に，電圧 V_0 の電池を接続したときの極板間の電界をかいた図である。

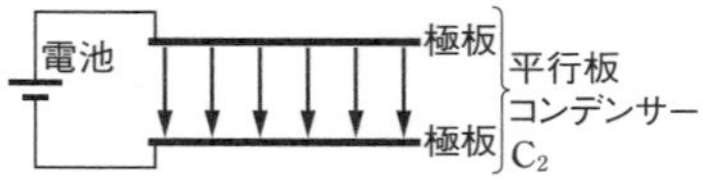

図 2

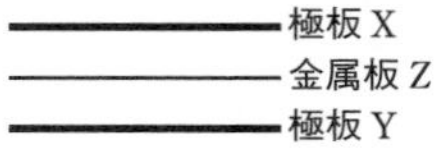

図 3

(4) 状態 2 において，平行板コンデンサー C_1 に蓄えられた静電エネルギー U を求めよ。$\{C,\ q\}$

(5) 状態 1 から状態 2 に変化する際に抵抗 R で発生した熱量 W を求めよ。$\{C,\ q\}$

続いて，スイッチ S_2 を開いた後に，スイッチ S_3 を閉じた。十分に時間が経過した後の状態を状態 3 とする。

(6) 状態 3 における平行板コンデンサー C_1 の極板 X，Y 間の電界を，図 2 に準拠して図 4 に図示せよ。

〔岡山大〕

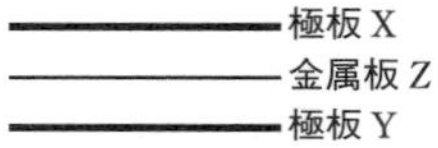

図 4

B **60.（コンデンサーの極板が受ける力と単振動）**

図のように，互いに平行な左右の壁の間に，ばねと平行平板コンデンサーからなる装置を組む。ばね定数 k の軽いばねの左端を左の壁に固定し，右端を軽い絶縁体の棒につなげる。棒は固定されたパイプの中を通っており，パイプにそってなめらかに動ける。棒の右端に質量 m の金属製の極板を垂直に(つまり，壁と平行に)取りつける。その極板と平行なもう 1 枚の極板が少し離れて右側にあり，棒で右側の壁に固定されている。ばねの中心軸，2 つの棒，パイプの中心軸は壁に垂直な 1 本の軸の上にある。さらに，左右の極板には細く軽い導線が接続されており，図のように，抵抗器と電圧源と 2 つのスイッチ S_1，S_2 からなる外部の回路につながっている。

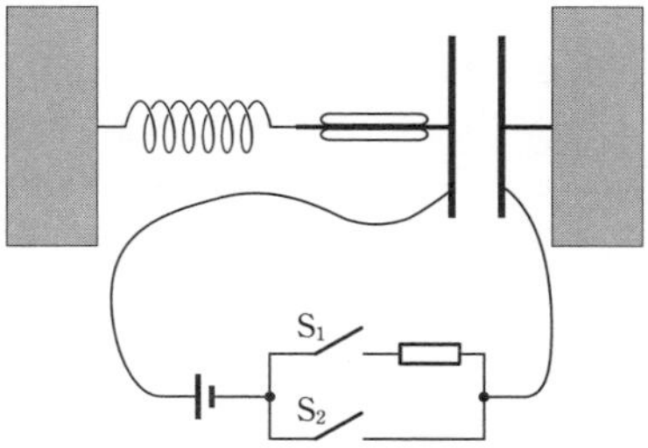

2 つの極板は面積 S の平行平板コンデンサーをつくるとする。コンデンサー内部の領域の誘電率は真空の誘電率 ε_0 に等しい。ばねの長さが自然の長さのとき極板の間隔は d だった。

初め，回路のスイッチはすべて開いており，ばねの長さは自然の長さで，極板は帯電していなかった。

(1) 2つの極板がつくるコンデンサーの電気容量 C_1 を求めよ。

(2) 左側の極板をわずかに移動させて静かにはなしたところ単振動を始めた。振動の周期 T_1 を求めよ。

振動を止め，左側の極板を最初と同じ位置で静止させた。スイッチ $\mathrm{S_1}$ を閉じ，コンデンサー，電圧源，抵抗器を直列につないだ。抵抗器を介して小さな電流が流れ，左側の極板はゆっくりと右向きに移動し，もとの位置から距離 $\dfrac{d}{4}$ だけ動いたところで静止した。この位置を平衡位置とよぶ。このとき左右の極板に蓄えられている電気量をそれぞれ Q，$-Q$ とおく。Q は正である。なお，一般に，平行平板コンデンサーに $\pm Q$ の電気量が蓄えられ内部に強さ E の電場がつくられているとき，2つの極板は大きさ $\dfrac{QE}{2}$ の力で引きあう。この事実を導出抜きで用いてよい。

(3) 極板間の電場の強さ E を Q を用いて表せ。

(4) 力のつりあいを考えて Q を求めよ。

(5) 電圧源の電位差 V を k，S，d を用いて表せ。

スイッチ $\mathrm{S_1}$ を開いた。左側の極板は平衡位置で静止したままだった。すべてのスイッチが開いているので，左右の極板に蓄えられている電気量は一定に保たれる。

(6) 左側の極板を平衡位置からわずかに移動させて静かにはなしたところ単振動を始めた。振動の周期 T_2 を求めよ。

振動を止め，左側の極板を再び平衡位置で静止させた。スイッチ $\mathrm{S_2}$ を閉じ，極板がつくるコンデンサーに電圧源を直接つないだ。この際，左側の極板は平衡位置で静止したままだった。電圧源がつながっているので，左右の極板の電位差は一定に保たれる。

(7) 左側の極板が平衡位置からわずかに x だけずれた際に，左の極板に蓄えられている電気量 $Q(x)$ を k，S，d，x を用いて表せ。変位 x は右向きを正とする。

(8) 左側の極板が平衡位置からわずかに x だけずれた際に，左右の極板が引き合う力の大きさ $F(x)$ を k，d，x を用いて表せ。

(9) 左側の極板を平衡位置からわずかに移動させて静かにはなしたところ単振動を始めた。振動の周期 T_3 を求めよ。必要なら，$|x|$ が $|a|$ より十分に小さいときに有効な近似式

$$\left(\frac{1}{a-x}\right)^2 \fallingdotseq \frac{1}{a^2}+\frac{2x}{a^3}$$

を用いよ。

〔学習院大〕

15 直 流 回 路

A

61. (導体中の自由電子の運動)

図1のように，長さ l，断面積 S の金属の両端に電位差 $V(V>0)$ を加える。金属中には質量 m，電気量 $-e(e>0)$ の自由電子が単位体積当たり n 個ある。金属の左端を原点として図1の右向きを x 軸の正の向きとし，重力の影響は無視する。

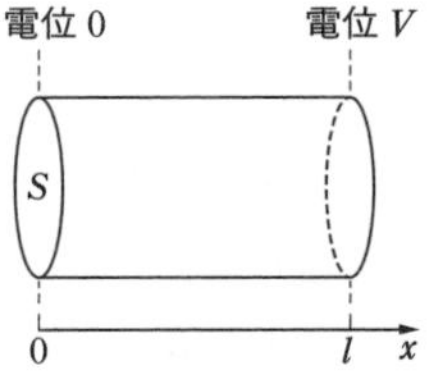

図1

(1) 金属中の電場(電界)の強さを求めよ。ただし，金属の向かいあう断面に垂直な方向にのみ一様な電場が生じると考えてよい。

(2) 金属中の自由電子は，電場による静電気力と，速さに比例し速度に逆向きの抵抗力を受けている。x 軸方向の加速度，速度をそれぞれ a，v とするとき，1個の自由電子に対する運動方程式を求めよ。ただし，抵抗力の比例係数を $k(k>0)$ とする。

(3) 十分に時間が経過し，自由電子にはたらく静電気力と抵抗力がつりあったときの速度(終端速度)を求めよ。

以下では，自由電子は常に終端速度で動き，金属中を流れる電流と金属に加えた電位差の間にオームの法則が成りたつとする。次の(4)～(8)の解答には e，k，l，m，n，S，V のうち必要なものを用いよ。

(4) 金属中を流れる電流の大きさを求めよ。

(5) 金属の抵抗率を求めよ。

(6) 金属中における消費電力の大きさを求めよ。

(7) 抵抗力が1個の自由電子にする仕事の仕事率を求めよ。

(8) 抵抗力が金属中のすべての自由電子にする仕事の仕事率を求めよ。

図2のように，もとの金属の長さを $\frac{3}{4}l$ とし，長さ $\frac{1}{4}l$，断面積 S の異なる種類の金属を直列につなぎ合わせ，その金属全体の両端に電位差 V を加えた。新たにつなげた金属中で自由電子が受ける抵抗力の比例係数を $k'(k'>0)$ とし，単位体積当たりの自由電子の数はもとの金属と同じものとする。それぞれの金属中の自由電子は，それぞれの金属中の終端速度で動き，2つの金属のつなぎ合わせの影響は無視できるものとする。

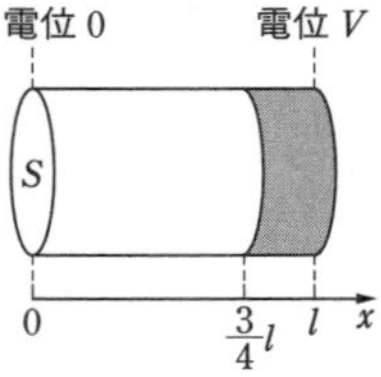

図2

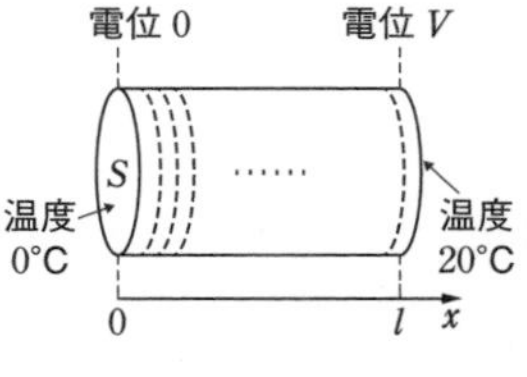

図3

(9) 2つの金属をつなぎ合わせた金属全体の抵抗率を求めよ。ただし，金属全体の抵抗と抵抗率の間には (金属全体の抵抗)=(抵抗率)$\times\frac{l}{S}$ の関係がある。解答には e，k，k'，l，m，n，S，V のうち必要なものを用いよ。

再び，最初に用意した長さ l，断面積 S の金属にもどした。金属の両端の電位差を V に保ちながら，図3のように $x=0$ における温度を 0°C，$x=l$ における温度を 20°C に保つと，金属中の温度は左端からの距離 x の位置で $20\times\frac{x}{l}$〔°C〕となった。自由電子が受ける抵抗力の比例係数は温度が上がるにつれて大きくなり，温度 T〔℃〕のときに $k_0(1+\alpha T)$ と表される。ここで k_0 は温度 0℃ における抵抗力の比例係数，$\alpha(\alpha>0)$ は温度係数とする。

⑽ この金属は，図3のように温度が異なる微小な長さの多数の金属が直列につながったものとみなせる。このとき，金属の抵抗率を求めよ。ただし，ジュール熱の発生による温度分布の変化は無視してよい。解答には e, k_0, l, m, n, S, V, α のうち必要なものを用いよ。

〔上智大〕

62. (電流計・電圧計の内部抵抗)

次の文中の空欄 ア ～ ク に当てはまる式を答えよ。また，図2には適切なグラフの概形をかけ。

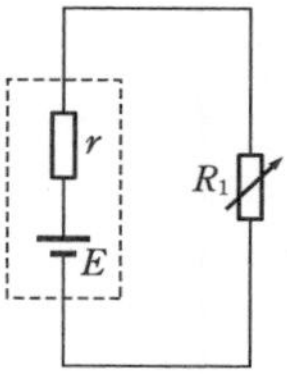

図1

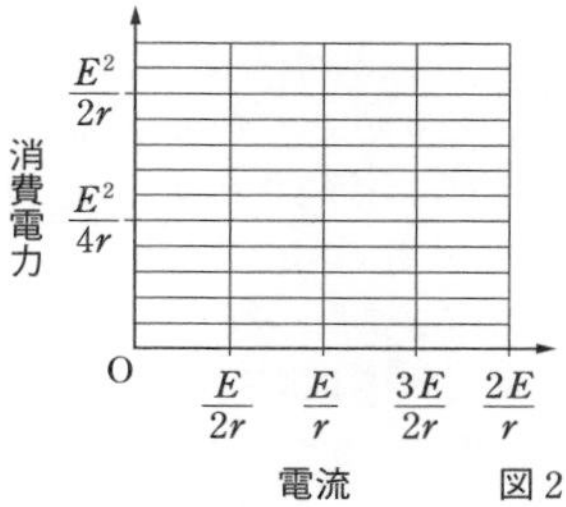

図2

図1のように，起電力が E〔V〕で内部抵抗が r〔Ω〕の電池Eに可変抵抗 R_1 を接続した。R_1 の抵抗値を R_1〔Ω〕とすると，R_1 を流れる電流は ア 〔A〕であり，R_1 で消費される電力は イ 〔W〕である。R_1 を変化させると，R_1 を流れる電流と R_1 の消費電力は変化する。R_1 を流れる電流と R_1 の消費電力の関係を表すグラフの概形を図2にかけ。R_1 の消費電力が最大となるのは，R_1 が ウ 〔Ω〕のときである。

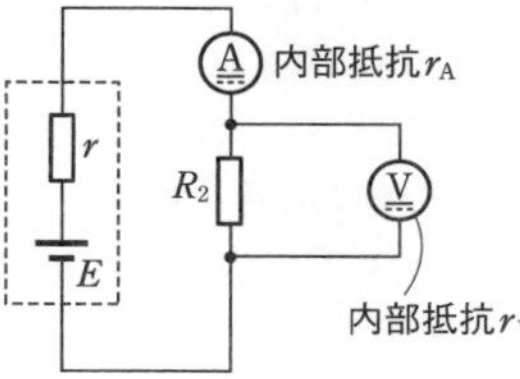

図3

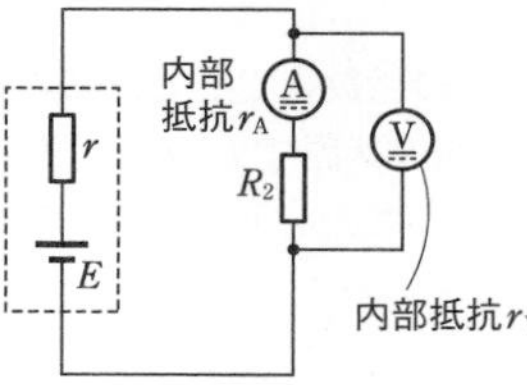

図4

次に，内部抵抗のわかっている電流計と電圧計が示す値(指示値)を用いて，抵抗の抵抗値や消費電力を求めるために，図3と図4の2種類の回路を考える。電池Eに，内部抵抗が r_A〔Ω〕の電流計，内部抵抗が r_V〔Ω〕の電圧計，抵抗 R_2 を接続した。電流計と電圧計の指示値から直接得られる抵抗 R_2 の抵抗値や消費電力は，R_2 の実際の抵抗値や各回路で実際に R_2 で消費される電力とは異なる値となる。これら実際の抵抗値や消費電力を真の値として，以下では，指示値から得られた値と真の値との差を真の値でわった絶対値を相対誤差とよぶことにする。

R_2 の真の抵抗値を R_2 として，各回路における指示値を R_2 を用いて表し，各回路で得られる抵抗値や消費電力の相対誤差の R_2 との関係を調べる。図3の接続において，電流計の指示値 I_A〔A〕と電圧計の指示値 V_A〔V〕から得られる抵抗 R_2 の抵抗値 $\frac{V_A}{I_A}$ は，V_A や I_A を含まない形で表すと， エ 〔Ω〕である。また，これらの指示値から得られる抵抗 R_2 の消費電力 V_AI_A の相対誤差は，V_A や I_A を含まない形で表すと， オ である。図4の接続において，電流計の指示値 I_B〔A〕と電圧計の指示値 V_B〔V〕から得られる抵抗 R_2 の抵抗値 $\frac{V_B}{I_B}$ は，V_B や I_B を含まない形で表すと， カ 〔Ω〕であり，また，これらの指示値から得られる抵抗 R_2 の消費電力 V_BI_B の相対誤差は，V_B や I_B を含まない形で表すと，［ キ ］である。図 3 と図 4 の接続方法を比較するとき，図 4 の接続における抵抗 R_2 の消費電力の相対誤差が図 3 の接続における R_2 の消費電力の相対誤差よりも小さくなる条件は，$R_2>$［ ク ］〔Ω〕である。

〔同志社大〕

63. (コンデンサーを含む直流回路)

電圧 E の内部抵抗のない電源，電気容量が C_1 と C_2 の 2 つのコンデンサー 1 とコンデンサー 2，抵抗値が R_1，R_2，R_3，R_4 の 4 つの抵抗 1，抵抗 2，抵抗 3，抵抗 4，2 つのスイッチ S_1，S_2 と，2 つの切りかえスイッチ S_3，S_4 からなる回路を考える。ここで，切りかえスイッチ S_3，S_4 が，それぞれ P_3，P_4 に接続されるとき，コンデンサー 1 と抵抗 2，コンデンサー 2 と抵抗 3 は並列接続に，また，それぞれ D_3，D_4 に接続されているときは直列接続となる。これら以外の切りかえスイッチ S_3，S_4 の状態は考えない。

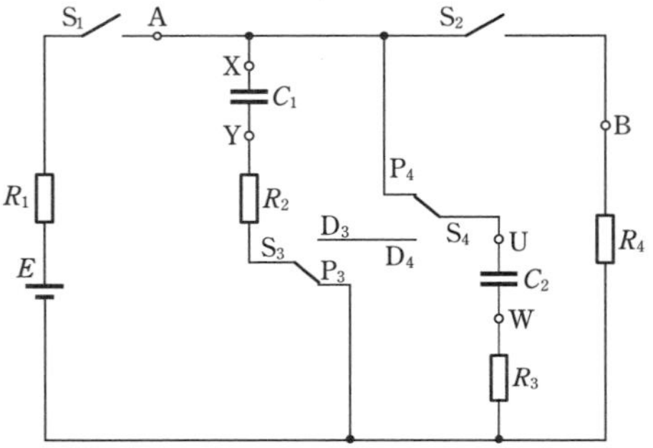

(1) 初めに 2 つのコンデンサーに電荷が蓄えられていない状態で，S_1，S_2 が開いている。図のように，コンデンサー 1 と抵抗 2，コンデンサー 2 と抵抗 3 を S_3，S_4 により並列接続にして S_1 を閉じ，コンデンサー 1 とコンデンサー 2 の充電を開始した。この充電を開始したときに A に流れる電流 I_A の大きさを示せ。

(2) (1)の状態で十分時間が経過した後のコンデンサー 1，コンデンサー 2 にそれぞれ蓄えられた電荷の電気量 Q_1，Q_2 を示せ。

(3) (2)の状態の後，S_1 を開き S_3，S_4 を切りかえてコンデンサー 1 と抵抗 2，コンデンサー 2 と抵抗 3 を直列接続にした。さらに S_2 を閉じてコンデンサー 1，コンデンサー 2 の放電を始めた。放電中に点 B を流れる電流を測定したところ I_B であった。このとき，2 つのコンデンサーに蓄えられている電荷の電気量 Q_1'，Q_2' を I_B と E を用いて表した場合，それぞれの係数を C_1，C_2，R_2，R_3，R_4 を使って示せ。

(4) (3)の状態で I_B が 0 になるまで放電した。このとき，コンデンサー 1 の両端である X-Y 間の電位差 V_1 とコンデンサー 2 の両端である U-W 間の電位差 V_2 を示せ。

〔防衛医大〕

B

64. (キルヒホッフの法則) 思考

内部抵抗の無視できる電池と抵抗で構成された直流回路について考える。

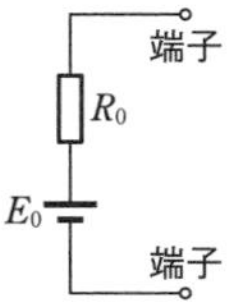

図 1

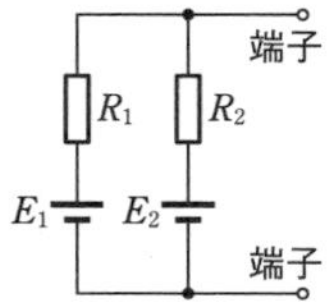

図 2

(1) 図 1，2 の回路には，起電力 E_0，E_1，E_2 の電池と抵抗値 R_0，R_1，R_2 の抵抗が接続されている。

(a) 図 1 の回路の端子間に抵抗値 r の抵抗を接続したとき，端子間の電圧 V_0 と 端子間を流れる電流の大きさ I_0 を求めよ。

(b) 図 2 の回路の端子間に抵抗値 r の抵抗を接続したとき，端子間の電圧 V と端子間を流れる電流の大きさ I を求めよ。

図 2 の回路は，1 つの電池と 1 つの抵抗が接続された図 1 の回路と同じ構成の単純な回路で再現できる。以下では，この単純な回路を等価回路とよぶ。図 2 の回路の等価回路における電池の起電力と抵抗の抵抗値は，(1)(b)で求めた電圧 V と電流の大きさ I をそれぞれ次のような形の式で表すことで求められる。

$$V=\frac{Xr}{r+Y},\quad I=\frac{X}{r+Y}$$

ここで X と Y はそれぞれ等価回路における電池の起電力と抵抗の抵抗値である。

(2) X と Y を求めよ。

さらに電気素子の多い図 3 ～ 6 の回路について考える。これらの回路には，起電力 E_1'，E_2'，E_3'，…，E_n' の電池と抵抗値 $\frac{1}{2}R$，R の抵抗が接続されている。

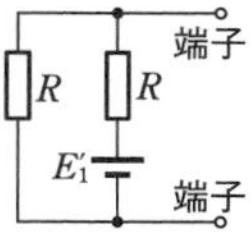

図 3

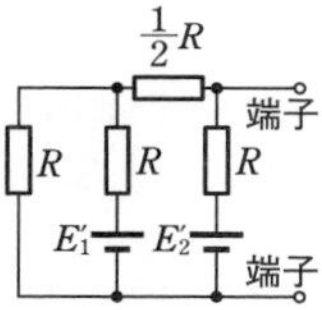

図 4

(3) 図 3 の回路の等価回路における電池の起電力 X_1 と抵抗の抵抗値 Y_1 を求めよ。

(4) 図 4 の回路の等価回路における電池の起電力 X_2 と抵抗の抵抗値 Y_2 を求めよ。

(5) 図 5 の回路の等価回路における電池の起電力 X_3 と抵抗の抵抗値 Y_3 を求めよ。

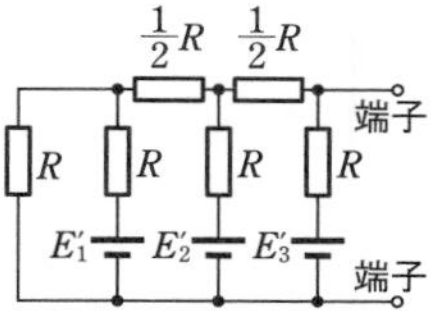

図 5

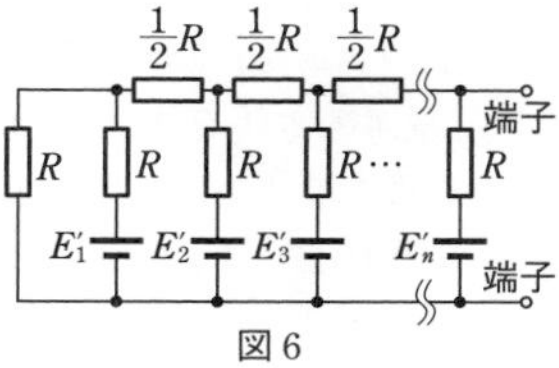

図 6

(6) 図 6 の回路で $E_1'=E_2'=E_3'=\cdots=E_n'=E$ とした場合，等価回路における電池の起電力 X_n と抵抗の抵抗値 Y_n を求めよ。

(7) (6)で $n\to\infty$ とした場合，等価回路における電池の起電力 X_∞ と抵抗の抵抗値 Y_∞ を求めよ。

〔横浜市大〕

65. (コンデンサーを含む直流回路)

図 1 のような，抵抗とコンデンサーから構成される回路に関する以下の(1)～(3)に答えよ。ただし，回路の導線部分の抵抗，電池の内部抵抗，コンデンサーの極板の端における電場(電界)の乱れは無視できるものとする。また，回路は真空中に設置されており，真空の誘電率を ε_0 とする。抵抗を流れる電流は，紙面右向きを正とする。

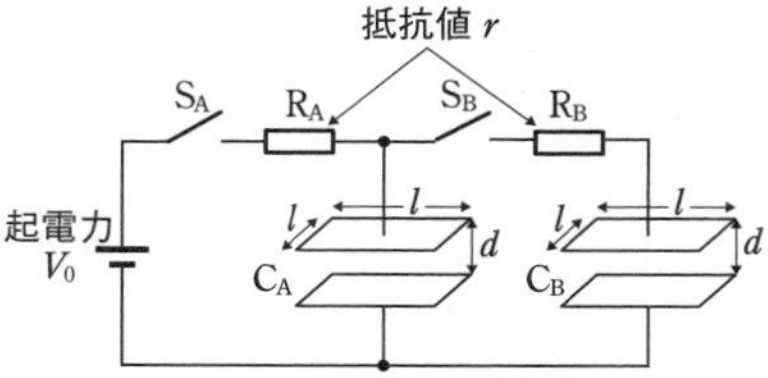

図 1

(1) 図 1 のように，1 辺の長さが l の正方形の極板を距離 d だけ離して平行に置くことで構成した 2 つのコンデンサー C_A および C_B，起電力が V_0 の電池，抵抗値がともに r である 2 つの抵抗 R_A および R_B，2 つのスイッチ S_A および S_B を接続した回路を考える。d は l に対して十分に小さいものとする。初め，S_A および S_B は開いており，C_A および C_B には電荷は蓄えられていない。

(a) S_A を閉じ，十分に時間が経過した後に，C_A に蓄えられている電気量 q_1，および，S_A を閉じてから十分に時間が経過するまでに電池がした仕事 W_1 を，それぞれ，d，l，ε_0，V_0 を用いて表せ。

(b) その後，S_A を開き，次に S_B を閉じた。S_B を閉じた直後に，R_B を流れる電流 i_1 を，d，l，ε_0，V_0，r の中から必要なものを用いて表せ。

(c) S_B を閉じてから十分に時間が経過するまでに，R_B で発生したジュール熱 h_1 を，d，l，ε_0，V_0，r の中から必要なものを用いて表せ。

(2) 次に，図2のように，3辺の長さが l，l，d の直方体で，誘電率が $\varepsilon(\varepsilon>\varepsilon_0)$ である誘電体を C_B の極板間に挿入し，電池を，電圧を自由に変えられる電源に取りかえた。その後，S_A および S_B を閉じ，電源の電圧を $V=V_0$ として十分に時間を経過させた。次に，電源の電圧を時間経過とともに一定の割合で増加させた。増加させ始めてからの経過時間が t であるときの電源の電圧は $V(t)=V_0+at$（定数 a は単位時間当たりの電圧の変化量であり，$a>0$ とする）である。

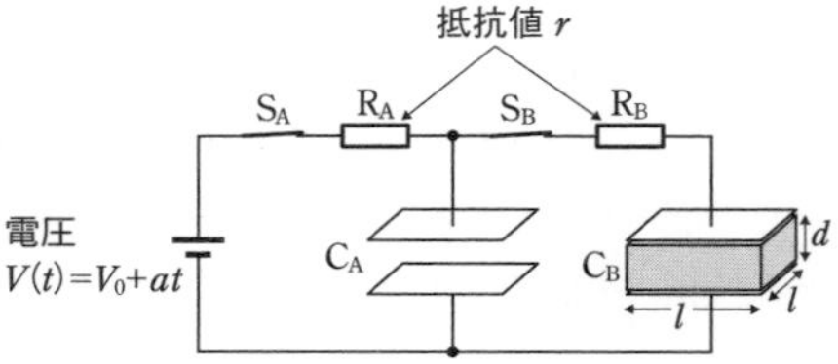

図2

(a) 電源の電圧を増加させ始めてからの経過時間が t であるときに，R_A および R_B を流れる電流をそれぞれ $i_1(t)$ および $i_2(t)$ とする。このときの C_A および C_B の極板間の電圧をそれぞれ $V_1(t)$ および $V_2(t)$ とする。$V_1(t)$ および $V_2(t)$ を，$V(t)$，$i_1(t)$，$i_2(t)$，r の中から必要なものを用いて表せ。

(b) t が十分に大きくなると，R_A および R_B を流れる電流はそれぞれ一定値 I_1 および I_2 となった。このとき，C_A および C_B に蓄えられている電気量が時間 $\varDelta t$ の間に変化する大きさをそれぞれ $\varDelta q_1$ および $\varDelta q_2$ とする。$\varDelta q_1$ および $\varDelta q_2$ を，d，l，ε_0，ε，V_0，a，r，$\varDelta t$ の中から必要なものを用いて表せ。

(c) I_1 および I_2 を，d，l，ε_0，ε，V_0，a，r の中から必要なものを用いて表せ。

(3) 次に，電源を起電力が V_0 の電池にもどし，C_B に挿入していた誘電体を完全に引き出した。その後，S_A および S_B を閉じた状態で，十分に時間を経過させた。次に，図3のように，誘電体を十分に小さい一定の速さ v で C_B の極板間に挿入したところ，誘電体を挿入し始めて十分に時間が経過してから，誘電体が極板間に完全に挿入されるまでの間，R_A および R_B に流れる電流は，それぞれ一定値 I_3 および I_4 になった。誘電体と極板の間に摩擦はないものとする。

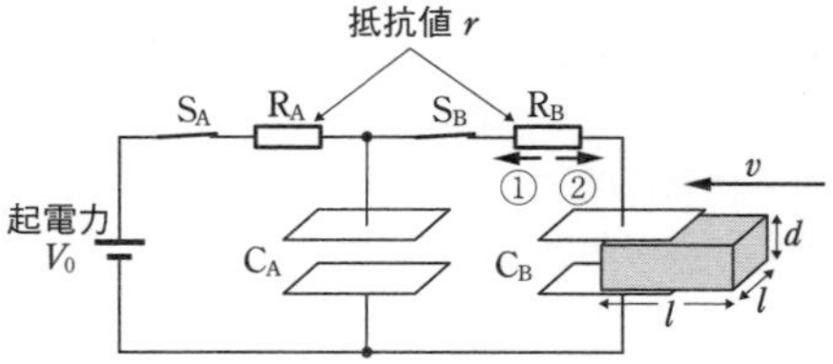

図3

(a) 誘電体を挿入している間に，C_B の電気容量が時間 $\varDelta t$ 当たりに変化する大きさを $\varDelta c$ とすると，$\varDelta c=b\varDelta t$ と表される。b を，d，l，ε_0，ε，V_0，r，v の中から必要なものを用いて表せ。

(b) 記述 R_B に流れる電流 I_4 の向きを図3の①，②から選び，その理由を簡単に説明せよ。

(c) I_3 および I_4 を，b，V_0，r を用いて表せ。

(d) R_A および R_B にそれぞれ一定の電流が流れている間，誘電体を一定の速さ v で挿入するために必要な外力を F とする。ただし，外力は紙面左向き（誘電体を挿入する方向）を正とする。F を，b，V_0，r，v を用いて表せ。また，外力の向きを紙面右向きか紙面左向きかで答えよ。

〔東北大〕

16 電流と磁場

A

66.（電流のつくる磁場）

次の文章の［ア］～［ウ］に入る適切な式を答えよ。

図のように，2つの直線の導線 AB，CD を平行に置き，その間に半径 d〔m〕の1回巻きの円形コイルとみなせるコイルを固定した。ただし，このコイル面は，導線 AB，CD がつくる平面内にあるものとする。このコイルの中心をOとすると，OとABの距離は $2d$〔m〕，OとCDの距離は $3d$〔m〕であった。図のように，このコイルにはPからQの向きに一定の電流 I〔A〕($I>0$)，導線ABにはBからAの向きに一定の電流 $2I$〔A〕，導線CDにはDからCの向きに一定の電流 I'〔A〕($I'>0$) が流れている。ここで，円周率を π とする。

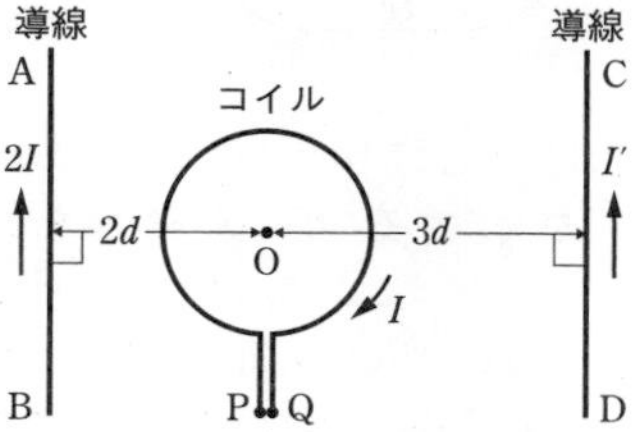

導線ABに流れる電流 $2I$〔A〕が，Oにつくる磁場の強さは［ア］〔A/m〕である。ただし，導線AB，CDは十分に長く，導線の端の磁場の影響は無視できるものとする。

コイルに流れる電流 I〔A〕が，Oにつくる磁場の強さは［イ］〔A/m〕である。ただし，PとQのすきまは十分に狭く，この磁場へのすきまの影響は無視できるものとする。

図のように，導線AB，CD，コイルに電流が流れているとき，このコイルの中心Oの磁場の強さが0A/mになった。このとき，I，π を用いて表すと，導線CDに流れる電流 I'＝［ウ］〔A〕である。

〔金沢工大〕

67.（磁場中の荷電粒子の運動）

次の文章を読んで，［ア］〜［カ］に適した式または値を記せ。また，(1)は指示にしたがって解答せよ。

質量 m，正の電気量 q をもつ粒子Aの，磁場(磁界)の中での運動を考える。粒子Aの大きさと重力の影響は無視でき，Aは真空中を運動するものとする。

〔A〕 図1のように，$x<-\dfrac{h}{2}$ の領域1(ただし $h>0$)と，$x>\dfrac{h}{2}$ の領域2に，紙面に垂直に裏から表の向きに一様な磁場をかけた。領域1，2の磁束密度の大きさは，それぞれ B_1，B_2 である。ただし，$B_1>B_2$ とする。また，$-\dfrac{h}{2}\leqq x\leqq\dfrac{h}{2}$ の領域3には，電場および磁場はなく，領域1と3および領域2と3の境界をそれぞれ境界1，2とする。

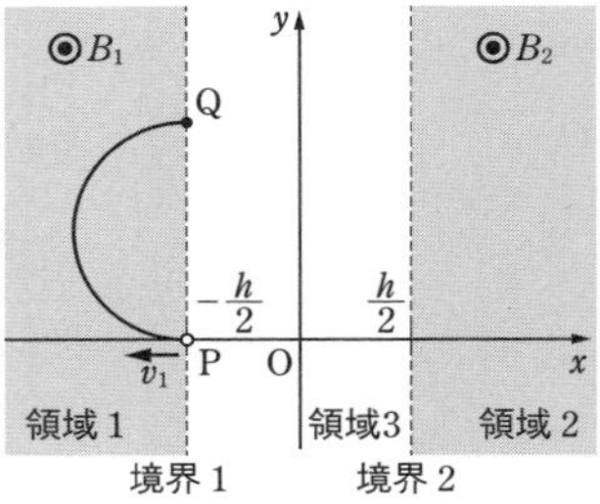

図1

粒子Aを，境界1と x 軸の交点Pから x 軸の負の向きに速さ v_1 で打ち出したところ，Aは領域1で半円を描き，$y=$［ア］で境界1上の点Qを通過した。その後，粒子Aは領域3を直進し，領域2に入ると再び半円を描いて $y=$［イ］で境界2上の点Rを通過した。

(1) 点Pを出発してから境界1を3回通過するまでの粒子Aの軌跡と，点Rの位置を表す図として最も適切なものを，次の①〜④から選んで記号で答えよ。

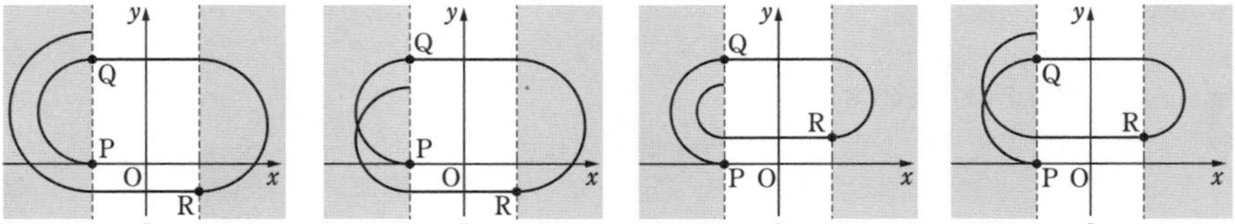

〔B〕 次に，図2のように，領域1，2の磁場は変えず，領域3に y 軸の正の向きに磁束密度の大きさ B_3 の一様な磁場をかけ，再び粒子Aを点Pから x 軸の負の向きに速さ v_1 で打ち出した。ここで，図3で紙面に垂直に裏から表の向きを正として z 軸をとる。境界1，2は x 軸に垂直な平面であることに注意せよ。

粒子Aは点Qを通過し，領域3に入ると，図4のように，点Qを含み y 軸に垂直な $x'z'$ 平面内で円弧を描いて境界2上の点Sを通過した。x' 軸，z' 軸はそれぞれ x 軸，z 軸に平行であり，点Sから xy 平面に下ろした垂線の足を点S′とする。図4は $x'z'$ 平面内での粒子Aの運動を表したものである。円弧QSの中心角を θ とすると，点Sでの粒子Aの x' 軸方向の速さは，v_1，θ を用いて［ウ］と表される。また，中心角 θ と m，v_1，h，q，B_3 の間には，$\sin\theta=$［エ］の関係が成りたつ。

粒子Aが点Sを通過した後，Aを xy 平面に垂直に投影した点の軌跡は，図2の領域2内の破線で示した半円となり，Aは $y=0$ で境界2に到達した。この半円の半径は，m，v_1，h，q，B_2，B_3 を用いて［オ］と表されることから，磁束密度の大きさ B_3 は，m，v_1，h，q，B_1，B_2 を用いて $B_3=$［カ］となる。

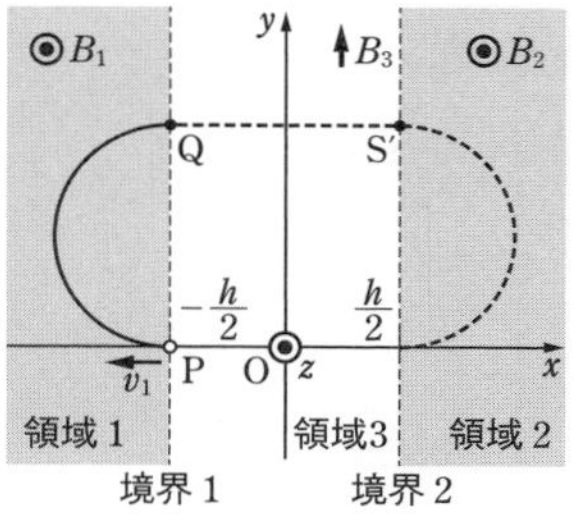

図 2

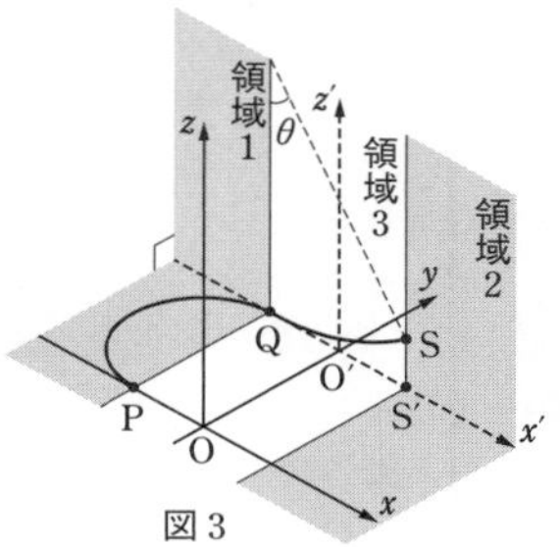

図 3

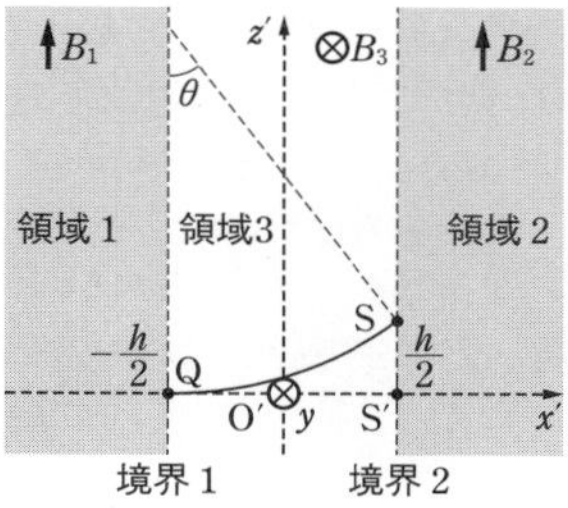

図 4

〔和歌山県医大〕

68. (質量分析器の原理)

質量分析器の原理について考える。図のようにイオン源Sで電荷 $q(q>0)$，質量 M の陽イオンを発生し，電位差 V で加速する。加速された陽イオンは，磁束密度の大きさ B の一様な磁場中で円軌道を描いた後に，直進して検出器Dで検出される。陽イオンは紙面内で運動するものとする。SおよびDは十分に小さく，重力は無視できるものとして次の(1)～(5)に答えよ。

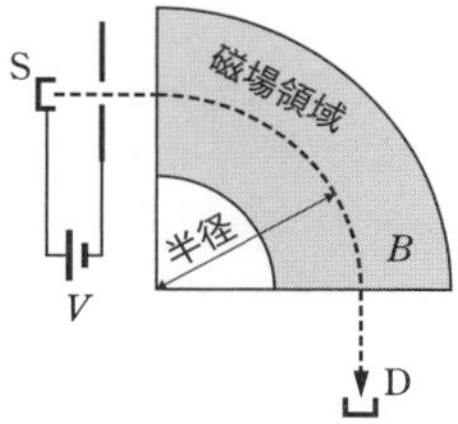

(1) 図の運動をするための磁場の向きを答えよ。

(2) 一様な磁場がかけられた領域に入射する直前の陽イオンの速さ v を求めよ。

(3) 陽イオンの円軌道の半径を求めよ。ここでは v を用いてよい。

磁束密度の大きさを B' に変化させると，Sから出た電荷 q，質量 M' の陽イオンが検出された。

(4) $\dfrac{M'}{M}$ を求めよ。ここでは v を用いないで表せ。

(5) 磁束密度の大きさを 1.00×10^{-1}T から 2.00×10^{-1}T まで変化させることができる装置を考える。1.00×10^{-1}T の磁場をかけたときに質量数50の陽イオンが検出された。この装置で測定可能な質量数の下限と上限を求めよ。また，磁束密度の大きさが 2.00×10^{-1}T のときに検出される陽イオンの質量数と，1.99×10^{-1}T のときに検出される陽イオンの質量数との差を求めよ。ただし，考える陽イオンはすべて同じ電荷 q をもつものとする。

〔神戸大〕

B

69. (円柱状に分布した荷電粒子の磁場中での運動) 思考

図1のように真空中で円柱状に分布した荷電粒子の集合を考える。荷電粒子はいずれも電気量 $q(q>0)$ で，静止しているとする。また，荷電粒子は単位体積当たり n 個分布している。このとき，n は十分大きいので円柱内の電荷分布は一様とみなせる。円柱は半径が a で，円柱の中心軸にそって z 軸をとり，十分に長いとする。真空中のクーロンの法則の比例定数を k_0 とし，重力の効果は考えない。

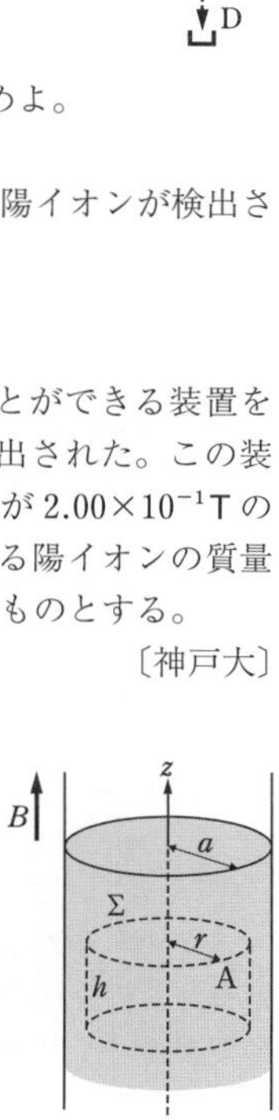

図 1

図1のように z 軸を中心軸とする半径 $r(r<a)$，高さ h の円筒形の閉

曲面 Σ と，z 軸から距離 r の点Aを考える。

(1) 閉曲面 Σ の内部にある電気量を求めよ。

(2) 点Aでの電場(電界)の向きを次の①～④の中から選び，記号で答えよ。

① z 軸の正の向き　　② z 軸の負の向き

③ z 軸から遠ざかる向き　　④ z 軸に近づく向き

(3) ガウスの法則を用いて点Aにおける電場の大きさを求めよ。

次に，z 軸の正の向きに磁束密度の大きさ B の一様な磁場(磁界)をかけ，質量 m，電気量 q の試験電荷を z 軸を中心として円運動させる。円柱状の荷電粒子の集合は静止したままである。円運動の半径を $r\,(r<a)$，試験電荷の角速度を ω とすると，運動方程式は次のように書ける。　$mr\omega^2=$ ア $\times\omega-2\pi k_0 nq^2 r$　……ⓐ

(4) 空所 ア を埋めよ。

(5) 式ⓐの右辺第2項の力の名称を答えよ。

(6) z 軸の正の側(図1で上側)から見たとき，試験電荷はどちら向きに円運動しているか。次の①，②から選び記号で答えよ。

① 時計回り　　② 反時計回り

式ⓐを ω について解くと，解は次の形に表せる。

$$\omega_\pm=\frac{1}{2}\left(\omega_c\pm\sqrt{{\omega_c}^2-2{\omega_p}^2}\right)=\frac{\omega_c}{2}\left\{1\pm\sqrt{1-2\left(\frac{\omega_p}{\omega_c}\right)^2}\right\}\quad\text{(複号同順)}$$

(7) ω_c と ω_p を求めよ。

(8) n には最大値 n_B があり，それをこえると式ⓐを満たす ω の実数解が存在せず，試験電荷は円運動できない。k_0，m，B を用いて n_B を求めよ。

(9) 図2の ω-n グラフには $\omega=\omega_+$ を表す曲線が点線で示されている。$\omega=\omega_-$ を表すグラフを図2に実線で描け。

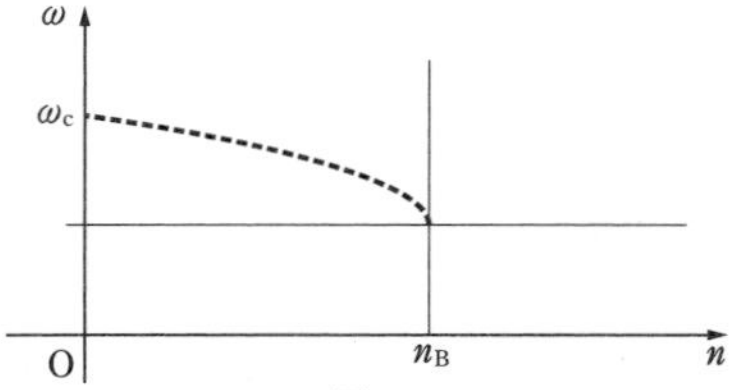

図2

ω_p が ω_c に比べて十分に小さい場合 $\left(\dfrac{\omega_p}{\omega_c}\ll 1\right)$ を考える。このとき，ω_+ の解は $\omega_+\fallingdotseq\omega_c$ と近似できる。式ⓐを ω_p，ω_c を用いて表して，近似式 $\omega_+\fallingdotseq\omega_c$ を用いると，左辺と右辺第1項に比べて右辺第2項は小さいので無視できることがわかる。したがって，この項以外の2つの項で運動が決まっていると考えられる。また，角速度 ω_c はサイクロトロン振動数になっている。ω_- の解は $\omega_-\fallingdotseq\dfrac{{\omega_p}^2}{2\omega_c}$ と近似できて，同様に式ⓐの3つの項のうち1つだけ小さな値の項があることがわかる。

(10) ω_- の解では式ⓐのどの項が無視できるか。次から選び記号で答えよ。

① 左辺　　② 右辺第1項　　③ 右辺第2項

式ⓐからわかるように，$r<a$ のとき試験電荷の角速度はどの半径でも同じになる。したがって，円柱状の各荷電粒子を円運動させて，電荷分布全体が一定の角速度で回転するようにできる。これを剛体回転平衡といい，プラズマの閉じ込めなどに応用されている。

〔大阪工大〕

70. (電磁場中の荷電粒子の運動)

次の文章を読んで，□に適した式または数値を，{　}からは適切なものを1つ選びその番号を，それぞれ記入せよ。なお，(　)はすでに□で与えられたものと同じものを表す。また，(1)〜(3)では，指示にしたがって，解答をそれぞれ記入せよ。ただし，円周率をπとする。

真空中の時間変化しない磁場内での荷電粒子の運動を考えよう。荷電粒子の運動によって生じる電場と磁場の影響，および重力の影響は無視してよい。

〔A〕 非一様な磁場中での荷電粒子の運動を考えよう。荷電粒子の大きさは無視でき，その質量はm，電荷は$q(>0)$とする。簡単のため，図1に示すようなモデルで考える。磁場はz軸の負の向きにかかっており，その磁束密度の大きさは，ある$x_0(>0)$に対して，$x<x_0$ でB_1，$x \geqq x_0$ でB_2とする。ただしB_1とB_2は正の定数で，$B_2<B_1$ である。また，粒子が $x=x_0$ で定められる平面を通過するとき，その軌道はなめらかにつながり，速さは変化しないとする。

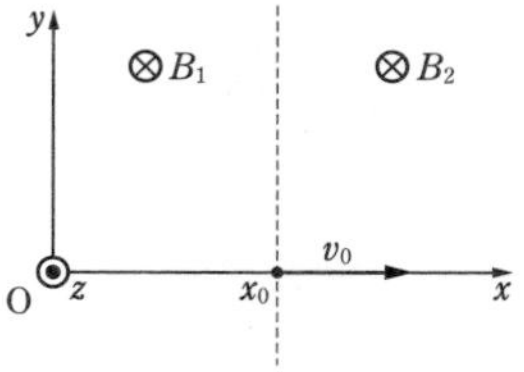

図1

時刻 $t=0$ で $x=x_0$，$y=0$，$z=0$ にある荷電粒子が，x軸の正の向きに速さv_0で運動を始めた。荷電粒子はまず，$x \geqq x_0$ の領域においてローレンツ力によりxy平面内で等速円運動する。$x \geqq x_0$ での円軌道の半径は［ア］となる。荷電粒子が $t>0$ で初めて$x=x_0$ に到達するまでにかかる時間T_2は，m，v_0，q，B_2，x_0のうち必要なものを用いて［イ］と書ける。その後，粒子は $x<x_0$ においても等速円運動する。$t=T_2$ から再び$x=x_0$ に到達するまでの時間をT_1とし，T_1+T_2を運動の周期とする。

(1) 時刻 $t=0$ から時刻 $t=T_1+T_2$ までの荷電粒子のxy平面内での軌道を描き，時刻$t=0$，$t=T_2$，$t=T_1+T_2$ における位置を示せ。また，時刻 $t=0$ での位置を始点とし，$t=T_1+T_2$ での位置を終点とするベクトルについて，その大きさを答えよ。このベクトルで表される移動をドリフトとよぶ。

(1)で考察したドリフトについて，その平均の速さを求めよう。磁束密度の大きさを正の定数aおよび$d(<x_0)$を用いて $B_1=\dfrac{a}{x_0-d}$，$B_2=\dfrac{a}{x_0+d}$ と与える。運動の周期T_1+T_2をm，v_0，q，a，d，x_0のうち必要なものを用いて書くと［ウ］となる。ドリフトの平均の速さは，ドリフトを表すベクトルの大きさを周期でわることによって求められ，m，v_0，q，a，d，x_0のうち必要なものを用いて［エ］と書ける。一般に，一様でない磁場がある場合にこのようなドリフトが生じ，これは磁場勾配ドリフトとよばれる。

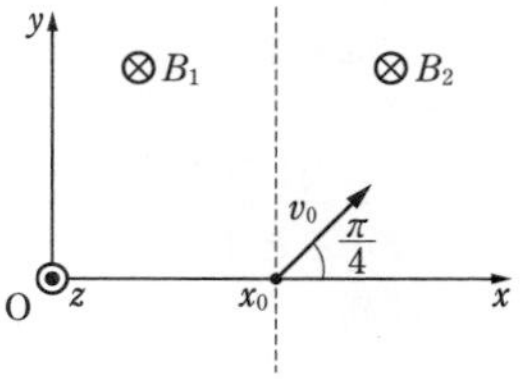

図2

次に，図2のように，粒子が時刻 $t=0$ で $x=x_0$，$y=0$，$z=0$ にあり，xy平面内でx軸に対する角度が$\dfrac{\pi}{4}$の方向に速さv_0で運動を始める場合を考える。

(2) $t=0$ から，$t>0$ で2回目に $x=x_0$ に達するときまでの粒子の軌道として最も適当なものを①〜⑧のうちから選び，番号を答えよ。

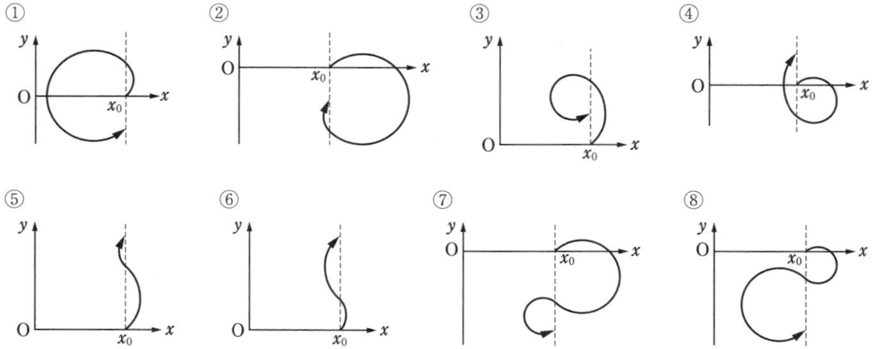

〔B〕 次に，一様な磁場のもとで，ローレンツ力に加えて外力が荷電粒子にはたらく場合を考えよう。荷電粒子は質量 m，電荷 $q(>0)$ をもち，大きさは無視できるとする。図 3 のように，z 軸の負の向きの一様な磁場があり，磁束密度の大きさを正の定数 B_0 とする。さらに，粒子には x 軸の正の向きに大きさ F の一様な保存力である外力が作用する。磁場および外力はいずれも時間変動しない。

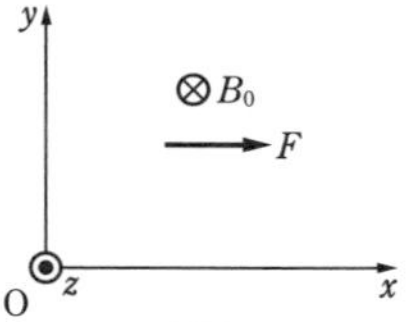

図 3

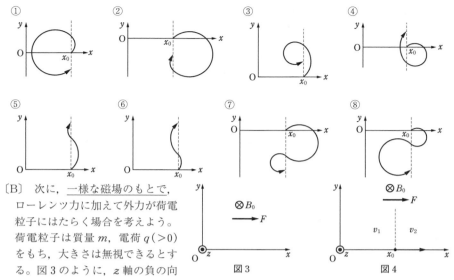

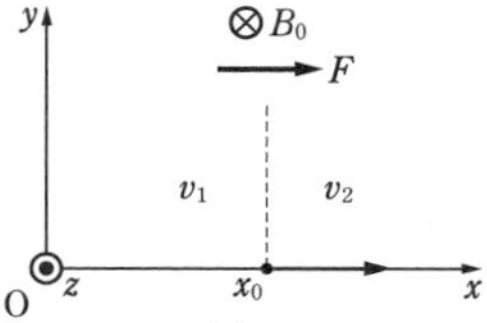

図 4

このとき，荷電粒子は x 軸方向には一定の範囲で周期的に振動する。運動中のある時刻で粒子が，x が最小値 $x_{\min}$ となる位置にあり速さ v_a をもっていたとすると，x が最大値 $x_{\max}$ となる位置まで移動したときの速さ v_b は，この間に外力がした仕事 $F(x_{\max}-x_{\min})$ が正であるため v_a より大きくなる。その後 $x=x_{\min}$ にもどったとき，粒子の速さは v_a に比べて{**オ**：① 大きくなる，② 小さくなる，③ 変化しない}。

ローレンツ力に対して外力が十分に弱いとき，荷電粒子の運動の等速円運動からのずれはわずかである。以下では，図 4 のように，〔A〕と同様に $x<x_0$ の領域と $x \geqq x_0$ の領域に分け，この粒子の運動を，xy 平面内のそれぞれの領域で，異なる速さで等速円運動するモデルで考察する。

荷電粒子は磁場によるローレンツ力をうけ，$x<x_0$ で速さ v_1，$x \geqq x_0$ で速さ v_2 の等速円運動を行うとする。ここで，$v_1<v_2$ である。外力により v_1 と v_2 の差が生じ，それ以外には外力による運動への影響はないと仮定する。また，$x=x_0$ で粒子の軌道はなめらかにつながるとする。ただし，解答に $x_{\min}$ および $x_{\max}$ は用いないこと。

時刻 $t=0$ で $x=x_0$，$y=0$，$z=0$ にある荷電粒子が x 軸の正の向きに速さ v_2 で等速円運動を始めた。$x \geqq x_0$ における等速円運動の円の半径は [**カ**] となり，時刻 $t>0$ で 2 回目に $x=x_0$ に達するまでの時間 T は [**キ**] となる。時刻 $t=0$ での粒子の位置を始点，$t=T$ での位置を終点とするベクトルがこの場合のドリフトを表す。このベクトルの向きから，z 軸の負の向きの磁場および x 軸の正の向きの外力によって{**ク**：① x 軸の正，② y 軸の正，③ x 軸の負，④ y 軸の負}の向きにドリフトを生じることがわかる。このドリフトの平均の速さは，そのベクトルの大きさを周期 T でわり，T を用いずに［ケ］と求められる。このモデルでは，$x<x_0$ と $x \geqq x_0$ の各領域における円軌道の半径をそれぞれ ρ_1，ρ_2 とすると，粒子が x 軸方向に $x=x_0-\rho_1$ と $x=x_0+\rho_2$ の間を移動する。v_1 と v_2 の違いによる運動エネルギーの差が $F(\rho_1+\rho_2)$ と等しいとすると，(ケ)は，m，q，F，B_0，x_0 のうち必要なものを用いて［コ］と表すことができる。

(3) 一様な外力が強さ E の電場による力の場合，$F=qE$ として，(コ)のドリフトの平均の速さを求めよ。また，時刻 $t=0$ から $t=T$ までの荷電粒子の xy 平面内での軌道を描け。さらに，同じグラフに電荷が $2q$ の場合の軌道を2周期分描け。ただし，どちらも $t=0$ において上の条件で運動を始めるものとする。それぞれの軌道に電荷の値を明記し，始点と終点の違いがわかるように描くこと。

ここでは簡単なモデルによって考察したが，正確なドリフトの速さは(コ)の定数倍であり，このような簡単なモデルでも，ドリフトの特性を得ることができる。

〔京都大〕

17 電　磁　誘　導

A 71．**(磁場中を運動するコイル)**

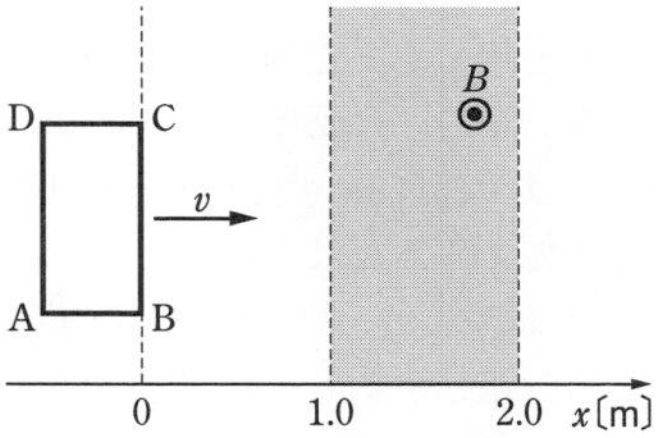

図のように，1.0m≦x≦2.0m の領域に紙面の裏から表に向かう磁束密度の大きさ $B=8.0$T の一様な磁場があり，その領域を長方形の1巻きのコイル ABCD が一定の速さ $v=0.50$m/s で通過する。このとき，磁場と ABCD 面は垂直であり，コイルの AB 部分と x 軸は平行であるとする。なお，コイルの AB 間の長さは 0.50m，AD 間の長さは 1.0m であり，コイル ABCD の抵抗は $R=2.0\Omega$ である。時刻 $t=0$s にコイルの BC の部分が $x=0$m を通過するとし，以下の問いに答えよ。数値は有効数字2桁で答えよ。

(1) コイルを貫く磁束の時間変化をグラフに示せ。ただし，縦軸に適切な数値および単位も書きこむこと。

(2) コイルを流れる電流の時間変化をグラフに示せ。ただし，コイルの A→B の方向を電流の正の向きとし，縦軸に適切な数値および単位も書きこむこと。

(3) コイルが磁場から受ける力の合力の時間変化をグラフに示せ。ただし，縦軸に適切な数値および単位も書きこむこと。また，グラフにかいた合力の正の向きを A→B，B→C のようにして答えよ。

(4) 記述 速さ $v=1.0\,\mathrm{m/s}$ で動くコイル ABCD が同様に磁場領域を通過した。コイルが磁場領域を通過するまでに外力のした仕事は，$v=0.50\,\mathrm{m/s}$ のときの何倍になるか理由とともに答えよ。

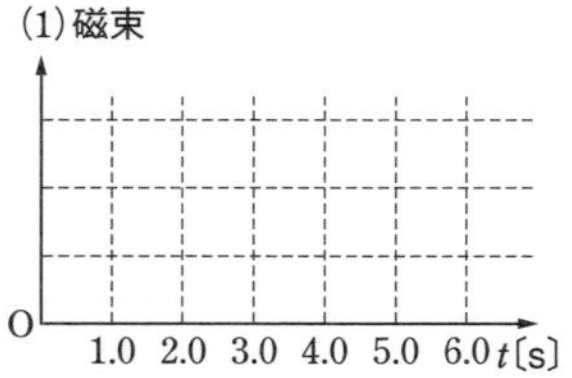

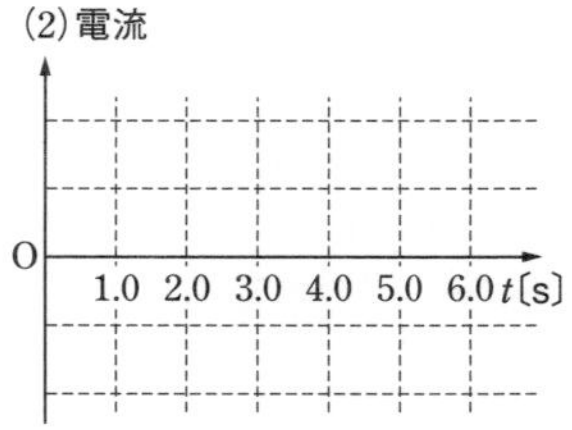

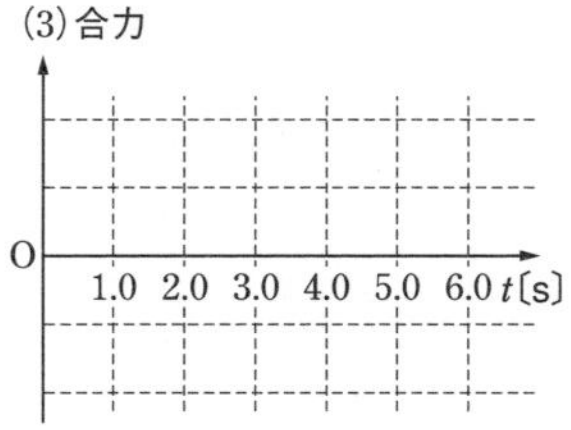

〔新潟大〕

72. (磁場中を運動する導体棒)

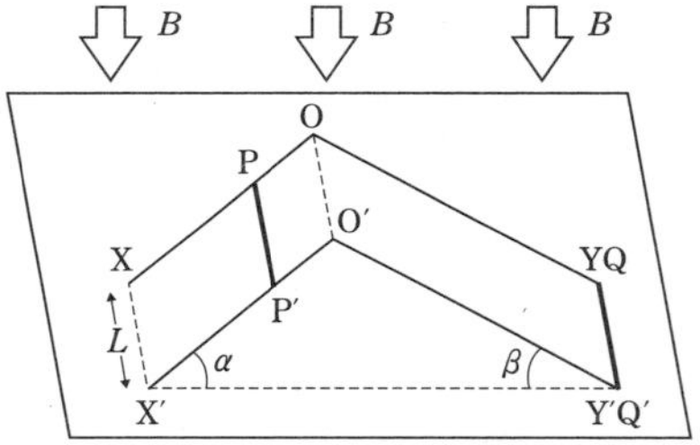

図のように磁束密度の大きさが B で鉛直下向きの一様な磁場中に，絶縁体でできた水平な床面があり，この床面上に，長さが等しい一対の導体のレール XOY と X′O′Y′ を折り曲げて，その両端 X，Y，X′，Y′ を固定する。三角形 XOY と三角形 X′O′Y′ は，合同な三角形であり，その間隔は L で，ともに床面に対し垂直である。長方形 OXX′O′ と長方形 OYY′O′ が床面となす角の大きさは，それぞれ α，β である。ただし $0<\beta\leqq\alpha<\dfrac{\pi}{2}$ である。

長さ L，質量 m，電気抵抗 R の金属棒 PP′ と，長さ L，質量 m'，電気抵抗 R' の金属棒 QQ′ を用意し，金属棒 QQ′ を YY′ に置き，金属棒 PP′ を OO′ から XX′ 側に初速 0 ですべり落とした。金属棒はともにレールと垂直を保ちながらレール上をすべって動き，レールの長さは十分に長いため金属棒 PP′ は XX′ まで移動することはなく，金属棒 QQ′ は OO′ まで移動することはないものとする。以下の問いに答えよ。

空気抵抗，レールと金属棒の間の摩擦，レールの電気抵抗はすべて無視し，重力加速度の大きさを g とする。また回路 PP′O′Q′QOP に生じる誘導電流がつくる磁場の影響を無視する。

(1) 金属棒 QQ′ が静止しており，金属棒 PP′ が速さ v でレールをすべり落ちているとき，金属棒 PP′ に流れる電流はいくらか。v，B，L，α，R，R' を用いて文字式で表せ。

(2) 金属棒 PP′ がすべり落ち，一定速度に達しても，金属棒 QQ′ は静止していた。このときの金属棒 PP′ の速さはいくらか。m，g，B，L，α，R，R' を用いて文字式で表せ。

(3) 金属棒 PP′ がすべり落ち一定速度に達する前に，金属棒 QQ′ がレールを上に動きだすための条件を m，m'，α，β を用いて表せ。

(4) 金属棒 PP′ がすべり落ち，金属棒 QQ′ がレールを登っている。金属棒 PP′ に流れる電流を I とすると，金属棒 QQ′ にはたらく垂直抗力の大きさはいくらか。m'，g，B，L，I，β を用いて文字式で表せ。

(5) 金属棒 PP′ がすべり落ちていくと金属棒 QQ′ も動きだした。金属棒 PP′ が速さ v ですべり落ち，金属棒 QQ′ が速さ u でレールを登っているとき，回路 PP′O′Q′QOP で消費される電力はいくらか。v, u, B, L, α, β, R, R' を用いて文字式で表せ。

(6) 金属棒 PP′ がすべり落ちていくと金属棒 QQ′ も動きだした。金属棒 PP′ が速さ v ですべり落ち，金属棒 QQ′ が速さ u でレールを登っているとき，金属棒 PP′ の加速度の大きさはいくらか。v, u, B, L, m, g, α, β, R, R' を用いて文字式で表せ。

〔札幌医大〕

73. (回転する導体棒に生じる誘導起電力)

次の文の［ア*］～［サ*］に入れるのに最も適当なものを文末の解答群から選べ。ただし，同じものを 2 回以上用いてもよい。なお，［ア*］～［ウ*］，［サ*］については文末の〔解答群*〕から最も適当なものを選べ。また，［a］に入れるのに最も適当な数または式を答えよ。

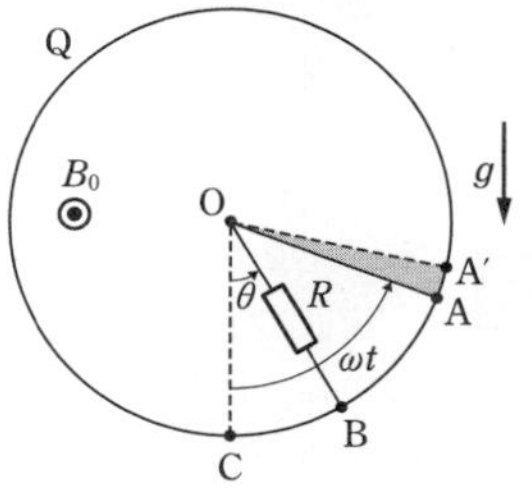

図のように水平向き(紙面に対して垂直で手前向き)で磁束密度の大きさが B_0 の一様な磁場がある。この磁場に対して垂直な鉛直面(紙面)上に，原点Oを中心とした半径 a の環状 1 巻きコイルQがあり，導体棒 OA を介してQ上の接点AとOは電気的に接している。これとは別に，密度が一様な質量 m，長さ a で，抵抗値 R の抵抗棒 OB がOからぶら下がっている。OB は，棒の端BがQと電気的に接触した状態を保ちながら，O を支点として鉛直面内をなめらかに自由に回転できる。以下では，コイルQと導体棒 OA の電気抵抗，接点での摩擦および電気抵抗，Q や OA，OB を流れる電流がつくる磁場の影響は無視できるものとする。重力加速度の大きさを g とする。

最初，OB がOから鉛直にぶら下がっている状態で，OA を一定の角速度 ω で反時計回りに回転させた。OA 上の自由電子には［ア*］力がはたらき，その結果，OA 間に電位差が生じる。この電位差により，OB には［イ*］の向きに電流が流れ始め，OB を流れる電流は，OB が［ウ*］向きに磁場から力を受ける。

やがて，OB はQの最下点Cと角 θ をなす姿勢で静止した。導体棒とコイルの接点Aが，時刻 t から微小時間 Δt 後の時刻 $t+\Delta t$ に図の A′ に移動したとすると，微小時間 Δt の間に OA が通過する領域(図の灰色で表されている扇形 AOA′)の面積は，［エ］である。この領域を貫く磁束 $\Delta\Phi$ から，OA 間に生じる誘導起電力の大きさ V が次のように求まる。

$$V=\left|\frac{\Delta\Phi}{\Delta t}\right|=\boxed{\text{オ}}$$

OB に流れる電流の大きさ I と，OB で単位時間当たりに発生するジュール熱 P は，V と R を用いると，$I=$［カ］，$P=$［キ］と表される。また，OB を流れる電流は磁場から力を受ける。その力の大きさ F は，I を用いると，$F=$［ク］であり，力の作用点は，重力と同様，棒の重心にあると考えてよい。OB が姿勢を保っていることから，支点Oのまわりで OB にはたらく力のモーメントについて，次に示すつりあいが成りたつ。

$$\frac{a}{2}\times mg\times\boxed{\text{ケ}}=\frac{a}{2}\times F$$

一般に，任意の実数θに対して |(ケ)|≦［ コ ］が成りたつので，ωが十分小さければ $0 \leqq \theta < 2\pi$ の範囲に存在していたつりあいの位置θは，ωがある値ω_0をこえると消え，OBは［ サ* ］ようになる。ここで，ω_0をm，g，R，B_0，aを用いて表すと，$\omega_0=$［ a ］である。

〔解答群〕

① $\frac{a^2\omega t}{2}$　② $\frac{a^2\omega\Delta t}{2}$　③ $\frac{a^2\omega(t+\Delta t)}{2}$　④ $\frac{a^2\theta}{2}$　⑤ B_0a^2　⑥ $\frac{B_0a^2}{2}$

⑦ $\frac{B_0a^2\omega}{2}$　⑧ $\frac{B_0a}{2}$　⑨ $\frac{V}{R}$　⑩ $\frac{V^2}{R}$　⑪ RV　⑫ RV^2　⑬ IB_0

⑭ $IB_0\omega$　⑮ IB_0R　⑯ IB_0a　⑰ $\cos\theta$　⑱ $\sin\theta$　⑲ $\tan\theta$　⑳ 1

㉑ $\frac{\sqrt{3}}{2}$　㉒ $\frac{1}{2}$　㉓ 0

〔解答群*〕

① アンペール　② ローレンツ　③ フレミング　④ ホール　⑤ 磁束密度

⑥ OからB　⑦ BからO　⑧ 時計回りに回転する　⑨ 反時計回りに回転する

⑩ 鉛直な状態で静止する　⑪ 水平な状態で静止する

〔関西大〕

B

74. (導体製のパイプ中を落下する磁石) 思考

鉛直に立てられた半径Rの導体製のパイプの中に，円柱形の磁石を静かに落とす。磁石のN極が鉛直上方を向き，パイプと磁石の中心軸が一致したまま磁石は落下した。摩擦や空気抵抗は無視し，重力加速度の大きさをgとする。

パイプを水平に薄く切った導体環を考える。図1のように，環1は落下中の磁石の上方にあり，環2は磁石の下方にある。このとき，以下の(1)に答えよ。

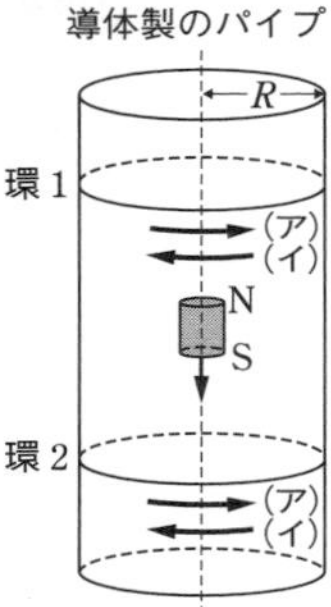

図1

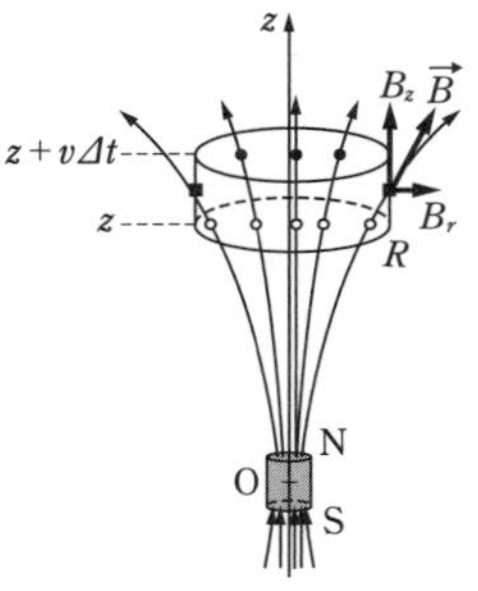

図2

(1) (a) 環に生じる誘導起電力の向き，(b) 環が磁石に及ぼす力の向き，を環1および環2について求め，以下のそれぞれの選択肢の中から正しいものを1つずつ選べ。

(a)の選択肢：

① 環1：(ア)，環2：(ア)　② 環1：(ア)，環2：(イ)

③ 環1：(イ)，環2：(ア)　④ 環1：(イ)，環2：(イ)

(b)の選択肢：

① 環1：鉛直上向き，環2：鉛直上向き　② 環1：鉛直上向き，環2：鉛直下向き

③ 環1：鉛直下向き，環2：鉛直上向き　④ 環1：鉛直下向き，環2：鉛直下向き

鉛直上向きにz軸をとる。磁石が速さvで原点Oを通過する瞬間に位置$z(>0)$にある導体環に着目する(図2)。なお，図2には磁石がつくる磁束線が描かれている。

微小な時間 Δt の間に磁石は $v\Delta t$ 落下するが，その間の環を貫く磁束の変化 $\Delta\Phi$ は，位置 z の環を貫く磁束(図 2 の○の数)を $\Phi(z)$，位置 $z+v\Delta t$ の環を貫く磁束(図 2 の●の数)を $\Phi(z+v\Delta t)$ として，$\Delta\Phi=\Phi(z+v\Delta t)-\Phi(z)$ と表せる。次に，位置 z の半径 R の円を下面，および位置 $z+v\Delta t$ の半径 R の円を上面とする高さ $v\Delta t$ の円柱を考える。下面からこの円柱に入る磁束線は円柱の上面または側面を貫いて円柱の外に出るので，$\Delta\Phi$ の大きさ $|\Delta\Phi|$ は，円柱の側面を貫く磁束(図 2 の■の数)に一致する。

この円柱側面上の点に磁石がつくる磁束密度ベクトルを $\vec{B}$，その z 方向成分を B_z，z 軸を中心とする半径 r 方向成分を B_r とすると，Δt が十分わずかな時間であれば，円柱側面上でこれらの値を一定とみなすことができる。以上をもとにして着目する導体環について，以下の(2)に答えよ。

(2) $|\Delta\Phi|$ を求め，以下の中から正しいものを 1 つ選べ。

① $2\pi Rv\Delta tB_z$　② $\pi R^2v\Delta tB_z$　③ $2\pi Rv\Delta tB_z{}^2$　④ $\pi R^2v\Delta tB_z{}^2$　⑤ $2\pi Rv\Delta tB_r$
⑥ $\pi R^2v\Delta tB_r$　⑦ $2\pi Rv\Delta tB_r{}^2$　⑧ $\pi R^2v\Delta tB_r{}^2$　⑨ $2\pi Rv\Delta t|\vec{B}|$　⑩ $\pi R^2v\Delta t|\vec{B}|$
⑪ $2\pi Rv\Delta t|\vec{B}|^2$　⑫ $\pi R^2v\Delta t|\vec{B}|^2$　⑬ $2\pi Rv\Delta tB_zB_r$　⑭ $\pi R^2v\Delta tB_zB_r$

(2)の状態で，パイプの半径方向の厚さを $d(\ll R)$，抵抗率を ρ とし，微小な等間隔 Δz の水平面でパイプを無数に分割してできた導体環の 1 つについて，以下の(3)と(4)に答えよ。

(3) (a) 環の抵抗，(b) 環に流れる電流，をそれぞれ求め，以下のそれぞれの選択肢の中から正しいものを 1 つずつ選べ。

(a)の選択肢：

① $2\pi R\rho d\Delta z$　② $\dfrac{\rho d\Delta z}{2\pi R}$　③ $\dfrac{2\pi Rd\Delta z}{\rho}$　④ $\dfrac{2\pi R\rho\Delta z}{d}$　⑤ $\dfrac{2\pi R\rho d}{\Delta z}$
⑥ $\dfrac{d\Delta z}{2\pi R\rho}$　⑦ $\dfrac{\rho\Delta z}{2\pi Rd}$　⑧ $\dfrac{\rho d}{2\pi R\Delta z}$　⑨ $\dfrac{2\pi R\Delta z}{\rho d}$　⑩ $\dfrac{2\pi Rd}{\rho\Delta z}$　⑪ $\dfrac{2\pi R\rho}{d\Delta z}$
⑫ $\dfrac{2\pi R}{\rho d\Delta z}$　⑬ $\dfrac{\rho}{2\pi Rd\Delta z}$　⑭ $\dfrac{d}{2\pi R\rho\Delta z}$　⑮ $\dfrac{\Delta z}{2\pi R\rho d}$　⑯ $\dfrac{1}{2\pi R\rho d\Delta z}$

(b)の選択肢：

① $\rho dvB_z\Delta z$　② $\dfrac{dvB_z\Delta z}{\rho}$　③ $\dfrac{\rho vB_z\Delta z}{d}$　④ $\dfrac{\rho dB_z\Delta z}{v}$　⑤ $\dfrac{vB_z\Delta z}{\rho d}$
⑥ $\dfrac{dB_z\Delta z}{\rho v}$　⑦ $\dfrac{\rho B_z\Delta z}{dv}$　⑧ $\dfrac{B_z\Delta z}{\rho dv}$　⑨ $\rho dvB_r\Delta z$　⑩ $\dfrac{dvB_r\Delta z}{\rho}$
⑪ $\dfrac{\rho vB_r\Delta z}{d}$　⑫ $\dfrac{\rho dB_r\Delta z}{v}$　⑬ $\dfrac{vB_r\Delta z}{\rho d}$　⑭ $\dfrac{dB_r\Delta z}{\rho v}$　⑮ $\dfrac{\rho B_r\Delta z}{dv}$　⑯ $\dfrac{B_r\Delta z}{\rho dv}$

(4) 環が磁石から受ける力の大きさを求め，以下の中から正しいものを 1 つ選べ。

① $2\pi R\rho dvB_z{}^2\Delta z$　② $\dfrac{\rho dvB_z{}^2\Delta z}{2\pi R}$　③ $\dfrac{2\pi RdvB_z{}^2\Delta z}{\rho}$　④ $\dfrac{2\pi R\rho vB_z{}^2\Delta z}{d}$
⑤ $\dfrac{dvB_z{}^2\Delta z}{2\pi R\rho}$　⑥ $\dfrac{\rho vB_z{}^2\Delta z}{2\pi Rd}$　⑦ $\dfrac{2\pi RvB_z{}^2\Delta z}{\rho d}$　⑧ $\dfrac{vB_z{}^2\Delta z}{2\pi R\rho d}$　⑨ $2\pi R\rho dvB_r{}^2\Delta z$
⑩ $\dfrac{\rho dvB_r{}^2\Delta z}{2\pi R}$　⑪ $\dfrac{2\pi RdvB_r{}^2\Delta z}{\rho}$　⑫ $\dfrac{2\pi R\rho vB_r{}^2\Delta z}{d}$　⑬ $\dfrac{dvB_r{}^2\Delta z}{2\pi R\rho}$
⑭ $\dfrac{\rho vB_r{}^2\Delta z}{2\pi Rd}$　⑮ $\dfrac{2\pi RvB_r{}^2\Delta z}{\rho d}$　⑯ $\dfrac{vB_r{}^2\Delta z}{2\pi R\rho d}$

磁石を落下させるとすぐに磁石は等速 v になって落下することが観測された。磁石の質量を m，パイプの質量を M として，以下の(5)に答えよ。

(5) パイプ全体について，(a) 各環が磁石から受ける力を足し合わせたパイプ全体が磁石から受ける力の大きさ，(b) 各環の消費電力を足し合わせたパイプ全体に発生する単位時間当たりのジュール熱，をそれぞれ求め，以下の選択肢の中から正しいものをそれぞれ1つずつ選べ。

(a)，(b)の選択肢：

① 0　② mg　③ Mg　④ $(M+m)g$　⑤ $(M-m)g$　⑥ $\dfrac{Mmg}{M+m}$

⑦ $\dfrac{Mmg}{M-m}$　⑧ $\sqrt{Mm}\,g$　⑨ mgv　⑩ Mgv　⑪ $(M+m)gv$

⑫ $(M-m)gv$　⑬ $\dfrac{Mmgv}{M+m}$　⑭ $\dfrac{Mmgv}{M-m}$　⑮ $\sqrt{Mm}\,gv$

アルミ製のパイプ中に磁石1を落下させて，等速落下中の速さを測定した。次に，アルミ製パイプと半径や質量は同じだが3分の1の厚さをもつ銅製のパイプ，および，磁石1と同じ磁場をつくるが2倍の質量をもつ磁石2を用意した。そして，銅製のパイプ中に磁石2を落下させて，等速落下中の速さを測定した。ただし，どちらのパイプも半径に比べて厚さは十分小さいものとし，アルミの抵抗率を $2.7\times10^{-8}\,\Omega\cdot\mathrm{m}$，銅の抵抗率を $1.7\times10^{-8}\,\Omega\cdot\mathrm{m}$ として，以下の(6)に答えよ。

(6) 磁石2の速さは，磁石1の速さの何倍になるか。以下の中から最もふさわしいものを1つ選べ。

① 0.10　② 0.26　③ 0.32　④ 0.42　⑤ 0.51　⑥ 0.65　⑦ 0.94
⑧ 0.97　⑨ 1.0　⑩ 1.1　⑪ 1.5　⑫ 1.9　⑬ 2.4　⑭ 3.1
⑮ 3.8　⑯ 9.5

〔早稲田大 改〕

75. (自己誘導と相互誘導)

〔A〕 真空中に，図1のような断面積 S で長さ d の N 回巻きのコイルAがある。長さ d はコイルAの直径にくらべて十分長く，導線は密に巻いてあり，コイルA内の磁場は一様とする。コイルAの抵抗は無視できるとして，以下の問いに答えよ。なお，真空中の透磁率は μ_0 とする。

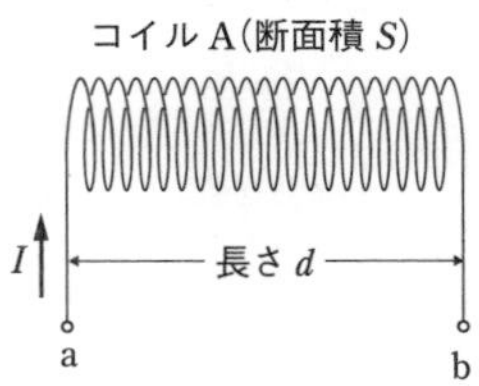

図1

(1) 時間 Δt の間に，コイルAに流れる電流 I を ΔI だけ増加させたとき，コイルAの内部における磁束の変化 $\Delta\Phi$ を S，d，N，Δt，I，ΔI，μ_0 の中から必要なものを用いて求めよ。

(2) 時間 Δt の間に，コイルAに流れる電流 I を ΔI だけ増加させたとき，コイルAの両端に発生する誘導起電力 V_L (図1中の点aに対する点bの電位)を S，d，N，Δt，I，ΔI，μ_0 の中から必要なものを用いて求めよ。

〔B〕 真空中に，図2のように，抵抗が無視できるコイルA，抵抗値Rの3つの抵抗A，B，C，内部抵抗が無視できる起電力Eの電池，およびスイッチで構成される回路がある。この回路について，以下の問いに答えよ。なお，真空中の透磁率はμ_0とし，真空中でのコイルAの自己インダクタンスをLとする。

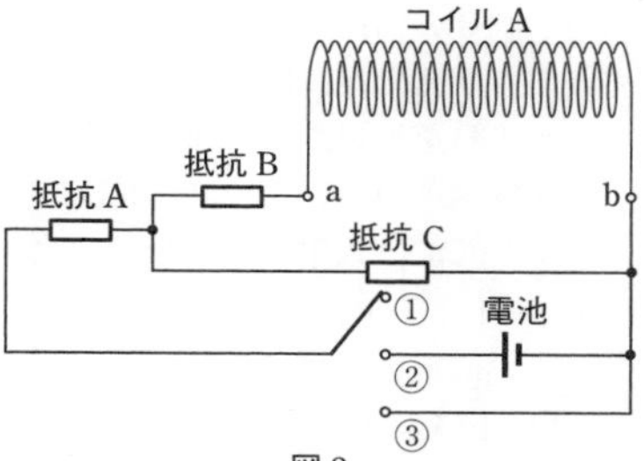

図2

(1) 時刻t_0でスイッチを接点①から接点②に切りかえた。スイッチを切りかえた直後に，コイルAに流れる電流Iの大きさを求めよ。また，時刻t_0におけるコイルAの誘導起電力V_0(図2の点aに対する点bの電位)をR，E，L，μ_0の中から必要なものを用いて求めよ。

(2) 十分に時間が経過後の時刻t_1においてコイルAに流れる電流Iの大きさ，およびコイルAに蓄えられているエネルギーU_0をそれぞれR，E，L，μ_0の中から必要なものを用いて求めよ。

(3) 時刻t_1より後の時刻t_2でスイッチを接点①にもどした。時刻t_2におけるコイルAの誘導起電力V_2(図2の点aに対する点bの電位)をR，E，L，μ_0の中から必要なものを用いて求めよ。また，コイルAの誘導起電力V_Lの時間変化を示すグラフとして適切なものを，(ア)～(エ)の中から選択して記号で答えよ。

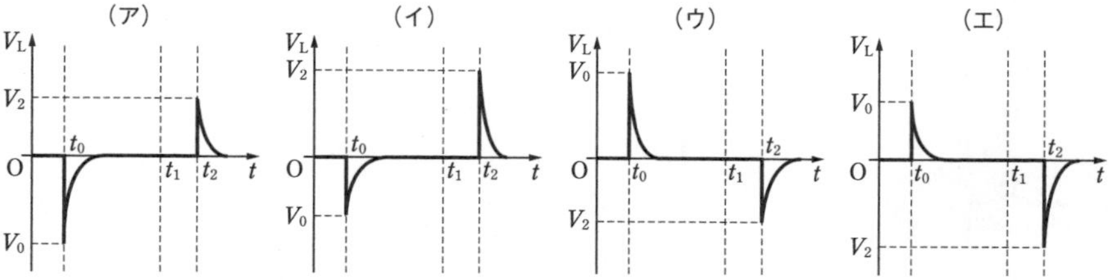

(4) 記述 スイッチを再び接点②に切りかえて十分に時間が経過した後，図3のようにコイルAの内部に透磁率μ_1の円柱状の金属の棒をゆっくりと挿入した。ここで，棒の透磁率μ_1は真空中の透磁率μ_0より大きく，棒の断面積はコイルAの断面積Sと等しいとする。棒を挿入すると，コイルAの自己インダクタンスが変化する。変化した後の自己インダクタンスL_1をL，μ_0，μ_1の中から必要なものを用いて求めよ。

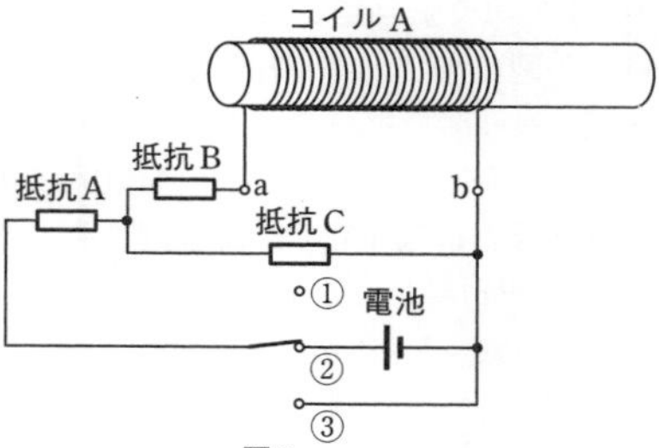

図3

また，棒を挿入すると，コイルAに蓄えられているエネルギーが変化する。棒を挿入してから十分に時間が経過した後のエネルギーをU_1として，〔B〕の(2)のU_0からの変化量$\Delta U = U_1 - U_0$を，R，E，L，μ_0，μ_1の中から必要なものを用いて求めよ。また，変化する理由を100字程度で答えよ(英数字，句読点も1字として数える)。

〔C〕 図3の回路のスイッチを接点②から接点①に切りかえた後，図4のようにコイルAの隣にコイルBを巻いた。コイルAとBの相互インダクタンスをMとし，コイルBの抵抗は無視できるとして，以下の問いに答えよ。

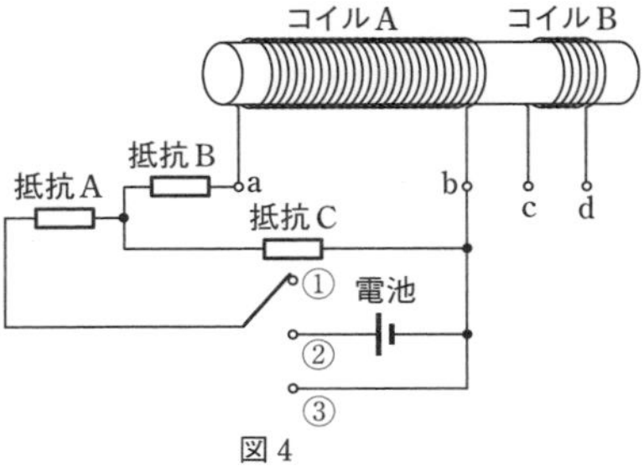

図4

(1) スイッチを接点①から接点②に切りかえた。その直後に，コイルBに発生する誘導起電力(図4の点cに対する点dの電位)をE, L_1, M, μ_0, μ_1の中から必要なものを用いて求めよ。

(2) スイッチを接点②に切りかえてから十分に時間が経過後，スイッチを接点①に切りかえた。その直後に，コイルBに発生する誘導起電力をE, L_1, M, μ_0, μ_1の中から必要なものを用いて求めよ。

(3) 再度，スイッチを接点①から接点②に切りかえてから十分に時間が経過後，スイッチを接点③に切りかえると，コイルAに蓄えられていたエネルギーは3つの抵抗A, B, Cによりジュール熱として失われる。スイッチを接点③に切りかえてからコイルAに流れる電流が0となるまでに，抵抗A, B, Cで発生するジュール熱の合計をR, E, L_1, μ_0, μ_1の中から必要なものを用いて求めよ。 〔九州大〕

18 交 流 回 路

A

76. (交流回路と共振)

図1のように内部抵抗r〔Ω〕の交流電源に，抵抗値R〔Ω〕の外部抵抗，自己インダクタンスL〔H〕のコイル，電気容量C〔F〕のコンデンサーを直列に接続した回路を考える。交流電源の電圧$V(t)$と電流$I(t)$は，それぞれ

$$V(t)=V_0\sin(\omega t+\phi)$$

$$I(t)=I_0\sin\omega t$$

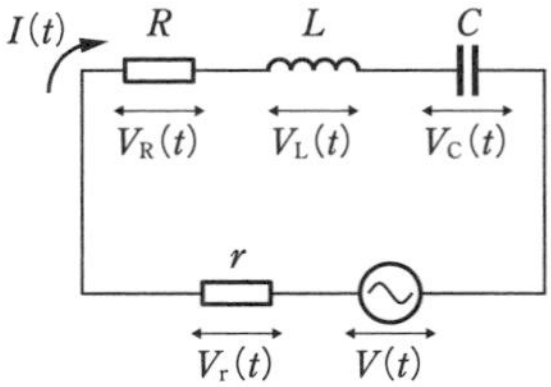

図1

と表されるものとする。ここで，V_0〔V〕，I_0〔A〕はそれぞれ電圧と電流の最大値，ϕ〔rad〕は電圧と電流の位相差，ω〔rad/s〕は角周波数，t〔s〕は時刻である。以下の問いに答えよ。なお，解答にあたって，必要であれば，以下の公式を使ってもよい。

$$\sin\theta\cos\theta=\frac{\sin 2\theta}{2},\quad \sin^2\theta=\frac{1-\cos 2\theta}{2},\quad \cos^2\theta=\frac{1+\cos 2\theta}{2},$$

$$A\sin\theta+B\cos\theta=\sqrt{A^2+B^2}\sin(\theta+\alpha)\quad \text{ただし，}\tan\alpha=\frac{B}{A}$$

(1) 外部抵抗，コイル，コンデンサーそれぞれに加わる電圧 $V_R(t)$，$V_L(t)$，$V_C(t)$ を，r，R，L，C，I_0，ω，t の中から必要なものを用いて表せ。

(2) 外部抵抗，コイル，コンデンサーで消費される電力の時間的変化 $P_R(t)$，$P_L(t)$，$P_C(t)$ をそれぞれ図 2 に記入し，それらの振幅も図中に記入せよ。また，それぞれの消費電力の時間平均 $\overline{P_R}$，$\overline{P_L}$，$\overline{P_C}$ を答えよ。ただし，図中の $T=\frac{2\pi}{\omega}$〔s〕は交流電源の周期であり，使える物理量は r，R，L，C，I_0，ω，t とする。

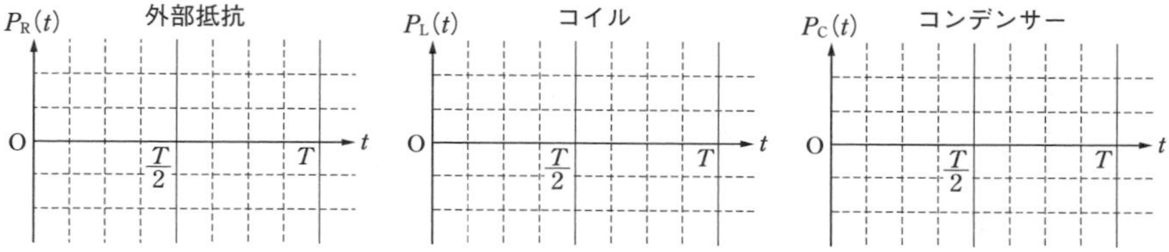

図 2

(3) 回路のインピーダンス $Z=\frac{V_0}{I_0}$ を，r，R，L，C，ω，t の中から必要なものを用いて表せ。

(4) 交流電源の最大電圧 V_0 を一定にしたまま，角周波数 ω を変化させて電流を測定したところ，特定の角周波数(共振角周波数) ω_0〔rad/s〕において測定値が最大となった。このときの角周波数 ω_0 と電流の最大値 I_{max} を r，R，L，C，V_0 の中から必要なものを用いて表せ。

(5) 交流電源の角周波数を ω_F〔rad/s〕に固定し，外部抵抗の抵抗値 R とコンデンサーの電気容量 C を変化させる場合，外部抵抗の平均消費電力 $\overline{P_R}$ を最大にする R と C を，r，L，ω_F の中から必要なものを用いて表せ。〔熊本大〕

77. (電気振動)

図に示すように，抵抗値 r の内部抵抗をもつ起電力 E の電池，電気容量をそれぞれ C_A，C_B とする 2 つのコンデンサー，自己インダクタンス L のコイル，スイッチ S_A，S_B からなる回路を考える。最初に，スイッチ S_A，S_B は開いており，両方のコンデンサーに電荷は蓄えられていないものとする。なお，導線とスイッチとコイルの抵抗は無視できるものとする。

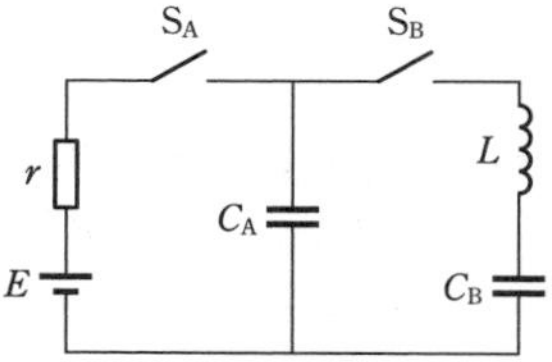

スイッチ S_B を開いたまま，スイッチ S_A を閉じることを考える。スイッチ S_A を閉じた時刻を $t=0$ とする。

(1) スイッチ S_A を閉じた直後に，S_A に流れる電流 I_0 を答えよ。

(2) スイッチ S_A を閉じた後，微小な時間 Δt が経過した。時刻 $t=\Delta t$ において，電気容量 C_A のコンデンサーに蓄えられている電気量と，同コンデンサーにかかる電圧を，E，r，C_A，Δt のうち必要なものを用いて，それぞれ答えよ。

(3) (2)と同じ時刻 $t=\Delta t$ において，S_A に流れる電流を，E，r，C_A，Δt のうち必要なものを用いて答えよ。また，この電流の，I_0 からの減少量を，E，r，C_A，Δt のうち必要なものを用いて答えよ。

(4) 電池の内部抵抗に流れる電流を I とし，その内部抵抗の抵抗値を 2 倍にしたときの電流を I' とする。I と I' の時間変化として最も適切なグラフを①〜④の中から 1 つ選び，記号で答えよ。

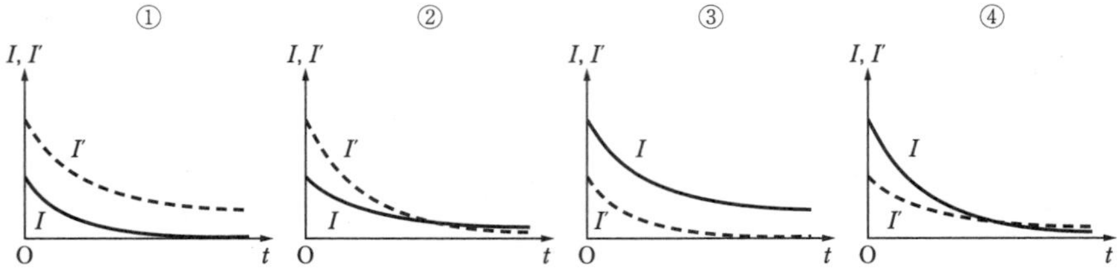

スイッチ S_A を閉じて十分に時間が経過してから S_A を開き，その後，スイッチ S_B を閉じることを考える。ここで，S_B を閉じる直前の電気容量 C_A のコンデンサーの電圧を V_A とおき，電池の内部抵抗値は r とする。

(5) スイッチ S_B を閉じた直後にコイルを流れる電流は 0 であった。スイッチ S_B を閉じてから微小な時間 Δt が経過したとき，コイルに流れている電流と，コイルに蓄えられているエネルギーを，V_A，r，C_A，C_B，L，Δt のうち必要なものを用いて，それぞれ答えよ。

スイッチ S_B を閉じてある時間が経過すると，回路に一定の周期で向きが変わる電流（振動電流）が流れた。

(6) 振動電流が最大となるとき，微小時間 Δt の間の電流変化 ΔI は 0 となる。このとき，電気容量 C_A，C_B のコンデンサーに蓄えられている電気量を，V_A，r，C_A，C_B，L のうち必要なものを用いて，それぞれ答えよ。

(7) 一般に電気振動では，回路内の電気抵抗が無視できる場合，コンデンサーに蓄えられる静電エネルギーと，コイルに蓄えられるエネルギーの和は一定に保たれる。このことを利用して，振動電流の最大値を，V_A，r，C_A，C_B，L のうち必要なものを用いて答えよ。

〔関西学院大〕

78. (電磁誘導と電気振動)

以下の文章中の［ア］〜［キ］および［コ］に適切な式を記入せよ。［ク］および［ケ］には解答群から適切なグラフを選び，記号①〜④で答えよ。ただし，解答に T，I を用いてはならない。

図 1 のように，$x \geqq 0$ かつ $y \geqq 0$ の領域において一様な磁束密度（大きさ B）の磁場が，紙面に垂直に裏から表へ向かう向きにかかっている。それ以外の領域には磁場はかかっていない。長方形状のコイル ABCDE（以降，長方形コイルとよぶ）が磁場と垂直な x-y 平面内にあり，x 軸となす角 45° の方向へ一定の速さ $\sqrt{2}\,u$（速度の x 成分は u，y 成分は u）で移動している。時刻 $t<0$ では長方形コイルが $x<0$ かつ $y<0$

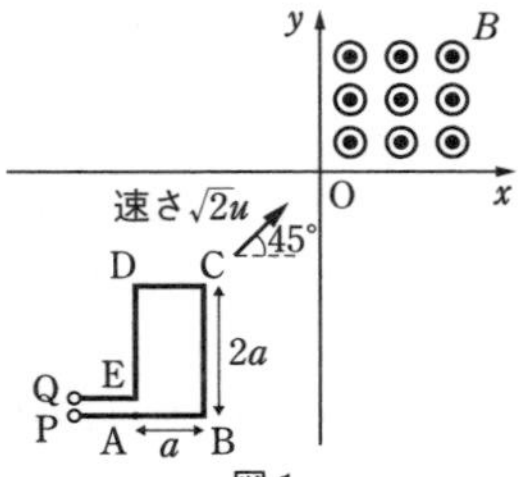

図 1

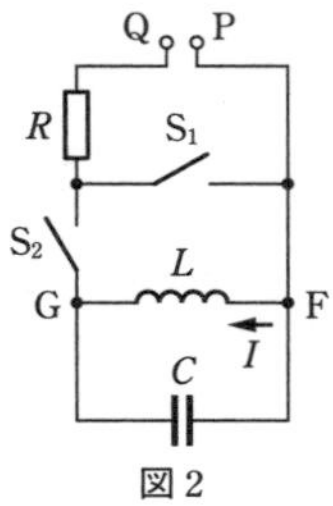

図 2

の領域にあり，時刻 $t=0$ において点Cが原点Oを通過した。長方形コイルの辺ABおよびBCは，それぞれ常にx軸およびy軸と平行であり，それらの長さはそれぞれaおよび$2a$である。図2は，電気抵抗Rの抵抗器，電気容量Cのコンデンサー，自己インダクタンスLのコイル，およびスイッチS_1，S_2からなる回路である。図1の点A，Eがつながる図1の端子P，Qは，それぞれ図2の同じ記号の端子P，Qと常につながっている。時刻 $t \leqq 0$ では，コンデンサーに蓄積されている電荷は0であった。図2の回路には図1に示す磁場は常にかかっていない。AE間は十分に短く，長方形コイルの面積は長方形ABCDの面積と考えてよい。導線の太さ，抵抗器以外の電気抵抗，長方形コイルおよび図2のコイル以外の部分で生じる誘導起電力，図2のコイル以外の自己誘導は無視する。また，長方形コイルの変形は考えない。

(1) 時刻 $t<\dfrac{a}{u}$ では，スイッチS_1は閉じられ，スイッチS_2は開いていた。時刻$t\left(0<t<\dfrac{a}{u}\right)$における長方形コイルを貫く磁束は［ア］である。微小時間Δtだけ経過する間の(ア)の変化を考えると，時刻$t\left(0<t<\dfrac{a}{u}\right)$におけるAE間に生じる誘導起電力の大きさは［イ］であり，抵抗器で消費される電力は［ウ］である。ただし，磁束の変化を計算するときには，Δtは十分小さいとして，$(\Delta t)^2$を含む項は無視してよい。

(2) 時刻 $t=\dfrac{a}{u}$ において，点Dが $x \geqq 0$ かつ $y \geqq 0$ の領域に入った。その直後，AE間に生じる誘導起電力は一定となり，スイッチS_1を開き，スイッチS_2を閉じた。スイッチS_2を閉じた直後，スイッチS_2に流れる電流の大きさは［エ］である。時刻 $t=\dfrac{2a}{u}$ までに，図2のコイルに流れる電流は一定となった。このとき，抵抗器にかかる電圧の大きさは［オ］であり，図2のコイルに蓄えられているエネルギーは［カ］である。

(3) その後，時刻 $t=\dfrac{2a}{u}$ においてスイッチS_2を開いたところ，点F，Gを含む閉回路で電気振動が起こった。このときの電気振動の周期Tは $T=$［キ］であり，点Fから図2のコイルを通り点Gへ流れる電流Iの時間変化のグラフを解答群から選ぶと［ク］である。また，点Fを電位の基準としたとき，点Gの電位の時間変化のグラフを解答群から選ぶと［ケ］であり，点Gの電位の最大値は［コ］である。なお，解答群のグラフの横軸を$t-\dfrac{2a}{u}$とし，左端を原点とする。したがって，左端において $t=\dfrac{2a}{u}$ である。また，解答群のグラフの縦軸は，(ク)の場合は電流，(ケ)の場合は電位を表す。

［ク］および［ケ］の解答群（縦軸は電流もしくは電位）

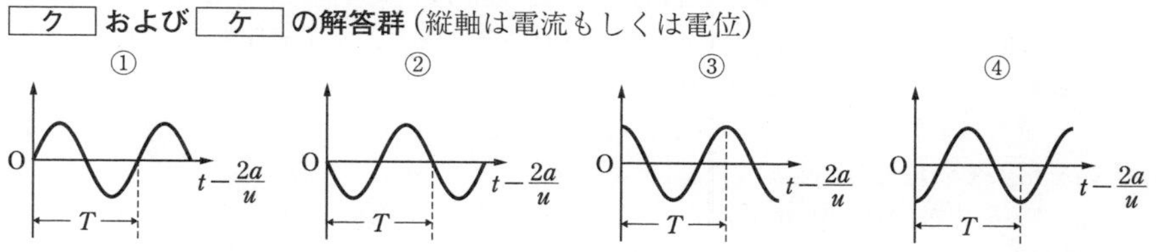

〔慶應義塾大〕

19 電 子 と 光

A 79.（光電効果）

文中の[ア]から[ウ]に適切な式や数値を入れよ。ただし，有効数字は2桁とする。

X線も光も電磁波である。X線は波長の短い電磁波で，X線管とよばれる装置で発生させることができる。X線管内では，熱せられた陰極から飛び出した電子(熱電子)が高電圧によって加速され，陽極に衝突する。例えば，加速電圧を30kVとすると，陽極の物質の種類によらず，最短波長[ア]mの連続X線が発生する。

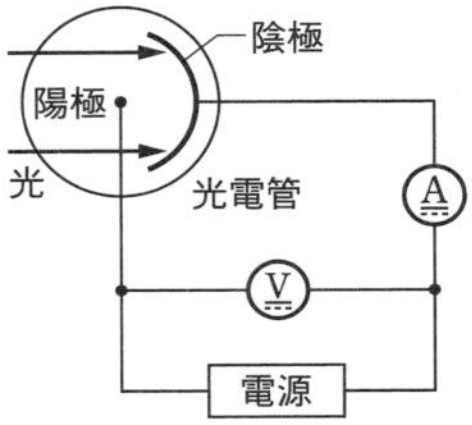

一方，図のような光電子管の陰極に光を照射すると電子が飛び出す。この電子を光電子とよび，この光電子はすべて陽極に流れ込み光電流となる。例えば，振動数7.9×10^{14}Hzの光を陰極に照射しながら，陰極に対する陽極の電位を－10Vから＋10Vまで増していくと，－1.0V以上のときに光電流が流れる。飛び出した光電子のもつ最大運動エネルギーは[イ]Jで，この陰極から光電子が飛び出すのに必要な最小のエネルギー(仕事関数とよばれ，陰極の物質の種類によって決まった値をもつ)は[ウ]Jであることがわかる。ただし，光の速さは3.0×10^{8}m/s，プランク定数は6.6×10^{-34}J·s，電気素量は1.6×10^{-19}Cとする。

〔浜松医大〕

80.（ブラッグ反射）

電子(質量m，電気量$-e$)は波動性を示し，電子線を結晶に入射させると回折が起こる。図1のように，電子銃は，静止している電子を電位$-V$($V>0$)の電極Oから電位0の電極Pへ加速し，真空中に射出する。この電子線は，結晶に格子面1と角度θをなす向きから入射する。

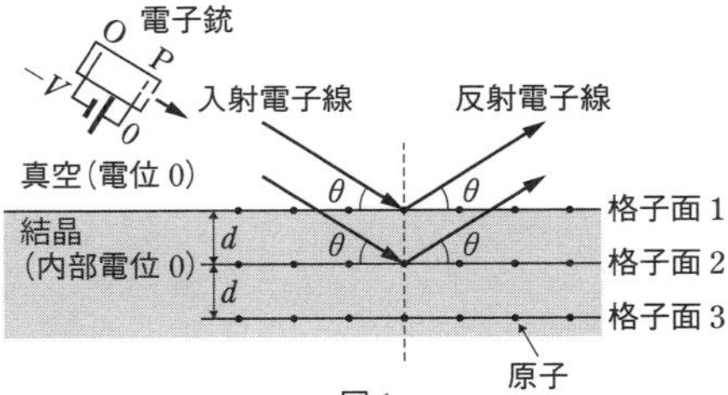

図1

最初に，図1のように，結晶の内部電位が一様に0で真空中の電位と等しい場合を考える。このとき，結晶中に入射した電子線は結晶表面(格子面1)で屈折せず直進する。結晶内に規則的に並ぶ原子によって電子線が回折し，格子面1，2から反射した電子線が干渉した。なお電子は，進む間にエネルギーを失ったり，電子線から失われることはないとする。格子面は平行であり，格子面間隔はdである。プランク定数をhとし，電気素量をe(>0)とする。また，角度θの単位はラジアンとし，電子にはたらく重力は無視できるとする。解答は，問題文末尾にある[　　]内の記号のうち必要なものを用いて表現すること。

(1) 結晶に入射直前の電子の速さv_1と，電子線の波長λ_1を求めよ。[e, h, m, V]

(2) 格子面1，2で反射した電子線が強めあう条件を求めよ。Nを任意の正の整数とする。
[d, N, θ, λ_1]

次に，電子銃の加速電圧 V を一定に保ち，電子線の結晶への入射角度 θ を $0<\theta<\frac{\pi}{2}$ の範囲で 0 から少しずつ大きくした。

(3) 格子面 1，2 で反射した電子線が強めあう角度 θ が 1 つ以上存在する場合，入射電子線の波長 λ_1 に必要な条件を示せ。[d，λ_1]

(4) $\theta=\theta_A$ のとき，格子面 1，2 で反射した電子線が最初に強めあった。格子面間隔 d を求めよ。[V，θ_A，λ_1]

(5) 格子面間隔 $d=4.4\times10^{-10}$m の結晶に電子線を入射すると，反射電子線が $\theta_A=\frac{\pi}{6}$ で最初に強めあった。電子銃の加速電圧 V を V(ボルト)単位で有効数字 2 桁まで計算せよ。また，電子線のかわりにX線を同じ結晶に入射しても(4)と同様の回折条件が成りたち，反射X線が $\theta_A=\frac{\pi}{6}$ で最初に強めあった。入射X線の光子のエネルギーを eV 単位で有効数字 2 桁まで計算せよ。$m=9.1\times10^{-31}$kg，$h=6.6\times10^{-34}$J・s，$e=1.6\times10^{-19}$C，光の速さを 3.0×10^8m/s とする。

(6) 結晶の温度を下げると結晶が熱収縮し，格子面間隔 d が $d-\Delta d\,(\Delta d>0)$ に減少した。このとき，最初に反射電子線が強めあう角度は，θ_A から $\theta_A+\Delta\theta_A\,(\Delta\theta_A>0)$ に増加した。格子面間隔の相対変化 $\frac{\Delta d}{d}$ を求めよ。なお，Δd は d に比べて十分小さく，また $\Delta\theta_A$ も微小なため，この問題では，$\cos\Delta\theta_A\fallingdotseq1$，$\sin\Delta\theta_A\fallingdotseq\Delta\theta_A$ と近似し，さらに微小量の 2 次以上の項は無視せよ。[θ_A，$\Delta\theta_A$]

結晶の温度を上昇させ，格子面間隔を d にもどした。次の問題(7)～(9)では，真空中の電位は 0 であり，結晶の内部電位が真空中と比較して $V_0(>0)$ だけ一様に高い場合を考える。ただし，電位の変化は格子面 1 近傍の厚さが無視できる範囲内でのみ起こっているとする。このとき，結晶内へ入射した電子線は結晶表面(格子面 1)で屈折する。図 2 のように，静止している電子を電子銃により電位 $-V$ の電極Oから電位 0 の電極Pへ加速し，真空中より電子線を結晶の格子面 1 に入射させた。入射角 θ を 0 から少しずつ大きくすると，$\theta=\theta_1$ のとき，格子面 1，2 からの反射電子線が強めあった。このとき，入射電子線は格子面 1 で屈折後，格子面 2 に角度 $\theta_2(>\theta_1)$ をなす向きで入射した。次の問題に答えよ。

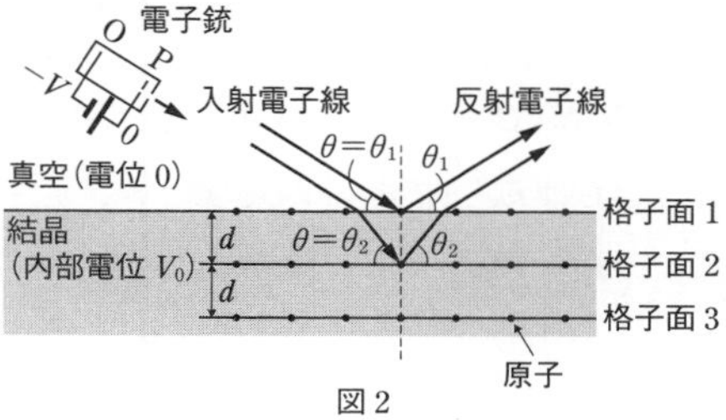

図 2

(7) 結晶入射前の電子線の波長 λ_1 と結晶中の電子線の波長 λ_2 の比 $\frac{\lambda_2}{\lambda_1}$ を

(i) V と V_0 を使って表せ。[V，V_0]

(ii) θ_1 と θ_2 を使って表せ。[θ_1，θ_2]

(8) 反射電子線が最初に強めあう条件を示せ。[d，λ_2，θ_2]

(9) V_0 を d，e，h，m，V，θ_1 を使って表せ。この問題の解答に使用できる三角関数は sin 関数のみとする。[d，e，h，m，V，θ_1]　〔東京医歯大〕

20 原子と原子核

A **81.（水素原子モデル）**

空所を埋め，次の問いに答えよ。［ウ］は選択肢｛　｝の中から適切なものを選べ。

〔A〕 光量子仮説によると，光は光子(光量子)といわれる小さな粒子の集まりである。波長が λ〔m〕の1つの光子がもつエネルギー ε〔J〕，運動量 p〔kg・m/s〕は，プランク定数 h〔J・s〕，真空中の光の速さ c〔m/s〕を用いて，$\varepsilon=$［ア］，$p=$［イ］と表される。光量子仮説は，光の波動性では理解できない光電効果の実験結果をうまく説明できる。

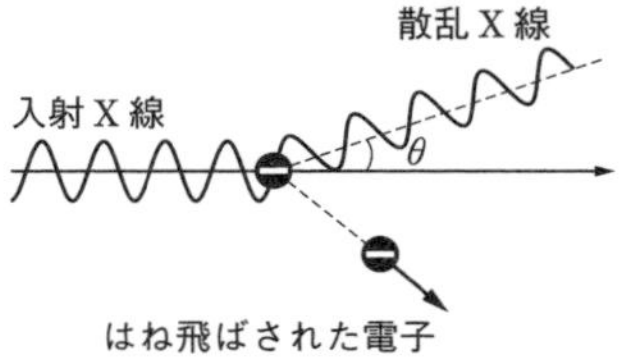

光の粒子性をより確実なものとしたのは，コンプトン効果の発見であった。コンプトン効果とは，物質にX線を入射すると，散乱されたX線の波長が入射X線の波長よりも［ウ］｛長く，短く｝なる現象である(図)。X線の波長の変化 $\varDelta\lambda$〔m〕がもとの波長に比べて十分小さいとすると，$\varDelta\lambda$ は図の散乱角 θ のみに依存し，次のように表すことができる。

$$\varDelta\lambda=\lambda_C(1-\cos\theta),\ \lambda_C=\frac{h}{mc} \quad \cdots\cdots ①$$

ここで m〔kg〕は電子の質量である。λ_C〔m〕は長さの次元をもち，電子のコンプトン波長とよばれる。

〔B〕 ラザフォードの原子模型によると，水素原子では，中心に静止した電荷 $+e$〔C〕をもつ陽子のまわりを，質量 m，電荷 $-e$ の電子が軌道半径 r〔m〕，速さ v〔m/s〕で等速円運動をしている。重力の影響を無視すると，電子は静電気力を向心力として円運動をする。k_0〔N・m²/C²〕を真空中のクーロンの法則の比例定数とすると，電子にはたらく静電気力の大きさは $k_0\dfrac{e^2}{r^2}$ であるから，r は m，e，k_0，v を用いて

$$r=\text{［エ］} \quad \cdots\cdots ②$$

と表される。電子のエネルギー E〔J〕は，運動エネルギーと静電気力による位置エネルギーの和である。静電気力による位置エネルギーの基準点を無限遠にとれば，E は

$$E=\frac{1}{2}mv^2+(\text{［オ］}) \quad \cdots\cdots ③$$

となる。②式を③式に代入すると，E は m，v を用いて $E=$［カ］となる。

このラザフォードの原子模型では，電子の加速運動によって電磁波が放射されるため，原子が安定して存在できない。ボーアはこの困難を克服するため，電子の運動として許されるのは，次の量子条件

$$r\times mv=n\times\frac{h}{2\pi}\quad (n=1,\ 2,\ 3,\ \cdots) \quad \cdots\cdots ④$$

を満たす円運動のみであるという仮定をした。ここで n は量子数とよばれ，④式を満たす状態を，電子の定常状態という。以降，量子数 n の定常状態にあるときの電子の速さ，軌道半径，エネルギーをそれぞれ v_n，r_n，E_n と表す。

④式の量子条件を仮定すると，当時謎であった水素原子のスペクトル線を自然に説明することができる。ここで式の意味を見やすくするために，次のような次元をもたない定数αを導入する。

$$\alpha=\frac{2\pi k_0 e^2}{hc} \quad \cdots\cdots⑤$$

αの値は $\alpha=7.30\times10^{-3}$ であり，これは $\alpha\fallingdotseq\frac{1}{137}$ と近似できる。

(1) 記述 ⑤式の右辺の各物理量の単位に着目し，定数αが次元をもたないことを示せ。

この定数αを用いると，原子的世界に現れる物理量を，基準となる他の物理量との比で簡単に表すことができる。②式，④式からrを消去し，⑤式から $k_0e^2=\frac{hc\alpha}{2\pi}$ となることから，v_nはα，n，cを用いて

$$v_n=\boxed{\text{キ}}\times c \quad \cdots\cdots⑥$$

と表される。⑥式を(カ)に代入すると，E_nはm，c，n，αを用いて

$$E_n=-\boxed{\text{ク}}\times mc^2\times\frac{1}{n^2} \quad \cdots\cdots⑦$$

となる。mc^2は電子の静止エネルギーである。軌道半径r_nは，①式の電子のコンプトン波長λ_Cを用いて

$$r_n=\frac{1}{2\pi\alpha}\times\lambda_C\times n^2 \quad \cdots\cdots⑧$$

と求められる。基底状態($n=1$)にある電子の軌道半径をボーア半径という。電子のコンプトン波長の値が $\lambda_C=2.43\times10^{-12}$m であることから，ボーア半径の値は

$$r_1=5.30\times10^{\boxed{\text{ケ}}}\text{m}$$

となる。これは当時実験で知られていた水素原子の大きさによく一致する。

ボーアはさらに，電子が高いエネルギー準位E_nの状態から低いエネルギー準位$E_{n'}$($n>n'$) の状態へ遷移する際に，その差に等しいエネルギーをもった光子が放出される，という振動数条件を仮定した。(ア)と⑦式より，このときに放出される光の波長λは次式で与えられる。

$$\frac{1}{\lambda}=R\left(\frac{1}{n'^2}-\frac{1}{n^2}\right) \quad \cdots\cdots⑨$$

ここで $R=(ク)\times\frac{1}{\lambda_C}$ はリュードベリ定数である。また，(ク)$\times mc^2$は水素原子の電離エネルギー(イオン化エネルギー)とよばれ，これらは当時実験で知られていた値に一致する。

$n'=2$ の一連のスペクトル線は可視光線領域にあり，これをバルマー系列という。

バルマー系列の $n=3$ のスペクトル線はHα線とよばれ，銀河分布図の作成や星形成領域の観測などに用いられている。

〔大阪工大〕

82. (放射性炭素による年代測定)

放射性炭素による年代測定に関する以下の文章を読み，問いに答えよ。なお，必要であれば，$\sqrt{2}=1.4$，$\log 2=0.70$ の値を用いること。

宇宙空間から地球にたえず降り注いでいる宇宙線により，大気中の原子が崩壊する過程において［ア］が生成されると，この(ア)は多くの場合，大気中の窒素の原子核に衝突し次の核反応を起こす。

$$\mathrm{n} + {}^{14}_{7}\mathrm{N} \longrightarrow {}^{14}_{6}\mathrm{C} + \mathrm{p} \qquad \cdots\cdots①$$

この反応により大気中では，［イ］が 14 の炭素の［ウ］性同位体($^{14}\mathrm{C}$)が，常時生成されている。他方，生じた $^{14}\mathrm{C}$ は半減期 5.7×10^{3} 年の，次式で示されるような［エ］崩壊を起こす。

$${}^{14}_{6}\mathrm{C} \longrightarrow {}^{14}_{7}\mathrm{N} + \boxed{\text{オ}} + \overline{\nu_{\mathrm{e}}} \qquad \cdots\cdots②$$

ただし，$\overline{\nu_{\mathrm{e}}}$ は反電子ニュートリノとよばれる素粒子である。①式，②式で表される生成と崩壊のバランスにより，大気中の $^{14}\mathrm{C}$ の量はほぼ一定に保たれており，大気中の $^{12}\mathrm{C}$ に対する $^{14}\mathrm{C}$ の存在比 $\dfrac{^{14}\mathrm{C}}{^{12}\mathrm{C}}$ は 1.25×10^{-12} となっている。生物は生きている間，さまざまな形で大気中の炭素を体内に取り込むが，そのときの存在比 $\dfrac{^{14}\mathrm{C}}{^{12}\mathrm{C}}$ は大気中と同じである。生命活動が止まると取り込みは止まるが，②式の崩壊は続くので，$^{\boxed{カ}}\mathrm{C}$ は一定であるが，$^{\boxed{キ}}\mathrm{C}$ はしだいに減少することとなる。存在比 $\dfrac{^{14}\mathrm{C}}{^{12}\mathrm{C}}$ は経過時間の関数として計算できる。つまり，例えば枯木の中の存在比 $\dfrac{^{14}\mathrm{C}}{^{12}\mathrm{C}}$ を計測することで，生命活動停止後の経過時間，すなわち生存していた年代を推定することができる。

しかしながら，存在比 $\dfrac{^{14}\mathrm{C}}{^{12}\mathrm{C}}$ の計測において，試料に存在する $^{14}\mathrm{C}$ の個数が小さい場合，正確に測定することが困難となる。例えば，存在比 $\dfrac{^{14}\mathrm{C}}{^{12}\mathrm{C}}$ の測定限界(測定可能な最小値)が 0.078×10^{-12} であるとき，およそ［ク］万年前までの推定しかできず，それ以前の年代の推定はできない。これに対し，②式の崩壊に伴う<u>放射能の強さ(単位時間当たりに崩壊する原子核の個数)</u>を計測することで年代を推定する方法もある。

(1) 文章の空欄を埋めよ。ただし，［カ］，［キ］，［ク］には整数を使うこと。

(2) 下の表は①式の反応に関わる窒素と炭素の原子核について，陽子数と中性子数を示した表である。表中の空欄に数字を入れ，表を完成させよ。

	${}^{14}_{7}\mathrm{N}$	${}^{14}_{6}\mathrm{C}$
陽子数	［　］	［　］
中性子数	［　］	［　］

(3) いま，古い木材Aの中の存在比 $\dfrac{^{14}\mathrm{C}}{^{12}\mathrm{C}}$ を計測し，木材Aが生存中の大気の存在比 $\dfrac{^{14}\mathrm{C}}{^{12}\mathrm{C}}$ が今と同じ 1.25×10^{-12} であるとして推定したところ，この木材Aの生きていた年代は今から 2850 年前と計算された。この木材Aの中の存在比 $\dfrac{^{14}\mathrm{C}}{^{12}\mathrm{C}}$ を導出せよ。

(4) いま，別の古い木材Bについて，下線部「放射能の強さ(単位時間当たりに崩壊する原子核の個数)」を計測したところ，この木材 1L 当たりについて崩壊する原子核の個数が毎時 400 個であった。木材 1L に含まれる ^{12}C は 20 mol (1.2×10^{25} 個) とし，この木材が生存中の大気の存在比 $\frac{^{14}C}{^{12}C}$ は今と同じ 1.25×10^{-12} とする。以下の文章の空欄を埋めよ。ただし，[ケ] と [コ] には数式を入れ，[サ] と [シ] には有効数字 2 桁の数値を入れること。

木材Bが生命活動を停止してからの経過時間を t とし，この木材の 1L 中の ^{14}C の個数を N とすれば N は t の関数として以下のように表される。ただし，生命活動が停止した時点($t=0$)における ^{14}C の個数を N_0 とし，半減期を T とする。

$N(t)=N_0$ [ケ]

時間 t に対する $N(t)$ の変化率(単位時間当たり N がどれだけ増減するか)を計算することで，単位時間当たりに崩壊する個数 I (すなわち放射能の強さ)を得ることができ，

$$I(t)=\left|N_0\left(\log\frac{1}{2}\right)\cdot\left(\frac{1}{2}\right)^{\frac{t}{T}}\cdot\frac{1}{T}\right|$$

$=$ [コ] $\cdot N$

となる。いま，$I(t)$ が毎時 400 個であることと，半減期 T が 5.7×10^3 年(すなわち $5.7\times10^3\times8760$ 時間)であることを使えば，^{14}C の個数 N は [サ] 個と計算される。これに対し，この木材 1L に含まれる ^{12}C は 20 mol (1.2×10^{25} 個) であるから，存在比 $\frac{^{14}C}{^{12}C}$ は [シ] となる。これより，この木材Bの生きていた年代は今から 6 万年前と推定される。

〔香川大〕

B 83. (中性子の核反応) 思考

中性子捕捉療法とは，がん細胞に取り込まれた原子核Xと中性子との核反応で生成される α 線(^4_2He の原子核)によって，がん細胞を効率的に死滅させる放射線療法の 1 つである。

〔A〕 静止している原子核Xに遅い中性子 ^1_0n を当てたところ，核反応

$$X + {}^1_0n \longrightarrow {}^7_3Li^* + {}^4_2He$$

が起こり 2.31 MeV ($=2.31\times10^6$ eV) のエネルギーが生じた。そして，そのすべてのエネルギーが $^7_3Li^*$ と ^4_2He の原子核の運動エネルギーに変換された。ここで $^7_3Li^*$ は ^7_3Li の励起状態である。なお，$^7_3Li^*$ は，^7_3Li と同じ数の陽子と中性子から構成されているが，表 1 のように ^7_3Li に比べて大きな質量をもつ。

(1) 原子核Xの質量数と原子番号を求めよ。

(2) 上記の核反応が起こり，$^7_3Li^*$ と ^4_2He が互いに十分に離れた後の ^4_2He の運動エネルギーを，MeV を単位として有効数字 2 桁で求めよ。ただし，核反応の前後では運動量保存則が成りたつ。また，核反応前の中性子の運動量は無視できるものとする。必要であれば，表 1 の原子核の質量の文献値を用いてもよい。

表 1

原子核	質量〔u〕
^1_0n	1.0087
^4_2He	4.0015
^7_3Li	7.0144
$^7_3Li^*$	7.0149

〔B〕 最近の中性子捕捉療法では，サイクロトロンなどの加速器を用いる。そこでは，数十 MeV の運動エネルギーまで加速された陽子を，リチウムやベリリウムと核反応させることで，数 MeV 程度の運動エネルギーをもつ中性子を発生させる。その後，発生した中性子を減速材に入射し，治療に適した運動エネルギーまで減速させる。

(3) 室温(27°C)で熱運動している中性子の集まりを単原子分子の理想気体とみなしたとき，中性子 1 個当たりの平均の運動エネルギーを，eV を単位として有効数字 2 桁で求めよ。必要であれば，ボルツマン定数 $k=1.38\times10^{-23}$J/K と電気素量 $e=1.60\times10^{-19}$C を用いてよい。

水を減速材として用いて中性子を減速させる場合，おもに水に含まれる水素原子中の陽子との衝突により中性子は運動エネルギーを失う。この衝突を，中性子と静止した陽子との弾性衝突として考えよう。

(4) 図 1 のように，x 軸の正の向きに運動する中性子が，静止している陽子に衝突した。その後，中性子は x 軸の正の向きから角度 θ($0°<\theta<90°$) の方向へ散乱された。この散乱で中性子の運動エネルギーは E_1 から E_2 に減少した。このときの運動エネルギーの比 $\dfrac{E_2}{E_1}$ を θ を用いて表せ。ただし，陽子と中性子は同じ質量をもつとみなしてよい。

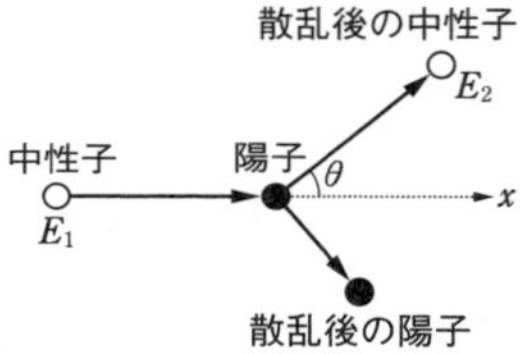

図 1

(5) (4)において，中性子の散乱が可能な方向に等確率で起こる場合，中性子の運動エネルギーは 1 回の衝突で平均 $\dfrac{1}{3}$ 倍になる。以下では中性子は水中で陽子とのみ衝突し，1 回の衝突により運動エネルギーが $\dfrac{1}{3}$ 倍に減少すると単純化して考える。

K_1 の運動エネルギーをもつ中性子が陽子と N 回衝突した結果，K_2 の運動エネルギーまで減速した。このとき，N を K_1 と K_2 を用いて表せ。

また，10 MeV の運動エネルギーをもつ中性子を，(3)で求めた平均の運動エネルギー以下まで減速するには，最低何回の衝突を起こす必要があるか求めよ。ただし，$\log_{10}3=0.477$ とする。必要であれば，図 2 の常用対数のグラフを用いてよい。

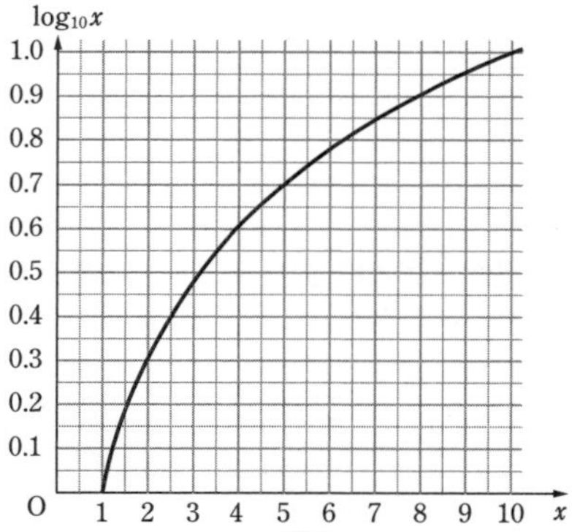

図 2

〔大阪大〕

21 考察問題-思考力・判断力・表現力-

A

84.（ハンマー投げの力学モデル） 思考

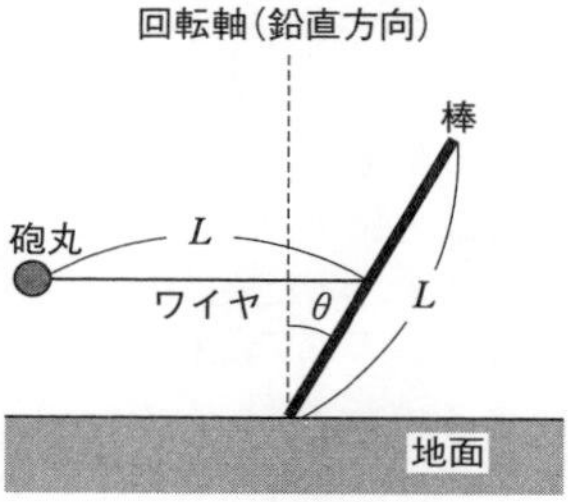

陸上競技におけるハンマー投げを，図に示す力学モデルに基づいて物理的に考察しよう。ハンマーを持つ選手を，変形しない長さLのまっすぐな細い棒で表す。簡単のため，棒の質量Mはすべて棒の中心に位置しているとする。棒は，鉛直方向に対して角度θだけ傾いた状態で，その下端が水平な地面と接している(支点)。ハンマーは，大きさが無視できる質量mの砲丸と，棒と同じ長さの軽いワイヤからなり，棒の中心で棒と接続されている。棒とハンマーは，支点を通る鉛直軸を回転軸として自由に回転することができる。ワイヤは，回転が遅いうちは下に垂れ下がっているが，回転が速くなるとともに砲丸に作用する遠心力によってしだいに水平方向へと張られていく。簡単のため，この力学モデルにおいては，ワイヤは常に水平に張られているとする。この状態を維持したまま，棒とハンマーは回転軸まわりを一定の角速度ωで回転している。この回転運動における力のつりあいを，棒やハンマーとともに回転する観測者の立場で考えよう。重力加速度の大きさをgとする。空気抵抗など，回転運動を妨げる抵抗力は無視する。支点の位置は一定とする。以下の問いに答えよ。

(1) 砲丸と回転軸のあいだの距離lを求めよ。

(2) 砲丸にはたらく遠心力の大きさf_mを求めよ。

(3) 棒にはたらく遠心力の大きさf_Mを求めよ。

(4) 棒の傾きθを一定に保つには，棒にはたらく支点まわりの力のモーメントがつりあっていなければならない。力のモーメントのつりあいの式を書け。解答にはf_m，f_Mの文字を用いること。

(5) (4)のつりあいの式を解き，ω^2をθの関数として求めよ。解答には，M，mのかわりに，砲丸と棒の質量比 $\alpha=\dfrac{m}{M}$ を用いること。

(6) 棒の傾きθがある値θ_*をこえると，つりあいの式を満たすωが存在しなくなり，傾きを一定に保てなくなる。$\sin\theta_*$を求めよ。解答には，M，mのかわりに，(5)で定義したαを用いること。

以下の文章は，図の力学モデルに基づき，ハンマーをより遠くに投げるための方法論について考察したものである。以下の文章の空欄に適切な言葉や式を入れよ。なお，数値は有効数字2桁で求めること。

> ハンマーをより遠くに飛ばすためには，角速度ωが大きくなるように棒の傾きθを調節すればよい。厳密には，角速度ではなく，砲丸の回転方向の速さが重要だが，ここでは角速度に着目することにする。(5)で求めた式より，θを［ ア ］するほど，ωが大きくなることがわかる。しかし，(6)で求めたように，棒はθ_*までしか傾けることができない。砲丸と棒の質量をそれぞれ7.5kg，100kgとすると，$\theta_*=$［ イ ］rad となる。ここ

で，$\sin\theta_*$ は1より十分に小さいため，$\sin\theta_* = \theta_*$ とした。度数法に換算すると $\theta_* =$ [ウ]° となる。なお，円周率には3.14を用いた。したがって，θ をできるだけ(ア)しつつも，θ_* をこえないように微調整する繊細な技術が重要であるといえる。

また，ワイヤと棒の接続は，選手の両手での握力によって維持される。握力を X で表し，これは最大 $X \times g$ の力で接続を維持できる能力だとする。ワイヤの張力が握力による上限をこえると，砲丸はそのときの回転方向に飛んでいく。接続を維持できる角速度の最大値を ω_{max} とすると，$\omega_{max}{}^2 =$ [エ] と求められる。ここで，θ_* は1に対して十分に小さいため，$\theta = 0$ とみなした。$X = 300\,\text{kg}$，$L = 2.0\,\text{m}$，$g = 9.8\,\text{m/s}^2$ とすると，$\omega_{max} =$ [オ] rad/s を得る。このとき，砲丸の回転方向の速さは [カ] m/s となる。ここでも $\theta = 0$ とみなした。

仮に，砲丸をこの速さで水平面に対して45°の角度で地面から飛ばしたとすると，空気抵抗を無視した放物運動の公式を用いて，飛距離は [キ] m と計算できる。なお，参考までに，男子ハンマー投げの日本記録は室伏広治氏の84.86m である。

〔名古屋市大〕

B **85.（ニュートンビーズ）** 思考

(1) 図1のように半円形(半径 R)の切り抜きのある均質な板(厚さ D)を圧力 P の気体中に入れた。半円部分に加わる気体の圧力の合力の大きさと向きを答えよ。

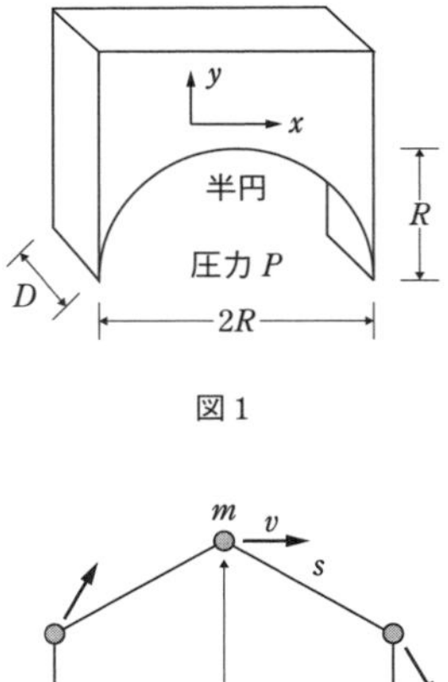

図1

以下では，質量 m の質点が間隔 s で糸に取りつけられているビーズひもの運動について考える。空気抵抗は無視でき，糸は細くて軽く，自由に曲がることができ，伸び縮みは無視できる。s が小さいとき，ビーズひもは均質なひもとして近似でき，単位長さ当たりの質量 ρ は $\rho = m/s$ となる。必要であれば，$|x|$ が十分に小さいとき成立する近似式 $\sin x \fallingdotseq x$ を用いよ。

(2) 糸がたるまないようにして，n 個($n = 3, 4, \cdots$)の質点を間隔 s で配置して閉じたビーズひもを作成した(図2)。ビーズひもは正 n 角形の形状をしており，その外接円の半径は r である。各質点を外接円の接線方向に同時に速さ v で動かしたところ，ビーズひもは正 n 角形の形状を保ったまま回転した。重力は無視する。

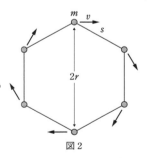

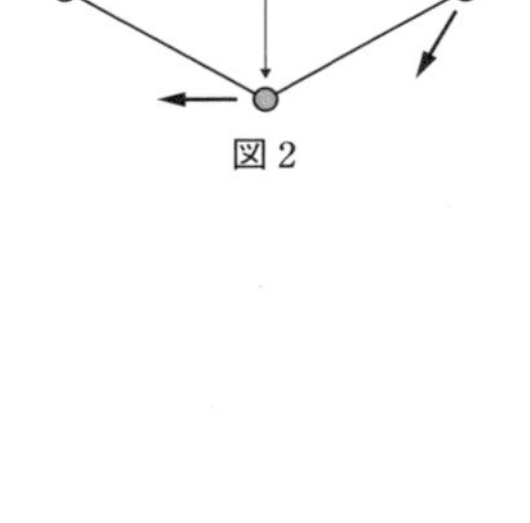

図2

(a) 糸の張力 T を，m，r，v，n を用いて答えよ。

(b) n が十分に大きく s が小さいとき，T を ρ，v，r の中から必要なものを用いて答えよ。

(c) (b)のビーズひもを円とみなす。この円周上の微小な円弧を質点とみなしたときの遠心力の大きさを円弧の長さでわり算することで，単位長さ当たりの遠心力の大きさを ρ，v，r を用いて答えよ(図3)。

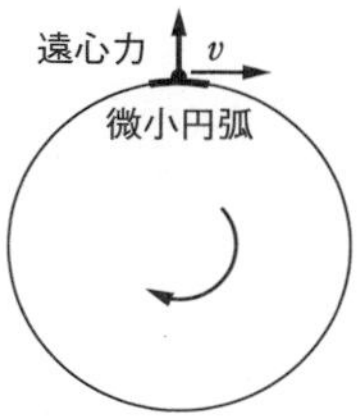

図3

(3) 長いビーズひもを絡まないように小さなコップに入れ，机の上に置いた(図4)。無重力中で静止したビーズひもの一端を持ち，一定の速さ v で引き上げるために必要な力(外力 f)の大きさを求めよう。コップと机は動かず，ビーズひもは力の方向にのみ運動すると仮定して，以下の空欄［ア］～［エ］に入る適切な式を指示に従い答えよ。

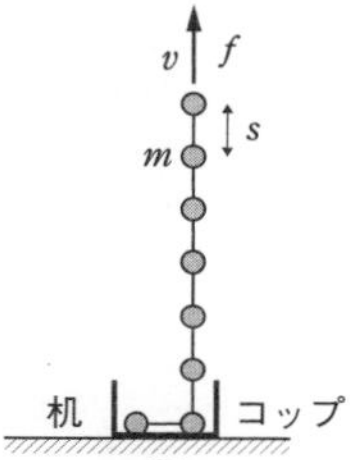

図4

静止した質量 m の質点1個を撃力を用いて速さ v にするために必要な力積の大きさは［ア（vを含む）］である。速さ v でビーズひもを引っ張るから，撃力がはたらいてから次に撃力がはたらくまでの時間は［イ（sを含む）］となる。このことから，引き上げるために必要な力(外力 f)の平均の大きさは［ウ（sを含む）］となる。

(d) 記述 s が小さく均質なひもとみなせるとき外力 f は一定とみなせ，その大きさ［ウ］は［エ（ρを含む）］となる。このとき，外力 f がひもにした仕事とひもの運動エネルギーの関係について考察せよ。

図5に示すように，長いビーズひもを入れたコップを床から高さ H にある固定された机の上に置き，ビーズひもの一端をコップのふちから床にたらすと，重力によりビーズひもは順次床にすべり落ちる。このとき，ビーズひもが重力に逆らってコップのふちから上昇し，その後下降して順次コップから出ていく場合がある。これは，ニュートンビーズもしくはチェインファウンテンとよばれる現象である。十分には解明されておらず諸説あるが，s が十分に小さくビーズひもを均質なひもとして扱い解析しよう。下向きの重力加速度の大きさを g とする。

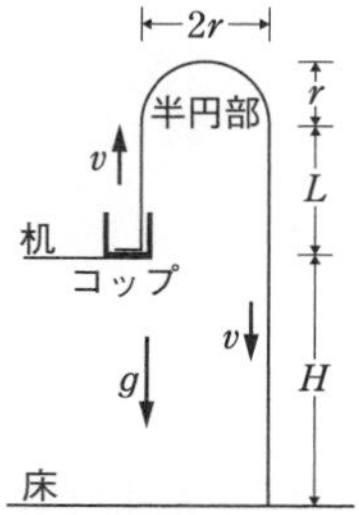

図5

(4) 十分に時間がたつとひもは一定の速さ v で運動し，小さなコップから垂直に L 上昇し，半径 r の半円軌道を描いて垂直に $L+H$ 落下し，床に接したひもは上部のひもに影響を与えずに速やかに静止すると仮定する。このとき，半円部における遠心力の合力で上昇すると主張するのが遠心力説である。この説には問題点があるが，指示に従って答えよ。

(e) (1)，(2)の結果を参考にして，半円部における遠心力の合力の大きさを ρ，v，r の中から必要なものを用いて答えよ。

(f) 半円部への重力は無視して，(e)で求めた遠心力の合力が，上昇および落下しているひもへの重力と(d)の力の和に等しいとおき，v，H，g，r，ρ の中から必要なものを用いて L を答えよ。

(5) 下記に示す想定1と2のそれぞれに対して，H, g, r, L, ρ の中から必要なものを用いてひもの速さ v を答えよ。また，それぞれに対して(f)を考慮して，H, g, r, ρ の中から必要なものを用いて L を答えよ。

想定1：力学的エネルギーが保存すると仮定し，単位時間当たりにひもが失う位置エネルギーが，単位時間当たりにひもが床に衝突して失う運動エネルギーと等しいとして v を求める。

想定2：床からの高さ H において落下するひもの張力は，そこから下部の落下しているひもに作用する重力に等しく，さらにこの張力は同じ高さにおいて上昇しているひもの張力に等しいとして v を求める。

(6) 記述 (2)から(5)までの解析を考慮して，想定1および2のそれぞれに対して問題点を考察せよ。

〔慶應義塾大〕

第1刷　2024年7月1日　発行

2024
物理入試問題集
物理基礎・物理

〔表紙デザイン〕
デザイン・プラス・プロフ
株式会社

ISBN978-4-410-26424-5

編　者　数研出版編集部
発行者　星野 泰也
発行所　数研出版株式会社
〒101-0052 東京都千代田区神田小川町2丁目3番地3
〔振替〕 00140-4-118431
〒604-0861 京都市中京区烏丸通竹屋町上る大倉町205番地
〔電話〕代表(075)231-0161
ホームページ　https://www.chart.co.jp
印刷　寿印刷株式会社

240601

2024
物理入試問題集 ―物理基礎・物理
●解 答 編●　　　　数研出版

1　等加速度運動

【1】

重力加速度の大きさを g とすると，小球Aは初速度 v_0，加速度 g の等加速度直線運動を行う。$t=0$ に小球Aが3階の位置 $y=y_3$ にあったとすれば(図a)，次の式が成りたつ。

$a_A=g$　(一定)

$v_A=v_0+gt$

$y_A=y_3+v_0t+\frac{1}{2}gt^2$

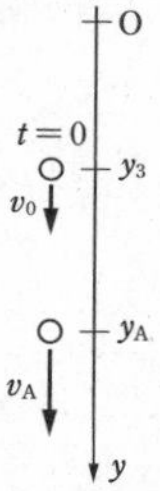

図a

よって，a_A のグラフは横軸に平行な直線，v_A のグラフは傾き g の直線，y_A のグラフは放物線となる。

よって，最も適当なものは　⑥

【2】

(1) 小球Aの初速度は水平方向，鉛直方向に図aのように分解される。求める速度の水平成分を v_x〔m/s〕，鉛直成分を v_y〔m/s〕とする。水平方向には等速直線運動をするので

$v_x=\boldsymbol{v_1\cos\alpha}$〔**m/s**〕

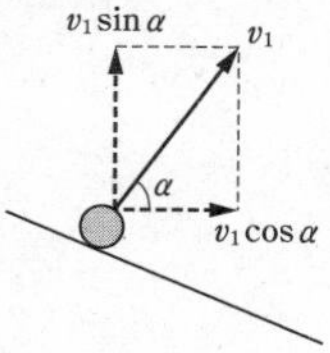

図a

鉛直方向には等加速度直線運動をするので，等加速度直線運動の式「$v=v_0+at$」より

$v_y=\boldsymbol{v_1\sin\alpha-gt_1}$〔**m/s**〕

(2) 図bのように，斜面方向に X 軸，斜面に垂直な方向に Y 軸をとる。重力加速度の X 方向成分を g_X〔m/s²〕，Y 方向成分を g_Y〔m/s²〕とすると，図bのように分解されるので

$g_X=\boldsymbol{g\sin\beta}$〔**m/s²**〕

$g_Y=\boldsymbol{-g\cos\beta}$〔**m/s²**〕

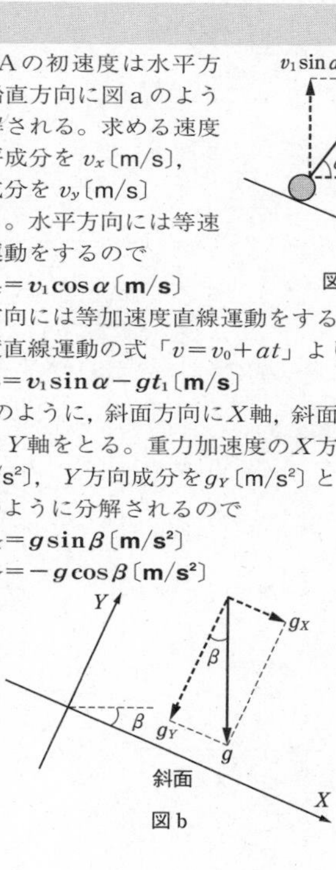

図b

(3) 求める時間を t〔s〕とする。小球Aが斜面に衝突するのは $Y=0$ かつ $t>0$ のときなので等加速度直線運動の式「$x=v_0t+\frac{1}{2}at^2$」より

$$0=v_1\sin(\alpha+\beta)\cdot t-\frac{1}{2}g\cos\beta\cdot t^2$$

ここで初速度の Y 方向成分は図cより求めた。

よって　$t=\boldsymbol{\frac{2v_1\sin(\alpha+\beta)}{g\cos\beta}}$〔**s**〕

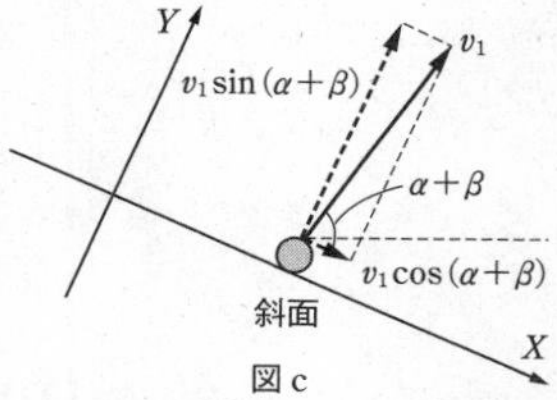

図c

(4) 求める距離を l〔m〕とする。水平方向には等速直線運動をするので，等速直線運動の式「$x=vt$」より

$$l=v_1\cos\alpha\cdot\frac{2v_1\sin(\alpha+\beta)}{g\cos\beta}$$

$$=\boldsymbol{\frac{2v_1{}^2\sin(\alpha+\beta)\cos\alpha}{g\cos\beta}}\text{〔m〕}$$

(5) (4)の結果に問題で与えられた三角関数の公式を適用すると

$$l=\frac{2v_1{}^2}{g\cos\beta}\left[\frac{1}{2}\{\sin(\alpha+\beta+\alpha)+\sin(\alpha+\beta-\alpha)\}\right]$$

$$=\frac{v_1{}^2}{g\cos\beta}\{\sin(2\alpha+\beta)+\sin\beta\}$$

l が最大になるには $\sin(2\alpha+\beta)=1$ となればよい。よって

$$2\alpha+\beta=\frac{\pi}{2}$$

ゆえに　$\alpha=\boldsymbol{\frac{\pi}{4}-\frac{\beta}{2}}$〔**rad**〕

2　力とつりあい

【3】

(1) 求める力をFとする。力の向きが負の向きであることに注意して，圧力の式「$p=\dfrac{F}{S}$」より

$F=-p_0S$　……**②**

(2) 水深dで物体の下面が受ける圧力をpとすると，pは大気圧と水圧の和と考えられるので水圧の式「$p=\rho hg$」より

$p=p_0+\rho_0 dg$

求める力をF'とする。力の向きが正の向きであることに注意して，圧力の式「$p=\dfrac{F}{S}$」より

$F'=(p_0+\rho_0 gd)S$　……**②**

(3) 求める浮力をF_0とする。物体の上下面に作用する力の大きさの差が浮力となるので(図a)，(1)，(2)の結果より

$F_0=(p_0+\rho_0 gd)S-p_0S$
$=\rho_0 gdS$　……**②**

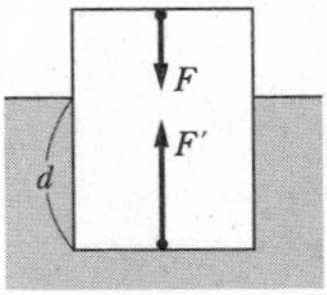

図a

(4) 求める重力をWとする。重力が負の向きであることに注意して，重力の式「$W=mg$」より

$W=-\rho\cdot hS\cdot g=-\rho ghS$　……**④**

(5) 物体に作用する浮力と重力がつりあっていることより　$F_0+W=0$

よって　$\rho_0 gdS-\rho ghS=0$

ゆえに　$\rho=\dfrac{\rho_0 d}{h}$　……**②**

【4】

(1) 求める質量をmとする。板の対称性より，x軸上での力のモーメントのつりあいを考えればよい。板の重心は点Oにあり，板を真横から見ると，点Oと点Xには図aのように力がはたらいている。点Pのまわりの力のモーメントのつりあいを考えると

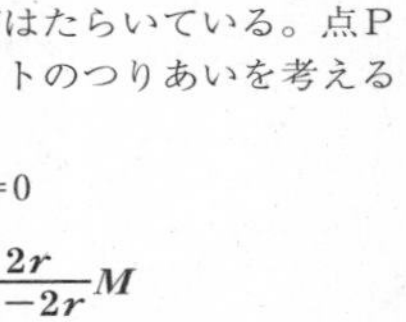

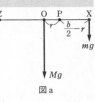

図a

$$Mgr-mg\left(\frac{b}{2}-r\right)=0$$

よって　$m=\dfrac{Mr}{\dfrac{b}{2}-r}=\boldsymbol{\dfrac{2r}{b-2r}M}$

(2) 求める質量をm_0とする。一様な板なので円形部分と板Sの質量の比は面積の比で表せるので　$m_0:M=\pi r^2:ab$

よって　$m_0=\boldsymbol{\dfrac{\pi r^2}{ab}M}$

(3) (1)と同様にx軸上での力のモーメントのつりあいを考えればよい。切り抜いた円形部分を板Sにはめこむと，その重心はもとの板の重心Oに一致する。よって，図bのように円形部分の重力と板Sの重力のモーメントが点Oのまわりでつりあっていると考えられるので

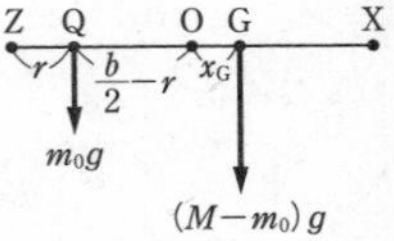

図b

$$m_0g\left(\frac{b}{2}-r\right)-(M-m_0)gx_G=0$$

ゆえに
$$x_G=\frac{m_0}{M-m_0}\left(\frac{b}{2}-r\right)$$
$$=\frac{\dfrac{\pi r^2}{ab}M}{M-\dfrac{\pi r^2}{ab}M}\left(\frac{b}{2}-r\right)$$
$$=\boldsymbol{\frac{\pi r^2(b-2r)}{2(ab-\pi r^2)}}$$

(4) 求める質量をm'とする。(1)と同様にx軸上での力のモーメントのつりあいを考えればよい。重心Gと点Xには図cのように力がはたらいており，点Pのまわりの力のモーメントのつりあいを考えると

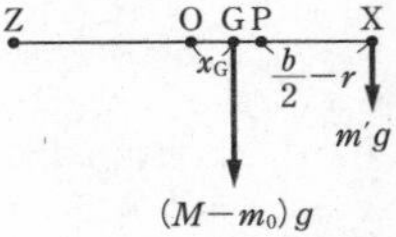

図c

$$(M-m_0)g(r-x_G)-m'g\left(\frac{b}{2}-r\right)=0$$

よって
$$m'=\frac{(M-m_0)(r-x_G)}{\dfrac{b}{2}-r}$$
$$=\frac{2M\left(1-\dfrac{\pi r^2}{ab}\right)\left\{r-\dfrac{\pi r^2(b-2r)}{2(ab-\pi r^2)}\right\}}{b-2r}$$

整理して　$m'=\boldsymbol{\dfrac{2Mr}{b-2r}\left(1-\dfrac{\pi r}{2a}\right)}$

(5) **重心を通る線で支えるのでSは水平を保つ。**

(6) Sが静止したとき，BGが鉛直線となる。よって求める角度θは図d中に示した∠ABGの角度となる。また図形的に∠ABG＝∠BGX となるので

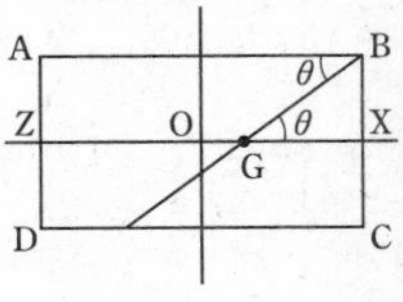

図d

$$\tan\theta=\frac{\text{BXの長さ}}{\text{GXの長さ}}$$
$$=\frac{\dfrac{a}{2}}{\dfrac{b}{2}-x_G}=\boldsymbol{\frac{a}{b-2x_G}}$$

【5】

(ア) 物体Aの質量をm, Aにはたらく垂直抗力の大きさをN, 最大摩擦力の大きさをF_0とする。Aが斜面をすべる直前にはたらく力は図aのようになる。

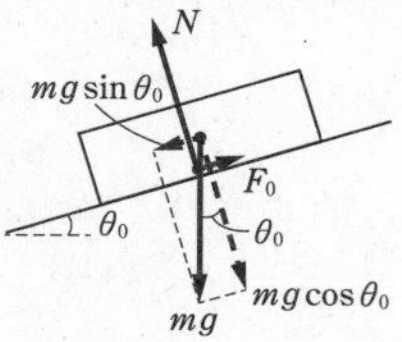

図a

斜面に垂直な方向の力のつりあいは

$N-mg\cos\theta_0=0$　よって　$N=mg\cos\theta_0$

また最大摩擦力の式「$F_0=\mu N$」より

$F_0=\mu mg\cos\theta_0$

一方, 斜面にそった方向の力のつりあいは

$mg\sin\theta_0-F_0=0$

よって　$mg\sin\theta_0=\mu mg\cos\theta_0$

$\dfrac{\sin\theta_0}{\cos\theta_0}=\mu$

ゆえに　$\tan\theta_0=\boldsymbol{\mu}$

(イ) Aにはたらく動摩擦力の大きさをF'とすると, Aが斜面をすべり下りているときにはたらく力は図bのようになる。

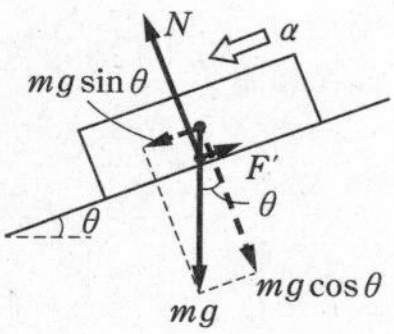

図b

斜面に垂直な方向の力のつりあいは

$N-mg\cos\theta=0$

よって　$N=mg\cos\theta$

また, 動摩擦力の式「$F'=\mu' N$」より

$F'=\mu' mg\cos\theta$

ここで斜面にそって下向きを正の向きとし, 求める加速度をαとすると運動方程式は

$$m\alpha=mg\sin\theta-F'$$
$$=mg\sin\theta-\mu' mg\cos\theta$$
$$=mg(\sin\theta-\mu'\cos\theta)$$

よって　$\boldsymbol{\alpha=g(\sin\theta-\mu'\cos\theta)}$

(ウ) 求める速さをvとする。等加速度直線運動の式「$v^2-v_0{}^2=2ax$」より

$v^2-0^2=2g(\sin\theta-\mu'\cos\theta)L$

よって　$\boldsymbol{v=\sqrt{2gL(\sin\theta-\mu'\cos\theta)}}$

(エ) 垂直抗力の作用点は重力の作用線と斜面Bとの交点にある。この交点を点Rとする。またAがBと接している面の中点を点Sとする(図c)。

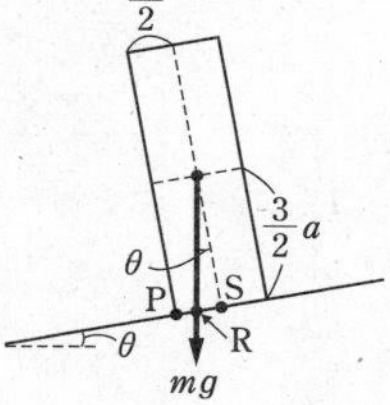

図c

求める距離はPR間の距離なので

PR間の距離

＝PS間の距離－RS間の距離

$$=\frac{a}{2}-\frac{3}{2}a\tan\theta=\boldsymbol{\frac{a}{2}(1-3\tan\theta)}$$

(図3) 垂直抗力と静止摩擦力の合力が, 重力とつりあうので, この合力の作用線と重力の作用線は一致する。よって合力の作用点は(エ)で定めた点Rになる。

また, 垂直抗力の大きさは重力の斜面に垂直な成分, 静止摩擦力の大きさは重力の斜面にそった成分とそれぞれ等しいので**図d**のようになる。

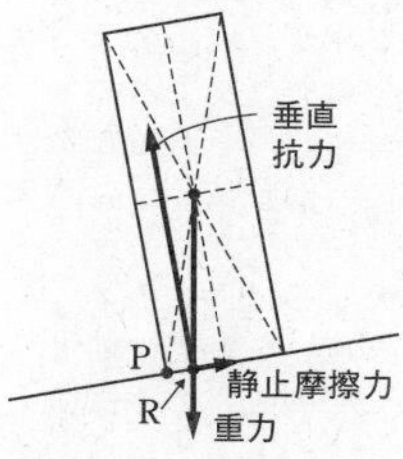

図d

(オ) Aがすべることなく転倒したので　$\theta<\theta_0$

よって　$\tan\theta<\tan\theta_0$

(ア)の結果とあわせると　$\mu>\tan\theta$　……①

また転倒したことより点RがAの底面からはずれ点PをこえたのでRS間の距離＞PS間の距離となり

$\dfrac{3}{2}a\tan\theta>\dfrac{a}{2}$

よって　$\tan\theta>\dfrac{1}{3}$　……②

①, ②式より　$\mu>\boldsymbol{\dfrac{1}{3}}$

(カ) Aが動きだす直前の張力の大きさをFとする。最大摩擦力の式「$F_0=\mu N$」より, Aにはたらく力は図eのようになる。

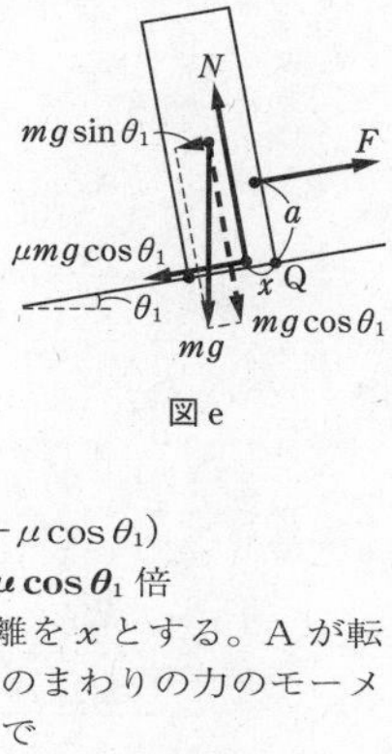

図e

斜面にそった方向の力のつりあいより

$F-mg\sin\theta_1$
$\quad-\mu mg\cos\theta_1=0$

よって　$F=mg(\sin\theta_1+\mu\cos\theta_1)$

ゆえに重力の　$\boldsymbol{\sin\theta_1+\mu\cos\theta_1}$ **倍**

(キ) 図eのように求める距離をxとする。Aが転倒しないことから, 点Qのまわりの力のモーメントはつりあっているので

$$-mg(\sin\theta_1+\mu\cos\theta_1)\cdot a-Nx$$
$$+mg\sin\theta_1\cdot\frac{3}{2}a+mg\cos\theta_1\cdot\frac{a}{2}=0$$

整理して　$Nx=\dfrac{mga}{2}\{3\sin\theta_1+\cos\theta_1$
$\qquad-2(\sin\theta_1+\mu\cos\theta_1)\}$

よって　$x=\dfrac{mga}{2N}(\sin\theta_1+\cos\theta_1-2\mu\cos\theta_1)$

$$=\frac{mga}{2mg\cos\theta_1}(\sin\theta_1+\cos\theta_1-2\mu\cos\theta_1)$$
$$=\boldsymbol{\frac{a}{2}(\tan\theta_1+1-2\mu)}$$

(ク) 求める距離を y とする。重力と張力の合力の作用線が，図 f のように，点Qをこえて A の底面をはずれると A は転倒する。A が転倒せずにすべり上がり，かつ y が最大となるのは，合力の作用線が点Qを通過するときで，そのときの垂直抗力の作用点は点Qにある。

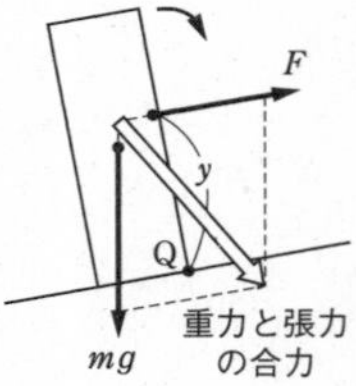

図 f

このときの点Qのまわりの力のモーメントのつりあいより

$$-mg(\sin\theta_1+\mu\cos\theta_1)\cdot y + mg\sin\theta_1\cdot\frac{3}{2}a+mg\cos\theta_1\cdot\frac{a}{2}=0$$

ゆえに　$2(\sin\theta_1+\mu\cos\theta_1)y=(3\sin\theta_1+\cos\theta_1)a$

よって　$y=\dfrac{3\sin\theta_1+\cos\theta_1}{2(\sin\theta_1+\mu\cos\theta_1)}a$

$$=\boldsymbol{\frac{3\tan\theta_1+1}{2(\tan\theta_1+\mu)}a}$$

【6】

(1) 棒が接している壁のすみを点Oとする。棒にはたらく力は図 a のようになる（壁や床から受ける力は省略）。点Oのまわりの力のモーメントのつりあいより

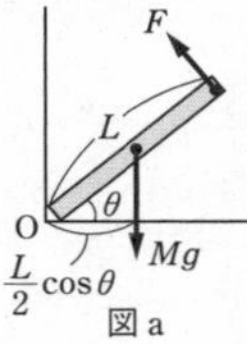

図 a

$$-Mg\cdot\frac{L}{2}\cos\theta+F\cdot L=0$$

よって　$F=\boldsymbol{\dfrac{Mg}{2}\cos\theta}$

(2) $\varDelta\theta$ が非常に小さいことから F の大きさは変わらないと考えてよい。また動かした距離は $L\varDelta\theta$ と表せるので，仕事の式「$W=Fx$」より

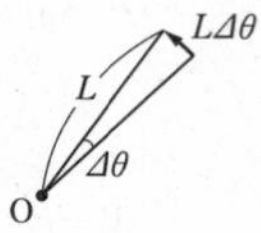

図 b

$$\varDelta W=\frac{Mg}{2}\cos\theta\cdot L\varDelta\theta$$

$$=\boldsymbol{\frac{MgL\varDelta\theta}{2}}\times\cos\theta$$

(3) 棒の重心は床から $\dfrac{L}{2}$ の高さまで持ち上げられたことになるので，人がした仕事を W とすると，仕事の式「$W=Fx$」より

$$W=Mg\cdot\frac{L}{2}=\boldsymbol{\frac{MgL}{2}}$$

(4) このときの棒と床との角度を θ' とすると

$$\begin{cases}\sin\theta'=\dfrac{H}{2L}\\[2mm]\cos\theta'=\dfrac{\sqrt{4L^2-H^2}}{2L}\end{cases}$$

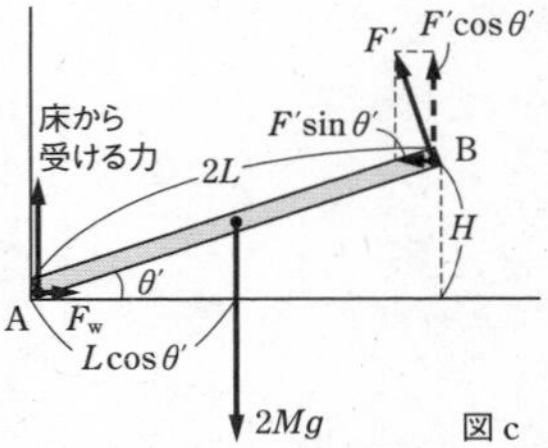

図 c

棒にはたらく力は図 c のようになる。A のまわりの力のモーメントのつりあいより

$$-2Mg\cdot L\cos\theta'+F'\cdot 2L=0$$

よって　$F'=Mg\cos\theta'=\boldsymbol{Mg\dfrac{\sqrt{4L^2-H^2}}{2L}}$

また水平方向の力のつりあいより

$$F_w-F'\sin\theta'=0$$

よって　$F_w=F'\sin\theta'=Mg\dfrac{\sqrt{4L^2-H^2}}{2L}\cdot\dfrac{H}{2L}$

$$=\boldsymbol{MgH\frac{\sqrt{4L^2-H^2}}{4L^2}}$$

(5) (4)と同様に，このときの棒と床との角度を θ'' とすると

$$\begin{cases}\sin\theta''=\dfrac{H}{\sqrt{H^2+x^2}}\\[2mm]\cos\theta''=\dfrac{x}{\sqrt{H^2+x^2}}\end{cases}$$

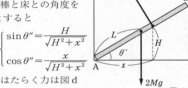

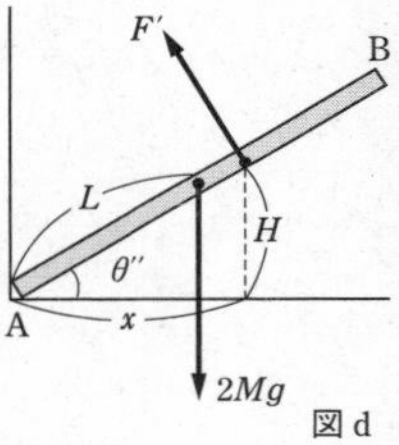

図 d

棒にはたらく力は図 d のようになる（壁や床から受ける力は省略）。

A のまわりの力のモーメントのつりあいより

$$-2Mg\cdot L\cos\theta''+F'\cdot\frac{H}{\sin\theta''}=0$$

よって　$F'=2MgL\cos\theta''\cdot\dfrac{\sin\theta''}{H}$

$$=2MgL\cdot\frac{x}{\sqrt{H^2+x^2}}\cdot\frac{1}{H}\cdot\frac{H}{\sqrt{H^2+x^2}}$$

$$=\boldsymbol{2MgL\frac{x}{H^2+x^2}}$$

(6) (5)の結果より

$$F'=\frac{2MgL}{H^2}\cdot\frac{x}{1+\dfrac{x^2}{H^2}}=\frac{2MgL}{H^2}\cdot\frac{1}{\dfrac{1}{x}+\dfrac{x}{H^2}}$$

$$=\frac{2MgL}{H^2}\cdot\frac{1}{\left(\dfrac{1}{\sqrt{x}}-\dfrac{\sqrt{x}}{H}\right)^2+\dfrac{2}{H}}$$

F' が最大になるのは $\dfrac{1}{\sqrt{x}}-\dfrac{\sqrt{x}}{H}=0$ のときより

$\dfrac{1}{\sqrt{x}}=\dfrac{\sqrt{x}}{H}$　　ゆえに $\boldsymbol{x=H}$ のとき

$$F'=\frac{2MgL}{H^2}\cdot\frac{1}{\dfrac{2}{H}}=\boldsymbol{\frac{MgL}{H}}$$

3　運動の法則と力学的エネルギー

【7】

(1)(ア) 重力の式「$W=mg$」より，$\vec{F}$ の大きさ F〔N〕は

$$\boldsymbol{F=mg}$$

(イ) $\boldsymbol{-mg\sin\alpha}$

(2) x 軸方向には力がはたらかないので，等速直線運動する。

よって　$a_x=\mathbf{0\,m/s^2}$

また y 軸方向には図 a のように(1)(イ)の力がはたらくので運動方程式を立てると

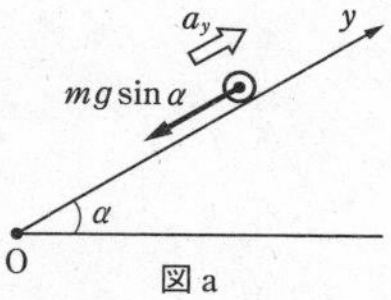

図 a

$$ma_y=-mg\sin\alpha$$

よって

$$a_y=\boldsymbol{-g\sin\alpha}\,〔\mathrm{m/s^2}〕$$

(3) x 軸方向は等速直線運動なので，速度は初速度の x 成分から変化しない。よって

$$v_x=\boldsymbol{v_0\cos\theta}\,〔\mathrm{m/s}〕$$

y 軸方向は等加速度直線運動の式「$v=v_0+at$」より

$$v_y=\boldsymbol{v_0\sin\theta-g\sin\alpha\cdot t}\,〔\mathrm{m/s}〕$$

(4) t_1〔s〕のとき $v_y=0$ となるので，等加速度直線運動の式「$v=v_0+at$」より

$$0=v_0\sin\theta-g\sin\alpha\cdot t_1$$

よって　$t_1=\boldsymbol{\dfrac{v_0\sin\theta}{g\sin\alpha}}$〔s〕

(5) 物体が打ち出された点と最高点での力学的エネルギー保存則より

$$\frac{1}{2}mv_0{}^2+0=\frac{1}{2}m(v_0\cos\theta)^2+mgh_1$$

よって

$$h_1=\frac{v_0{}^2(1-\cos^2\theta)}{2g}$$
$$=\boldsymbol{\frac{v_0{}^2\sin^2\theta}{2g}}\,〔\mathrm{m}〕$$

(6) (5)の結果より最高点の高さは斜面の角度 α にはよらないので，h_1 は変わらない。　……**②**

(7) 運動の対称性より物体が打ち出されてから点Pに達するまでの時間は $2t_1$ となる。よって，等速直線運動の式「$x=vt$」より

$$d=v_0\cos\theta\cdot 2t_1$$
$$=v_0\cos\theta\cdot 2\frac{v_0\sin\theta}{g\sin\alpha}$$
$$=\frac{2v_0{}^2\sin\theta\cos\theta}{g\sin\alpha}$$
$$=\boldsymbol{\frac{v_0{}^2\sin 2\theta}{g\sin\alpha}}\,〔\mathrm{m}〕$$

注　三角関数における 2 倍角の公式 $\sin 2\alpha=2\sin\alpha\cos\alpha$ を用いた。

【8】

〔A〕(1) 重力の点Aから点Cに向かう向きの成分が $mg\cos\theta$ となることに注意して(図 a)，運動方程式を立てると

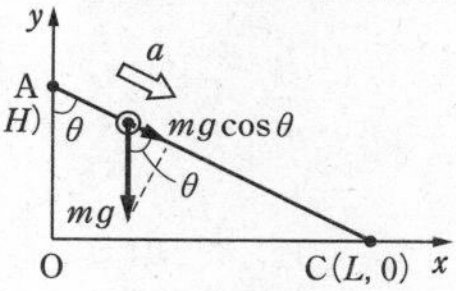

図 a

$$\boldsymbol{ma=mg\cos\theta}$$

(2) 図 a の針金の形状より　$\cos\theta=\dfrac{H}{\sqrt{H^2+L^2}}$

また(1)の結果より線分ACの向きの加速度は

$$a=g\cos\theta=\frac{gH}{\sqrt{H^2+L^2}}$$

等加速度直線運動の式「$x=v_0t+\dfrac{1}{2}at^2$」より

$$\sqrt{H^2+L^2}=\frac{1}{2}\cdot\frac{gH}{\sqrt{H^2+L^2}}\cdot t_{\mathrm{C}}{}^2$$

よって　$t_{\mathrm{C}}=\boldsymbol{\sqrt{\dfrac{2(H^2+L^2)}{gH}}}$

(3) 等加速度直線運動の式「$v=v_0+at$」より

$$v_{\mathrm{C}}=\frac{gH}{\sqrt{H^2+L^2}}\cdot\sqrt{\frac{2(H^2+L^2)}{gH}}=\boldsymbol{\sqrt{2gH}}$$

〔B〕(1) 点Aから点Bに向かう向きの小球の加速度を a' とする。〔A〕(1)，(2)と同様に考えて

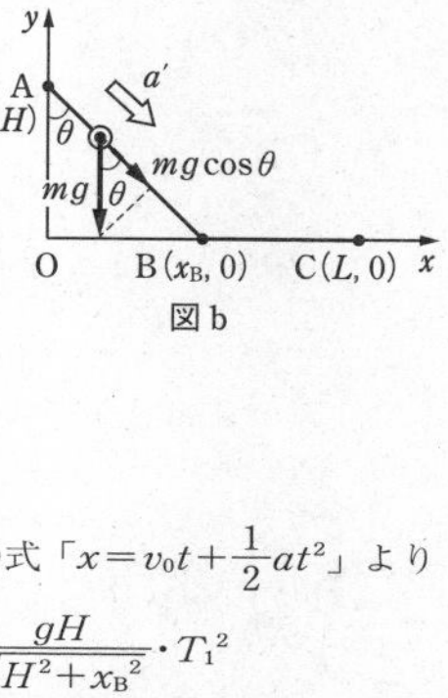

図 b

$$a'=g\cos\theta$$
$$=\frac{gH}{\sqrt{H^2+x_{\mathrm{B}}{}^2}}$$

等加速度直線運動の式「$x=v_0t+\dfrac{1}{2}at^2$」より

$$\sqrt{H^2+x_{\mathrm{B}}{}^2}=\frac{1}{2}\cdot\frac{gH}{\sqrt{H^2+x_{\mathrm{B}}{}^2}}\cdot T_1{}^2$$

よって　$T_1=\boldsymbol{\sqrt{\dfrac{2(H^2+x_{\mathrm{B}}{}^2)}{gH}}}$

(2) 小球がBに達したときの速さを v_{B} とする。等加速度直線運動の式「$v=v_0+at$」より

$$v_{\mathrm{B}}=\frac{gH}{\sqrt{H^2+x_{\mathrm{B}}{}^2}}\cdot\sqrt{\frac{2(H^2+x_{\mathrm{B}}{}^2)}{gH}}=\sqrt{2gH}$$

線分BC上では等速直線運動をするので，等速直線運動の式「$x=vt$」より

$$T_2=\frac{L-x_{\mathrm{B}}}{v_{\mathrm{B}}}=\boldsymbol{\frac{L-x_{\mathrm{B}}}{\sqrt{2gH}}}$$

(3) $L=H$ として，小球が点Aから点Cへ移動するのにかかる時間は

$$T_1+T_2=\sqrt{\frac{2(H^2+x_{\mathrm{B}}{}^2)}{gH}}+\frac{H-x_{\mathrm{B}}}{\sqrt{2gH}}$$

$$=\sqrt{\frac{H}{2g}}\left\{2\sqrt{1+\left(\frac{x_B}{H}\right)^2}+1-\frac{x_B}{H}\right\}$$

$x_B=0$ のとき

$$T_\alpha=\sqrt{\frac{H}{2g}}(2\sqrt{1+0^2}+1-0)$$
$$=3\sqrt{\frac{H}{2g}}$$

$x_B=\dfrac{H}{\sqrt{3}}$ のとき

$$T_\beta=\sqrt{\frac{H}{2g}}\left\{2\sqrt{1+\left(\frac{1}{\sqrt{3}}\right)^2}+1-\frac{1}{\sqrt{3}}\right\}$$
$$=(\sqrt{3}+1)\sqrt{\frac{H}{2g}}=(1.732+1)\sqrt{\frac{H}{2g}}$$
$$=2.732\sqrt{\frac{H}{2g}}$$

$x_B=H$ のとき

$$T_\gamma=\sqrt{\frac{H}{2g}}(2\sqrt{1+1^2}+1-1)$$
$$=2\sqrt{2}\sqrt{\frac{H}{2g}}=2\times1.414\sqrt{\frac{H}{2g}}$$
$$=2.828\sqrt{\frac{H}{2g}}$$

よって　$\boldsymbol{T_\beta<T_\gamma<T_\alpha}$

【9】

(ア) 垂直抗力は小球にはたらく重力の斜面に垂直な成分とつりあうので
　$\boldsymbol{mg\sin\theta}$

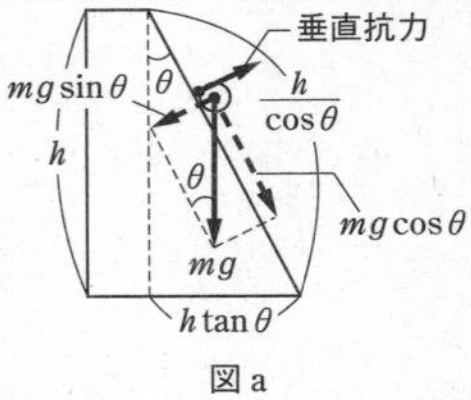

図 a

(イ) 斜面にそって下向きを正の向きとし，求める加速度を α とする。運動方程式を考えて

$$m\alpha=mg\cos\theta$$
$$\alpha=\boldsymbol{g\cos\theta}$$

(い) 求める時間を t_1 とする。等加速度直線運動の式「$x=v_0t+\dfrac{1}{2}at^2$」より

$$\frac{h}{\cos\theta}=\frac{1}{2}g\cos\theta\cdot t_1{}^2$$

よって　$t_1=\sqrt{\dfrac{2h}{g}}\cdot\dfrac{1}{\cos\theta}$

$$=\sqrt{\frac{h}{2g}}\times\frac{2}{\cos\theta}\quad\cdots\cdots⑤$$

(ウ) 等加速度直線運動の式「$v^2-v_0{}^2=2ax$」より

$$v^2=2\cdot g\cos\theta\cdot\frac{h}{\cos\theta}$$

よって　$v=\boldsymbol{\sqrt{2gh}}$

(ろ) 求める時間を t_2 とする。

DG 間の距離＝OG 間の距離－OD 間の距離

$$=h-h\tan\theta=h(1-\tan\theta)$$

点Dに達した後，小球は等速直線運動をするので，等速直線運動の式「$\boldsymbol{x=vt}$」より

$$h(1-\tan\theta)=\sqrt{2gh}\cdot t_2$$

よって　$t_2=\sqrt{\dfrac{h}{2g}}\times(1-\tan\theta)$　……⑨

(は) 小球が点Sから点Gに到達するまでの時間は

$$t_1+t_2=\sqrt{\frac{h}{2g}}\left(\frac{2}{\cos\theta}+1-\tan\theta\right)$$

よって，この時間を最短にするには

$\dfrac{2}{\cos\theta}-\tan\theta$ が最小になればよいので，

$\theta=5°$　のとき　$2\times1.00-0.09=1.91$

$\theta=10°$ のとき　$2\times1.02-0.18=1.86$

$\theta=20°$ のとき　$2\times1.06-0.36=1.76$

$\theta=30°$ のとき　$2\times1.15-0.58=1.72$

$\theta=40°$ のとき　$2\times1.31-0.84=1.78$

$\theta=45°$ のとき　$2\times1.41-1.00=1.82$

よって　$\theta=30°$　……④

(エ) 小球からの垂直抗力の水平成分により，すべり台は等加速度直線運動をする。図bの a の向きを正の向きとして運動方程式を立てて

$$Ma=\boldsymbol{N\cos\theta}$$

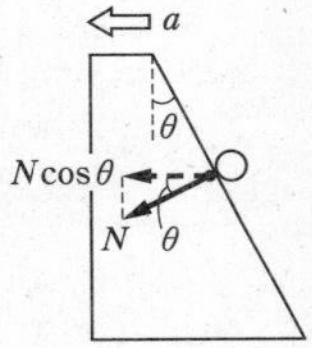

図 b

(オ) (エ)の結果よりすべり台の加速度 a は

$$a=\frac{N}{M}\cos\theta$$

よって小球にはたらく慣性力の大きさは

$$ma=\boldsymbol{\frac{m}{M}N\cos\theta}\quad（または \boldsymbol{ma}）$$

(に) 小球の斜面に垂直な方向の力のつりあいより

$$N+ma\cos\theta-mg\sin\theta=0$$
$$N+\frac{m}{M}N\cos^2\theta=mg\sin\theta$$
$$N(M+m\cos^2\theta)$$
$$=Mmg\sin\theta$$

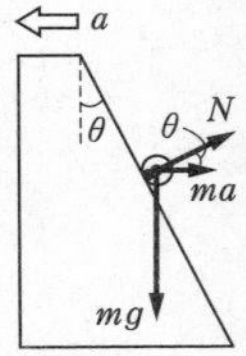

図 c

よって　$N=\dfrac{Mmg\sin\theta}{M+m\cos^2\theta}$

これを(エ)の式に代入すると

$$Ma=\frac{Mmg\sin\theta}{M+m\cos^2\theta}\cdot\cos\theta$$

よって　$a=g\times\dfrac{m\sin\theta\cos\theta}{m\cos^2\theta+M}$　……⑤

(カ) 小球とすべり台の運動では力学的エネルギーの保存が成立し，小球が点Sからすべり始めるときの重力による位置エネルギーが保たれる。

よって　$\boldsymbol{mgh}$

(ほ) 慣性の法則　……④

4 抵抗力を受ける運動

【10】

(1) 質量 m, M, M' の物体をそれぞれ物体A, B, Cとよぶ。物体Aには図aのような力がはたらく。Nは垂直抗力の大きさである。また，$M>M'$ であるから $Mg>M'g$ より，摩擦力は左向きにはたらく。よって，水平方向のつりあいの式は

$$\boldsymbol{Mg-M'g-F=0} \quad \cdots\cdots①$$

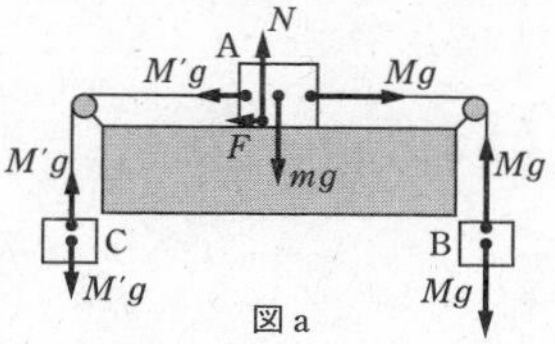

図 a

(2) 各物体と糸が静止しているためには，最大摩擦力の大きさを F_0 として $F \leqq F_0$ でなければならない。最大摩擦力の式より $F_0=\mu N$，物体Aの鉛直方向のつりあいより $N=mg$ であるから，$F_0=\mu mg$ である。①式より

$$F=Mg-M'g$$

であるから，各物体と糸が静止している条件は

$$Mg-M'g \leqq \mu mg$$

よって $\mu \geqq \dfrac{Mg-M'g}{mg}=\boldsymbol{\dfrac{M-M'}{m}}$

(3) 物体Aと物体Bには図bのような力がはたらいている。F' は物体Aにはたらく動摩擦力の大きさである。鉛直下向きを正とすると，物体Bの鉛直方向の運動方程式は

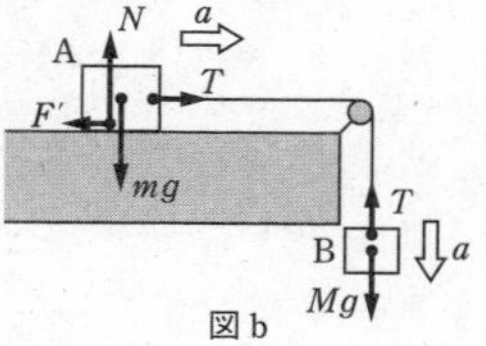

図 b

$$\boldsymbol{Ma=Mg-T} \quad \cdots\cdots②$$

(4) 水平右向きを正とすると，物体Aの水平方向の運動方程式は

$$ma=T-F' \quad \cdots\cdots③$$

動摩擦力の式より $F'=\mu' N$ で，物体Aの鉛直方向のつりあいから $N=mg$ なので

$$F'=\mu' mg$$

これを③式に代入すると，運動方程式は

$$\boldsymbol{ma=T-\mu' mg} \quad \cdots\cdots④$$

(5) ②式と④式を辺々足すと

$$(M+m)a=(M-\mu' m)g$$

ゆえに

$$a=\boldsymbol{\frac{M-\mu' m}{M+m}g} \quad \cdots\cdots⑤$$

(6) (5)より，物体Aは台上で，等加速度直線運動をする。求める距離を l とすると，

「$x=v_0t+\dfrac{1}{2}at^2$」より，⑤式を用いて

$$l=0\times t+\frac{1}{2}\cdot\frac{M-\mu' m}{M+m}g\cdot t^2$$

$$=\boldsymbol{\frac{M-\mu' m}{2(M+m)}gt^2} \quad \cdots\cdots⑥$$

(7) 力学的エネルギーと仕事の関係より，力学的エネルギーの変化は，保存力以外の力が物体にした仕事に等しい。物体A, Bを一体として考えると，時間 t が経過する間に動摩擦力 F' だけが仕事をする。よって，力学的エネルギーの総和の変化量 $\varDelta U$ は

$$\varDelta U=-F'l=-\mu' mgl$$

$$=-\mu' mg\cdot\frac{M-\mu' m}{2(M+m)}gt^2$$

$$=\boldsymbol{-\frac{\mu' m(M-\mu' m)}{2(M+m)}g^2t^2}$$

【11】

(1) 点Bでの物体の速さ v を求めればよい（図a）。点Bの高さを重力による位置エネルギーの基準として，点Aと点Bの間で力学的エネルギー保存則を用いると

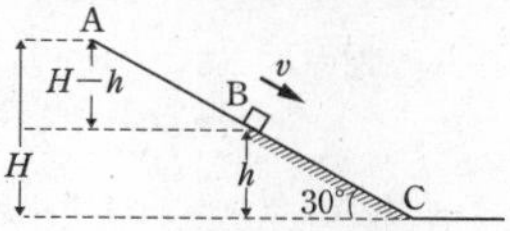

図 a

$$mg(H-h)=\frac{1}{2}mv^2$$

よって $v=\boldsymbol{\sqrt{2g(H-h)}}$

(2) BC間で物体にはたらく力は，垂直抗力の大きさをN，動摩擦力の大きさを F' として，図bのようになる。

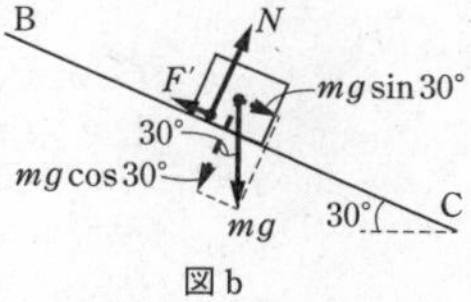

図 b

斜面に垂直な方向の力のつりあいより

$$N=mg\cos 30°=\boldsymbol{\frac{\sqrt{3}}{2}mg}$$

(3) 動摩擦係数を μ' とすると，動摩擦力の式より $F'=\mu' N$ であるから，(2)の N を代入して

$$F'=\mu'\cdot\frac{\sqrt{3}}{2}mg$$

BC 間で物体は一定の速さですべるから，斜面に平行な方向の力はつりあっている。ゆえに

$$F'=mg\sin 30°=\frac{mg}{2} \quad \cdots\cdots①$$

したがって $\mu'\cdot\dfrac{\sqrt{3}}{2}mg=\dfrac{mg}{2}$

よって $\mu'=\boldsymbol{\dfrac{1}{\sqrt{3}}}$

(4)(a) 点Aと点Cの高さの差はHであるので，重力 mg が物体にする仕事は $\boldsymbol{mgH}$ である。

(b) BC 間で摩擦力は物体に仕事をする。BC 間の距離は図 a より $2h$ であるから，摩擦力がする仕事は $-F'\cdot 2h$ である。①式より

$$-F'\cdot 2h=-\frac{mg}{2}\cdot 2h=\boldsymbol{-mgh}$$

(c) 垂直抗力は斜面に垂直であるから，垂直抗力がする仕事は **0** である。

(5) 物体にはたらく力は図 c のようになる。垂直抗力と摩擦力の大きさは(2)，(3)と同じである。斜面にそって

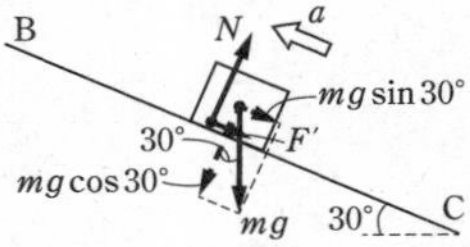

図 c

上向きを正とし，物体の加速度を a とすると，物体の斜面方向の運動方程式は，①式を用いて

$$ma=-mg\sin 30°-F'=-\frac{mg}{2}-\frac{mg}{2}$$
$$=-mg$$

となる。よって　$a=-g$

ゆえに，加速度の大きさは　$\boldsymbol{|a|=g}$

(6) 求める時間を t とする。斜面をのぼる間，等加速度直線運動の式「$v=v_0+at$」において，$v=0$，$v_0=\sqrt{2g(H-h)}$，$a=-g$ とすると

$$0=\sqrt{2g(H-h)}-gt$$

ゆえに　$t=\boldsymbol{\sqrt{\dfrac{2(H-h)}{g}}}$

(7) 物体が静止するまでに斜面をのぼった距離を l とすると，等加速度直線運動の式「$v^2-v_0{}^2=2ax$」より

$$0^2-\{\sqrt{2g(H-h)}\}^2=2\cdot(-g)\cdot l$$
$$-2g(H-h)=-2gl$$

ゆえに　$l=H-h$

したがって，水平面からの高さは

$$l\sin 30°=\boldsymbol{\frac{H-h}{2}}$$

【12】

(1) 糸を切る直前：金属球の体積は無視できるので，液体から受ける浮力は考えなくてよい。また，金属球の速度は 0 なので，液体から受ける抵抗力も 0 である。したがって，液体は金属球から（浮力や抵抗力の反作用の）力を受けていない。液体の質量は ρV であるから，液体と水槽をあわせた質量は $M+\rho V$ で，その重力 $(M+\rho V)g$ と N_1 がつりあう（図 a）。ゆえに

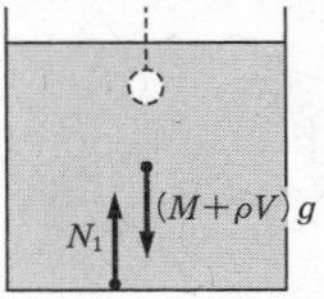

図 a

$$N_1-(M+\rho V)g=0$$

よって　$N_1=\boldsymbol{(M+\rho V)g}$

糸を切った直後：金属球の速度は 0 のままである。したがって，この場合も液体は金属球から（浮力や抵抗力の反作用の）力を受けず，重力 $(M+\rho V)g$ と N_2 がつりあう（図 b）。ゆえに

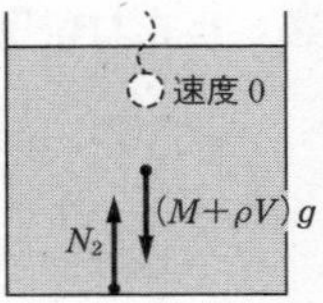

図 b

$$N_2-(M+\rho V)g=0$$

よって　$N_2=\boldsymbol{(M+\rho V)g}$

注　糸を切った後の金属球は加速度をもち，力のつりあいが成りたっていない。したがって，金属球を除いた系についての力のつりあいを考える必要がある。

(2) $0<t<t_1$ では $v>0$ であり，金属球には図 c のように力がはたらいている。したがって，金属球の運動方程式は

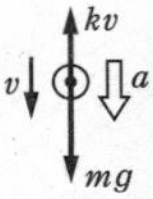

図 c

$$\boldsymbol{ma=mg-kv} \quad \cdots\cdots①$$

このとき，金属球は液体から抵抗力を受けているから，液体は金属球からその反作用 kv を受けている。したがって，液体と水槽にはたらく力は図 d のようになる。ゆえに，力のつりあいより

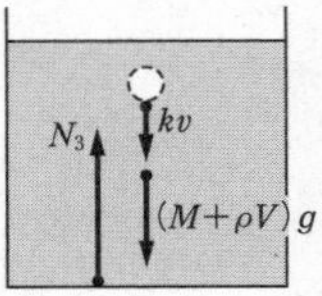

図 d

$$N_3-(M+\rho V)g-kv=0$$

よって　$N_3=\boldsymbol{(M+\rho V)g+kv}$　……②

(3) 終端速度 v_f に到達したとき，金属球の加速度は 0 になる。このとき①式より

$$m\times 0=mg-kv_f \qquad ゆえに \quad v_f=\frac{mg}{k}$$

垂直抗力の大きさ N_4 は，②式と同様に

$$N_4=(M+\rho V)g+kv_f=\boldsymbol{(M+m+\rho V)g}$$

(4) $0<t<t_1$ のとき，金属球の速度 v は 0 から v_f まで増加していく。このとき，垂直抗力の大きさ N は，②式より，$(M+\rho V)g\ (=N_2)$ から $(M+\rho V)g+kv_f\ (=N_4)$ まで増加する。

時刻 t_2 で金属球が底面に静止した後は，金属球には水槽からの垂直抗力（大きさ mg）がはたらき，水槽はその反作用を受ける（図 e）。このとき，水槽が床から受ける垂直抗力の大きさを N_5 とすると，力のつりあいより

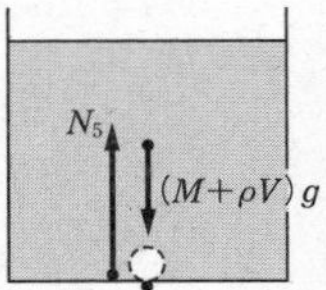

図 e

$$N_5-(M+\rho V)g-mg=0$$

よって　$N_5=(M+m+\rho V)g$

$N_4=N_5$ より，最も適切なグラフは**⑧**である。

5　運動量の保存

【13】

(1) ストーンBが氷上を運動しているときの加速度を a，氷から受ける垂直抗力の大きさを N とすると，氷から受ける動摩擦力の大きさは $\mu' N$ であり，ストーンBにはたらく力は図aのようになる。水平方向の運動方程式と，鉛直方向の力のつりあいの式を立てると

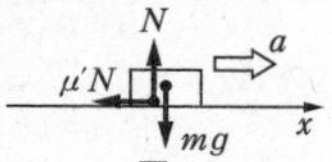

図a

水平方向：$ma = -\mu' N$

鉛直方向：$N - mg = 0$

2式より

$a = -\mu' g$

ストーンBは初速度 v_0 の等加速度直線運動をするので，「$v^2 - v_0{}^2 = 2ax$」より

$v_1{}^2 - v_0{}^2 = 2 \cdot (-\mu' g) \cdot L$

$v_1 > 0$ より　$v_1 = \boldsymbol{\sqrt{v_0{}^2 - 2\mu' gL}}$

(2) 衝突では瞬間的にきわめて大きな力(撃力)がはたらく。このとき，外力である動摩擦力による力積は，撃力による力積に比べてきわめて小さい。したがって，衝突の直前と直後では，動摩擦力の影響は無視できると考えてよい。衝突によりストーンAがストーンBから受けた力積は，ストーンBがストーンAから受けた力積と比べて，大きさは等しく向きは逆向きである。ストーンBがストーンAから受けた力積は，衝突の直前・直後におけるストーンBの運動量変化 $mv_B - mv_1$ に等しい。ゆえに，ストーンAがストーンBから受けた力積は

$-(mv_B - mv_1) = \boldsymbol{mv_1 - mv_B}$

(3) 衝突の直前と直後では，ストーンAとストーンBの運動量の和は保存されるので

$m \cdot 0 + mv_1 = mv_A + mv_B$

すなわち　$v_1 = v_A + v_B$　……①

また，反発係数が e であるから

$e = -\dfrac{v_A - v_B}{0 - v_1}$

すなわち　$ev_1 = v_A - v_B$　……②

①，②式より

$v_A = \boldsymbol{\dfrac{1+e}{2} v_1}$，$v_B = \boldsymbol{\dfrac{1-e}{2} v_1}$

(4) 衝突後に氷上をすべっているストーンAにはたらく力も図aのようになり，(1)と同様に考えて，ストーンAは，初速度 v_A，加速度 $-\mu' g$ の等加速度直線運動をする。距離 R だけすべって静止するとき，「$v^2 - v_0{}^2 = 2ax$」より

$0^2 - v_A{}^2 = 2 \cdot (-\mu' g) \cdot R$　……③

$e = 1.00$ のとき，(3)の結果から $v_A = v_1$ となる。これを③式に代入すると

$v_1{}^2 = 2\mu' gR$

(1)の結果を用いて v_1 を消去すると

$v_0{}^2 - 2\mu' gL = 2\mu' gR$

よって　$v_0{}^2 = 2\mu' g(L + R)$

与えられた数値を代入すると

$v_0{}^2 = 2 \times 0.0490 \times 9.80 \times (24.0 + 12.0)$

$= 0.980 \times 0.980 \times 36.0$

$= (0.980 \times 6.00)^2$

よって $v_0 > 0$ より

$v_0 = 0.980 \times 6.00 = \mathbf{5.88\,m/s}$

【14】

〔A〕(1) 物体Aから見て，物体Bはだんだん近づいてきて，やがて最も近づき，その後はだんだん離れていく。つまり，最も近づく瞬間の前後で，物体Aから見た物体Bの相対速度の向きが逆転するので，最も近づく瞬間の相対速度は **0**

(2) 物体Aから見た物体Bの相対速度が0になったとき，直線コースに対して物体Aと物体Bの速度は等しくなっている。この速度を w とする。物体Aと物体Bからなる系を考え，水平方向に着目する。この系では，ばねを介して2物体は力を及ぼしあうが外力ははたらかないので，運動量の和の水平成分は保存される。よって

$mv + M \cdot 0 = mw + Mw$

すなわち　$w = \boldsymbol{\dfrac{mv}{m+M}}$

(3) 物体Aと物体Bの運動エネルギーの和は

$\dfrac{1}{2}mw^2 + \dfrac{1}{2}Mw^2 = \dfrac{1}{2}(m+M)w^2$

$= \dfrac{1}{2}(m+M)\left(\dfrac{mv}{m+M}\right)^2$

$= \boldsymbol{\dfrac{m^2v^2}{2(m+M)}}$

(4) ばねの自然の長さからの縮みを l とする。物体Aや物体Bに対し，保存力以外の力は仕事をしないので，力学的エネルギーの和は保存される。よって，(3)より

$\dfrac{1}{2}mv^2 + \dfrac{1}{2}M \cdot 0^2 + \dfrac{1}{2}k \cdot 0^2$

$= \dfrac{m^2v^2}{2(m+M)} + \dfrac{1}{2}kl^2$

ゆえに

$\dfrac{1}{2}kl^2 = \dfrac{1}{2}mv^2 - \dfrac{m^2v^2}{2(m+M)} = \dfrac{mMv^2}{2(m+M)}$

よって，$l > 0$，$v > 0$ であるから

$l = \boldsymbol{v\sqrt{\dfrac{mM}{k(m+M)}}}$

〔B〕(5) ばねの自然の長さからの縮みが x のとき，物体Bの加速度を b とすると，物体Bにはたらく水平方向の力は図aのようになるので，物体Bの運動方程式を立てると

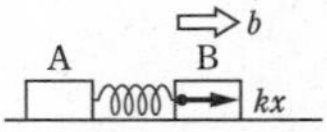

図a

$$Mb=kx \quad ゆえに \quad b=\frac{k}{M}x$$

よって，x が最大になるとき b も最大となる。ばねの縮み x が最大になるのは，物体Aが物体Bに最も近づいた瞬間で，最大値は(4)の l であるから，物体Bに生じる最大の加速度は

$$\frac{k}{M}l=\frac{k}{M}v\sqrt{\frac{mM}{k(m+M)}}$$
$$=\boldsymbol{v\sqrt{\frac{km}{M(m+M)}}}$$

〔C〕(6) (4)の考察のとおり力学的エネルギーの和は保存される。衝突前も，物体Aと物体Bが再び離れた後も，ばねの弾性エネルギーは0であるから，物体Aと物体Bの運動エネルギーの和は，衝突前と再び離れた後とで等しく

$$\boldsymbol{\frac{1}{2}mv^2}$$

(7) 再び離れた後，物体Aの速度が v_A，物体Bの速度が v_B になるとすると，(6)より

$$\frac{1}{2}mv^2=\frac{1}{2}mv_A{}^2+\frac{1}{2}Mv_B{}^2 \quad \cdots\cdots①$$

また，(2)の考察のとおり運動量の和も保存されるので

$$mv+M\cdot 0=mv_A+Mv_B \quad \cdots\cdots②$$

$v_A=\frac{1}{4}v$ となるとき①式は

$$mv^2=m\left(\frac{1}{4}v\right)^2+Mv_B{}^2$$

よって $\quad \frac{15}{16}mv^2=Mv_B{}^2 \quad \cdots\cdots③$

また②式は

$$mv=m\cdot\frac{1}{4}v+Mv_B$$

よって $\quad v_B=\frac{3m}{4M}v \quad \cdots\cdots④$

④式を③式に代入して

$$\frac{15}{16}mv^2=M\left(\frac{3m}{4M}v\right)^2$$

よって $\quad \frac{15}{16}mv^2=\frac{9}{16}\cdot\frac{m}{M}\cdot mv^2$

$mv^2 \neq 0$ より $\quad \frac{5}{3}=\frac{m}{M}$

よって $\quad m:M=\boldsymbol{5:3}$

【15】

(ア) 曲面の上端の高さは h であるから，落下し始める直前の小球の重力による位置エネルギーは

$$\boldsymbol{mgh}$$

(イ) 小球が曲面にそって落下しているとき，物体Aにはたらく力は図aのようになる。静止していた物体Aは水平方向の正の向きに力を受け続け，正の向きに運動する。

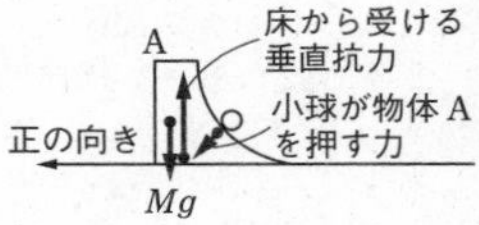

図a

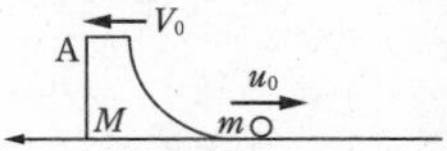

図b

すると，小球が物体Aから離れた直後は図bのようになる。物体Aと小球からなる系には，水平成分をもつ外力ははたらかないので，水平方向の運動量保存則より

$$\boldsymbol{MV_0-mu_0=0}$$

(ウ) 図bの状態で，小球は基準面にあるため，小球の重力による位置エネルギーは0である（物体Aについては，重心の高さを考慮するべきだが，床に下面をつけたまま運動するだけなので，重力による位置エネルギーは0のまま一定であるとする）。よって，このときの力学的エネルギーの和は，運動エネルギーの和に等しく

$$\boldsymbol{\frac{1}{2}MV_0{}^2+\frac{1}{2}mu_0{}^2}$$

(エ) 小球が曲面にそって落下していく過程で，小球と物体Aにはたらく保存力以外の力は仕事をしないので，力学的エネルギーの和は保存され

$$mgh=\frac{1}{2}MV_0{}^2+\frac{1}{2}mu_0{}^2 \quad \cdots\cdots①$$

(イ)の結果から $\quad V_0=\frac{m}{M}u_0 \quad \cdots\cdots②$

②式を①式に代入して

$$mgh=\frac{1}{2}M\left(\frac{m}{M}u_0\right)^2+\frac{1}{2}mu_0{}^2$$

よって

$$mgh=\frac{M+m}{2M}mu_0{}^2$$

$u_0>0$ より

$$u_0=\boldsymbol{\sqrt{\frac{2Mgh}{M+m}}} \quad \cdots\cdots③$$

(オ) 衝突の直前・直後において，壁に対する小球の速度は $-u_0$ から u_1 へと変化するので

$$e=-\frac{u_1}{-u_0} \qquad よって \quad u_1=\boldsymbol{eu_0}$$

(カ) 小球が壁と弾性衝突する場合，$e=1$ より

$$u_1=u_0$$

小球が壁ではねかえった後，図cのような状態になったとき，小球の物体Aに対する相対速度は $u_0 - V_0$ であり，②式を代入して

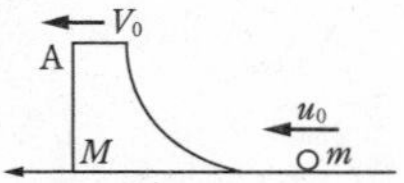

図c

$$u_0 - V_0 = u_0 - \frac{m}{M}u_0 = \boldsymbol{\frac{M-m}{M}u_0}$$

$m < M$ より $u_0 - V_0 > 0$ であり，小球はこの後物体Aに追いつく。

(キ) 図cの状態で，小球と物体Aの水平方向の運動量の和は，②式を用いて

$$MV_0 + mu_0 = mu_0 + mu_0 = \boldsymbol{2mu_0}$$

(ク) 小球が曲面をのぼって最高点に達したとき，小球は物体Aに対して静止するので，図dのように物体Aと小球の速度がともに水平方向に V_1 となる。(イ)の考察と同様に，図cと図dの状態の間で，水平方向の運動量の和は保存されるので

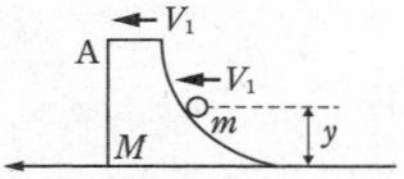

図d

$$MV_0 + mu_0 = MV_1 + mV_1$$

(キ)の結果を用いて　$2mu_0 = (M+m)V_1$

よって　$V_1 = \boldsymbol{\frac{2mu_0}{M+m}}$　……④

(ケ) 図dの状態における小球と物体Aの力学的エネルギーの和は

$$\frac{1}{2}MV_1{}^2 + \frac{1}{2}mV_1{}^2 + mgy$$
$$= \boldsymbol{\frac{1}{2}(M+m)V_1{}^2 + mgy}$$

(コ) 図cと図dの状態の間で，力学的エネルギーの和は保存されるので

$$\frac{1}{2}MV_0{}^2 + \frac{1}{2}mu_0{}^2 = \frac{1}{2}(M+m)V_1{}^2 + mgy$$

①式より，左辺は mgh に等しいので

$$mgh = \frac{1}{2}(M+m)V_1{}^2 + mgy$$

よって　$y = h - \frac{M+m}{2mg}V_1{}^2$

④式より

$$y = h - \frac{M+m}{2mg}\left(\frac{2mu_0}{M+m}\right)^2$$
$$= h - \frac{2mu_0{}^2}{(M+m)g}$$

③式より

$$y = h - \frac{2m}{(M+m)g}\cdot\frac{2Mgh}{M+m}$$
$$= \boldsymbol{\left(\frac{M-m}{M+m}\right)^2 h}$$

(サ) 小球が物体Aの曲面をのぼるときも下るときも，左向きに進んでいる物体Aに対して，図aのような力がはたらくので，小球が曲面上にあるときには，物体Aは左向きに加速される。また，小球と壁の衝突は弾性衝突であるから，衝突により力学的エネルギーが失われることはなく，物体Aと小球の力学的エネルギーの和は mgh のまま保存され続ける。
したがって，物体Aの運動エネルギーは物体Aが左向きに加速されることで増加していくが，mgh をこえることはなく，mgh 以下の値で一定となる。つまり　**③**

【16】

(1)(ア) 図aにおいて，平面Fは，球Aと球Bの接点を通り，2つの球に接する平面である。球Bの球Aへの衝突は，球Bが平面Fに斜めに衝突する場合と同等に扱うことができ，平面Fをなめらかな面とみなしてよいとき球Aが球Bから受ける力の向きは図aのようになる。

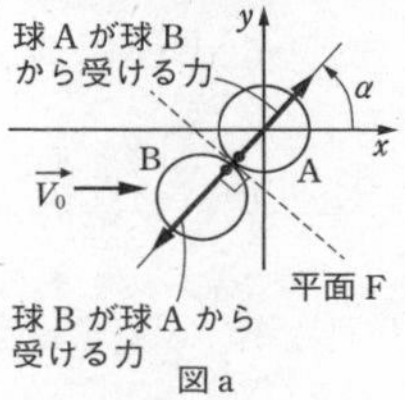

図a

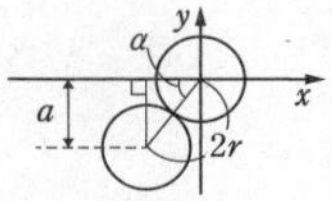

図b

よって，図bの直角三角形に着目して

$$\sin\alpha = \boldsymbol{\frac{a}{2r}}$$

(2)(イ)(ウ) $\vec{V_0}$ を x' 軸方向と y' 軸方向とに分解すると図cのようになる。
向きに注意して

$$V_{0x'} = \boldsymbol{V_0\cos\alpha}$$
$$V_{0y'} = \boldsymbol{-V_0\sin\alpha}$$

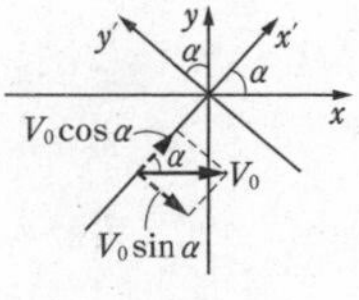

図c

(3)(エ)(オ) 球Aが衝突により受ける力積の向きは x' 軸方向であるから，球Aの運動量の y' 成分は衝突によって変化することはなく0のままである。衝突の前後で運動量の和が保存されることから

x' 方向：$m\cdot 0 + MV_{0x'} = mv_{x'} + MV_{x'}$
y' 方向：$m\cdot 0 + MV_{0y'} = m\cdot 0 + MV_{y'}$

よって

$$V_{0x'} = \boldsymbol{\frac{m}{M}v_{x'} + V_{x'}}$$
$$V_{0y'} = \boldsymbol{V_{y'}}$$

(4)(カ) 球Aと球Bは x' 軸方向にのみ力を及ぼしあうので，速度の x' 方向成分に着目して

$$e = \boldsymbol{-\frac{V_{x'} - v_{x'}}{V_{0x'}}}$$

(5)(キ) (カ)の式から　$e = -\frac{V_{x'}}{V_{0x'}} + \frac{v_{x'}}{V_{0x'}}$　……①

(エ)の式の両辺を $V_{0x'}$ でわって

$$1 = \frac{m}{M}\cdot\frac{v_{x'}}{V_{0x'}} + \frac{V_{x'}}{V_{0x'}}$$　……②

①式＋②式 より

$$1+e=\frac{M+m}{M}\cdot\frac{v_x'}{V_{0x}'}$$

よって $\dfrac{v_x'}{V_{0x}'}=\boldsymbol{\dfrac{(1+e)M}{M+m}}$

(ク) ①式$\times\left(-\dfrac{m}{M}\right)$＋②式 より

$$1-\frac{m}{M}e=\frac{M+m}{M}\cdot\frac{V_x'}{V_{0x}'}$$

よって $\dfrac{V_x'}{V_{0x}'}=\boldsymbol{\dfrac{M-em}{M+m}}$

(ケ) 衝突前の運動エネルギーの和は

$$0+\frac{1}{2}M(V_{0x}'^2+V_{0y}'^2)$$

衝突後の運動エネルギーの和は

$$\frac{1}{2}m(v_x'^2+0^2)+\frac{1}{2}M(V_x'^2+V_y'^2)$$

前者から後者を引いて衝突によって失われた運動エネルギー $\varDelta E$ を計算する。

(オ)の $V_{0y}'=V_y'$ を用いると

$$\varDelta E=\frac{1}{2}MV_{0x}'^2-\frac{1}{2}mv_x'^2-\frac{1}{2}MV_x'^2$$
$$=\frac{1}{2}MV_{0x}'^2\times\left\{1-\frac{m}{M}\left(\frac{v_x'}{V_{0x}'}\right)^2-\left(\frac{V_x'}{V_{0x}'}\right)^2\right\}$$

(キ)および(ク)の式を用いて

$$\varDelta E=\frac{1}{2}MV_{0x}'^2$$
$$\times\left\{1-\frac{m}{M}\left(\frac{1+e}{M+m}M\right)^2-\left(\frac{M-em}{M+m}\right)^2\right\}$$
$$=\frac{1}{2}MV_{0x}'^2\times\frac{1}{(M+m)^2}$$
$$\times\{(M+m)^2-(1+e)^2Mm-(M-em)^2\}$$
$$=\frac{MV_{0x}'^2}{2(M+m)^2}\times(1-e^2)(M+m)m$$
$$=\frac{(1-e^2)Mm}{2(M+m)}V_{0x}'^2$$

(イ)の式を用いて

$$\varDelta E=\boldsymbol{\frac{(1-e^2)MmV_0^2\cos^2\alpha}{2(M+m)}}$$

【17】

(1) 小球が床に到達する直前の速さを $v_1(>0)$，小球の質量を m とする(図 a)。床の高さを重力による位置エネルギーの基準とすると，力学的エネルギーは保存するので

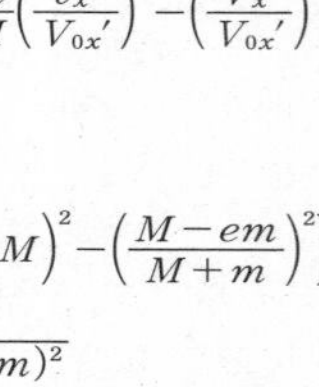

図 a

$$\frac{1}{2}mv_0^2+mgh=\frac{1}{2}mv_1^2$$

よって $v_1=\sqrt{2gh+v_0^2}$

したがって ①

(2) 初めに投げ上げた場合でも，投げ下ろした場合でも，床と弾性衝突した直後の小球の速度は v_1 であり，衝突の前後で力学的エネルギーは保存する。ゆえに，衝突後に達する最高点(速度が 0 となる点)の高さは，図 a の最高点の高さと等しくなり，h より大きい。したがって ③

(3) 2 つの小球の衝突の直前と直後で運動量の和は変わらないので

$$mv+km\cdot(-v)=mv_A+kmv_B$$

つまり $(1-k)v=v_A+kv_B$ ……①

弾性衝突するので，反発係数は 1 であり

$$-\frac{v_A-v_B}{v-(-v)}=1$$

つまり $2v=-v_A+v_B$ ……②

①式－②式×k より $(1-3k)v=(1+k)v_A$

よって $v_A=\dfrac{1-3k}{1+k}v$ すなわち ①

(4) 小球と床の衝突も，2 つの小球の衝突も弾性衝突であるので，2 つの小球の力学的エネルギーの総和は，一連の運動において保存される。つまり，①と②は誤り。

A の運動エネルギーは床との衝突の直前で $\dfrac{1}{2}m(-v)^2$，直後には $\dfrac{1}{2}mv^2$ となるため，床との衝突で変わらない。つまり，③は正しい。

B の速度について，$0<k<1$，$v>0$ より $v_B>0$ であり

$$|v_B|-v=\frac{3-k}{1+k}v-v=\frac{2(1-k)}{1+k}v\quad(>0)$$

つまり，B の速さはAとの衝突で大きくなっている。したがって，B の運動エネルギーも大きくなっている。すなわち④は誤り。

以上より ③

(5) (4)の考察のとおり $|v_B|>v$ であり，衝突の直前と直後でBの高さは変わらないと考えられるので，衝突により運動エネルギーが大きくなった分，B の力学的エネルギーは増加している。すると，この後Bが達する最高点の高さは，自由落下前の高さよりも高い。

また，$|v_B|=\dfrac{3-k}{1+k}v$ において，$k(0<k<1)$ が小さいほど $3-k(>0)$ は大きく，$1+k(>0)$ は小さい。したがって k が小さいほど $\dfrac{3-k}{1+k}(>0)$ は大きくなる。つまり，k が小さいほど衝突直後のBの速さは大きくなり，B は高く上がる。

以上より ⑤

【18】

(ア)(イ) ボールの初速度は図 a のように分解でき，x 方向には等速直線運動を，y 方向には加速度 $-g$ の等加

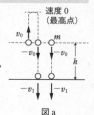

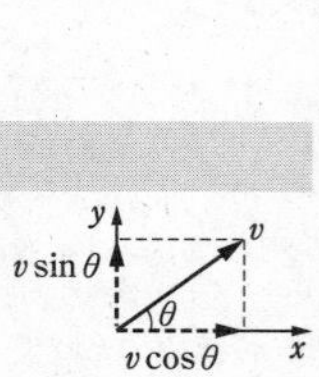

図 a

速度直線運動をするので

$$x(t)=(\boldsymbol{v\cos\theta})\cdot\boldsymbol{t}$$

$$y(t)=(\boldsymbol{v\sin\theta})\cdot\boldsymbol{t}-\frac{1}{2}\boldsymbol{gt^2}$$

(ウ) ボールが地面と衝突せずに壁に衝突したとすると，$x(t)=L$ となる時刻 t における $y(t)$ の値が，ボールが壁に衝突したときの高さを表す。

$$(v\cos\theta)\cdot t=L \quad より \quad t=\frac{L}{v\cos\theta}$$

これを(イ)の式に代入して，衝突する高さは

$$(v\sin\theta)\cdot\frac{L}{v\cos\theta}-\frac{1}{2}g\left(\frac{L}{v\cos\theta}\right)^2$$

$$=\boldsymbol{L\tan\theta-\frac{gL^2}{2v^2\cos^2\theta}}$$

(エ)(オ)(カ) 壁は十分になめらかであるから，衝突したときにボールが壁から受ける力の y 成分は0である。衝突直前のボールの速度の x 成分は $v\cos\theta$ であり，衝突直後に速度の x 成分が v_x' になるとすると，反発係数の式より

$$e=-\frac{v_x'}{v\cos\theta} \quad よって \quad v_x'=-ev\cos\theta$$

ゆえに　$|v_x'|=\boldsymbol{ev\cos\theta}$

また，ボールが壁から受ける力積は，衝突の直前・直後におけるボールの運動量変化に等しく

$$mv_x'-mv\cos\theta$$

$$=m\cdot(-ev\cos\theta)-mv\cos\theta$$

$$=-(1+e)mv\cos\theta \quad (<0)$$

つまり，ボールが受ける力積の向きは x 軸方向負の向きなので　**⑦**

大きさは　$\boldsymbol{(1+e)mv\cos\theta}$

(キ) 衝突の直前・直後でボールの速度の y 成分は変化しない。よって，速度の x 成分の変化のみを考えると，壁との衝突で失われた運動エネルギーの大きさ $\varDelta E$ は

$$\varDelta E=\frac{1}{2}m(v\cos\theta)^2-\frac{1}{2}mv_x'^2$$

$$=\frac{1}{2}m\{(v\cos\theta)^2-v_x'^2\}$$

(エ)の式を代入して

$$\varDelta E=\frac{1}{2}m\{(v\cos\theta)^2-(-ev\cos\theta)^2\}$$

$$=\boldsymbol{\frac{1-e^2}{2}mv^2\cos^2\theta}$$

(ク) ボールの運動のようすは図bのようになる。x 方向に着目すると，正の向きに進んでいるときは一定の速さ $v\cos\theta$ で距離 L だけ進むので，

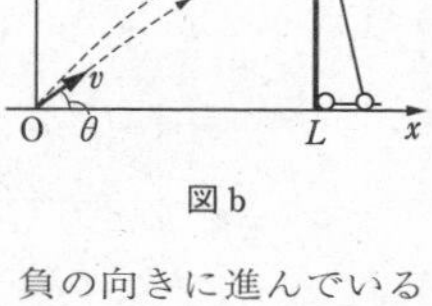

図b

かかる時間は $\dfrac{L}{v\cos\theta}$，負の向きに進んでいるときは，一定の速さ $ev\cos\theta$ で距離 L だけ進むので，かかる時間は $\dfrac{L}{ev\cos\theta}$ である。したがって，ボールが原点を出てから原点にもどってくるまでにかかる時間は　$\dfrac{L}{v\cos\theta}+\dfrac{L}{ev\cos\theta}$

一方，壁との衝突によって，ボールの速度の y 成分は変化しないので，ボールが原点を出てから原点にもどってくるまでの時間を t' とおくと，(イ)の式を用いて $y(t')=0$ かつ $t'\neq0$ より

$$(v\sin\theta)\cdot t'-\frac{1}{2}gt'^2=0,\ t'\neq0$$

ゆえに　$t'=\dfrac{2v\sin\theta}{g}$

x 方向と y 方向で時間は一致するので

$$\frac{L}{v\cos\theta}+\frac{L}{ev\cos\theta}=\frac{2v\sin\theta}{g}$$

よって　$\dfrac{(1+e)gL}{2e\sin\theta\cos\theta}=v^2$

この式が満たされるとき $v=v_0$ かつ $\theta=\theta_0$ となるので，「$\sin2\theta=2\sin\theta\cos\theta$」より

$$v_0{}^2=\frac{(1+e)gL}{e\sin2\theta_0}$$

$v_0>0$ より　$v_0=\boldsymbol{\sqrt{\dfrac{(1+e)gL}{e\sin2\theta_0}}}$

(ケ)(コ) $0<\theta_0<\dfrac{\pi}{2}$ の範囲で θ_0 を変化させると，図cのように $0<2\theta_0<\pi$ から $0<\sin2\theta_0\leqq1$ であり，(ク)の式から $\sin2\theta_0=1$ $\left(\theta_0=\dfrac{\pi}{4}\right)$ のときに v_0 は最小となる。

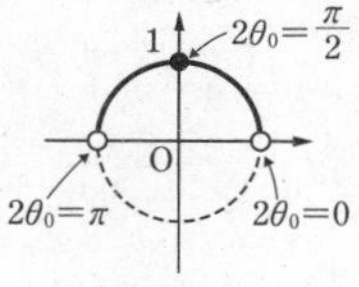

図c

すなわち

$$v_0{}^{\min}=\boldsymbol{\sqrt{\frac{(1+e)gL}{e}}},\qquad \theta_0{}^{\min}=\boldsymbol{\frac{\pi}{4}}$$

(サ) ボールの運動のようすは図dのようになる。x 方向に着目すると，速さ $v'\cos\theta_0$ で距離 L だけ進み，はねかえった後は，速さ $ev'\cos\theta_0$ で距離 $L-\delta x$ だけ進むので，かかる時間は

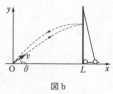

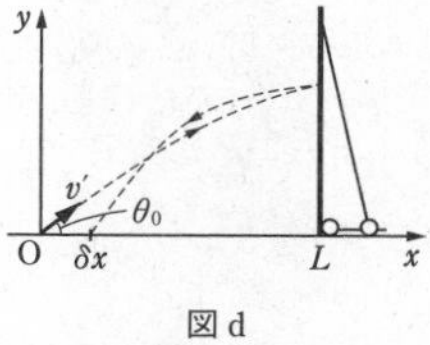

図d

$$\frac{L}{v'\cos\theta_0}+\frac{L-\delta x}{ev'\cos\theta_0}$$

y 方向については，(ク)の考察と同様にして，かかる時間は　$\dfrac{2v'\sin\theta_0}{g}$

この2つが一致するので

$$\frac{eL+(L-\delta x)}{ev'\cos\theta_0}=\frac{2v'\sin\theta_0}{g}$$

すなわち　$eL+L-\delta x=\dfrac{ev'^2\sin2\theta_0}{g}$　……①

ここで(ク)の式を用いると

$$v'^2=(v_0+\delta v)^2=v_0{}^2\left(1+\frac{\delta v}{v_0}\right)^2$$
$$=\frac{(1+e)gL}{e\sin 2\theta_0}\left(1+\frac{\delta v}{v_0}\right)^2$$

これを①式に代入して

$$eL+L-\delta x=(1+e)L\times\left(1+\frac{\delta v}{v_0}\right)^2$$

よって

$$\delta x=(1+e)L\left\{1-\left(1+\frac{\delta v}{v_0}\right)^2\right\}$$
$$=(1+e)L\left\{-2\frac{\delta v}{v_0}-\left(\frac{\delta v}{v_0}\right)^2\right\}$$

$\left(\frac{\delta v}{v_0}\right)^2$ の項を無視すると

$$\boldsymbol{\delta x=-2(1+e)L\times\frac{\delta v}{v_0}}$$

(シ) 衝突前後の速度の x 成分について，直前はボールが v_x，壁が 0，直後はボールが w_x，壁が W であるとする。ボールと壁からなる系に水平方向の外力ははたらいていないので，水平方向の運動量は保存され

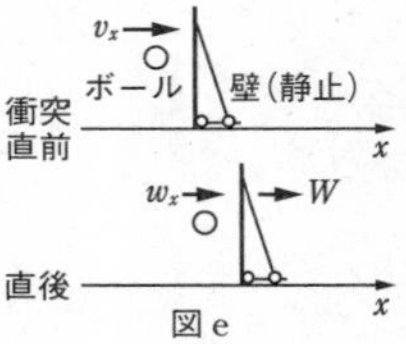

図 e

$$mv_x+M\cdot 0=mw_x+MW \quad \cdots\cdots②$$

ボールと壁との反発係数が e なので

$$e=-\frac{w_x-W}{v_x-0}$$

すなわち　$-ev_x=w_x-W$ ……③

②式＋③式×M より

$$(m-eM)v_x=(m+M)w_x \quad \cdots\cdots④$$

$v_x>0$ であり，ボールがTのいる側にはねかえるとき $w_x<0$ である。$m+M>0$ なので，上式が成りたつとき

$$\boldsymbol{m-eM<0}$$

(ス) ボールが速度 v_x で，固定された壁に衝突し，速度が w_x になったときの反発係数 $e'=-\frac{w_x}{v_x}$ を求めればよい。④式を用いて

$$e'=-\frac{m-eM}{m+M}=\boldsymbol{\frac{eM-m}{m+M}}$$

【19】

(1) ボールを投げた瞬間のボールの速度は図aのようになっており

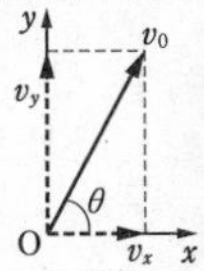

図 a

$$\boldsymbol{v_x=v_0\cos\theta}$$
$$\boldsymbol{v_y=v_0\sin\theta}$$

(2) 鉛直方向のボールの運動は，加速度 $-g$ の等加速度直線運動なので，ボールを投げてから時間 $t(0\leqq t\leqq t_1)$ が経過したときのボールの y 座標は

$$y=(v_0\sin\theta)\cdot t-\frac{1}{2}gt^2$$

$y=0$ $(t\neq 0)$ となるとき $t=t_1$ であるから

$$t_1=\boldsymbol{\frac{2v_0\sin\theta}{g}}$$

(3) 水平方向の運動は等速直線運動なので

$$x=(v_0\cos\theta)\cdot t$$

$t=t_1$ のとき $x=x_1$ となるから，(2)より

$$x_1=(v_0\cos\theta)\cdot t_1$$
$$=(v_0\cos\theta)\cdot\frac{2v_0\sin\theta}{g}$$
$$=\frac{2v_0{}^2\sin\theta\cos\theta}{g}=\boldsymbol{\frac{v_0{}^2\sin 2\theta}{g}}$$

(4) 床はなめらかなので，床との衝突時，ボールは床から水平方向の力を受けることはない。よって，1回目の衝突のとき，ボールは y 方向に一定の力 f_1 を受けたとして考える。

投げ上げた点と衝突直前の点は高さが等しく，x 方向の速度成分は一定であることに注意すると，力学的エネルギー保存則より，衝突直前のボールの速度の y 成分は図bのように $-v_0\sin\theta$ となる。衝突直後のボールの速度の y 成分を w_1 とすると，反発係数は e であるから

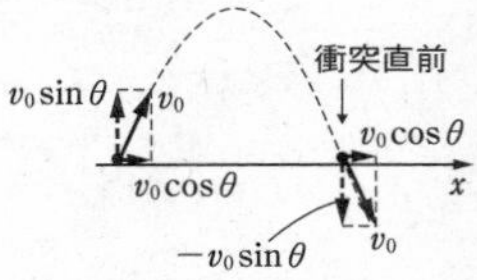

図 b

$$e=-\frac{w_1}{-v_0\sin\theta}$$

よって　$w_1=ev_0\sin\theta$ ……①

結局，ボールは床との1回目の衝突において y 方向の力積 $f_1\varDelta t$ を受け，運動量の y 成分が $m\cdot(-v_0\sin\theta)$ から mw_1 へと変化するので

$$f_1\varDelta t=mw_1-m\cdot(-v_0\sin\theta)$$

①式を代入して

$$f_1\varDelta t=mev_0\sin\theta+mv_0\sin\theta$$
$$=(1+e)mv_0\sin\theta$$

よって　$f_1=\boldsymbol{\frac{(1+e)mv_0\sin\theta}{\varDelta t}}$

(5) 1回目の衝突直後から2回目の衝突直前までのボールの運動のようすは，(4)と同様に考えて，図cのようになる。y 方向は加速度 $-g$ の等加速度直線運動を行うので

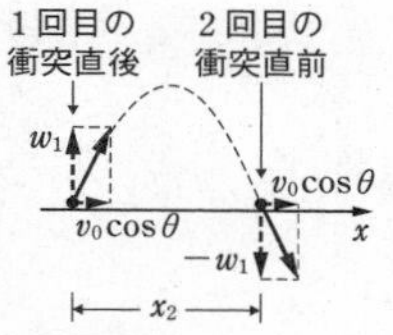

図c

$$-w_1=w_1-gt_2$$

よって $t_2=\dfrac{2w_1}{g}$ であり，①式を代入して

$$t_2=\boldsymbol{\frac{2ev_0\sin\theta}{g}}$$

(6) 図cの運動の x 成分に着目すれば，等速直線運動とみなされるので

$$x_2=(v_0\cos\theta)\cdot t_2$$

(5)の結果を代入して，「$\sin2\theta=2\sin\theta\cos\theta$」より

$$x_2=\frac{2ev_0{}^2\sin\theta\cos\theta}{g}=\boldsymbol{\frac{ev_0{}^2\sin2\theta}{g}}$$

(7) $n-1$ 回目の衝突直後の速度の y 成分を w_{n-1} とすると，(5)と同様の考察により，n 回目の衝突直前の速度の y 成分は $-w_{n-1}$ である。n 回目の衝突直後の速度の y 成分は w_n で，反発係数は e であるから

$$e=-\frac{w_n}{-w_{n-1}}\quad より\quad w_n=ew_{n-1}\quad (n\geqq2)$$

つまり，数列 $\{w_n\}$ は公比 e の等比数列である。①式を用いると一般項は

$$w_n=w_1e^{n-1}=e^nv_0\sin\theta \qquad \cdots\cdots②$$

さて，$n-1$ 回目の衝突から n 回目の衝突までにかかった時間を t_n とすると(5)の考察と同様にして，この間のボールの運動のようすは図dのようになり

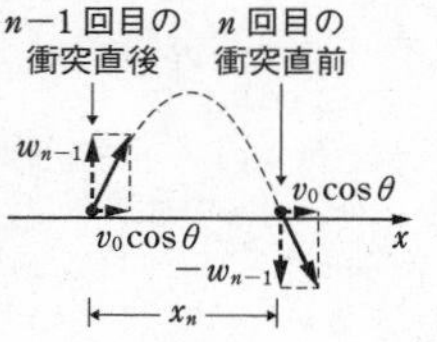

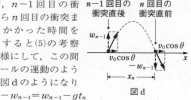

図d

$$-w_{n-1}=w_{n-1}-gt_n$$

よって　$t_n=\dfrac{2w_{n-1}}{g}$

(6)の考察と同様にして

$$x_n=(v_0\cos\theta)\cdot t_n=\frac{2v_0\cos\theta}{g}w_{n-1}$$

②式より　$w_{n-1}=e^{n-1}v_0\sin\theta$

これを代入して

$$x_n=\frac{2e^{n-1}v_0{}^2\sin\theta\cos\theta}{g}=\boldsymbol{\frac{e^{n-1}v_0{}^2\sin2\theta}{g}}$$

なお，この式で $n=1$ とすると(3)の x_1 と一致するので，この式は $n\geqq1$ で成りたっている。

(8) $0<e<1$ であるから，

$n\to\infty$ のとき $e^{n-1}\to0$ すなわち $x_n\to0$ である。このとき $n-1$ 回目の衝突位置から n 回目の衝突位置までの距離 x_n が0になっているので，$n\to\infty$ ではボールはもはやはねかえらず床の上をすべることになる。よって

$$L=x_1+x_2+x_3+\cdots=\sum_{n=1}^{\infty}x_n$$

(7)の式を用いて

$$L=\sum_{n=1}^{\infty}\frac{e^{n-1}v_0{}^2\sin2\theta}{g}=\frac{v_0{}^2\sin2\theta}{g}\sum_{n=1}^{\infty}e^{n-1}$$

$$=\boldsymbol{\frac{v_0{}^2\sin2\theta}{(1-e)g}}$$

(9) ボールを投げたときの速度ベクトルは

$(v_0\cos\theta,\ v_0\sin\theta)$

ボールがすべりはじめるときの速度ベクトルは

$(v_0\cos\theta,\ 0)$

また，上のいずれの場合も $y=0$ で重力による位置エネルギーは等しいから，衝突によって失われた力学的エネルギーは，上の2つの場合の運動エネルギーの減少分であり

$$\frac{1}{2}m\cdot(v_0\,v_0\cos\theta\sin\theta)^2=\boldsymbol{\frac{1}{2}mv_0{}^2\sin^2\theta}$$

(10) ボールが摩擦のある床をすべっているとき，ボールの加速度を a，ボールが床から受ける垂直抗力の大きさを N とすると，ボールが床から受ける動摩擦力の大きさは μN であり(図e)，ボールの x 方向の運動方程式と y 方向のつりあいの式は

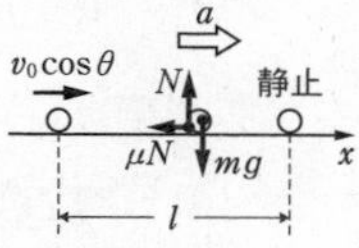

図e

x 方向：$ma=-\mu N$

y 方向：$N-mg=0$

2式から N を消去すると　$ma=-\mu mg$

よって $a=-\mu g$ であり，ボールは等加速度直線運動をするので

$$0^2-(v_0\cos\theta)^2=2\cdot(-\mu g)\cdot l$$

すなわち　$l=\boldsymbol{\dfrac{v_0{}^2\cos^2\theta}{2\mu g}}$

(11) $\cos^2\theta=\dfrac{1+\cos2\theta}{2}$ であるから，(8)，(10)より

$$L+l=\frac{v_0{}^2\sin2\theta}{(1-e)g}+\frac{v_0{}^2(1+\cos2\theta)}{4\mu g}$$

$$=\frac{v_0{}^2}{4(1-e)\mu g}$$

$$\times\{4\mu\sin2\theta+(1-e)\cos2\theta\}+\frac{v_0{}^2}{4\mu g}$$

$$=\boldsymbol{\frac{v_0{}^2\sqrt{16\mu^2+(1-e)^2}}{4(1-e)\mu g}}\times\sin(2\theta+\phi)$$

$$+\boldsymbol{\frac{v_0{}^2}{4\mu g}}$$

ただし

$$\cos\phi=\frac{4\mu}{\sqrt{16\mu^2+(1-e)^2}}$$

$$\sin\phi=\frac{1-e}{\sqrt{16\mu^2+(1-e)^2}}$$

$0<e<1$ より $\cos\phi>0$ かつ $\sin\phi>0$ であり ϕ は $0<\phi<\frac{\pi}{2}$ の範囲で定めることができ

$$\tan\phi=\frac{\sin\phi}{\cos\phi}=\boldsymbol{\frac{1-e}{4\mu}}$$

(12) $e=\frac{1}{2}$, $\mu=\frac{\sqrt{3}}{8}$ のとき，$1-e=\frac{1}{2}$, $4\mu=\frac{\sqrt{3}}{2}$ であるから(ア)の式の値は

$$\frac{v_0{}^2\sqrt{\left(\frac{\sqrt{3}}{2}\right)^2+\left(\frac{1}{2}\right)^2}}{\frac{1}{2}\cdot\frac{\sqrt{3}}{2}\cdot g}=\frac{4v_0{}^2}{\sqrt{3}\,g}$$

(イ)の式の値は

$$\frac{v_0{}^2}{\frac{\sqrt{3}}{2}g}=\frac{2v_0{}^2}{\sqrt{3}\,g}$$

(ウ)は $\tan\phi=\dfrac{\frac{1}{2}}{\frac{\sqrt{3}}{2}}=\dfrac{1}{\sqrt{3}}$

よって $\phi=\frac{\pi}{6}$ と定められるので，(11)より

$$L+l=\frac{4v_0{}^2}{\sqrt{3}\,g}\sin\left(2\theta+\frac{\pi}{6}\right)+\frac{2v_0{}^2}{\sqrt{3}\,g}\quad\cdots\cdots③$$

θ は $0<\theta<\frac{\pi}{2}$ なので $0<2\theta<\pi$ より

$\frac{\pi}{6}<2\theta+\frac{\pi}{6}<\frac{7}{6}\pi$

よって図 f のように

$2\theta+\frac{\pi}{6}=\frac{\pi}{2}$ のとき

$\sin\left(2\theta+\frac{\pi}{6}\right)$ は最大値 1 をとる。

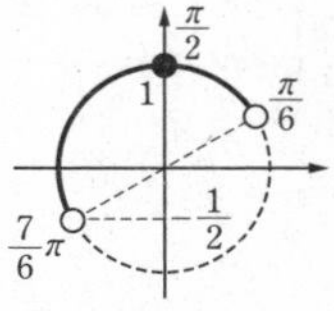

図 f

(a) ③式より $L+l$ が最大値をとるのは $\sin\left(2\theta+\frac{\pi}{6}\right)=1$ のとき，すなわち $2\theta+\frac{\pi}{6}=\frac{\pi}{2}$ のときである。よって $\theta=\boldsymbol{\frac{\pi}{6}}$

(b) $L+l$ の最大値は③式より

$$\frac{4v_0{}^2}{\sqrt{3}\,g}\times 1+\frac{2v_0{}^2}{\sqrt{3}\,g}=\frac{6v_0{}^2}{\sqrt{3}\,g}=\boldsymbol{\frac{2\sqrt{3}\,v_0{}^2}{g}}$$

6 円運動・万有引力

【20】

(1) 求める速さを v_C とする。点Cを重力による位置エネルギーの基準にとり，力学的エネルギー保存則より

$$mgL=\frac{1}{2}mv_C{}^2 \qquad よって\quad v_C=\boldsymbol{\sqrt{2gL}}$$

(2) 図 a のように求める張力の大きさを T_1 とすると，糸が釘にかかる直前は半径 L の円運動であるから，中心方向の運動方程式は

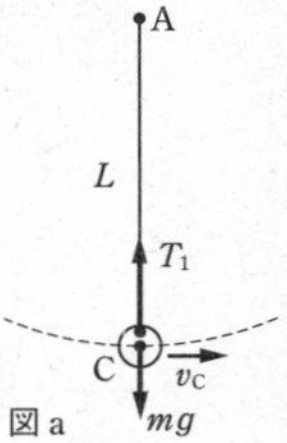

図 a

$$m\frac{v_C{}^2}{L}=T_1-mg$$

(1)の結果を代入すると

$$m\frac{2gL}{L}=T_1-mg$$

よって $T_1=\boldsymbol{3mg}$

(3) 図 b のように求める張力の大きさを T_2 とすると，糸が釘にかかった直後は半径 $\frac{L}{2}$ の円運動であるから，中心方向の運動方程式は

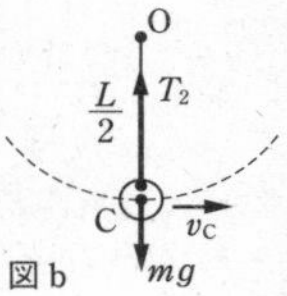

図 b

$$m\frac{v_C{}^2}{\frac{L}{2}}=T_2-mg$$

(1)の結果を代入すると $m\dfrac{2gL}{\frac{L}{2}}=T_2-mg$

よって $T_2=\boldsymbol{5mg}$

(4) 図 c のように点Dでの速さを v_D，求める張力の大きさを T_3 とすると，力学的エネルギー保存則より

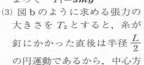

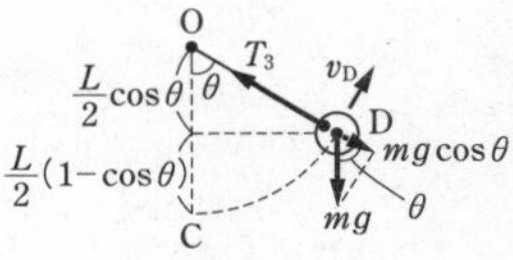

図 c

$$mgL=\frac{1}{2}mv_D{}^2+mg\frac{L}{2}(1-\cos\theta)$$

よって $v_D=\sqrt{gL(1+\cos\theta)}$ ……①

また，中心方向の運動方程式は

$$m\frac{v_D{}^2}{\frac{L}{2}}=T_3-mg\cos\theta \quad\cdots\cdots②$$

①式を②式に代入すると

$$m\frac{gL(1+\cos\theta)}{\frac{L}{2}}=T_3-mg\cos\theta$$

ゆえに $T_3=\boldsymbol{mg(2+3\cos\theta)}$

参考 $\theta=0$ を代入すると

$T_3=mg(2+3)=5mg$

となり，(3)で求めた T_2 と一致する。

(5) 点Bで小球に与える速さを V とする。図dのように，点Aに到達したとすると，力学的エネルギー保存則より点Aでの速さも V である。このときの張力の大きさを T_4 として，中心方向の運動方程式は

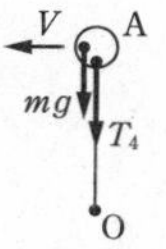

図d

$$m\frac{V^2}{\frac{L}{2}}=T_4+mg$$

よって　$T_4=\dfrac{2mV^2}{L}-mg$　……③

小球が点Aに到達するには $T_4\geqq 0$ を満たす必要があるので，これに③式を代入すると

$$\frac{2mV^2}{L}-mg\geqq 0 \qquad ゆえに \quad V\geqq\sqrt{\frac{gL}{2}}$$

となり，求める最小の速さは　$\boldsymbol{\sqrt{\dfrac{gL}{2}}}$

【21】

(1) 小物体が板から受ける垂直抗力の大きさを N とすると，小物体がすべり出す直前，図aのように板から受ける摩擦力が最大摩擦力 F_0 となる。斜面に垂直な方向の力のつりあいより

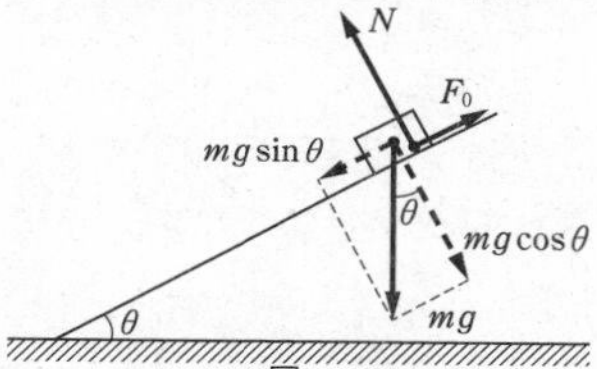

図a

$$N-mg\cos\theta=0$$

よって　$N=mg\cos\theta$　……①

また，斜面に平行な方向の力のつりあいより

$$F_0-mg\sin\theta=0$$

ゆえに　$F_0=mg\sin\theta$　……②

求める静止摩擦係数を μ とすると，最大摩擦力の式「$F_0=\mu N$」に①式，②式を代入して

$$mg\sin\theta=\mu mg\cos\theta$$

したがって　$\mu=\dfrac{\sin\theta}{\cos\theta}=\boldsymbol{\tan\theta}$

(2) 円運動の加速度の式「$a=r\omega^2$」より，求める遠心力の大きさは　$\boldsymbol{mr\omega_1^2}$

(3) 求める垂直抗力の大きさを N_1 とする。小物体とともに回転する観測者から見た小物体にはたらく力は図bのようになり，小物体がすべり下りる直前，板から受ける摩擦力が最大摩擦力 F_1 となる。斜面に垂直な方向の力のつりあいより

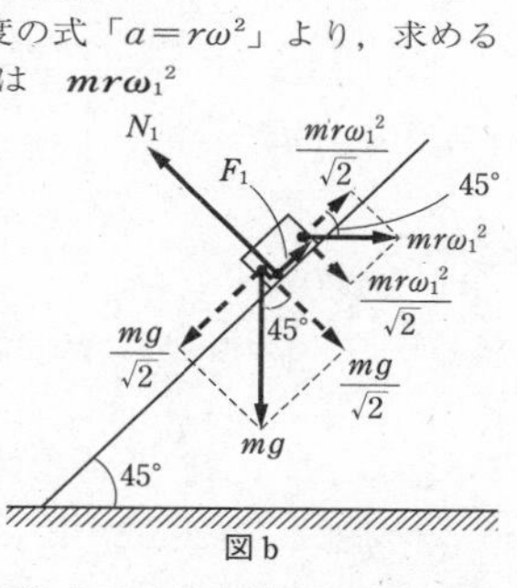

図b

$$N_1-\frac{mg}{\sqrt{2}}-\frac{mr\omega_1^2}{\sqrt{2}}=0$$

よって　$N_1=\boldsymbol{\dfrac{m(g+r\omega_1^2)}{\sqrt{2}}}$　……③

(4) 斜面に平行な方向の力のつりあいより

$$F_1+\frac{mr\omega_1^2}{\sqrt{2}}-\frac{mg}{\sqrt{2}}=0$$

よって　$F_1=\dfrac{m(g-r\omega_1^2)}{\sqrt{2}}$　……④

最大摩擦力の式「$F_0=\mu N$」より，③式，④式を代入すると

$$\frac{m(g-r\omega_1^2)}{\sqrt{2}}=\mu\frac{m(g+r\omega_1^2)}{\sqrt{2}}$$

ゆえに　$\omega_1=\sqrt{\dfrac{(1-\mu)g}{(1+\mu)r}}$　……⑤

ここで，(1)の結果を代入すると

$$\boldsymbol{\omega_1=\sqrt{\frac{(1-\tan\theta)g}{(1+\tan\theta)r}}}$$

(5) 小物体がすべり上がる直前，板から受ける垂直抗力の大きさを N_2 とすると，小物体とともに回転する観測者から見た小物体にはたらく力は図cのようになり，板から受ける摩擦力が最大摩擦力 F_2 となる。斜面に垂直な方向の力のつりあいより

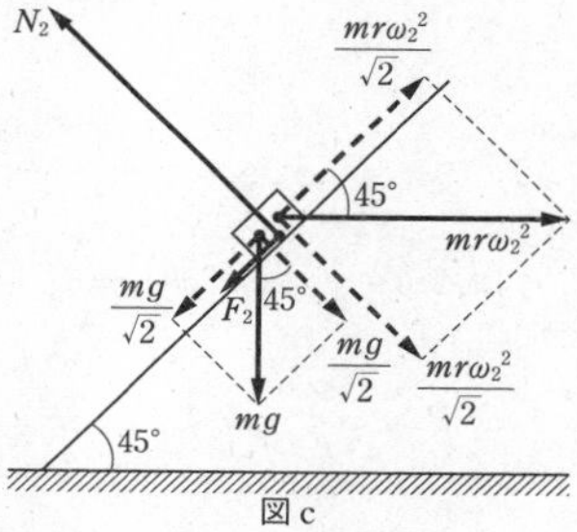

図c

$$N_2-\frac{mg}{\sqrt{2}}-\frac{mr\omega_2^2}{\sqrt{2}}=0$$

よって　$N_2=\dfrac{m(g+r\omega_2^2)}{\sqrt{2}}$　……⑥

また，斜面に平行な方向の力のつりあいより

$$\frac{mr\omega_2^2}{\sqrt{2}}-\frac{mg}{\sqrt{2}}-F_2=0$$

ゆえに　$F_2=\dfrac{m(r\omega_2^2-g)}{\sqrt{2}}$　……⑦

最大摩擦力の式「$F_0=\mu N$」より，⑥式，⑦式を代入すると

$$\frac{m(r\omega_2^2-g)}{\sqrt{2}}=\mu\frac{m(g+r\omega_2^2)}{\sqrt{2}}$$

よって　$\omega_2=\sqrt{\dfrac{(1+\mu)g}{(1-\mu)r}}$　……⑧

したがって，⑤式と⑧式より

$$\sqrt{\frac{g}{r}}=\sqrt{\frac{1+\mu}{1-\mu}}\,\omega_1=\sqrt{\frac{1-\mu}{1+\mu}}\,\omega_2$$

これを解くと　$\mu=\boldsymbol{\dfrac{\omega_2-\omega_1}{\omega_2+\omega_1}}$

【22】

(ア) 図 a より，この円運動の半径は $r_0\sin\theta$ であるから，円運動の速さの式「$v=r\omega$」より

$\boldsymbol{r_0\omega\sin\theta}$

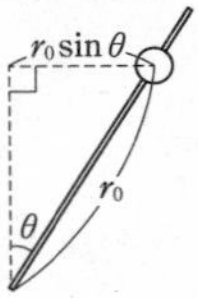

図 a

(イ) 運動エネルギーの式「$K=\dfrac{1}{2}mv^2$」より，(1)の結果を代入すると

$\boldsymbol{\dfrac{1}{2}mr_0{}^2\omega^2\sin^2\theta}$

(ウ) 円運動の加速度の式「$a=r\omega^2$」より，この円運動の中心方向の加速度の大きさ a は

$a=r_0\omega^2\sin\theta$ ……①

となるから，求める向心力の大きさは運動方程式「$ma=F$」より

$\boldsymbol{mr_0\omega^2\sin\theta}$

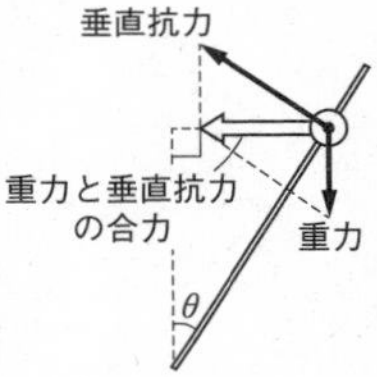

図 b

(エ) 図 b のように，重力と垂直抗力の合力が向心力となるから　**③**

(オ) 遠心力の大きさ f は ma であるから，①式を代入して　$\boldsymbol{f=mr_0\omega^2\sin\theta}$

(カ) 図 c のように，ビーズにはたらく重力の棒に垂直な方向の成分の大きさは

$\boldsymbol{mg\sin\theta}$

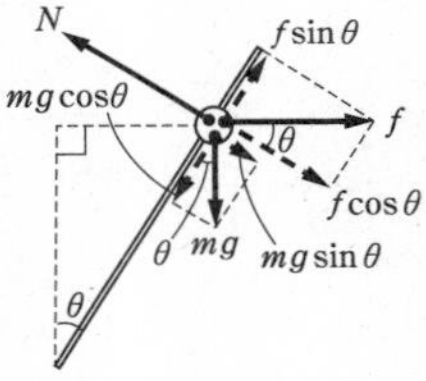

図 c

(キ) 棒に垂直な方向の力のつりあいより

$N-mg\sin\theta-f\cos\theta=0$

よって　$\boldsymbol{N=mg\sin\theta+f\cos\theta}$ ……②

(ク) 棒に平行な方向の力のつりあいより

$f\sin\theta-mg\cos\theta=0$

ここで，(オ)の結果を代入すると

$mr_0\omega^2\sin^2\theta-mg\cos\theta=0$ ……③

よって　$r_0=\dfrac{g\cos\theta}{\omega^2\sin^2\theta}=\boldsymbol{\dfrac{g}{\omega^2\sin\theta\tan\theta}}$

(ケ) 同じ角速度 ω のままで $r=r_1$ にした場合，$r_1>r_0$ より③式から

$mr_1\omega^2\sin^2\theta-mg\cos\theta>0$

となり，棒にそって上向きの力が生じるので　**②**

(コ) $r=r_1$ のとき，ビーズにはたらく遠心力の大きさ f' は(オ)と同様にして

$f'=mr_1\omega^2\sin\theta$ ……④

ここで，②式において N を N'，f を f' に置きかえると

$N'=mg\sin\theta+f'\cos\theta$

となり，④式を代入すると

$N'=mg\sin\theta+mr_1\omega^2\sin\theta\cos\theta$
$=m\sin\theta\times\boldsymbol{(g+r_1\omega^2\cos\theta)}$

(サ) 図 d のように，ビーズが棒に対して静止しているとき，ビーズと棒の間にはたらく静止摩擦力を F とすると，棒に平行な方向の力のつりあいより

$f'\sin\theta-mg\cos\theta-F=0$

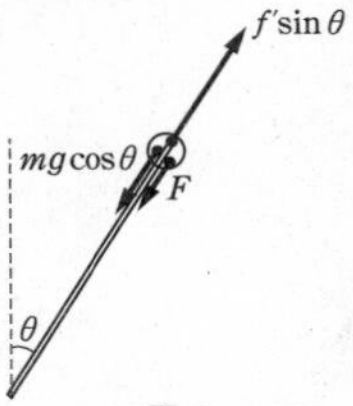

図 d

よって

$F=f'\sin\theta-mg\cos\theta$

となり，④式を代入して

$F=mr_1\omega^2\sin^2\theta-mg\cos\theta$ ……⑤

ビーズが棒に対して静止し続けるためには，静止摩擦力 F が最大摩擦力をこえなければよいので　$F\leqq\mu N'$

これに(コ)の結果と⑤式を代入すると

$mr_1\omega^2\sin^2\theta-mg\cos\theta$
$\leqq\mu(mg\sin\theta+mr_1\omega^2\sin\theta\cos\theta)$

よって　$r_1\leqq\dfrac{g(\mu\sin\theta+\cos\theta)}{\omega^2\sin\theta(\sin\theta-\mu\cos\theta)}$ ……⑥

(ク)の結果を変形すると $\dfrac{g}{\omega^2}=r_0\sin\theta\tan\theta$ となり，これを⑥式に代入すると

$r_1\leqq\dfrac{r_0\sin\theta\tan\theta(\mu\sin\theta+\cos\theta)}{\sin\theta(\sin\theta-\mu\cos\theta)}$

$=r_0\times\dfrac{\tan\theta(\mu\sin\theta+\cos\theta)}{\sin\theta-\mu\cos\theta}$

$=r_0\times\boldsymbol{\dfrac{\tan\theta(\mu\tan\theta+1)}{\tan\theta-\mu}}$

【23】

(1) 図 a のように，点Aを重力による位置エネルギーの基準にとると，力学的エネルギー保存則より

$\dfrac{1}{2}mv_0{}^2$
$=\dfrac{1}{2}mv^2+mgl(1-\cos\theta)$

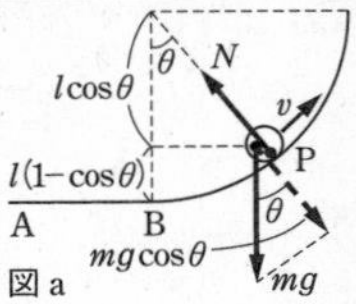

図 a

よって　$v=\boldsymbol{\sqrt{v_0{}^2-2gl(1-\cos\theta)}}$

(2) 円運動の加速度の式「$a=\dfrac{v^2}{r}$」より，点Pにおける中心方向の運動方程式は

$m\dfrac{v^2}{l}=N-mg\cos\theta$

(1)の結果を代入すると

$m\dfrac{v_0{}^2-2gl(1-\cos\theta)}{l}=N-mg\cos\theta$

よって　$N=\boldsymbol{m\dfrac{v_0{}^2}{l}+mg(3\cos\theta-2)}$

(3) 図bのように，点Dで小物体が離れる瞬間，面から受ける垂直抗力の大きさが0となるので，中心方向の運動方程式は

$$m\frac{{v_1}^2}{l}=mg\sin\alpha$$

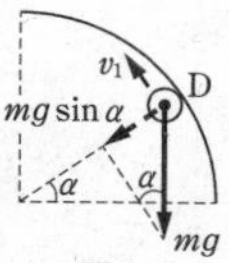

図b

よって　$v_1=\boldsymbol{\sqrt{gl\sin\alpha}}$

(4) 図cのように，点Dにおける小物体の速度を分解する。最高点Qでの小物体の速度の y 成分は0になるので

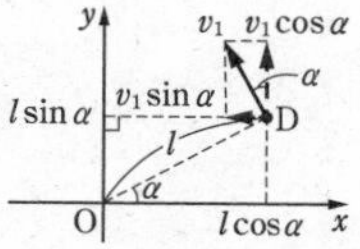

図c

$$0=v_1\cos\alpha-gt$$

よって　$t=\boldsymbol{\dfrac{v_1\cos\alpha}{g}}$

(5) 図cより，点Dの座標は $(l\cos\alpha,\ l\sin\alpha)$ である。小物体の x 方向の運動は，初速度 $-v_1\sin\alpha$，加速度0の等速直線運動より

$$X_Q=l\cos\alpha-v_1\sin\alpha\cdot t$$

y 方向の運動は，初速度 $v_1\cos\alpha$，加速度 $-g$ の等加速度運動より

$$Y_Q=l\sin\alpha+v_1\cos\alpha\cdot t-\frac{1}{2}gt^2$$

よって　(ア) $\boldsymbol{l}$　(イ) $\boldsymbol{\cos\alpha}$　(ウ) $\boldsymbol{v_1}$　(エ) $\boldsymbol{\sin\alpha}$　(オ) $\boldsymbol{\dfrac{g}{2}}$

(6) 小物体が最大の高さに達したとき，台に対する小物体の相対速度は0であるから，そのときの小物体と台の床に対する速さを V とする。水平方向について，小物体と台の間には外力がはたらかないので，水平方向について運動量保存則より　$mv_2=(m+M)V$

よって　$V=\boldsymbol{\dfrac{m}{m+M}v_2}$

(7) 水平右向きを正として，小物体が面ABに達したときの小物体と台の床に対する速度を V_1，V_2 とすると，運動量保存則より

$$mv_2=mV_1+MV_2$$

よって　$V_2=\dfrac{m(v_2-V_1)}{M}$　……①

力学的エネルギー保存則より

$$\frac{1}{2}m{v_2}^2=\frac{1}{2}m{V_1}^2+\frac{1}{2}M{V_2}^2$$

これに①式を代入すると

$$\frac{1}{2}m{v_2}^2=\frac{1}{2}m{V_1}^2+\frac{1}{2}M\frac{m^2(v_2-V_1)^2}{M^2}$$

$${v_2}^2={V_1}^2+\frac{m}{M}(v_2-V_1)^2$$

整理すると

$$(m+M){V_1}^2-2mv_2V_1+(m-M){v_2}^2=0$$

解の公式より

$$V_1=\frac{mv_2\pm\sqrt{(mv_2)^2-(m+M)(m-M){v_2}^2}}{m+M}$$

$$=\frac{mv_2\pm Mv_2}{m+M}$$

$V_1\neq v_2$ より　$V_1=\dfrac{m-M}{m+M}v_2$

したがって，小物体が床に対して左向きに進むためには $V_1<0$ より

$$\frac{m-M}{m+M}v_2<0$$

ゆえに　$m<M$　……**③**

【24】

(1) 万有引力の法則「$F=G\dfrac{m_1m_2}{r^2}$」より，求める万有引力の大きさ F_G〔N〕は

$$F_G=\boldsymbol{G\frac{Mm_S}{{R_0}^2}}\text{〔N〕}$$

(2) 人工衛星の角速度を ω〔rad/s〕とすると，地球の自転の角速度と一致すれば静止衛星となるので，地球の自転周期 T〔s〕を使って

$$\omega=\frac{2\pi}{T}\quad\cdots\cdots①$$

円運動の加速度の式「$a=r\omega^2$」より，求める向心加速度の大きさ a_C〔m/s²〕は

$$a_C=R_0\omega^2\quad\cdots\cdots②$$

①式を②式に代入すると

$$a_C=R_0\left(\frac{2\pi}{T}\right)^2=\boldsymbol{\frac{4\pi^2R_0}{T^2}}\text{〔m/s²〕}$$

(3) 円運動の中心方向の運動方程式 $m_Sa_C=F_G$ に(1)，(2)の結果を代入すると

$$m_S\frac{4\pi^2R_0}{T^2}=G\frac{Mm_S}{{R_0}^2}$$

よって　$R_0=\boldsymbol{\sqrt[3]{\dfrac{GMT^2}{4\pi^2}}}$〔m〕

(4) 地球が人工衛星に及ぼす万有引力の大きさ F_G'〔N〕は

$$F_G'=G\frac{Mm_S}{(r+L)^2}\quad\cdots\cdots③$$

人工衛星の向心加速度の大きさ a_C'〔m/s²〕は，①式を用いて

$$a_C'=(r+L)\omega^2=(r+L)\frac{4\pi^2}{T^2}\quad\cdots\cdots④$$

人工衛星には万有引力に加えて，ケーブルから受ける張力 F_T〔N〕も円運動の中心方向にはたらくので，中心方向の運動方程式は

$$m_Sa_C'=F_G'+F_T$$

これに③式と④式を代入すると

$$m_S(r+L)\frac{4\pi^2}{T^2}=G\frac{Mm_S}{(r+L)^2}+F_T$$

よって　$F_T=\boldsymbol{\dfrac{4\pi^2m_S(r+L)}{T^2}-\dfrac{GMm_S}{(r+L)^2}}$〔N〕

(5) コンテナーが地上にあるとき，自転の速さ v_1〔m/s〕は

$$v_1=\frac{2\pi r}{T}\quad\cdots\cdots⑤$$

万有引力による位置エネルギーの式

「$U=-G\frac{Mm}{r}$」より，コンテナーが地上にあるときにもつ力学的エネルギー E_1〔J〕は，⑤式を使って

$$E_1=\frac{1}{2}m_Cv_1{}^2-G\frac{Mm_C}{r}$$
$$=\frac{1}{2}m_C\left(\frac{2\pi r}{T}\right)^2-G\frac{Mm_C}{r} \quad \cdots\cdots⑥$$

また，コンテナーが人工衛星の位置にあるとき，自転の速さ v_2〔m/s〕は

$$v_2=\frac{2\pi(r+L)}{T} \quad \cdots\cdots⑦$$

コンテナーが人工衛星の位置にあるときにもつ力学的エネルギー E_2〔J〕は，⑦式を使って

$$E_2=\frac{1}{2}m_Cv_2{}^2-G\frac{Mm_C}{r+L}$$
$$=\frac{1}{2}m_C\left\{\frac{2\pi(r+L)}{T}\right\}^2-G\frac{Mm_C}{r+L} \quad \cdots\cdots⑧$$

求める仕事 W〔J〕は⑥式と⑧式より

$$W=E_2-E_1$$
$$=\frac{2\pi^2m_C(r+L)^2}{T^2}-G\frac{Mm_C}{r+L}-\left(\frac{2\pi^2m_Cr^2}{T^2}-G\frac{Mm_C}{r}\right)$$
$$=\boldsymbol{\frac{2\pi^2m_C(2r+L)L}{T^2}+\frac{GMm_CL}{r(r+L)}}\text{〔J〕}$$

(6) $E_2\geqq 0$ であれば，コンテナーを無限の遠方に飛ばすことができるので，⑧式より

$$\frac{2\pi^2m_C(r+L)^2}{T^2}-\frac{GMm_C}{r+L}\geqq 0$$

整理すると　$(r+L)^3\geqq\frac{GMT^2}{2\pi^2}$　……⑨

ここで，(3)の結果より $R_0{}^3=\frac{GMT^2}{4\pi^2}$ となり，

変形して $\frac{GMT^2}{2\pi^2}=2R_0{}^3$ を⑨式に代入すると

$$(r+L)^3\geqq 2R_0{}^3 \qquad r+L\geqq\sqrt[3]{2}\,R_0$$

よって　$\boldsymbol{L\geqq\sqrt[3]{2}\,R_0-r}$〔m〕

【25】

(1) 宇宙船の質量を m とすると，万有引力の法則「$F=G\frac{m_1m_2}{r^2}$」より，宇宙船が惑星Xから受ける万有引力の大きさ F は

$$F=G\frac{Mm}{(R+a)^2} \quad \cdots\cdots①$$

円運動の加速度の式「$a=\frac{v^2}{r}$」より，中心方向の運動方程式は　$m\frac{V_A{}^2}{R+a}=F$

これに①式を代入すると

$$m\frac{V_A{}^2}{R+a}=G\frac{Mm}{(R+a)^2}$$

よって　$\boldsymbol{V_A=\sqrt{\frac{GM}{R+a}}}$

(2) 宇宙船の運動エネルギーは，(1)の結果より

$$K_A=\frac{1}{2}mV_A{}^2=\frac{1}{2}m\left(\sqrt{\frac{GM}{R+a}}\right)^2$$
$$=\frac{GMm}{2(R+a)} \quad \cdots\cdots②$$

万有引力による位置エネルギーの式「$U=-G\frac{Mm}{r}$」より

$$U_A=-\frac{GMm}{R+a} \quad \cdots\cdots③$$

また，力学的エネルギーは，②式と③式より

$$E_A=K_A+U_A=\frac{GMm}{2(R+a)}-\frac{GMm}{R+a}$$
$$=-\frac{GMm}{2(R+a)} \quad \cdots\cdots④$$

よって，②式，③式，④式より

$$\frac{U_A}{K_A}=\boldsymbol{-2}$$
$$\frac{E_A}{K_A}=\boldsymbol{-1}$$

(3) 円運動の周期の式「$T=\frac{2\pi r}{v}$」より，(1)の結果を使って

$$T_A=\frac{2\pi(R+a)}{V_A}=\frac{2\pi(R+a)}{\sqrt{\frac{GM}{R+a}}}$$
$$=\frac{2\pi(R+a)^{\frac{3}{2}}}{\sqrt{GM}}$$

となり，これを与えられた $T_A{}^2=k(R+a)^3$ に代入すると

$$\left\{\frac{2\pi(R+a)^{\frac{3}{2}}}{\sqrt{GM}}\right\}^2=k(R+a)^3$$
$$\frac{4\pi^2(R+a)^3}{GM}=k(R+a)^3$$

よって　$\boldsymbol{k=\frac{4\pi^2}{GM}}$

(4) 点Qにおける宇宙船の速さを V_Q とする。図aでケプラーの第二法則(面積速度一定の法則)を使うと

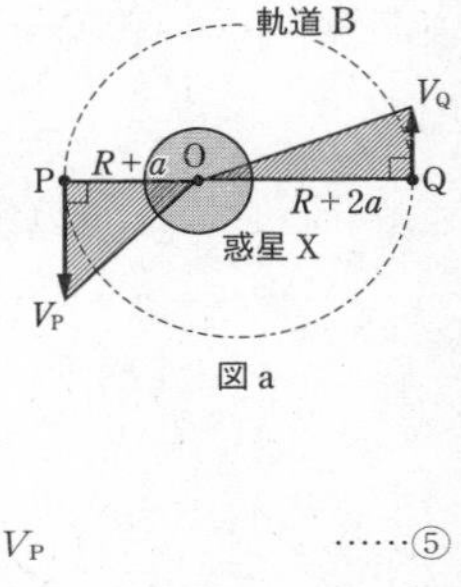

図a

$$\frac{1}{2}(R+a)V_P$$
$$=\frac{1}{2}(R+2a)V_Q$$

よって　$V_Q=\frac{R+a}{R+2a}V_P$　……⑤

また，点Pと点Qで力学的エネルギー保存則より

$$\frac{1}{2}mV_P{}^2-G\frac{Mm}{R+a}=\frac{1}{2}mV_Q{}^2-G\frac{Mm}{R+2a} \quad \cdots\cdots⑥$$

⑤式を⑥式に代入して整理すると

$$\frac{1}{2}V_P{}^2-\frac{GM}{R+a}=\frac{1}{2}\left(\frac{R+a}{R+2a}V_P\right)^2-\frac{GM}{R+2a}$$

$$\frac{1}{2}\left\{1-\left(\frac{R+a}{R+2a}\right)^2\right\}V_P{}^2$$

$$=GM\left(\frac{1}{R+a}-\frac{1}{R+2a}\right)$$

$$\frac{a(2R+3a)}{(R+2a)^2}V_P{}^2=2GM\frac{a}{(R+a)(R+2a)}$$

$$\frac{2R+3a}{R+2a}V_P{}^2=\frac{2GM}{R+a}$$

$$V_P{}^2=\frac{R+2a}{2R+3a}\cdot\frac{2GM}{R+a} \quad \cdots\cdots ⑦$$

ここで，(1)の結果より $V_A{}^2=\dfrac{GM}{R+a}$ なので

$$V_P{}^2=\frac{R+2a}{2R+3a}\cdot 2V_A{}^2=\frac{2(R+2a)}{2R+3a}V_A{}^2$$

$$\left(\frac{V_P}{V_A}\right)^2=\frac{2(R+2a)}{2R+3a}$$

ゆえに　$\dfrac{V_P}{V_A}=\sqrt{\dfrac{\mathbf{2(R+2a)}}{\mathbf{2R+3a}}}$

(5) $E_B=\dfrac{1}{2}mV_P{}^2-G\dfrac{Mm}{R+a}$ に⑦式を代入すると

$$E_B=\frac{1}{2}m\cdot\frac{R+2a}{2R+3a}\cdot\frac{2GM}{R+a}-G\frac{Mm}{R+a}$$

$$=\frac{GMm}{R+a}\left(\frac{R+2a}{2R+3a}-1\right)$$

$$=-\frac{GMm}{2R+3a} \quad \cdots\cdots ⑧$$

④式と⑧式より

$$\varDelta E=E_B-E_A=-\frac{GMm}{2R+3a}-\left\{-\frac{GMm}{2(R+a)}\right\}$$

$$=\frac{GMma}{2(R+a)(2R+3a)}$$

ここで，②式を使って

$$\frac{\varDelta E}{K_A}=\frac{\dfrac{GMma}{2(R+a)(2R+3a)}}{\dfrac{GMm}{2(R+a)}}=\frac{\boldsymbol{a}}{\mathbf{2}\boldsymbol{R}\mathbf{+3}\boldsymbol{a}}$$

(6) だ円軌道Cにおける探査機の周期を T' とすると，半長軸は $\dfrac{a+2R}{2}$ より，ケプラーの第三法則は

$$T'^2=k\left(\frac{a+2R}{2}\right)^3 \quad \cdots\cdots ⑨$$

⑨式に(3)の結果を代入すると

$$T'^2=\frac{4\pi^2}{GM}\left(\frac{a+2R}{2}\right)^3$$

よって　$T'=\dfrac{2\pi}{\sqrt{GM}}\left(\dfrac{a}{2}+R\right)^{\frac{3}{2}}$

求める T は T' の $\dfrac{1}{2}$ より

$$T=\frac{1}{2}T'=\frac{\boldsymbol{\pi}}{\sqrt{\boldsymbol{GM}}}\left(\frac{\boldsymbol{a}}{\mathbf{2}}+\boldsymbol{R}\right)^{\frac{3}{2}}$$

7 単　振　動

【26】

(1) 単振動の周期は問題で与えられている式からもわかるように，振幅によらない。よって，周期は T_0 のまま変わらないので **1.0 s**。

(2) 求める周期を T_0'〔s〕とおくと

$$T_0'=2\pi\sqrt{\frac{4m_0}{k}}=2\times 2\pi\sqrt{\frac{m_0}{k}}=2\times T_0$$

よって　$T_0'=$ **2.0 s**

(3) 周期 T と T_0 の関係は次のように表せる。

$$T=2\pi\sqrt{\frac{m}{k}}=\sqrt{\frac{m}{m_0}}\times 2\pi\sqrt{\frac{m_0}{k}}$$

よって　$T=\sqrt{\dfrac{m}{m_0}}\times T_0$

ゆえに，T と m の関係を表すグラフは**図a**のようになる。

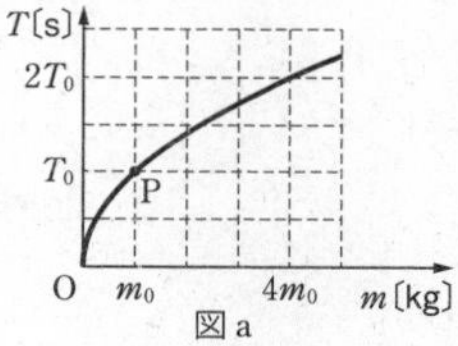

図a

【27】

(1) 物体Aが静止したとき，斜面から物体Aが受ける垂直抗力の大きさを n とおき，求めるばね定数を k とおくと，物体Aにはたらく力は図aのようになる。物体Aにはたらく力の，x 軸方向のつりあいの式は

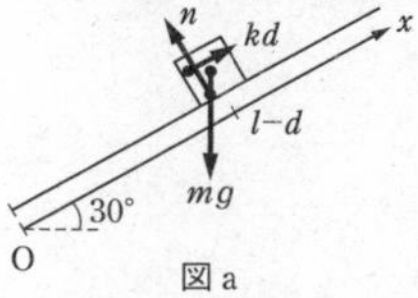

図a

$$kd-mg\sin 30°=0$$

と書けるので　$k=\dfrac{\boldsymbol{mg}}{\mathbf{2}\boldsymbol{d}}$ ……①

(2) 衝突する直前の物体Bの速さを v_B とおくと(図b)，運動エネルギーの変化は物体Bにはたらく力がした仕事に等しいので，次の式が成りたつ。

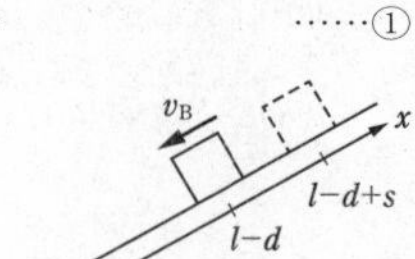

図b

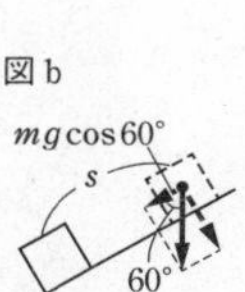

図c

$$\frac{1}{2}mv_B{}^2-0=mgs\cos 60°$$

よって　$v_B=\sqrt{gs}$

物体Aと物体Bは完全非弾性衝突をする，つまり衝突後は一体となるので，衝突直後の速さを V_0 とおくと，運動量保存則より次の式が成りたつ。

$$mv_B=(m+m)V_0$$

よって　$V_0=\frac{1}{2}v_B=\boldsymbol{\frac{1}{2}\sqrt{gs}}$

(3) 一体となった物体が斜面から受ける垂直抗力の大きさを N とおくと，物体にはたらく力は，ばねが縮んでいるときは図 d，伸びているときは図 e のようになる。いずれにせよ，物体の x 軸方向についての運動方程式は次のように表せる。

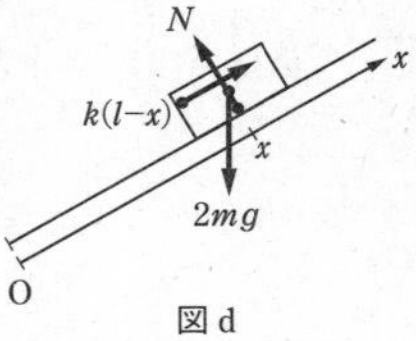

図 d

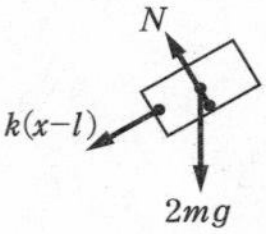

図 e

$$2ma=k(l-x)-2mg\sin 30°$$

これに①式を代入すると

$$2ma=\frac{mg}{2d}(l-x)-mg$$

よって　$\boldsymbol{2ma=-\frac{mg}{2d}(x-l+2d)}$　……②

(4) 物体の加速度は②式より

$$a=-\frac{g}{4d}\{x-(l-2d)\}$$

と表せるので，振動の中心の位置は $\boldsymbol{x=l-2d}$ で，角振動数を ω とおくと

$$\omega^2=\frac{g}{4d}$$

であることがわかる。よって，求める周期を T とおくと　$T=\frac{2\pi}{\omega}=\boldsymbol{4\pi\sqrt{\frac{d}{g}}}$

(5) 物体Aおよび物体Bが斜面から受ける垂直抗力の大きさをそれぞれ n_A，n_B とおくと，物体Aにはたらく力は図 f，物体Bにはたらく力は図 g のようになる。よって，運動方程式は

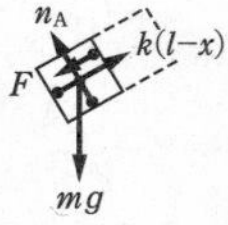

図 f

図 g

$$\begin{cases}\text{A}: ma=k(l-x)-mg\sin 30°-F\\ \text{B}: ma=F-mg\sin 30°\end{cases}$$

①式を代入すると

$$\begin{cases}\text{A}: \boldsymbol{ma=-\frac{mg}{2d}(x-l+d)-F} & \cdots\cdots③\\ \text{B}: \boldsymbol{ma=F-\frac{1}{2}mg} & \cdots\cdots④\end{cases}$$

(6) ③，④式より

$$-\frac{mg}{2d}(x-l+d)-F=F-\frac{1}{2}mg$$

よって　$2F=\frac{mg}{2d}(l-x)$

ゆえに　$\boldsymbol{F=\frac{mg}{4d}(l-x)}$　……⑤

(7) 物体Bが物体Aから離れるとき，$F=0$ となるので，⑤式より離れる位置は $\boldsymbol{x=l}$，つまりばねが自然の長さのときとわかる。

重力による位置エネルギーの基準を原点にとり，離れるときの速さを V とおくと，力学的エネルギー保存則より

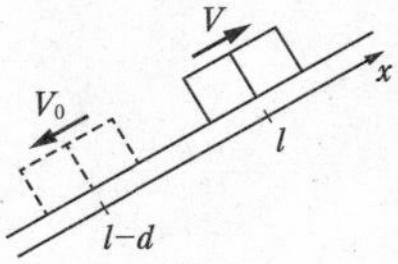

図 h

$$\frac{1}{2}\cdot 2mV_0^2+2mg(l-d)\sin 30°+\frac{1}{2}kd^2$$
$$=\frac{1}{2}\cdot 2mV^2+2mgl\sin 30°$$

が成りたつ。よって①式を代入すると

$$mV^2=mV_0^2-mgd+\frac{1}{2}\cdot\frac{mg}{2d}\cdot d^2$$

(2)の結果を代入すると　$V^2=\frac{1}{4}gs-\frac{3}{4}gd$

よって　$\boldsymbol{V=\frac{1}{2}\sqrt{g(s-3d)}}$　……⑥

〔**別解**〕 図 i のような水平面上の振動と同じなので，力学的エネルギー保存則を表す式は

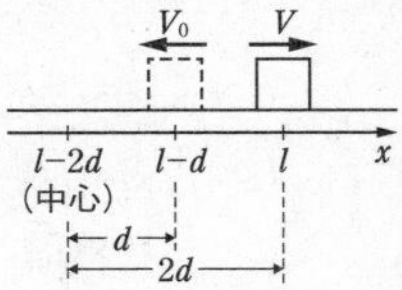

図 i

$$\frac{1}{2}\cdot 2mV_0^2+\frac{1}{2}kd^2$$
$$=\frac{1}{2}\cdot 2mV^2+\frac{1}{2}k(2d)^2$$

としてもよい。これを整理して

$$mV^2=mV_0^2+\frac{1}{2}kd^2-\frac{4}{2}kd^2$$
$$=mV_0^2-\frac{3}{2}kd^2$$

よって　$V^2=V_0^2-\frac{3}{2}\cdot\frac{g}{2d}\cdot d^2=\frac{1}{4}gs-\frac{3}{4}gd$

ゆえに　$\boldsymbol{V=\frac{1}{2}\sqrt{g(s-3d)}}$

(8) $x=l$ のとき $V>0$ であればよいので

⑥式より　$s-3d>0$　　よって　$\boldsymbol{s>3d}$

【28】

(1) 水面下にある円柱の体積は Sl_0 であり，これと同じ体積の水の重さ $\rho_0 Sl_0\times g$ と生じる浮力の大きさは等しい。

よって　$\boldsymbol{f=\rho_0 Sl_0 g}$

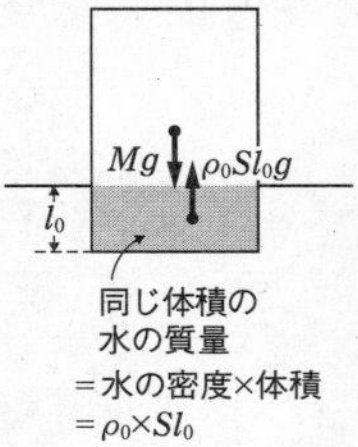

図 a

(2) 円柱にはたらく力は図 a のようになるので力のつりあいの式は

$$Mg-\rho_0 Sl_0 g=0$$

と表せる。よって　$l_0=\boldsymbol{\frac{M}{\rho_0 S}}$

(3) (2)の l_0 が円柱の長さ L 以下であればよい。

よって　$\dfrac{M}{\rho_0 S} \leqq L$　　ゆえに　$\boldsymbol{M \leqq \rho_0 SL}$

(4) 円柱にはたらく力は図bのようになるので，力のつりあいの式は

$$Mg + F_0 - \rho_0 S l_1 g = 0$$

と表せる。よって

$$l_1 = \boldsymbol{\frac{M}{\rho_0 S} + \frac{F_0}{\rho_0 S g}}$$

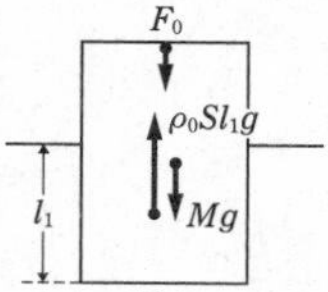

図b

(5) 図cのように，水面を原点とし，鉛直下向きに y 軸をとって円柱の底面の位置を表すことにする。円柱の底面の位置が y のときの加速度を a とおくと，運動方程式は

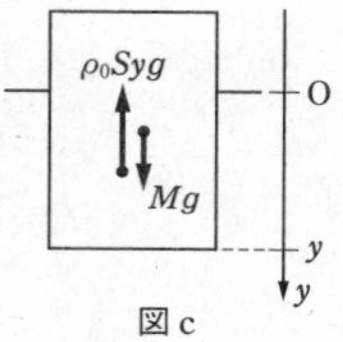

図c

$$Ma = Mg - \rho_0 S y g$$
$$= -\rho_0 S g\left(y - \frac{M}{\rho_0 S}\right) \quad \cdots\cdots①$$

よって，加速度は　$a = -\dfrac{\rho_0 S g}{M}\left(y - \dfrac{M}{\rho_0 S}\right)$

となる。よって円柱は　$y = \dfrac{M}{\rho_0 S}$（＝(2)で求めた力のつりあいが成りたつ l_0）を中心とする角振動数 $\sqrt{\dfrac{\rho_0 S g}{M}}$ の単振動となることがわかる。

(6) 角振動数を ω_0 とおくと，(5)より

$$\omega_0 = \sqrt{\frac{\rho_0 S g}{M}}$$

と表せるので　$T_0 = \dfrac{2\pi}{\omega_0} = \boldsymbol{2\pi\sqrt{\dfrac{M}{\rho_0 S g}}}$

(7) 円柱に力 F_1 を加えて静止していたときの底面の位置を $y = l_2$ とおく。円柱の単振動の振幅を A とおくと，図dより

$$A = l_2 - \frac{M}{\rho_0 S}$$

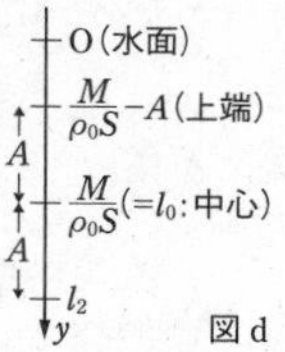

図d

と表せ，振動の上端の位置は次のように表せる。

$$y = \frac{M}{\rho_0 S} - A = \frac{2M}{\rho_0 S} - l_2$$

この上端の位置が水面より上，つまり負の値になればよいので　$\dfrac{2M}{\rho_0 S} - l_2 < 0$

よって　$l_2 > \dfrac{2M}{\rho_0 S}$　　　$\cdots\cdots②$

また，力 F_1 を加えて静止させていたときの力のつりあいの式は

$$Mg + F_1 - \rho_0 S l_2 g = 0$$

であるので

$$l_2 = \frac{M}{\rho_0 S} + \frac{F_1}{\rho_0 S g} \quad \cdots\cdots③$$

②，③式より

$$\frac{M}{\rho_0 S} + \frac{F_1}{\rho_0 S g} > \frac{2M}{\rho_0 S}$$　ゆえに　$\boldsymbol{F_1 > Mg}$

(8) 求める速さを V とおく。運動方程式は①式で

$$Ma = -\rho_0 S g\left(y - \frac{M}{\rho_0 S}\right)$$

となっており，これは，ばね定数 k が

$$k = \rho_0 S g \quad \cdots\cdots④$$

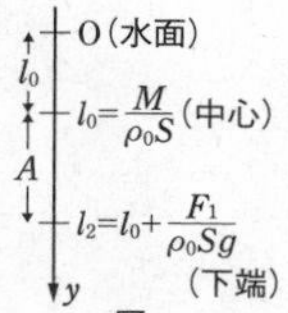

図e

と表せる単振動と考えられるので，力学的エネルギー保存則より

$$\frac{1}{2}M\cdot 0^2 + \frac{1}{2}kA^2 = \frac{1}{2}MV^2 + \frac{1}{2}kl_0^2$$

よって　$\dfrac{1}{2}k(l_2 - l_0)^2 = \dfrac{1}{2}MV^2 + \dfrac{1}{2}kl_0^2$

ゆえに　$V^2 = \dfrac{k}{M}\{(l_2 - l_0)^2 - l_0^2\}$

$$= \frac{\rho_0 S g}{M}\left\{\left(\frac{F_1}{\rho_0 S g}\right)^2 - \left(\frac{M}{\rho_0 S}\right)^2\right\}$$

（④式より）

$$= \frac{M}{\rho_0 S g}\left\{\left(\frac{F_1}{M}\right)^2 - g^2\right\}$$

したがって　$V = \boldsymbol{\sqrt{\dfrac{M}{\rho_0 S g}\left\{\left(\dfrac{F_1}{M}\right)^2 - g^2\right\}}}$

【29】

(1)(ア) 求める長さを l_0 とおく。物体にはたらく力は図aのようになるので，物体にはたらく力のつりあいの式は

$$Mg - \rho S l_0 g = 0 \quad \cdots①$$

よって　$l_0 = \boldsymbol{\dfrac{M}{\rho S}}$

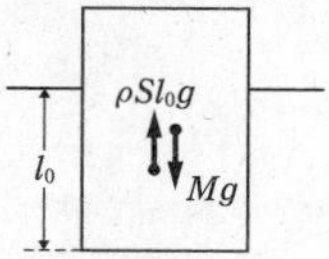

図a

(イ) 求める力の大きさを F とおくと，物体にはたらく力は図bのようになるので，物体にはたらく力のつりあいの式は

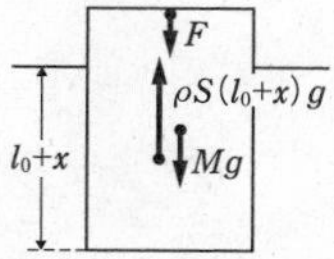

図b

$$Mg + F - \rho S(l_0 + x)g = 0$$

となる。これに①式を代入して整理する。

$$Mg + F - \rho S l_0 g - \rho S x g = F - \rho S x g = 0$$

よって　$F = \boldsymbol{\rho S x g}$　　$\cdots\cdots②$

(ウ) ②式より，F と x の関係を表すグラフは図cのようになる。このグラフで囲まれた部分の面積が仕事に等しい。求める仕事を W とおくと

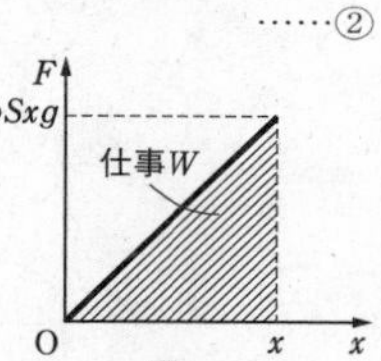

図c

$$W=\frac{1}{2}\times x\times\rho Sxg=\boldsymbol{\frac{1}{2}\rho Sgx^2}$$

(2)(エ) 小球の鉛直方向の運動は自由落下なので，求める時間を t とおくと

$$d=\frac{1}{2}gt^2 \qquad よって \quad t=\boldsymbol{\sqrt{\frac{2d}{g}}} \qquad \cdots\cdots③$$

(オ) 小球の水平方向の運動は等速直線運動なので，求める速さを v_0 とおくと

$$L=v_0t$$

よって　$v_0=\dfrac{L}{t}=\boldsymbol{L\sqrt{\dfrac{g}{2d}}}$　（③式より）

(カ) 鉛直下向きを正にとって，鉛直方向の速度を表すことにする。衝突直前の小球の速度の鉛直成分を v_y とおくと

$v_y=gt=\sqrt{2gd}$　（③式より）

衝突直後の小球の速度の鉛直成分を v_y'，物体の速度を V とおくと，運動量保存則より

$$mv_y'+MV=mv_y \qquad \cdots\cdots④$$

が成りたつ。また，弾性衝突なので，反発係数の式は

$$1=-\frac{v_y'-V}{v_y-0} \qquad \cdots\cdots⑤$$

④，⑤式より，V を消去して v_y' を求めると

$$v_y'=-\frac{M-m}{M+m}v_y=-\frac{M-m}{M+m}\sqrt{2gd}$$

よって　$|v_y'|=\boldsymbol{\dfrac{M-m}{M+m}\sqrt{2gd}}$　……⑥

(キ) ④，⑤式を連立して V を求めると

$$V=\frac{2m}{M+m}v_y=\frac{2m}{M+m}\sqrt{2gd}$$

よって　$|V|=\boldsymbol{\dfrac{2m}{M+m}\sqrt{2gd}}$

(3)(ク) 衝突後の小球の鉛直方向の運動は，初速度 $|v_y'|$ の鉛直投げ上げなので，小球の達する最高点の高さを h' とおくと

$$0^2-|v_y'|^2=-2gh'$$

よって

$h'=\dfrac{|v_y'|^2}{2g}=\boldsymbol{\left(\dfrac{M-m}{M+m}\right)^2 d}$　（⑥式より）

(ケ) 衝突前の物体の底面の位置を原点にとり，鉛直下向きに x 軸をとる。底面の位置が x のとき，物体にはたらく重力と浮力は図dのようになる。これらの合力 f と x の関係を表すグラフは図eのようになる。物体の運動エネルギーが0，つまり物体の速度が0となる位置を

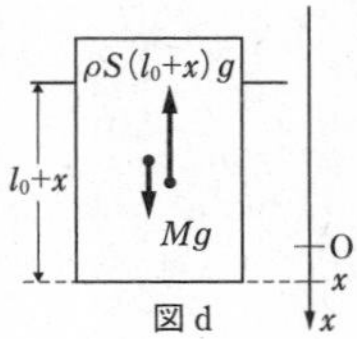

図d

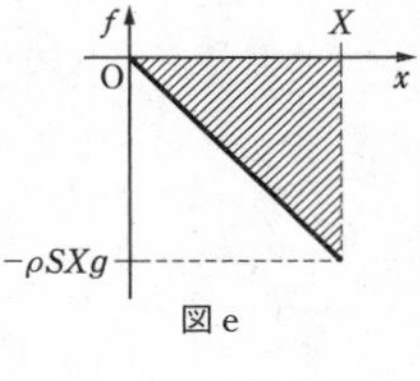

図e

$x=X$ とおくと，運動エネルギーの変化は f のした仕事に等しいことから

$$0-\frac{1}{2}MV^2=-\frac{1}{2}\times X\times\rho SXg$$

よって　$\dfrac{1}{2}\rho SgX^2=\dfrac{1}{2}MV^2$

ゆえに

$$X=\sqrt{\frac{M}{\rho Sg}}\cdot V=\sqrt{\frac{M}{\rho Sg}}\cdot\frac{2m}{M+m}\sqrt{2gd}$$

したがって　$X=\boldsymbol{\dfrac{2m}{M+m}\sqrt{\dfrac{2Md}{\rho S}}}$

(コ) 物体の運動方程式は，底面の位置が x のときの加速度を a とおくと

$$Ma=Mg-\rho S(l_0+x)g$$
$$=Mg-\rho Sl_0g-\rho Sxg$$

よって　$Ma=-\rho Sgx$　（①式より）

となるので，加速度は次のように表せる。

$$a=-\frac{\rho Sg}{M}x$$

ゆえに，物体は，$x=0$ を中心とする角振動数が $\sqrt{\dfrac{\rho Sg}{M}}$ の単振動となることがわかる。

求める時間は $x=0\sim X$，つまり振動の中心から振動の端に達するまでの時間なので，単振動の周期の $\dfrac{1}{4}$ を求めればよい。

$$\frac{1}{4}\times2\pi\sqrt{\frac{M}{\rho Sg}}=\boldsymbol{\frac{\pi}{2}\sqrt{\frac{M}{\rho Sg}}}$$

【30】

(1) 小球Aは壁と弾性衝突するので，衝突直後の小球Aの速度は v になる。受けた力積は運動量の変化に等しいので

$$mv-m(-v)=\boldsymbol{2mv}$$

(2) 小球Aと壁が衝突する瞬間，ばねは自然の長さのままなので，小球Bは力を受けず，小球Bの運動量は変化しない。

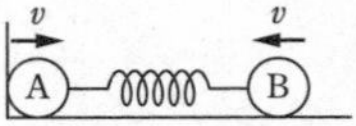

図a

衝突直後の小球Aと小球Bの運動量の和は

$$mv+m(-v)=\boldsymbol{0} \qquad \cdots\cdots①$$

(3) 衝突直後の速さは，小球Aと小球Bともに v なので

$$\frac{1}{2}mv^2+\frac{1}{2}mv^2=\boldsymbol{mv^2}$$

(4) $0<t<T$ を満たす任意の時刻 t における小球Aおよび小球Bの位置をそれぞれ x_A，x_B とおく。このときのばねの長さは x_B-x_A，ばねの縮みは $l-(x_B-x_A)$ と表せ，

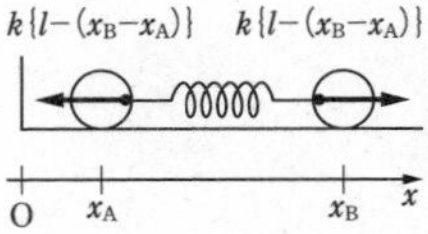

図b

はたらく力は図bのようになる。小球Aおよび小球Bの加速度をそれぞれ a_A, a_B とおくと，運動方程式は

$$\text{A}: ma_A = -k\{l-(x_B-x_A)\} \quad \cdots\cdots②$$

$$\text{B}: ma_B = k\{l-(x_B-x_A)\} \quad \cdots\cdots③$$

②，③式より

$$ma_A + ma_B = 0$$

が成りたつ。つまり，小球Aと小球Bはばねを介して互いに力を及ぼしあうだけで外力ははたらいておらず，運動量保存則が成りたつ。小球Aと小球Bの速度をそれぞれ v_A, v_B とおくと，①式より

$$mv_A + mv_B = 0$$

よって，重心の速度を v_G とおくと

$$v_G = \frac{mv_A + mv_B}{m+m} = 0$$

となり，重心の位置は $t=0$ での $\frac{l}{2}$ のまま変化しないことがわかるので

$$\frac{mx_A + mx_B}{m+m} = \frac{l}{2}$$

ゆえに　$x_A + x_B = l$　……④

②，④式から x_B を消去すると

$$ma_A = -2kx_A \quad \cdots\cdots⑤$$

したがって，加速度は　$a_A = -\frac{2k}{m}x_A$

と求まる。この式から，小球Aは $x_A=0$ を中心とする角振動数 $\sqrt{\frac{2k}{m}}$ の単振動をすることがわかる。小球Aが壁と衝突してから再び衝突するまでにかかる時間は，この単振動の半周期分なので

$$\frac{1}{2}\times 2\pi\sqrt{\frac{m}{2k}} = \boldsymbol{\pi\sqrt{\frac{m}{2k}}}$$

(5) ③，④式から x_A を消去して整理すると

$$ma_B = -2k(x_B - l) \quad \cdots\cdots⑥$$

よって　$a_B = -\frac{2k}{m}(x_B - l)$

となり，小球Bは $x_B = l$ を中心とする角振動数 $\sqrt{\frac{2k}{m}}$ の単振動をすることがわかる。

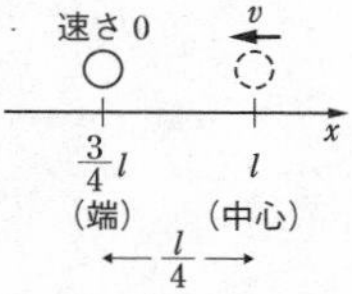

図c

図2のグラフより，$x=\frac{3}{4}l$ で速さが0になっており，振幅が $\frac{l}{4}$ であることがわかる。また $t=0$ で振動の中心にいたので，このときの速さ v が，速さの最大値になる。よって，速さの最大値は $A\omega$ で表されるので

$$v = \frac{l}{4}\times\sqrt{\frac{2k}{m}}$$

ゆえに　$k = \boldsymbol{8m\left(\frac{v}{l}\right)^2}$　……⑦

〔別解〕 小球Bの単振動について，⑥式よりばね定数が $2k$ であることに注意して力学的エネルギー保存則を利用すると

$$\frac{1}{2}mv^2 + \frac{1}{2}\cdot 2k\cdot 0^2 = \frac{1}{2}m\cdot 0^2 + \frac{1}{2}\cdot 2k\left(\frac{l}{4}\right)^2$$

よって　$k\left(\frac{l}{4}\right)^2 = \frac{1}{2}mv^2$

ゆえに　$k = \boldsymbol{8m\left(\frac{v}{l}\right)^2}$

(6) $t>T$ を満たす任意の時刻 t における小球Bの位置を x_B とし，このときの加速度を a_B とすると，運動方程式は

$$ma_B = -k(x_B - l)$$

となり，加速度は

$$a_B = -\frac{k}{m}(x_B - l)$$

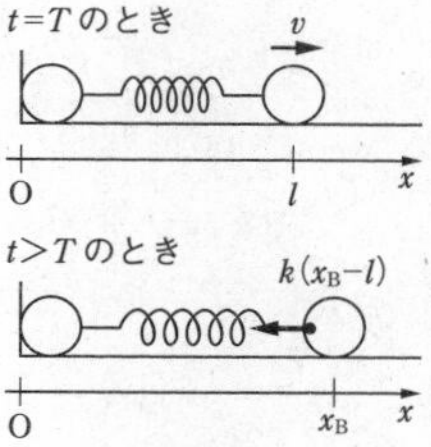

図d

よって，$x_B = l$ を中心とする角振動数 $\sqrt{\frac{k}{m}}$ の単振動をすることがわかる。$t>T$ での周期を T_B とおくと

$$T_B = 2\pi\sqrt{\frac{m}{k}} = \sqrt{2}\times 2T \fallingdotseq 1.4\times 2T$$

また，振幅を A_B とおくと

$$v = A_B\sqrt{\frac{k}{m}} = A_B\sqrt{8\left(\frac{v}{l}\right)^2}\quad (⑦式より)$$

よって　$A_B = \frac{1}{2\sqrt{2}}l \fallingdotseq 1.4\times\frac{1}{4}l$

ゆえに　**図e**のようになる。

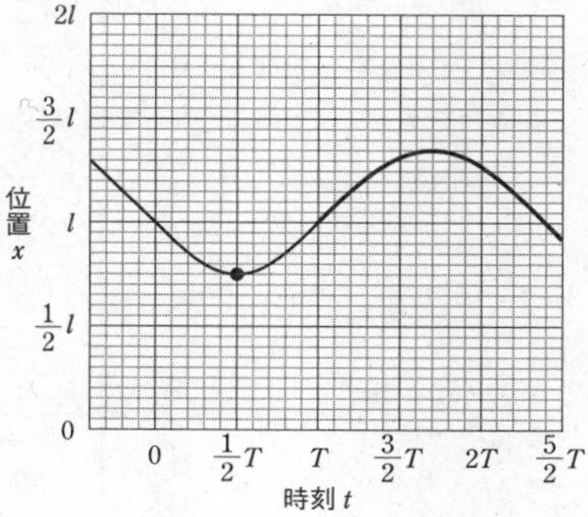

図e

(7) 小球Aが壁から受ける垂直抗力の大きさを N とおくと，小球Aにはたらく力のつりあいの式は

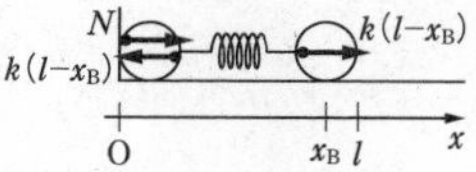

図f

$N-k(l-x_B)=0$

よって　$N=k(l-x_B)$

ゆえに，小球Aが壁から離れる，つまり $N=0$ となるのは $x_B=l$ のときとなる。一方，小球Bの位置が x_B のときの加速度を a_B とすると，運動方程式は

$ma_B=k(l-x_B)$

と表せるので，加速度は　$a_B=-\dfrac{k}{m}(x_B-l)$

よって，小球Bは $x_B=l$ を中心とする角振動数 $\sqrt{\dfrac{k}{m}}$ の単振動となる。小球Aが壁から離れる，つまり $x_B=l$ にもどるまでにかかる時間は，この単振動の半周期に等しいので

$$\frac{1}{2}\times 2\pi\sqrt{\frac{m}{k}}=\sqrt{2}\times\pi\sqrt{\frac{m}{2k}}=\sqrt{2}\,T$$

ゆえに，$\sqrt{2}$ **倍**となる。

(8) **内力**

(9) 小球Aと小球Bを1つの物体系と考えると，外力ははたらいていないので，重心の加速度は0になる。よって，重心の運動は**等速直線運動**となる。

【31】

(1) 物体1の O_1 からの変位が x_1 のとき，はたらく力は図aのようになる。運動方程式は

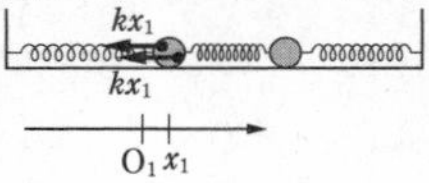

図a

$ma_1=-kx_1-kx_1$

よって　$\boldsymbol{ma_1=-2kx_1}$　……①

(2) ①式より加速度を求めると　$a_1=-\dfrac{2k}{m}x_1$

となるので，$x_1=0$ を中心とする角振動数 $\sqrt{\dfrac{2k}{m}}$ の単振動となることがわかる。よって，周期は

$$\boldsymbol{T=2\pi\sqrt{\frac{m}{2k}}}$$

(3) ばねの自然の長さを l とおくと，物体1と物体2の間隔は $l+d-x_1$ であり，中央のばねの伸びは $d-x_1$ と表せることがわかる。物体1にはたらく力は図cのようになるので，力のつりあいの式は

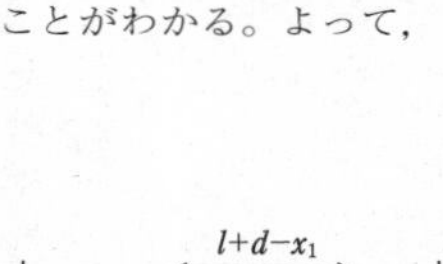

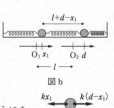

図b

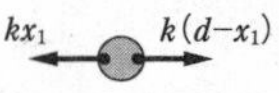

図c

$k(d-x_1)-kx_1=0$

よって，この式より

$\boldsymbol{x_1=\dfrac{d}{2}}$　……②

(4) 物体2がばねから受ける力は図dのようになるので，物体2に加えている外力は右向きであることがわかる。この力の大きさを F とおくと，力のつりあいの式は

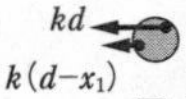

図d

$F-k(d-x_1)-kd=0$

②式を代入して整理すると　$\boldsymbol{F=\dfrac{3}{2}kd}$

(5) 左側のばねは x_1，中央のばねは $d-x_1$ だけそれぞれ伸びており，右側のばねは d だけ縮んでいるので

$$\frac{1}{2}kx_1{}^2+\frac{1}{2}k(d-x_1)^2+\frac{1}{2}kd^2$$
$$=\frac{1}{2}k\left(\frac{d}{2}\right)^2+\frac{1}{2}k\left(d-\frac{d}{2}\right)^2+\frac{1}{2}kd^2=\boldsymbol{\frac{3}{4}kd^2}$$

(6) 中央のばねの長さは $l+x_2-x_1$ と表せるので，ばねの伸びは x_2-x_1 と表せる。$x_2-x_1>0$ であれば実際に伸びており，$x_2-x_1<0$ であれば縮んでいることになる。伸びている場合の，物体にはたらく力はそれぞれ図fのようになる。両物体の運動方程式は

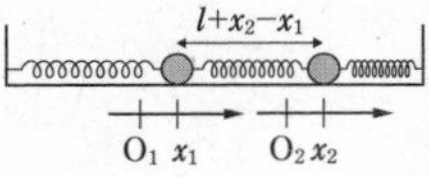

図e

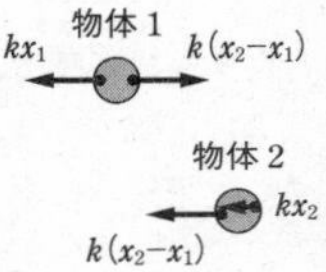

図f

$$\begin{cases}\text{物体1}：ma_1=k(x_2-x_1)-kx_1\\ \text{物体2}：ma_2=-k(x_2-x_1)-kx_2\end{cases}$$

整理すると次のように表せる。

$$\begin{cases}\boldsymbol{ma_1=-2kx_1+kx_2} & \cdots\cdots③\\ \boldsymbol{ma_2=kx_1-2kx_2} & \cdots\cdots④\end{cases}$$

(7) 位置の変数変換と同様に考えると

$$\begin{cases}\boldsymbol{u_1=v_1+v_2}\\ u_2=v_1-v_2\end{cases}$$

$$\begin{cases}b_1=a_1+a_2\\ \boldsymbol{b_2=a_1-a_2}\end{cases}$$

(8) ③，④式を辺々足しあわせると

$m(a_1+a_2)=-k(x_1+x_2)$

よって　$\boldsymbol{mb_1=-ky_1}$　……⑤

また，③，④式を辺々引くと

$m(a_1-a_2)=-3k(x_1-x_2)$

ゆえに　$\boldsymbol{mb_2=-3ky_2}$　……⑥

(9) $t=0$ のとき

$x_1=\dfrac{d}{2}$，$x_2=d$，$v_1=0$，$v_2=0$

よって

$$\begin{cases}y_1(0)=\dfrac{d}{2}+d=\boldsymbol{\dfrac{3}{2}d}\\[2mm] y_2(0)=\dfrac{d}{2}-d=-\dfrac{1}{2}d\end{cases}$$

$$\begin{cases} u_1(0)=0+0=0 \\ u_2(0)=0-0=\mathbf{0} \end{cases}$$

(10) ⑤式より　$b_1=-\dfrac{k}{m}y_1$

となるので，$y_1=0$ を中心とする角振動数 $\sqrt{\dfrac{k}{m}}$ の単振動とわかる。周期を τ_1 とおくと

$$\tau_1=2\pi\sqrt{\frac{m}{k}}=\sqrt{2}\,T$$

一方，⑥式より

$$b_2=-\frac{3k}{m}y_2$$

となるので，$y_2=0$ を中心とする角振動数 $\sqrt{\dfrac{3k}{m}}$ の単振動とわかる。周期を τ_2 とおくと

$$\tau_2=2\pi\sqrt{\frac{m}{3k}}=\sqrt{\frac{2}{3}}\,T\quad\left(=\frac{1}{\sqrt{3}}\tau_1\right)$$

(9)で求めた初期条件を満たすのは，**図g**になる。

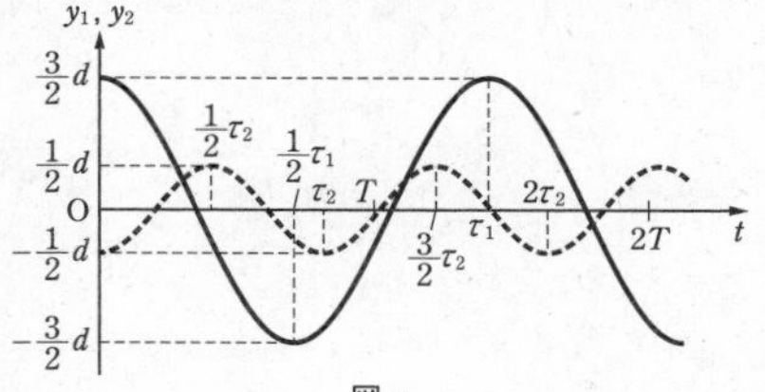

図g

また式は，次のように表せる。

$$\begin{cases} y_1(t)=\dfrac{3}{2}d\cos\left(\sqrt{\dfrac{k}{m}}\,t\right) & \cdots\cdots⑦ \\ y_2(t)=-\dfrac{1}{2}d\cos\left(\sqrt{\dfrac{3k}{m}}\,t\right) & \cdots\cdots⑧ \end{cases}$$

(11) ⑦，⑧式より

$$\begin{cases} x_1(t)+x_2(t)=\dfrac{3}{2}d\cos\left(\sqrt{\dfrac{k}{m}}\,t\right) \\ x_1(t)-x_2(t)=-\dfrac{1}{2}d\cos\left(\sqrt{\dfrac{3k}{m}}\,t\right) \end{cases}$$

であるので，これら 2 式から x_1 を消去すると

$$2x_2(t)$$
$$=\frac{3}{2}d\cos\left(\sqrt{\frac{k}{m}}\,t\right)+\frac{1}{2}d\cos\left(\sqrt{\frac{3k}{m}}\,t\right)$$

よって

$$x_2(t)=\boldsymbol{\frac{d}{4}\left\{3\cos\left(\sqrt{\frac{k}{m}}\,t\right)+\cos\left(\sqrt{\frac{3k}{m}}\,t\right)\right\}}$$

【32】

〔A〕(1) 物体Aがベルト上を正の向きに運動しているとき，物体Aにはたらく力は図 a のようになる。

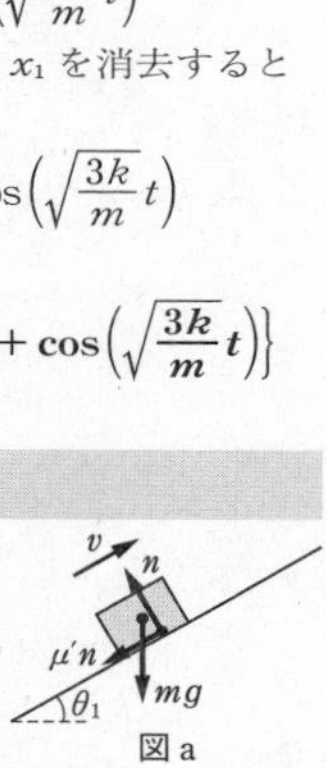

図a

加速度を a_A として，ベルトから受ける垂直抗力の大きさを n とおくと，運動方程式は

$$ma_A=-mg\sin\theta_1-\mu'n$$

またベルトに垂直な方向の力のつりあいの式は

$$n-mg\cos\theta_1=0 \qquad \cdots\cdots①$$

これら 2 式より，加速度は

$$a_A=-g(\sin\theta_1+\mu'\cos\theta_1)$$

求める最高点の x 座標を X とおくと

$$0^2-v_0{}^2=-2g(\sin\theta_1+\mu'\cos\theta_1)\times(X-0)$$

よって　$X=\boldsymbol{\dfrac{v_0{}^2}{2g(\sin\theta_1+\mu'\cos\theta_1)}}$　……②

(2) 物体Aがベルト上を負の向きに運動しているときの加速度を a_A' とすると，運動方程式は　$ma_A'=-mg\sin\theta_1+\mu'n$

と書けるので，①式を代入して整理すると，加速度は

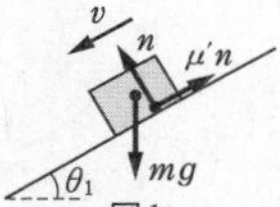

図b

$$a_A'=-g(\sin\theta_1-\mu'\cos\theta_1)$$

と表せる。求める速度を v_0' とおくと

$$v_0'^2-0^2=-2g(\sin\theta_1-\mu'\cos\theta_1)\times(0-X)$$

②式を代入して整理すると

$$v_0'^2=2g(\sin\theta_1-\mu'\cos\theta_1)\times\frac{v_0{}^2}{2g(\sin\theta_1+\mu'\cos\theta_1)}$$

よって　$v_0'=\boldsymbol{-v_0\sqrt{\dfrac{\sin\theta_1-\mu'\cos\theta_1}{\sin\theta_1+\mu'\cos\theta_1}}}$

〔B〕(1) 物体Aの速度を v，加速度を a_A とおく。

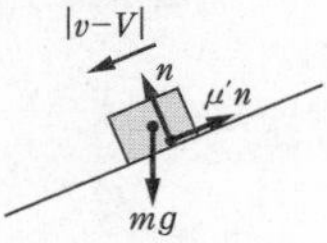

図c

$v<V$ のとき，物体Aはベルトに対して負の向きに速さ $|v-V|$ で運動するので，物体Aがベルトから受ける動摩擦力は正の向きにはたらくことになる。よって $v<V$ が成りたつ間の運動方程式は

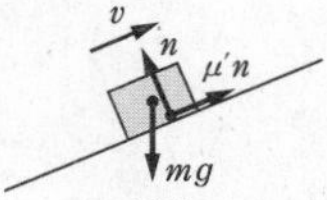

図d

$$ma_A=\mu'n-mg\sin\theta_2$$

またベルトに垂直な方向の力のつりあいの式は

$$n-mg\cos\theta_2=0$$

これら 2 式より，加速度は

$$a_A=g(\mu'\cos\theta_2-\sin\theta_2) \qquad \cdots\cdots③$$

よって，$v<V$ を満たす間は

$$v=gt(\mu'\cos\theta_2-\sin\theta_2)$$

$v=V$ となる時刻は

$$t=\frac{V}{g(\mu'\cos\theta_2-\sin\theta_2)}$$

であるので

$$v=\boldsymbol{\begin{cases} gt(\mu'\cos\theta_2-\sin\theta_2) \\ \qquad\left(0\leqq t\leqq\dfrac{V}{g(\mu'\cos\theta_2-\sin\theta_2)}\right) \\ V\quad\left(t\geqq\dfrac{V}{g(\mu'\cos\theta_2-\sin\theta_2)}\right) \end{cases}}$$

補足 上昇したことより，$a_A>0$ であるので，③式より

$\mu'\cos\theta_2>\sin\theta_2$

を満たすことがわかる。一方 $\mu>\mu'$ であるので

$\mu\cos\theta_2>\mu'\cos\theta_2>\sin\theta_2$

よって　$\mu mg\cos\theta_2>mg\sin\theta_2$

これは，最大摩擦力の大きさが重力のベルトに平行な成分の大きさより大きいことを表している。つまり $v=V$ となったとき，動摩擦力は静止摩擦力 f に変わるが，力のつりあいが成りたって，物体Aはベルト上で静止し続けることになる。

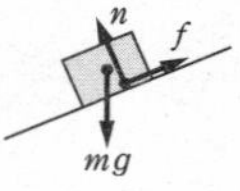

図e

(2) 物体Aに初速度 $-v_0$ を与えたときも，運動方程式は〔B〕(1)のときと同じで，③式で表される加速度になる。等加速度直線運動なので，$x=0$ にもどってきたときの速度は，速さが等しく向きが逆となる。つまり $\boldsymbol{v_0}$

〔C〕(1) 物体Aおよび物体Bがベルトから受ける垂直抗力の大きさをそれぞれ n_A，n_B とおくと，はたらく力は図fのようになる。

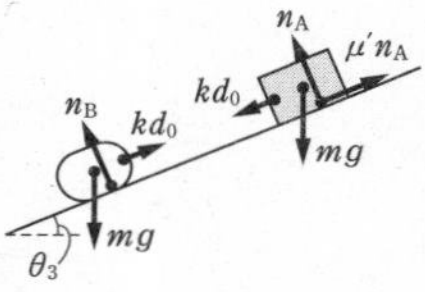

図f

力のつりあいの式は

物体A：$\begin{cases}\mu' n_A-kd_0-mg\sin\theta_3=0 & \cdots\cdots④\\ n_A-mg\cos\theta_3=0 & \cdots\cdots⑤\end{cases}$

物体B：$\begin{cases}kd_0-mg\sin\theta_3=0 & \cdots\cdots⑥\\ n_B-mg\cos\theta_3=0\end{cases}$

⑥式より　$d_0=\boldsymbol{\dfrac{mg\sin\theta_3}{k}}$　……⑦

(2) ④～⑥式より

$\mu' mg\cos\theta_3-mg\sin\theta_3-mg\sin\theta_3=0$

よって　$\mu'=\boldsymbol{2\tan\theta_3}$　……⑧

(3) 物体Aおよび物体Bの位置がそれぞれ x_A，x_B のとき，ばねの長さは x_A-x_B と表せるので，ばねの自然の長さを l とおくと，ばねの伸びは x_A-x_B-l と表せる。図gは $x_A-x_B-l>0$ のときにはたらいている力のようすを表しており

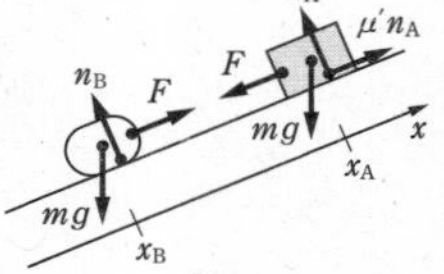

図g

$F=k(x_A-x_B-l)$

である。$F<0$ のときは，ばねによる力の向きは図gとは逆になる。物体Aおよび物体Bの運動方程式は，物体Aの加速度を a_A，物体Bの加速度を a_B とおくと

$$\begin{cases}ma_A=\mu' n_A-mg\sin\theta_3-k(x_A-x_B-l) & \cdots\cdots⑨\\ ma_B=k(x_A-x_B-l)-mg\sin\theta_3 & \cdots\cdots⑩\end{cases}$$

⑤，⑨，⑩式より

$m(a_A+a_B)=\mu' mg\cos\theta_3-2mg\sin\theta_3$

さらに⑧式より

$m(a_A+a_B)=0$

よって，重心の加速度 a_G は

$a_G=\dfrac{ma_A+ma_B}{m+m}=0$　……⑪

となることがわかり，重心の速度は変化しないことがわかる。重心の初速度 $v_G(0)$ は

$v_G(0)=\dfrac{m\times0+mV}{m+m}=\dfrac{1}{2}V$

ゆえに　$v_G=\boldsymbol{\dfrac{1}{2}V}$

(4) 重心の位置 x_G は　$x_G=\dfrac{mx_A+mx_B}{m+m}$

と表せるので　$2x_G=x_A+x_B$　……⑫

が成りたつ。⑩～⑫式より

a_B-a_G

$=\left\{\dfrac{k}{m}(x_A-x_B-l)-g\sin\theta_3\right\}-0$

$=\dfrac{k}{m}\{(2x_G-x_B)-x_B-l\}-g\sin\theta_3$

重心から見た位置を $x_B'=x_B-x_G$，加速度を $a_B'=a_B-a_G$ とおくと

$a_B'=\dfrac{k}{m}(-2x_B'-l)-\dfrac{k}{m}d_0$　（⑦式より）

$=\dfrac{k}{m}(-2x_B'-l-d_0)$

よって　$a_B'=-\dfrac{2k}{m}\left(x_B'+\dfrac{l+d_0}{2}\right)$

ゆえに，物体Bを重心から見ると

$x_B'=-\dfrac{l+d_0}{2}$

を中心とする角振動数 $\sqrt{\dfrac{2k}{m}}$ の単振動となることがわかる。

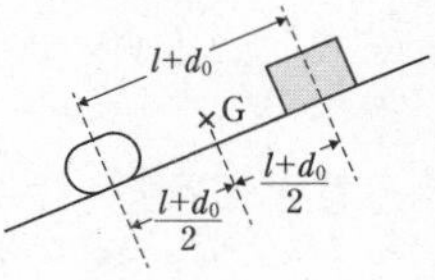

図h

$t=0$ のとき，物体A，物体B，重心のようすは図hのように表されるので，物体Bは $t=0$ のとき振動の中心にいて，初速度は

$v_B'(0)=v_B(0)-v_G$

$=V-\dfrac{m\times0+mV}{m+m}=\dfrac{V}{2}$

となる。したがって　$v_B'=\dfrac{V}{2}\cos\left(\sqrt{\dfrac{2k}{m}}t\right)$

と表せる。$v_B'=v_B-v_G$ であるので

$v_B=v_G+\dfrac{V}{2}\cos\left(\sqrt{\dfrac{2k}{m}}t\right)$

$=\dfrac{V}{2}+\dfrac{V}{2}\cos\left(\sqrt{\dfrac{2k}{m}}t\right)$

よって　$v_B=\dfrac{V}{2}\left\{1+\cos\left(\sqrt{\dfrac{2k}{m}}t\right)\right\}$　……⑬

また　$v_G=\dfrac{mv_A+mv_B}{m+m}=\dfrac{1}{2}(v_A+v_B)$

が成りたつので

$v_A=2v_G-v_B$

$=\dfrac{V}{2}\left\{1-\cos\left(\sqrt{\dfrac{2k}{m}}t\right)\right\}$

と表せるから，初めて $v_A=V$ となるのは

$\cos\left(\sqrt{\dfrac{2k}{m}}t_1\right)=-1$　……⑭

ゆえに　$\sqrt{\dfrac{2k}{m}}t_1=\pi$

したがって

$t_1=\pi\sqrt{\dfrac{m}{2k}}$　……⑮

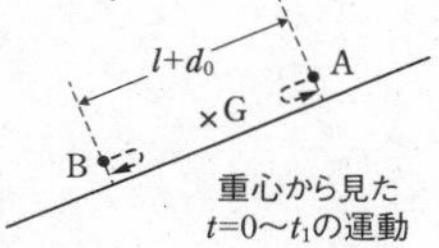

図 i

このとき，両物体は振動の中心にもどっているので
$x_A-x_B=l+d_0$ にもどっている。

(5) 物体Bを物体Aから見ると，運動方程式は，⑦式も用いて

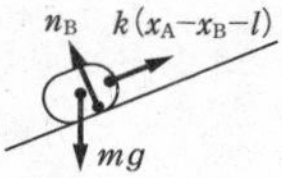

図 j

$m(a_B-a_A)$
$=k(x_A-x_B-l)-mg\sin\theta_3$
$=k(x_A-x_B-l)-kd_0$
$=k(x_A-x_B-l-d_0)$

と書けるので，加速度は

$a_B-a_A=-\dfrac{k}{m}\{(x_B-x_A)+l+d_0\}$

よって $x_B-x_A=-(l+d_0)$ を中心とする角振動数が $\sqrt{\dfrac{k}{m}}$ の単振動となることがわかる。

$t=t_1$ のとき，物体Bは振動の中心にいて，⑬，⑭式より $v_B=0$ になっているので

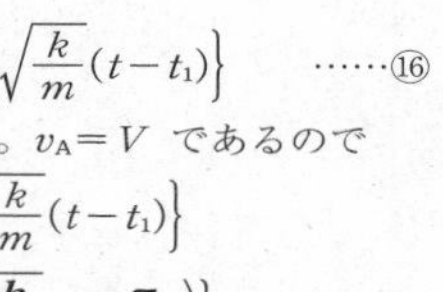

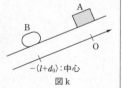

図 k

$v_B-v_A=-V$

ゆえに $t>t_1$ を満たす任意の時刻 t で

$v_B-v_A=-V\cos\left\{\sqrt{\dfrac{k}{m}}(t-t_1)\right\}$　……⑯

と表せることになる。$v_A=V$ であるので

$v_B=V-V\cos\left\{\sqrt{\dfrac{k}{m}}(t-t_1)\right\}$

$=\boldsymbol{V\left\{1-\cos\left(\sqrt{\dfrac{k}{m}}t-\dfrac{\pi}{\sqrt{2}}\right)\right\}}$

(6) 物体Aから見た物体Bの速さの最大値は⑯式より V とわかる。また角振動数が $\sqrt{\dfrac{k}{m}}$ であるので，振幅を D とおくと

$V=D\sqrt{\dfrac{k}{m}}$

よって

$D=V\sqrt{\dfrac{m}{k}}$　……⑰

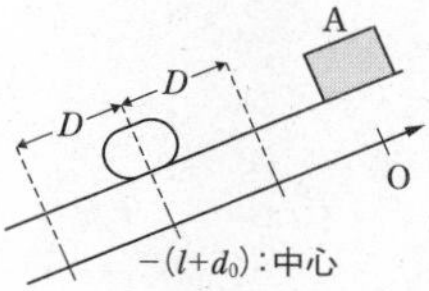

図 l

ゆえに，ばねの伸びの最大値は d_0+D となる。このとき，物体Aにはたらく力は，静止摩擦力の大きさを f とおくと，図 m のようになる。

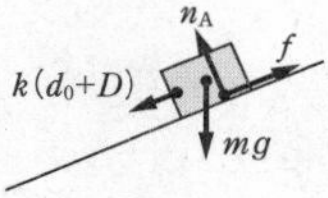

図 m

力のつりあいの式は

$\begin{cases} f-k(d_0+D)-mg\sin\theta_3=0 \\ n_A-mg\cos\theta_3=0 \end{cases}$　……⑱

⑦，⑰，⑱式より

$f=k\left(\dfrac{mg\sin\theta_3}{k}+V\sqrt{\dfrac{m}{k}}\right)+mg\sin\theta_3$

$=2mg\sin\theta_3+V\sqrt{km}$

$f\leqq\mu n_A$ を満たせば，物体Aはベルトに対して静止し続けることができる。

$2mg\sin\theta_3+V\sqrt{km}\leqq\mu mg\cos\theta_3$

よって　$\boldsymbol{\mu\geqq 2\tan\theta_3+\dfrac{V}{g\cos\theta_3}\sqrt{\dfrac{k}{m}}}$

8　温度と熱量

【33】

(ア) Aの温度が T から $3T$ に変化しているので，Aに与えた熱量は

$m_Ac_A(3T-T)=2m_Ac_AT$〔J〕　……❷

(イ) Aの温度が T_A から T_1 に下がっているので，Aが失った熱量は

$m_Ac_A(T_A-T_1)$〔J〕　……❹

(ウ) Bの温度が T_B から T_1 に上がっているので，Bが得た熱量は　$m_Bc_B(T_1-T_B)$〔J〕　……❸

(エ) Aが失った熱量＝Bが得た熱量なので

$m_Ac_A(T_A-T_1)=m_Bc_B(T_1-T_B)$

$(m_Ac_A+m_Bc_B)T_1=m_Ac_AT_A+m_Bc_BT_B$

よって　$T_1=\dfrac{m_Ac_AT_A+m_Bc_BT_B}{m_Ac_A+m_Bc_B}$　……❶

【34】

(1) グラフのB～Cで与えられた熱量を求めればよい。10Wのヒーターで(130−20)×60s間で与えられた熱量なので

$10\times(130-20)\times60=6.6\times10^4\,\mathrm{J}$ ……**③**

(2) 0°Cの氷200gをとかして0°Cの水200gにするために6.6×10^4Jの熱量が必要だったので

$\dfrac{6.6\times10^4}{200}=3.3\times10^2\,\mathrm{J/g}$ ……**③**

(3) 求める熱容量をC_M〔J/K〕とおくと，グラフのC～Dでの温度変化とヒーターから与えられた熱量の関係から

$10\times(200-130)\times60$
$=(200\times4.2+C_\mathrm{M})\times(40-0)$

よって　$C_\mathrm{M}=\dfrac{10\times70\times60}{40}-200\times4.2$

$=2.1\times10^2\,\mathrm{J/K}$ ……**①**

(4) 求める比熱をc_I〔J/(g·K)〕とおくと，グラフのA～Bでの温度変化とヒーターから与えられた熱量の関係から

$10\times(20-0)\times60$
$=(2.1\times10^2+200\,c_\mathrm{I})\times\{0-(-19)\}$

よって　$200\,c_\mathrm{I}=\dfrac{10\times20\times60}{19}-2.1\times10^2$

ゆえに　$c_\mathrm{I}\fallingdotseq2.1\,\mathrm{J/(g\cdot K)}$ ……**④**

(5) 水と容器が失った熱量は，球体が得た熱量に等しいので，求める比熱をc〔J/(g·K)〕とおくと

$(2.1\times10^2+200\times4.2)\times(40-37)$
$=100\times c\times(37-2)$

よって　$c=\dfrac{(2.1\times10^2+200\times4.2)\times3}{100\times35}$

$=0.9$　ゆえに，表1より　**⑤**

(6) 球体が0°Cになるまでに失う熱量は

$200\times0.9\times80\,\mathrm{J}$

−19°Cの氷が0°Cの氷になるまでに必要な熱量は，グラフのA～Bより　$10\times(20-0)\times60\,\mathrm{J}$

よって，0°Cの氷をとかして0°Cの水にするのに使える熱量は　$200\times0.9\times80-10\times20\times60\,\mathrm{J}$

氷の融解熱は3.3×10^2J/gなので，とけた氷は

$\dfrac{200\times0.9\times80-10\times20\times60}{3.3\times10^2}$

$\fallingdotseq7.3\,\mathrm{g}$ ……**④**

9　気体分子の運動と状態変化

【35】

(ア) 混合前に容器A，Bに入っていた気体の物質量をそれぞれn_A，n_B，内部エネルギーをU_A，U_Bとする。気体定数をRとおくと，理想気体の状態方程式「$pV=nRT$」より

$$\begin{cases}PV=n_\mathrm{A}RT\\ 3P\times\dfrac{2}{3}V=n_\mathrm{B}R\times\dfrac{3}{2}T\end{cases}$$

となり

$$\begin{cases}n_\mathrm{A}R=\dfrac{PV}{T}\\ n_\mathrm{B}R=\dfrac{4PV}{3T}\end{cases}$$

が成りたつ。また，混合後に容器A，Bに入っていた気体の内部エネルギーをそれぞれU_A'，U_B'とすると，気体の内部エネルギーの和は，混合の前後で保たれることから

$U_\mathrm{A}+U_\mathrm{B}=U_\mathrm{A}'+U_\mathrm{B}'$ ……ⓐ

が成りたつ。よって，単原子分子理想気体の内部エネルギーの式「$U=\dfrac{3}{2}nRT$」を用いると

$$U_\mathrm{A}+U_\mathrm{B}=\frac{3}{2}n_\mathrm{A}RT+\frac{3}{2}n_\mathrm{B}R\times\frac{3}{2}T$$
$$=\frac{3}{2}\times PV+\frac{3}{2}\times2PV$$
$$=\frac{9}{2}PV$$

$$U_\mathrm{A}'+U_\mathrm{B}'=\frac{3}{2}(n_\mathrm{A}+n_\mathrm{B})RT'$$
$$=\frac{3}{2}\times\left(\frac{PV}{T}+\frac{4PV}{3T}\right)T'$$
$$=\frac{7PVT'}{2T}$$

ⓐ式より　$\dfrac{9}{2}PV=\dfrac{7PVT'}{2T}$

よって　$\dfrac{T'}{T}=\dfrac{9}{7}$　となるので，**③**

(イ) 混合後の気体に対し，状態方程式を立てると

$$P'\times\left(1+\frac{2}{3}\right)V=(n_\mathrm{A}+n_\mathrm{B})RT'$$
$$\frac{5}{3}P'V=\left(\frac{PV}{T}+\frac{4PV}{3T}\right)\times\frac{9}{7}T$$
$$\frac{5}{3}P'V=3PV$$

よって　$\dfrac{P'}{P}=\dfrac{9}{5}$　となるので，**①**

【36】

(1) 作用反作用の法則より，分子の運動量変化の大きさに等しい。面Aと分子の衝突は弾性衝突なので，衝突後の分子の速度のy成分は$-v_y$となるため　$|-mv_y-mv_y|=\boldsymbol{2mv_y}$

(2) 衝突をくり返しても y 軸方向の速さ v_y は変わらないので，時間 t の間に y 軸方向の移動距離は $v_y t$ となる。ゆえに，$2L$ の移動につき1回衝突するので

$$v_y t \div (2L) = \boldsymbol{\frac{v_y t}{2L}}\text{〔回〕}$$

(3) (1)，(2)の結果を用いて，時間 t の間に分子が面Aに与える力積は

$$2mv_y \times \frac{v_y t}{2L} = \frac{m{v_y}^2 t}{L}$$

求める平均の力の大きさを $\overline{f}$ とすると，$\overline{f}t$ と力積が等しいので

$$\overline{f} = \boldsymbol{\frac{m{v_y}^2}{L}}$$

(4) (3)の結果を利用して

$$F = \frac{m\overline{{v_y}^2}}{L} \cdot N = \boldsymbol{\frac{Nm\overline{v^2}}{3L}}$$

を得る。圧力の式「$p = \dfrac{F}{S}$」から

$$p = \frac{F}{L^2} = \boldsymbol{\frac{Nm\overline{v^2}}{3L^3}}$$

(5) まず，ピストンの速度を考える。等速直線運動の式「$x = vt$」より，ピストンの速度を V とおくと　$-\varDelta L = VT$

よって　$V = -\dfrac{\varDelta L}{T}$

ピストンと分子の衝突は弾性衝突となるので，反発係数は1である。

また，衝突直後の分子の速度の y 成分を v_y' とすると，反発係数の式「$e = -\dfrac{v_1' - v_2'}{v_1 - v_2}$」より

$$1 = -\frac{v_y' - V}{v_y - V}$$

$$v_y - V = -v_y' + V$$

$$v_y' = -v_y + 2V = \boldsymbol{-v_y - \frac{2\varDelta L}{T}}$$

(6) (2)の結果から，分子は面Aに $\dfrac{v_y T}{2L}$ 回衝突する。

また，(5)より，1回の衝突で速度の y 成分が $\dfrac{2\varDelta L}{T}$ だけ減少することから

$$\left| -v_y - \frac{2\varDelta L}{T} \cdot \frac{v_y T}{2L} \right| = \boldsymbol{v_y\left(1 + \frac{\varDelta L}{L}\right)}$$

(7) 分子の x，z 成分の速度はピストンの動きと無関係なので，変化しない。ゆえに N 個の分子の運動エネルギーの総和の変化は

$$\frac{N}{2}m\left\{\overline{{v_x}^2} + \overline{{v_y}^2}\left(1 + \frac{\varDelta L}{L}\right)^2 + \overline{{v_z}^2}\right\} - \frac{N}{2}m\left(\overline{{v_x}^2} + \overline{{v_y}^2} + \overline{{v_z}^2}\right)$$

$$= \frac{N}{2}m\overline{{v_y}^2}\left\{\left(1 + \frac{\varDelta L}{L}\right)^2 - 1\right\}$$

$$\fallingdotseq \frac{N}{2}m\overline{{v_y}^2}\left\{\left(1 + 2\frac{\varDelta L}{L}\right) - 1\right\}$$

$$= \frac{Nm\overline{{v_y}^2}}{L} \times \varDelta L$$

$\overline{{v_y}^2} = \dfrac{\overline{v^2}}{3}$ より，[ア] に当てはまる式は，$\boldsymbol{\dfrac{Nm\overline{v^2}}{3L}}$

(8) 運動エネルギーの変化は，内部エネルギーの変化に等しい。ゆえに(7)の結果を用いて

$$\varDelta U = \frac{Nm\overline{v^2}}{3L}\varDelta L$$

を得る。一方，外部から加わる力は，(4)の結果を用いて　$F = \dfrac{Nm\overline{v^2}}{3L}$ より，気体が外部からされた仕事 W は

$$W = F \cdot \varDelta L = \frac{Nm\overline{v^2}}{3L}\varDelta L$$

となるので，断熱変化における熱力学第一法則 $\varDelta U = W$ が成りたつ。

【37】

〔A〕(1) 気体の単位物質量当たりの質量 M，気体の密度 ρ から，体積 V の気体の物質量 n は $n = \dfrac{\rho V}{M}$ となる。ゆえに，理想気体の状態方程式「$pV = nRT$」より

$$PV = \frac{\rho V}{M} \cdot RT$$

したがって　$P = \boldsymbol{\dfrac{\rho RT}{M}}$

(2) 定圧変化なので，気体が外部にした仕事は $\boldsymbol{P\varDelta V}$ である。

(3) 気体の全質量は一定であることから，体積と密度は反比例の関係となる。体積が単調に増加していることから，密度は単調に減少する。ゆえに，**②**

(4) 内部エネルギーの変化を $\varDelta U$ とする。単原子分子理想気体の内部エネルギーの変化の式より

$$\varDelta U = \boldsymbol{\frac{3}{2}nR\varDelta T}$$

また，気体のした仕事 $P\varDelta V$ は理想気体の状態方程式より，P，n，R が一定なので，$P\varDelta V = nR\varDelta T$　となる。よって，熱力学第一法則「$Q = \varDelta U + W'$」より

$$Q = \frac{3}{2}nR\varDelta T + nR\varDelta T = \boldsymbol{\frac{5}{2}nR\varDelta T}$$

〔B〕(1) $\rho_0 V = 1.2 \times 600 = \mathbf{7.2 \times 10^2\,kg}$

(2) 浮上した瞬間の気球内部の空気の密度を ρ' とする。浮上する瞬間は重力と浮力がつりあっていると考えてよいので，重力の式「$W = mg$」および浮力の式「$F = \rho Vg$」より

$$600\rho' \times 9.8 + (100 + 140) \times 9.8 = 1.2 \times 600 \times 9.8$$

よって　$\rho' = 1.2 - \dfrac{240}{600} = \mathbf{0.80\,kg/m^3}$

〔A〕(1)の結果より，圧力Pが一定であれば，気体の密度と温度は反比例の関係となるので

$$\frac{\rho'}{\rho}=\frac{0.8}{1.2}=\frac{2}{3}$$

したがって，求める温度をT'とすると

$$\frac{T'}{T_0}=\frac{3}{2}$$

$$T'=\frac{3}{2}\times T_0=\frac{3}{2}\times 280=\mathbf{4.2\times10^2\,K}$$

(3)〔B〕(2)より，気体の密度と温度は反比例の関係であり，気体の温度を限りなく上昇させると，気体の密度は限りなく0に近づく。積荷の質量の最大値をmとして，力のつりあいの式を立てると

$$m\times9.8+100\times9.8=1.2\times600\times9.8$$

よって　$m=\mathbf{6.2\times10^2\,kg}$

(4) 一定量の大気の質量は高度によらないので，高度hでの体積をV_hとすると

$$\rho_hV_h=\rho_0V_0$$

$$V_h=\frac{\rho_0V_0}{\rho_h}$$

が成りたつ。大気の温度は高度によらず一定なので，ボイルの法則「$pV=$一定」より

$$P_hV_h=P_0V_0$$

$$P_h\cdot\frac{\rho_0V_0}{\rho_h}=P_0V_0$$

$$P_h=\boldsymbol{\frac{\rho_h}{\rho_0}P_0}$$

(5)〔B〕(4)の結果を用いると

$$P_h=\frac{\rho_h}{\rho_0}P_0=\frac{1.1}{1.2}\times(1.0\times10^5)$$

$$=9.16\cdots\times10^4\fallingdotseq\mathbf{9.2\times10^4\,Pa}$$

高度hにおいて，気球の内外の圧力は等しい。ゆえに，気体の密度は温度に反比例するため，大気の密度に対して気球内部の気体の密度は$\frac{2}{3}$倍となる。よって，積荷の質量の値をm'とおいて力のつりあいの式を立てると

$$1.1\times\frac{2}{3}\times600\times9.8+(m'+100)\times9.8$$

$$=1.1\times600\times9.8$$

$$m'+100=1.1\times600\times\left(1-\frac{2}{3}\right)$$

$$m'=120=\mathbf{1.2\times10^2\,kg}$$

【38】

(1) 理想気体の状態方程式「$pV=nRT$」より

$$p_AV_1=1\times RT_A$$

よって　$T_A=\boldsymbol{\frac{p_AV_1}{R}}$〔**K**〕

(2) 状態B，Cの体積は等しい。ゆえに，ボイル・シャルルの法則「$\frac{pV}{T}=$一定」より，温度と圧力は比例関係にある。よって，$p_B>p_C$を満たしているので，$\boldsymbol{T_B>T_C}$

(3)(a) 単原子分子理想気体の内部エネルギーの変化の式「$\varDelta U=\frac{3}{2}nR\varDelta T$」より

$$\varDelta U_{A\to B}=\frac{3}{2}\times1\times R(T_B-T_A)$$

$$=\boldsymbol{\frac{3}{2}R(T_B-T_A)}\text{〔J〕}$$

(b) 状態変化A→Bは断熱変化である。ゆえに

$Q_{A\to B}=\mathbf{0\,J}$

(c) 熱力学第一法則「$Q=\varDelta U+W'$」より

$$0=\varDelta U_{A\to B}+W_{A\to B}$$

よって　$W_{A\to B}=-\varDelta U_{A\to B}$

$$=\boldsymbol{\frac{3}{2}R(T_A-T_B)}\text{〔J〕}$$

(4)(a) 状態変化B→Cは定積変化である。ゆえに

$W_{B\to C}=\mathbf{0\,J}$

(b) 内部エネルギーの変化を$\varDelta U_{B\to C}$とおく。熱力学第一法則，単原子分子理想気体の内部エネルギー変化の式より

$$Q_{B\to C}=\varDelta U_{B\to C}+0$$

$$=\frac{3}{2}\times1\times R(T_C-T_B)$$

$$=\boldsymbol{\frac{3}{2}R(T_C-T_B)}\text{〔J〕}$$

(c) (2)より，$T_B>T_C$なので，$Q_{B\to C}$は**負**。

(5)(a) 状態変化D→Aは定積変化である。ゆえに，気体がした仕事は0Jである。気体の内部エネルギーの変化を$\varDelta U_{D\to A}$とおくと，(4)(b)と同様にして

$$Q_{D\to A}=\varDelta U_{D\to A}+0$$

$$=\frac{3}{2}\times1\times R(T_A-T_D)$$

$$=\boldsymbol{\frac{3}{2}R(T_A-T_D)}\text{〔J〕}$$

(b) (2)と同様にすると，$p_A>p_D$より，$T_A>T_D$を満たす。ゆえに，$Q_{D\to A}$は**正**。

(6) 1サイクルにおける気体の内部エネルギーの変化は0である。ゆえに，気体が外部にした正味の仕事Wは

$$W=Q_{D\to A}+Q_{B\to C}$$

$$=\frac{3}{2}R\{(T_A-T_D)+(T_C-T_B)\}$$

$$=\boldsymbol{\frac{3}{2}R(T_A-T_D-T_B+T_C)}$$

(7) 熱効率の式「$e=\frac{Q_{in}-Q_{out}}{Q_{in}}$」より，(4)(b)，(5)(a)の結果を用いて

$$e=\frac{Q_{D\to A}+Q_{B\to C}}{Q_{D\to A}}$$

$$=\frac{T_A-T_D-T_B+T_C}{T_A-T_D}=\boldsymbol{1-\frac{T_B-T_C}{T_A-T_D}}$$

【39】

(1) 状態Ⅱの絶対温度を T_2 とする。状態Ⅰから状態Ⅱの変化は定圧変化なので，シャルルの法則「$\dfrac{V}{T}$＝一定」より

$$\frac{3Sa}{T_0}=\frac{2Sa}{T_2} \quad よって \quad T_2=\boldsymbol{\frac{2}{3}T_0}$$

(2) 気体が外部にした仕事を $W_{1\to2}'$ とする。気体がした仕事「$W'=p\varDelta V$」より

$$W_{1\to2}'=P_0(2Sa-3Sa)=\boldsymbol{-P_0Sa}$$

(3) 状態Ⅱから Ⅲの変化は定積変化である。ゆえに，気体が外部にした仕事は **0** である。

(4) 状態Ⅲ，Ⅳ，Ⅴでの気体の圧力および絶対温度をそれぞれ P_3，P_4，P_5，T_3，T_4，T_5 とする。

(a) ピストンにはたらく力のつりあいより

$$P_3S=P_0S+\rho Sag$$

よって　$P_3=\boldsymbol{P_0+\rho ag}$

(b) ボイル・シャルルの法則「$\dfrac{pV}{T}$＝一定」より

$$\frac{P_0\cdot 3Sa}{T_0}=\frac{(P_0+\rho ag)\cdot 2Sa}{T_3}$$

$$よって \quad T_3=\frac{2T_0}{3}\cdot\frac{P_0+\rho ag}{P_0}=\boldsymbol{\frac{2}{3}\left(1+\frac{\rho ag}{P_0}\right)T_0}$$

(c) ピストン上部の液体の量が変化していないので，状態Ⅲと同じくピストンにはたらく力のつりあいより

$$P_4=\boldsymbol{P_0+\rho ag}$$

(d) ボイル・シャルルの法則より

$$\frac{P_0\cdot 3Sa}{T_0}=\frac{(P_0+\rho ag)\cdot S(2a+h)}{T_4}$$

$$よって \quad T_4=\frac{2a+h}{3P_0a}(P_0+\rho ag)T_0=\boldsymbol{\frac{1}{3}\left(2+\frac{h}{a}\right)\left(1+\frac{\rho ag}{P_0}\right)T_0}$$

(e) ピストン上部の液体が排出されているので，力のつりあいから　$P_5=\boldsymbol{P_0}$

(f) ボイル・シャルルの法則より

$$\frac{P_0\cdot 3Sa}{T_0}=\frac{P_0S(3a+h)}{T_5}$$

$$よって \quad T_5=\boldsymbol{\left(1+\frac{h}{3a}\right)T_0}$$

(5) 気体の物質量を n，気体定数を R とおく。状態Ⅲから状態Ⅳの変化は定圧変化であり，吸収した熱を $Q_{3\to4}$ とすると，単原子分子理想気体の内部エネルギーの変化の式

「$\varDelta U=\dfrac{3}{2}nR\varDelta T$」，気体がした仕事の式

「$W'=p\varDelta V$」，熱力学第一法則「$Q=\varDelta U+W'$」，理想気体の状態方程式「$pV=nRT$」から

$$Q_{3\to4}=\frac{3}{2}nR(T_4-T_3)+P_3(V_4-V_3)$$

$$=\frac{5}{2}P_3(V_4-V_3)$$

$$=\frac{5}{2}(P_0+\rho ag)\cdot\{(h+2a)-2a\}S$$

$$=\boldsymbol{\frac{5}{2}(P_0+\rho ag)Sh}$$

(6) 気体が外部にした仕事を $W_{4\to5}$ とする。図aの斜線部分の面積が状態Ⅳから状態Ⅴへの変化で気体が外部にした仕事となる。ゆえに

$$W_{4\to5}=\frac{1}{2}\times\{P_0+(P_0+\rho ag)\}\cdot\{S(3a+h)-S(2a+h)\}$$

$$=\boldsymbol{\frac{1}{2}(2P_0+\rho ag)Sa}$$

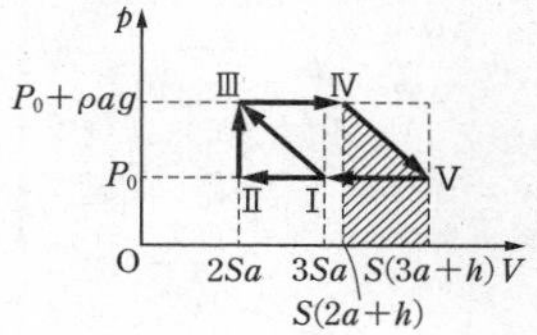

図a

(7) 気体が吸収した熱量を $Q_{4\to5}$，内部エネルギーの変化を $\varDelta U_{4\to5}$ とする。(5)と同様にして

$$Q_{4\to5}=\varDelta U_{4\to5}+W_{4\to5}'$$

$$=\frac{3S}{2}\{P_0(3a+h)-(P_0+\rho ag)(2a+h)\}+\frac{1}{2}(2P_0+\rho ag)Sa$$

$$=\boldsymbol{\frac{5P_0-5\rho ag-3\rho gh}{2}Sa}$$

(8) 1サイクルで気体が外部にした仕事は図bの斜線部分の面積となる。ゆえに

$$\{(P_0+\rho ag)-P_0\}\cdot\{S(3a+h)-S(2a+h)\}$$

$$=\boldsymbol{\rho Sahg}$$

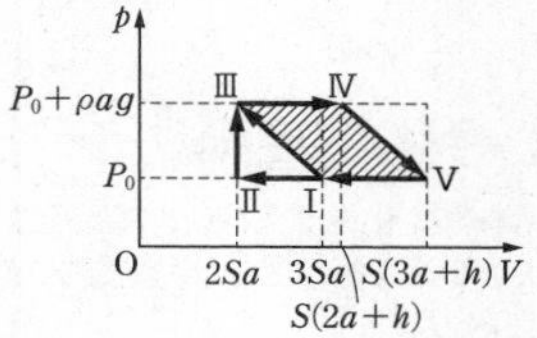

図b

【40】

(1) 気体の圧力を p_1 とする。ピストンにはたらく力のつりあいより

$$p_1S=p_0S+mg$$

$$よって \quad p_1=p_0+\frac{mg}{S}$$

を得る。ゆえに，理想気体の状態方程式「$pV=nRT$」より

$$p_1\cdot SL=nRT_1$$

したがって　$T_1=\left(p_0+\dfrac{mg}{S}\right)\cdot\dfrac{SL}{nR}$

$$=\boldsymbol{\frac{p_0S+mg}{nR}L}$$

(2) 断熱変化でかつ気体は仕事をしていないので，熱力学第一法則「$\Delta U=Q+W$」より，内部エネルギーの変化は0である。すなわち，温度変化が0となるので，$T_2=\boldsymbol{T_1}$

(3) ピストンの位置が変化していないので，気体の圧力は p_1 となる。よって，理想気体の状態方程式より

$$p_1(SL+V_Y)=nRT_3$$

ゆえに　$T_3=\left(p_0+\dfrac{mg}{S}\right)\cdot\dfrac{(SL+V_Y)}{nR}$

$$=\boldsymbol{\frac{1}{nR}\left(p_0+\frac{mg}{S}\right)(SL+V_Y)}$$

(4) おもりを外した状態における気体の圧力は力のつりあいから p_0 となる。問題文から，単原子分子理想気体のゆっくりとした断熱変化においては「$pV^\gamma=$一定」が成りたつので

$$p_0\{S(L+\Delta L)\}^\gamma=\left(p_0+\frac{mg}{S}\right)(SL)^\gamma \quad \cdots\cdots①$$

$$\left(\frac{L+\Delta L}{L}\right)^\gamma=1+\frac{mg}{p_0S}$$

$$1+\frac{\Delta L}{L}=\left(1+\frac{mg}{p_0S}\right)^{\frac{1}{\gamma}}$$

$$\boldsymbol{\frac{\Delta L}{L}=\left(1+\frac{mg}{p_0S}\right)^{\frac{1}{\gamma}}-1}$$

(5)(ア) 単原子分子理想気体の内部エネルギーの変化の式「$\Delta U=\dfrac{3}{2}nR\Delta T$」より

$$\Delta U=\frac{3}{2}nR(T_3-T_2)$$

$$=\frac{3}{2}\left\{\left(p_0+\frac{mg}{S}\right)(SL+V_Y)-(p_0S+mg)L\right\}$$

$$=\boldsymbol{\frac{3}{2}\left(p_0+\frac{mg}{S}\right)V_Y}$$

(イ) (4)の断熱変化前後の気体の温度をそれぞれ T_3'，T_4 とおく。また，物質量を n' とおくと，理想気体の状態方程式より

$$\left(p_0+\frac{mg}{S}\right)SL=n'RT_3'$$

$$T_3'=\frac{p_0S+mg}{n'R}L$$

$$p_0S(L+\Delta L)=n'RT_4$$

$$T_4=\frac{p_0S(L+\Delta L)}{n'R}$$

となる。

一方，熱力学第一法則「$Q=\Delta U+W'$」において，断熱変化であることから $Q=0$ なので，(4)における気体の内部エネルギーの変化を $\Delta U'$ とすると

$$\Delta U'+W=0$$

$$W=-\Delta U'$$

$$=-\frac{3}{2}n'R(T_4-T_3')$$

$$=-\frac{3}{2}\{p_0S(L+\Delta L)-(p_0S+mg)L\}$$

$$=\boldsymbol{\frac{3}{2}(mgL-p_0S\Delta L)}$$

(6) おもりを外したときの圧力は p_0 となる。ゆえに，ゆっくりとした断熱変化なので

$$p_0\{S(L+\Delta L')+V_Y\}^\gamma=\left(p_0+\frac{mg}{S}\right)(SL+V_Y)^\gamma \quad \cdots\cdots②$$

②式÷①式 より

$$\left\{\frac{S(L+\Delta L')+V_Y}{S(L+\Delta L)}\right\}^\gamma=\left(\frac{SL+V_Y}{SL}\right)^\gamma$$

$$\{S(L+\Delta L')+V_Y\}L=(SL+V_Y)(L+\Delta L)$$

$$SL\Delta L'=(SL+V_Y)\Delta L$$

$$\frac{\Delta L'}{\Delta L}=\frac{SL+V_Y}{SL}=\boldsymbol{1+\frac{V_Y}{SL}}$$

【41】

〔A〕(1) 体積が増加するとき，気体がした仕事は正である。一方，熱力学第一法則「$Q=\Delta U+W'$」において，断熱変化であるならば $Q=0$ となるので

$$\Delta U+W'=0$$

を満たす。つまり，体積が増加する($W'>0$)とき $\Delta U<0$，すなわち温度変化が負となるので，p-V 図は**図 a** のようになる。また，気体がした仕事は p-V 図において，直線 $V=V_0$，$V=V_e$ および V 軸と状態変化を表す曲線によって囲まれた面積となる(図 a の斜線部分は W_A を表している)。

以上から，図 a のグラフより

$$\boldsymbol{W_p>W_T>W_A}$$

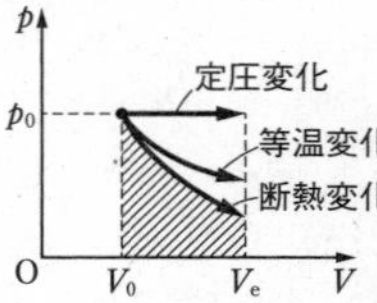

図 a

(2) 定圧変化における気体の内部エネルギーの変化を ΔU_p とする。熱力学第一法則「$Q=\Delta U+W'$」より

$$Q_p=\Delta U_p+W_p$$

よって　$\dfrac{W_p}{Q_p}=1-\dfrac{\Delta U_p}{Q_p}$ $\quad \cdots\cdots①$

一方，定圧変化における温度変化を ΔT_p とおく。理想気体の内部エネルギーの変化の式「$\Delta U=nC_V\Delta T$」より

$$\Delta U_p=1\times C_V\Delta T_p=C_V\Delta T_p \quad \cdots\cdots②$$

また，定圧変化なので

$Q_p = 1 \times C_p \Delta T_p = C_p \Delta T_p$ ……③

よって，①式に②式および③式を代入すると

$\dfrac{W_p}{Q_p} = 1 - \dfrac{C_V \Delta T_p}{C_p \Delta T_p} = \mathbf{1 - \dfrac{C_V}{C_p}}$

等温変化の場合，内部エネルギーの変化は0となる。ゆえに，熱力学第一法則から

$Q_T = W_T$　したがって　$\dfrac{W_T}{Q_T} = \mathbf{1}$

〔B〕状態変化は図bのようになる。

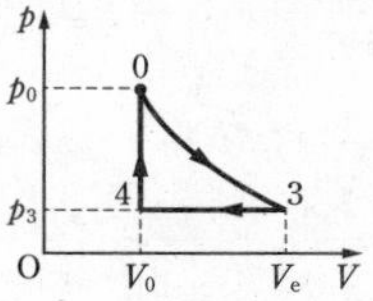

図b

(3) 理想気体の状態方程式「$pV = nRT$」より

$$\begin{cases} p_0 V_0 = 1 \times RT_0 \\ p_3 V_e = 1 \times RT_3 \end{cases} \Rightarrow \begin{cases} p_0 = \dfrac{RT_0}{V_0} \\ p_3 = \dfrac{RT_3}{V_e} \end{cases}$$

が成りたつ。ポアソンの法則「$pV^{\gamma} =$ 一定」より

$p_0 \cdot V_0{}^{\gamma} = p_3 \cdot V_e{}^{\gamma}$

$\dfrac{RT_0}{V_0} \cdot V_0{}^{\gamma} = \dfrac{RT_3}{V_e} \cdot V_e{}^{\gamma}$

$T_0 V_0{}^{\gamma-1} = T_3 V_e{}^{\gamma-1}$

$T_3 = \left(\dfrac{V_0}{V_e}\right)^{\gamma-1} T_0 = \left(\dfrac{1}{a}\right)^{\gamma-1} T_0$

一方，状態3から状態4の変化は定圧変化なので，シャルルの法則「$\dfrac{V}{T} =$ 一定」から

$\dfrac{V_e}{T_3} = \dfrac{V_0}{T_4}$

$T_4 = \dfrac{1}{a} \cdot T_3 = \left(\dfrac{1}{a}\right)^{\gamma} T_0$

断熱変化においては気体が吸収した熱量は0である。ゆえに，気体がした仕事は熱力学第一法則より

$W_A = -\Delta U_A$

$= -1 \times C_V (T_3 - T_0)$

$= -C_V \left\{ \left(\dfrac{1}{a}\right)^{\gamma-1} - 1 \right\} T_0$

$= C_V \left\{ 1 - \left(\dfrac{1}{a}\right)^{\gamma-1} \right\} T_0$

一方，状態4から状態0への変化は定積変化なので，定積モル比熱を用いて

$Q = 1 \times C_V (T_0 - T_4)$

$= C_V \left\{ 1 - \left(\dfrac{1}{a}\right)^{\gamma} \right\} T_0$

よって　$\dfrac{W_A}{Q} = \dfrac{1 - \left(\dfrac{1}{a}\right)^{\gamma-1}}{1 - \left(\dfrac{1}{a}\right)^{\gamma}} = \mathbf{\dfrac{a^{\gamma} - a}{a^{\gamma} - 1}}$

(4) この熱機関が吸収した熱量はQである。一方，状態3から状態4の変化において熱は放出される。放出した熱量をQ'とすると，定圧変化であることから

$Q' = 1 \times C_p (T_3 - T_4)$

$= C_p \left(\dfrac{1}{a}\right)^{\gamma} (a-1) T_0$

よって，熱効率の式「$e = \dfrac{Q_{in} - Q_{out}}{Q_{in}}$」より

$e_A = \dfrac{Q - Q'}{Q}$

$= 1 - \dfrac{Q'}{Q}$

$= 1 - \dfrac{C_p}{C_V} \cdot \left(\dfrac{1}{a}\right)^{\gamma} \cdot \dfrac{a-1}{1 - \left(\dfrac{1}{a}\right)^{\gamma}}$

$= 1 - \gamma \cdot \dfrac{a-1}{a^{\gamma} - 1}$

となる。ゆえに　ア $= \mathbf{\gamma (a-1)}$

〔C〕状態変化は図cのようになる。

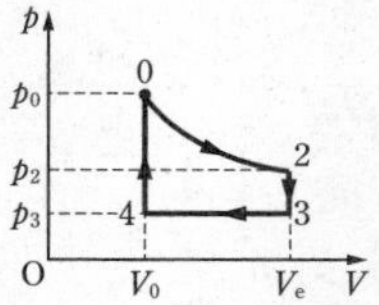

図c

(5) 状態0における理想気体の状態方程式から

$p_0 V_0 = 1 \times RT_0$

よって　$T_0 = \dfrac{p_0 V_0}{R}$ ……④

また，マイヤーの関係式から

$R = C_p - C_V$ ……⑤

状態2から状態3への変化は定積変化なので，定積モル比熱を用いて

$Q_1 = 1 \times C_V (T_2 - T_3)$

$= C_V \left\{ 1 - \left(\dfrac{1}{a}\right)^{\gamma-1} \right\} T_0$

が成りたつ。④式と⑤式を代入すると

$Q_1 = C_V \left\{ 1 - \left(\dfrac{1}{a}\right)^{\gamma-1} \right\} \cdot \dfrac{p_0 V_0}{C_p - C_V}$

$= \dfrac{1}{\dfrac{C_p}{C_V} - 1} \left\{ 1 - \left(\dfrac{1}{a}\right)^{\gamma-1} \right\} p_0 V_0$

$= \dfrac{1}{\gamma - 1} \cdot \dfrac{a^{\gamma} - a}{a^{\gamma}} \cdot p_0 V_0$

$= \mathbf{\dfrac{a^{\gamma} - a}{a^{\gamma}(\gamma - 1)} p_0 V_0}$

(6) 状態0から状態2への変化は等温変化なので，気体が外部にする仕事は吸収した熱量に等しい。また，状態4から状態0への変化で吸収した熱量はQなので，この熱機関におけるサイクルで吸収した熱量は$p_0 V_0 \log_e a + Q$となる。一方，状態3から状態4への変化は定圧変化であり，気体がした仕事をW'とお

くと，気体がした仕事の式「$W'=p\Delta V$」および気体の状態方程式から

$$W'=p_3(V_0-V_3)$$
$$=1\times R(T_4-T_3)$$
$$=R(T_4-T_3)$$

ここで，⑤式から

$$R=C_V\left(\frac{C_p}{C_V}-1\right)$$
$$=C_V(\gamma-1)$$

と変形できる。よって

$$W'=C_V(\gamma-1)\cdot\left(\frac{1}{a}\right)^{\gamma}(1-a)T_0$$

となるので，熱効率の式「$e=\dfrac{W'}{Q_{\text{in}}}$」より

$$e_T=\frac{p_0V_0\log_e a+W'}{p_0V_0\log_e a+Q}$$
$$=\frac{RT_0\log_e a+C_V(\gamma-1)\cdot\left(\frac{1}{a}\right)^{\gamma}(1-a)T_0}{RT_0\log_e a+C_V\left\{1-\left(\frac{1}{a}\right)^{\gamma}\right\}T_0}$$
$$=\frac{C_V(\gamma-1)\log_e a+C_V(\gamma-1)\cdot\left(\frac{1}{a}\right)^{\gamma}(1-a)}{C_V(\gamma-1)\log_e a+C_V\left\{1-\left(\frac{1}{a}\right)^{\gamma}\right\}}$$
$$=\frac{a^{\gamma}\log_e a+1-a}{a^{\gamma}\log_e a+\dfrac{a^{\gamma}-1}{\gamma-1}}$$

よって　[イ] $=\boldsymbol{1-a}$

[ウ] $=\boldsymbol{a^{\gamma}\log_e a+\dfrac{a^{\gamma}-1}{\gamma-1}}$

〔D〕状態変化は図dのようになる。

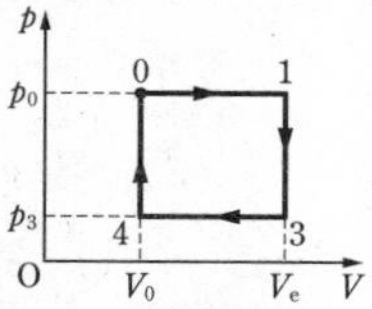

図d

(7) この熱機関で熱を吸収するのは状態0から1への変化と状態4から0への変化である。このうち，状態4から状態0への変化で吸収した熱量はQである。状態0から状態1への変化で吸収した熱量をQ_0とすると，定圧変化であることと，理想気体の状態方程式から

$$Q_0=1\times C_p(T_1-T_0)$$
$$=C_p\cdot\frac{p_0}{R}(V_e-V_0)$$
$$=C_p\cdot\frac{p_0V_0}{C_V(\gamma-1)}\left(\frac{V_e}{V_0}-1\right)$$
$$=\frac{\gamma(a-1)}{\gamma-1}p_0V_0$$

ポアソンの法則より

$$p_0\cdot V_0{}^{\gamma}=p_3\cdot V_e{}^{\gamma}$$
$$p_3=\left(\frac{1}{a}\right)^{\gamma}p_0$$

であり，この熱機関で気体が外部にした仕事は図dの線分によって囲まれた図形の面積となるので，熱効率の式より

$$e_p=\frac{(p_0-p_3)(V_e-V_0)}{Q_0+Q}$$
$$=\frac{(p_0-p_3)(a-1)V_0}{\dfrac{\gamma(a-1)}{\gamma-1}p_0V_0+C_V\left\{1-\left(\frac{1}{a}\right)^{\gamma}\right\}T_0}$$
$$=\frac{\left\{1-\left(\frac{1}{a}\right)^{\gamma}\right\}(a-1)p_0V_0}{\dfrac{\gamma(a-1)}{\gamma-1}p_0V_0+C_V\left\{1-\left(\frac{1}{a}\right)^{\gamma}\right\}\cdot\dfrac{p_0V_0}{R}}$$
$$=\frac{(a^{\gamma}-1)(a-1)(\gamma-1)}{\gamma(a-1)a^{\gamma}+(a^{\gamma}-1)(\gamma-1)\cdot\dfrac{C_V}{R}}$$
$$=\frac{(\gamma-1)(a-1)(a^{\gamma}-1)}{\gamma(a-1)a^{\gamma}+a^{\gamma}-1}$$

となるので　[エ] $=\boldsymbol{\gamma(a-1)a^{\gamma}+a^{\gamma}-1}$

(8) (4)の結果より

$$e_A=1-\gamma\cdot\frac{a-1}{a^{\gamma}-1}$$
$$=1-\frac{5}{3}\times\frac{10-1}{10^{\frac{5}{3}}-1}$$
$$=1-\frac{5}{3}\times\frac{9}{45}=\frac{2}{3}\fallingdotseq 0.67$$

(6)の結果より

$$e_T=\frac{a^{\gamma}\log_e a+1-a}{a^{\gamma}\log_e a+\dfrac{a^{\gamma}-1}{\gamma-1}}$$
$$=\frac{10^{\frac{5}{3}}\times\log_e 10+1-10}{10^{\frac{5}{3}}\times\log_e 10+\dfrac{10^{\frac{5}{3}}-1}{\frac{5}{3}-1}}$$
$$=\frac{46\times2.3-9}{46\times2.3+1.5\times45}=\frac{96.8}{173.3}$$
$$=0.5585\cdots\fallingdotseq 0.56$$

(7)の結果より

$$e_p=\frac{(\gamma-1)(a-1)(a^{\gamma}-1)}{\gamma(a-1)a^{\gamma}+a^{\gamma}-1}$$
$$=\frac{\left(\frac{5}{3}-1\right)(10-1)(10^{\frac{5}{3}}-1)}{\frac{5}{3}\times(10-1)\times10^{\frac{5}{3}}+10^{\frac{5}{3}}-1}$$
$$=\frac{6\times45}{690+45}=\frac{54}{147}=\frac{18}{49}=0.3673\cdots\fallingdotseq 0.37$$

となる。ゆえに　$\boldsymbol{e_A>e_T>e_p}$

10 波の性質

【42】

(1) 求める時間を t〔ms〕とする。等速直線運動の式「$x=vt$」より

$$0.4=4000\times\frac{t}{1000}$$

よって　$t=\mathbf{0.1ms}$

(2) 図aのように，x 軸に進行方向に平行な変位をかきこむと，$x=0.5$m に向かってくるときは密に，遠ざかっていくときは疎になる。ゆえに，密→疎となるので，**②**

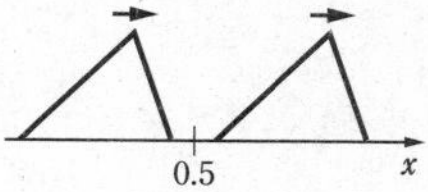

図a

(3) 反射波が届くのは $t=0.05$ms となることに注意すると，**図b**のようになる。

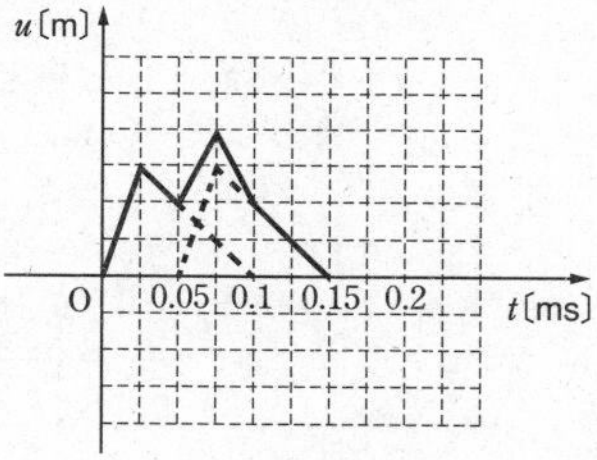

図b

【43】

図1について考える。等速直線運動の式「$x=vt$」より

$$\mathrm{A'B'}=\boldsymbol{V_1t_1}\quad\cdots(ア)$$

同様にして

$$\mathrm{AB}=\boldsymbol{V_2t_1}\quad\cdots(イ)$$

直角三角形 AA′B′ に着目すると

$$\mathrm{AB'}\sin\theta_1=\mathrm{A'B'}$$

よって　$\mathrm{AB'}=\dfrac{\boldsymbol{V_1t_1}}{\boldsymbol{\sin\theta_1}}\quad\cdots(ウ)$

同様に，直角三角形 ABB′ に着目すると

$$\mathrm{AB'}\sin\theta_2=\mathrm{AB}$$

よって　$\mathrm{AB'}=\dfrac{\boldsymbol{V_2t_1}}{\boldsymbol{\sin\theta_2}}\quad\cdots(エ)$

ゆえに

$$\frac{V_1t_1}{\sin\theta_1}=\frac{V_2t_1}{\sin\theta_2}$$

$$\frac{\sin\theta_2}{\sin\theta_1}=\frac{V_2}{V_1}$$

となり，屈折の法則が成りたつ。

続いて，図2について考える。等速直線運動の式より

$$\mathrm{B'C'}=\mathrm{AC}=\boldsymbol{ut_0}\quad\cdots(オ)$$

領域 $\mathrm{R_1}$ および $\mathrm{R_2}$ において振動数は等しい。

ゆえに，$\boldsymbol{f_1}\quad\cdots(カ)$

領域 $\mathrm{R_2}$ における波の速さを V_2，波長を λ_2 とすると，屈折の法則「$\dfrac{\sin i}{\sin r}=\dfrac{v_1}{v_2}=\dfrac{\lambda_1}{\lambda_2}=n_{12}$」より

$$\frac{\sin\theta_2}{\sin\theta_1}=\frac{V_2}{V_0}\qquad よって\quad V_2=\frac{\sin\theta_2}{\sin\theta_1}V_0$$

が成りたつ。ゆえに，波の基本式「$v=f\lambda$」より

$$V_2=f_1\lambda_2$$

$$\lambda_2=\frac{1}{f_1}\cdot\frac{\sin\theta_2}{\sin\theta_1}V_0=\frac{\boldsymbol{\sin\theta_2}}{\boldsymbol{\sin\theta_1}}\cdot\frac{\boldsymbol{V_0}}{\boldsymbol{f_1}}\quad\cdots(キ)$$

図1と同様に考えると

$$\mathrm{AB'}=\frac{V_0t_0}{\sin\theta_1}\qquad \mathrm{CB'}=\frac{V_0t_0}{\sin\theta_2}$$

となるので，$\mathrm{AB'}=\mathrm{AC}+\mathrm{CB'}$ より

$$\frac{V_0t_0}{\sin\theta_1}=ut_0+\frac{V_0t_0}{\sin\theta_2}$$

よって　$u=\left(\dfrac{\boldsymbol{1}}{\boldsymbol{\sin\theta_1}}-\dfrac{\boldsymbol{1}}{\boldsymbol{\sin\theta_2}}\right)\boldsymbol{V_0}\quad\cdots(ク)$

11 音波

【44】

(1) 図aのように，磁場の向きが y 軸の正の向きになるように磁石が設置されているとする。フレミングの左手の法則より，電流が x 軸の正の向きに流れているときには弦の中央部分が受ける力は z 軸の正の向きとなり，電流が逆向きになれば力の向きも逆向きとなる。いずれにせよ，弦の中央部分が受ける力の向きは z 軸に平行である。

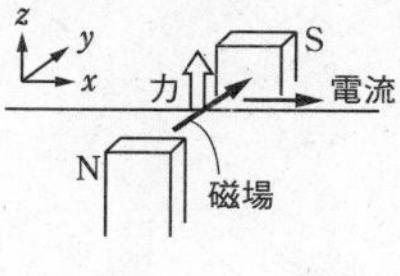

図a

金属線に交流が流れ，電流の向きが周期的に変化するとき，弦の中央部分が受ける力の向きも周期的に変化する。よって弦に横波の定在波ができたとき，弦の中央部分は大きく振動する腹となる。ゆえに　⑤

(2) 弦に3個の腹をもつ横波の定在波ができたとき，図bのようになっている。よってこの定在波の波長は $\dfrac{2}{3}L$ であり　③

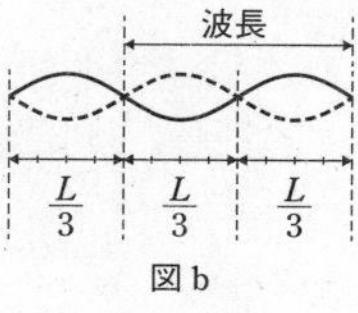

図b

(3) 定在波の腹が n 個生じているとき，図 c のようになっているので，波の波長は $\dfrac{L}{n}$ の 2 倍の $\dfrac{2L}{n}$ である。弦を伝わる波の速さを v とすると，波の基本式より

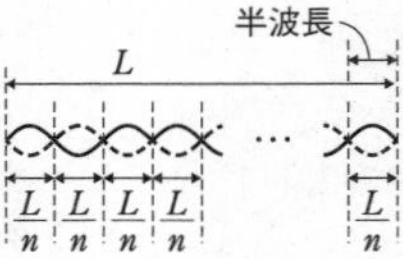

図 c

$$v=(\text{振動数})\times(\text{波長})=f_n\times\frac{2L}{n}$$

よって　$f_n=\dfrac{v}{2L}n$　となるから，縦軸を f_n，横軸を n としてグラフをかいたときの直線の傾きは $\dfrac{v}{2L}$ であり，この傾きは，弦を伝わる波の速さ v に比例している。よって　②

(4) グラフ中のすべての点と原点を通るような直線が引けたとき，f_3 は横軸の値に比例すると推定される。図 3 の中で，これを満たすものは横軸を $\sqrt{S}$ としてかいたグラフである。よって，f_3 は $\sqrt{S}$ に比例することが推定される。すなわち　②

(5)

表 a

d〔mm〕	0.1	0.2	0.3
f_1〔Hz〕	29.4	14.9	9.5

表 1 の f_1〔Hz〕の部分を見ると，表 a に示したように d の値が 2 倍になると f_1 の値は約 $\dfrac{1}{2}$ 倍に，d の値が 3 倍になると f_1 の値は約 $\dfrac{1}{3}$ 倍になっている。f_3，f_5 についても同様のことが成りたっており，弦の固有振動数 f_n は d に反比例している。いいかえれば $\dfrac{1}{d}$ に比例していると推測される。よって　④

参考　弦に用いている金属の密度を D とすると，この金属線の単位長さ当たりの体積は

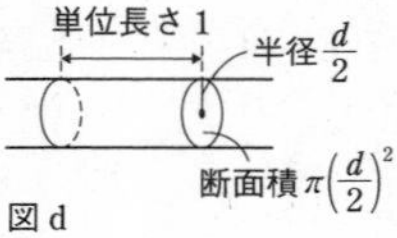

図 d

$$\pi\left(\frac{d}{2}\right)^2\times1=\frac{\pi d^2}{4}$$

単位長さ当たりの質量 (線密度 ρ) は

$\rho=D\times\dfrac{\pi d^2}{4}$　であり　$\dfrac{1}{d}=\dfrac{1}{2}\sqrt{\dfrac{\pi D}{\rho}}$　なので

$$f_n\propto\frac{1}{\sqrt{\rho}}$$

(4)と合わせれば　$f_n\propto\sqrt{\dfrac{S}{\rho}}$　であるから(3)より　$v\propto\sqrt{\dfrac{S}{\rho}}$　が見えてくる。

【45】

(1) 最小の振動数での共鳴は，最長の波長に対応する。このとき，管内の定在波のようすは，図 a のとおりである。このことから

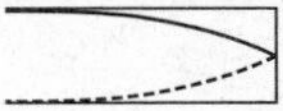
図 a

$$L=\left(\frac{1}{4}\text{ 波長}\right)=\frac{1}{4}\cdot\frac{V}{f_0}$$

ゆえに　$\boldsymbol{V=4f_0L}$ **〔m/s〕**　……①

次に小さな振動数での共鳴は，次に長い波長に対応する。このとき，管内の定在波のようすは，図 b のとおりである。このことから

$$L=\left(\frac{3}{4}\text{ 波長}\right)=\frac{3}{4}\cdot\frac{V}{f_1}$$

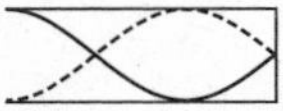
図 b

ここに①式を用いて整理すると

$\boldsymbol{f_1=3f_0}$ **〔Hz〕**

(2) ドップラー効果を考えると，おんさを管に近づけることにより，管内の音波の波長は短くなる。つまり，振動数は大きくなる。この問題の設定から考えて，静止している状態で f' であった振動数が，速さ v で管に近づくことで f_1 になったといえる。ドップラー効果の公式より

$$f_1=\frac{V}{V-v}f'$$

これを整理すると　$\boldsymbol{v=\dfrac{f_1-f'}{f_1}V}$ **〔m/s〕**

(3) Ⅰの事実より，管内の定在波のようすは，図 c のとおりである。このことから

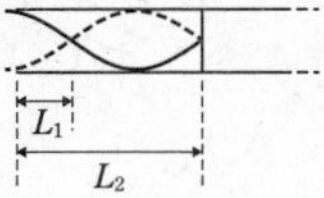

図 c

$$L_2-L_1=\frac{1}{2}\lambda_A$$

これを整理すると

$\boldsymbol{\lambda_A=2(L_2-L_1)}$ **〔m〕**　……②

(4) Ⅱの事実より，管内の定在波のようすは，図 d のとおりである。このことから

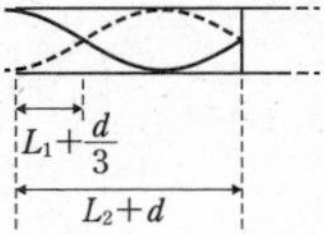

図 d

$$(L_2+d)-\left(L_1+\frac{d}{3}\right)$$

$$=\frac{1}{2}\lambda_B$$

ここに②式を用いて整理すると

$\boldsymbol{\lambda_B=\lambda_A+\dfrac{4}{3}d}$ **〔m〕**

(5) Ⅲの事実より

$$|(\text{A の振動数})-(\text{B の振動数})|=n$$

よって，(4)の結果を用いて

$$\frac{V}{\lambda_A}-\frac{V}{\lambda_A+\dfrac{4}{3}d}=n$$

これを整理すると

$\boldsymbol{n=\dfrac{4dV}{\lambda_A(3\lambda_A+4d)}}$ **〔1/s〕**

(6) 波の式「$V=f\lambda$」より，音の速さが $V\to V+\alpha\varDelta T$ となったとき，つまり $\dfrac{V+\alpha\varDelta T}{V}$ 倍になったとき，おんさAの波長は $\lambda_A\to\left(\dfrac{V+\alpha\varDelta T}{V}\right)\lambda_A$ となる。Ⅳの事実より

$$\left(\frac{V+\alpha\varDelta T}{V}\right)\lambda_A=\lambda_B$$

を満たせばよいので，これを整理すると

$$\alpha=\left(\boldsymbol{\frac{\lambda_B}{\lambda_A}-1}\right)\boldsymbol{\frac{V}{\varDelta T}}\ \text{〔}\mathbf{m/(s\cdot{}^\circ C)}\text{〕}$$

【46】

(1)(a) 波の式「$V=f\lambda$」より　$\lambda=\boldsymbol{\dfrac{V}{f}}$

(b) 時間 t の間に距離 Vt だけ進んでくる波を，観測者は距離 vt だけ進んでむかえにいく。よって，この間に受ける波の個数は，$Vt+vt$ に存在する個数に等しく　$\boldsymbol{\dfrac{(V+v)t}{\lambda}}$

(c) f_R は，単位時間当たりに受けとる波の個数に等しく

$$f_R=((\text{b})\text{の結果})\div t=\frac{V+v}{\lambda}=\boldsymbol{\frac{V+v}{V}f}$$

(2)(a) 波と発信源は，それぞれ等速で進むため，波が進む距離は $\boldsymbol{Vt}$，発信源が進む距離は $\boldsymbol{vt}$

(b) 時間 t の間に Vt だけ進む波を，発信源は vt だけ追いかける。この間に発せられた波の個数は，f_Rt であるため，地点Aで観測される波の波長は　$\dfrac{Vt-vt}{f_Rt}=\boldsymbol{\dfrac{V-v}{f_R}}$

(c) 地点Aで観測される波長は(b)のとおりで，また，波の速さは V であるため

$$f'=\frac{V}{(\text{b})\text{の波長}}=\boldsymbol{\frac{V}{V-v}f_R}$$

(3) (1)(c)と(2)(c)より

$$f'=\frac{V}{V-v}f_R=\frac{V}{V-v}\cdot\frac{V+v}{V}f=\frac{V+v}{V-v}f$$

これを整理して

$$v=\boldsymbol{\frac{f'-f}{f'+f}V}$$

(4) 図aより，物体の速度の，地点B方向の成分は $v\cos\theta$ である。この速さで地点Bに近づいているとみなして，(3)の結果を用いると

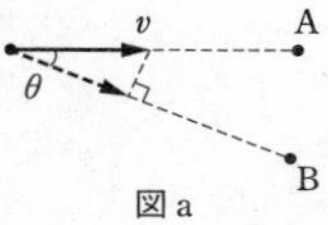

図a

$$v\cos\theta=\frac{f''-f}{f''+f}V$$

これを整理して

$$v=\boldsymbol{\frac{f''-f}{f''+f}\cdot\frac{V}{\cos\theta}}$$

(5) $v_{真}=((4)\text{の結果})=\dfrac{f''-f}{f''+f}\cdot\dfrac{V}{\cos\theta}$

$$v_{測}=((3)\text{の結果より})=\frac{f''-f}{f''+f}V$$

$0^\circ<\theta<90^\circ$ より，$0<\cos\theta<1$ なので，$\boldsymbol{v_{真}>v_{測}}$ である。よって相対誤差の大きさは

$$\frac{|v_{測}-v_{真}|}{v_{真}}=\mathbf{1-\cos\boldsymbol{\theta}}$$

【47】

〔A〕(1) 音源が観測者に近づく場合のドップラー効果を考えて　$f'=\boldsymbol{\dfrac{V}{V-v}f_0}$

〔B〕(2) 問題の設定から考えると，$t=0$ では，音源の観測者方向の速度成分は0である。また，$t=\dfrac{T}{4}$ での観測者方向の速度成分は，$t=\dfrac{3}{4}T$ でのものより大きい。以上のことから，

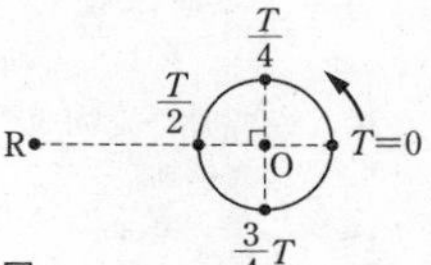

図a

音源の運動は，図aに示すとおりである。f_2 は $t=\dfrac{T}{2}$ のときの音で，このとき，観測者方向の速度成分は0なので

$$f_2=\boldsymbol{f_0}$$

(3) f_3 は，図aで $t=\dfrac{3}{4}T$ に音源が発した音のものである。このとき，音源の観測者方向の速度成分 v_R は，図bより　$v_R=-v\cos\phi$ である。これと(1)の結果より

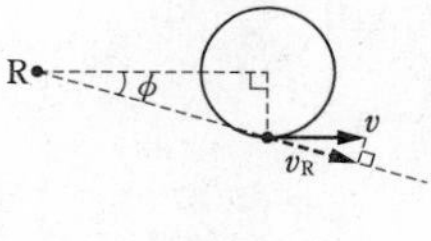

図b

$$f_3=\frac{V}{V-v_R}f_0=\boldsymbol{\frac{V}{V+v\cos\phi}f_0}$$

〔C〕(4)〔B〕と同様に考えると，音源の運動は図cに示すとおりである（ただし，図cは図3を「真横」から見たものである）。

f_1' は，$t=\dfrac{T}{4}$ に音源が発した音のものである。図cより，v の水平成分の大きさは $v\sin\theta$ である。

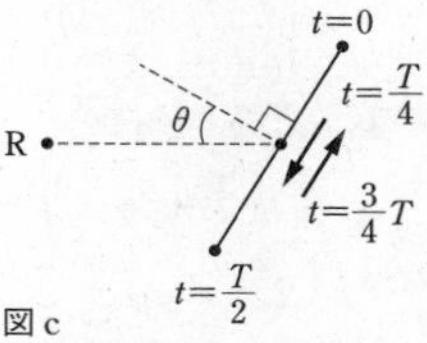

図c

図bを参考に，これをさらに分解すると，音源の観測者方向の速度成分 v_R' は

$$v_R'=v\cos\phi\sin\theta$$

である。これと(1)の結果より

$$f_1'=\frac{V}{V-v_R'}f_0=\boldsymbol{\frac{V}{V-v\cos\phi\sin\theta}f_0}$$

12 光　波

【48】

(1) 点Qにおいて，屈折の法則「$\dfrac{\sin i}{\sin r}=n_{12}$」より

$$\boldsymbol{\frac{\sin\theta_1}{\sin\theta_2}=n}$$

(2) △OPQにおいて，三平方の定理より

$$\mathrm{PQ}=\sqrt{d^2+r^2}$$

よって

$$\sin\theta_2=\boldsymbol{\frac{r}{\sqrt{d^2+r^2}}}$$

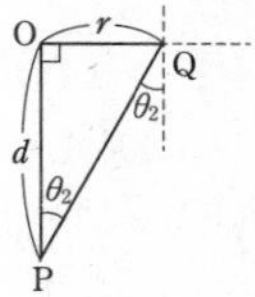

図 a

(3) 点Oを中心とした半径Rの薄い不透明な円盤を水面に置いた図を図bとする。光源の深さがd_cのとき，入射角が臨界角θ_cとなり，屈折角が90°になることを考えて，屈折の法則「$\dfrac{\sin i}{\sin r}=n_{12}$」より

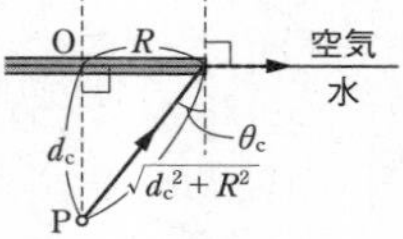

図 b

$$\frac{\sin 90^\circ}{\sin\theta_c}=n$$

$$\sin 90^\circ=n\sin\theta_c$$

$$=n\frac{R}{\sqrt{d_c{}^2+R^2}}$$

これをd_cについて解くと

$$d_c=\boldsymbol{R\sqrt{n^2-1}}$$

(4) 厚さhのガラス板で水面をおおい，ガラス板と空気の境界面で全反射する図を図cとする。図cにあるように，光源から出た光は，ガラスと水の境界面において，入射角θ_2'，屈折角θ_gで屈折し，空気とガラスの境界面において臨界角θ_g，屈折角90°で全反射する。屈折の法則「$\dfrac{\sin i}{\sin r}=n_{12}$」を用いてこれらを式で表すと

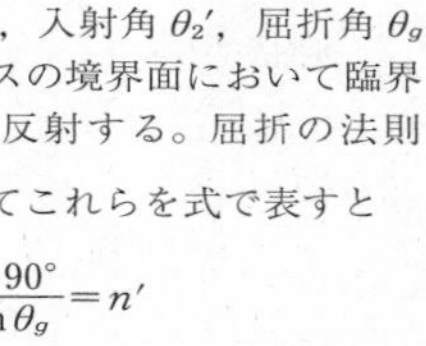

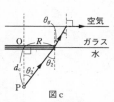

図 c

$$\frac{\sin\theta_g}{\sin\theta_2'}=\frac{n}{n'},\quad \frac{\sin 90^\circ}{\sin\theta_g}=n'$$

また，$\sin\theta_2'=\dfrac{R}{\sqrt{d_c'^2+R^2}}$ を代入してd_c'について解くと　$d_c'=\boldsymbol{R\sqrt{n^2-1}}$

【49】

(1) 屈折の法則「$\dfrac{\sin i}{\sin r}=n_{12}$」より

$$\frac{\sin\theta}{\sin\theta_1}=n_1\quad よって\quad \sin\theta_1=\boldsymbol{\frac{\sin\theta}{n_1}}$$

(2) コア内を進む光の速さをc'として，屈折の法則「$\dfrac{v_1}{v_2}=n_{12}$」より

$$\frac{c}{c'}=n_1\quad よって\quad c'=\boldsymbol{\frac{c}{n_1}}$$

(ア) 点Aにおいて入射角が臨界角ϕ_0のときを考え，屈折の法則「$\dfrac{\sin i}{\sin r}=n_{12}$」より

$$\frac{\sin 90^\circ}{\sin\phi_0}=\frac{n_1}{n_2}\quad よって\quad \sin\phi_0=\frac{n_2}{n_1}$$

全反射するための条件は，「入射角≧臨界角」であるため

$$\phi_1\geqq\phi_0$$

よって　$\sin\phi_1\geqq\sin\phi_0$

ゆえに　$\sin\phi_1\geqq\boldsymbol{\dfrac{n_2}{n_1}}$　……①

(イ) 光が光ファイバー内を最短時間で通過するときの最短距離は，光ファイバー内を中心軸上で進む場合である。つまり，距離lを速さc'で進むときの時間を求めると

$$t=\frac{l}{c'}=\boldsymbol{\frac{n_1 l}{c}}$$

(ウ) 光が中心Oから入射し，コアとクラッドの境界面で全反射するようすを図aに示す。

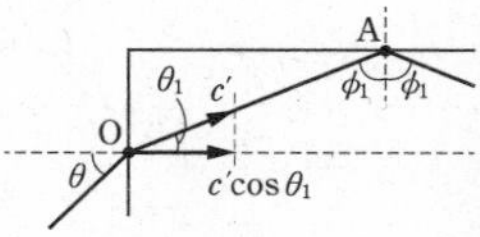

図 a

点Oでの屈折角がθ_1であるとき，コア内を進む光の速さはc'であり，光ファイバーの中心軸方向の速さの成分は$c'\cos\theta_1$となる。よって，距離lを速さ$c'\cos\theta_1$で進む時間をt'として

$$t'=\frac{l}{c'\cos\theta_1}$$

ここで，図aから $\cos\theta_1=\sin\phi_1$ といえ，最長の通過時間を考えるため，$c'\cos\theta_1$は全反射する範囲内で最小であればよい。つまり，$\cos\theta_1$が最小なら$\sin\phi_1$も最小であるから

$$t'=\frac{l}{c'\sin\phi_1}=\frac{l}{\dfrac{c}{n_1}\cdot\dfrac{n_2}{n_1}}=\boldsymbol{\frac{n_1{}^2 l}{n_2 c}}$$

(エ) コア内を進む光の速さが，中心軸付近ではクラッドとの境界面付近よりも遅くなることから，(2)より，中心軸付近での屈折率が境界面付近の屈折率よりも**大きく**なるように調整されている。

(オ) ①式より　$\sin\phi_1\geqq\dfrac{n_2}{n_1}$

$\cos\theta_1=\sin\phi_1$ より　$\cos\theta_1\geqq\dfrac{n_2}{n_1}$

両辺を2乗して　$\cos^2\theta_1\geqq\left(\dfrac{n_2}{n_1}\right)^2$

$$1-\sin^2\theta_1\geqq\frac{n_2{}^2}{n_1{}^2}$$

また(1)より $\sin\theta_1$ を代入して

$$1-\frac{\sin^2\theta}{n_1{}^2}\geqq\frac{n_2{}^2}{n_1{}^2}$$

整理して　$\sin^2\theta\leqq n_1{}^2-n_2{}^2$

よって　$\sin\theta\leqq\boldsymbol{\sqrt{n_1{}^2-n_2{}^2}}$　……②

(カ) 図 2 において θ が最大値をとるとき，凸レンズに入射する光は，凸レンズの下端より入射する。よって，

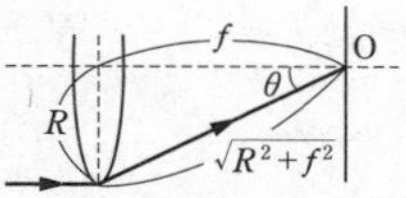

図 b

$$\sin\theta=\boldsymbol{\frac{R}{\sqrt{R^2+f^2}}}$$

(キ) (カ)が②式を満たすので，②式に(カ)を代入して

$$\frac{R}{\sqrt{R^2+f^2}}\leqq\sqrt{n_1{}^2-n_2{}^2}$$

両辺を 2 乗して変形すると

$$\frac{R^2}{R^2+f^2}\leqq n_1{}^2-n_2{}^2$$

$$\boldsymbol{(1-n_1{}^2+n_2{}^2)\times R^2\leqq(n_1{}^2-n_2{}^2)\times f^2}\ \cdots\cdots③$$

(3) ③式に $f=\sqrt{3}R$ を代入して

$$(1-n_1{}^2+n_2{}^2)\times R^2\leqq(n_1{}^2-n_2{}^2)\times 3R^2$$

整理して　$1-n_1{}^2+n_2{}^2\leqq 3n_1{}^2-3n_2{}^2$

よって　$n_2{}^2\leqq n_1{}^2-\frac{1}{4}$

この式をグラフに示すと，**図 c** のようになる。

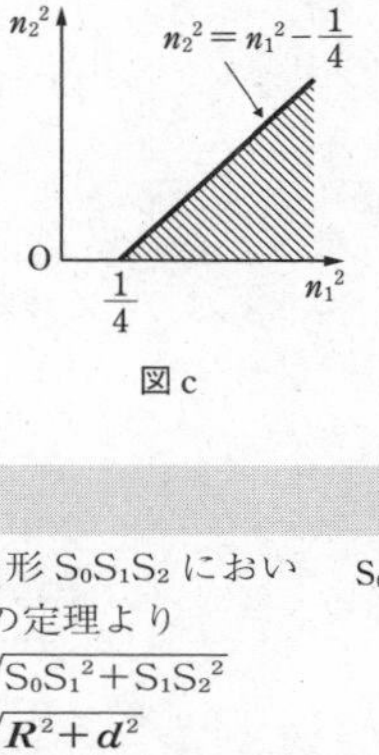

図 c

【50】

(1)(ア) 直角三角形 $S_0S_1S_2$ において，三平方の定理より

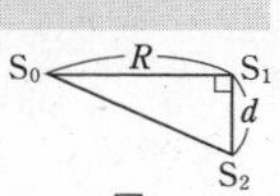

図 a

$$S_0S_2=\sqrt{S_0S_1{}^2+S_1S_2{}^2}$$
$$=\boldsymbol{\sqrt{R^2+d^2}}$$

(イ) 光路差 $\varDelta R$ は，文章中の式を用いて

$$\varDelta R=S_0S_2-S_0S_1=\sqrt{R^2+d^2}-R$$
$$=R\sqrt{1+\left(\frac{d}{R}\right)^2}-R$$

$R\gg d$ より　$\left(\frac{d}{R}\right)^2\ll1$

よって，近似式①を用いて整理すると

$$\varDelta R\fallingdotseq R\left\{1+\frac{1}{2}\left(\frac{d}{R}\right)^2\right\}-R=\boldsymbol{\frac{d^2}{2R}}$$

(ウ) 直角三角形 S_1PO において，三平方の定理より

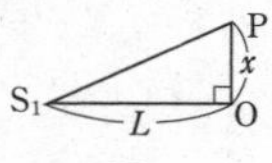

図 b

$$S_1P=\boldsymbol{\sqrt{L^2+x^2}}$$

(エ) S_2 からスクリーンに向かって垂直に引いた直線とスクリーンとの交点を点 O′ とし，直角三角形 S_2PO' において，三平方の定理より

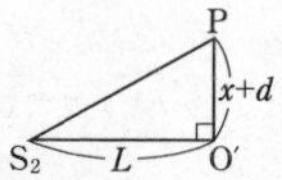

図 c

$$S_2P=\boldsymbol{\sqrt{L^2+(x+d)^2}}$$

(オ) 光路差 $\varDelta L$ は，文章中の式を用いて

$$\varDelta L=S_2P-S_1P$$
$$=\sqrt{L^2+(x+d)^2}-\sqrt{L^2+x^2}$$
$$=L\sqrt{1+\left(\frac{x+d}{L}\right)^2}-L\sqrt{1+\left(\frac{x}{L}\right)^2}$$

$L\gg d$，$L\gg x$ より　$\left(\frac{x+d}{L}\right)^2\ll1$，$\left(\frac{x}{L}\right)^2\ll1$

よって，近似式①を用いて整理すると

$$\varDelta L\fallingdotseq L\left\{1+\frac{1}{2}\left(\frac{x+d}{L}\right)^2\right\}-L\left\{1+\frac{1}{2}\left(\frac{x}{L}\right)^2\right\}$$
$$=\boldsymbol{\frac{d^2}{2L}+\frac{xd}{L}}$$

(カ) (イ)と(オ)から，求める光路差は

$$(S_0S_2+S_2P)-(S_0S_1+S_1P)$$
$$=(S_0S_2-S_0S_1)+(S_2P-S_1P)$$
$$=\varDelta R+\varDelta L=\boldsymbol{\frac{d^2}{2R}+\frac{d^2}{2L}+\frac{xd}{L}}$$

(キ) (カ)の光路差が $m\lambda$ と等しいときに明線が現れることから

$$\frac{d^2}{2R}+\frac{d^2}{2L}+\frac{xd}{L}=m\lambda$$

$$x=\boldsymbol{\frac{mL\lambda}{d}-\frac{(R+L)d}{2R}}$$

(ク) (キ)に $m=0$ を代入して　$x_0=\boldsymbol{-\frac{(R+L)d}{2R}}$

(2)(ケ) 求める光路長 S_0S_1 は，S_0 から薄膜までの空気中の光路長と，薄膜中の光路長の和で表せるので

$$S_0S_1=(R-W)\times1+Wn=\boldsymbol{R+(n-1)W}$$

(コ) 点 P が明線となる条件式は，光路差が $m\lambda$ と等しくなることで表せる。まず，光路差を考えると

$$(S_0S_2+S_2P)-(S_0S_1+S_1P)$$
$$=(S_0S_2-S_0S_1)+(S_2P-S_1P)$$
$$=\sqrt{R^2+d^2}-\{R+(n-1)W\}+\varDelta L$$
$$=\varDelta R-(n-1)W+\varDelta L$$
$$=\frac{d^2}{2R}-(n-1)W+\frac{d^2}{2L}+\frac{xd}{L}$$

この光路差が $m\lambda$ と等しいことから

$$\boldsymbol{\frac{d^2}{2R}-(n-1)W+\frac{d^2}{2L}+\frac{xd}{L}=m\lambda}$$

$(m=0,\ \pm1,\ \pm2,\ \cdots)$

(サ) (コ)に $m=0$ を代入し，x_0' について解くと

$$\frac{d^2}{2R}-(n-1)W+\frac{d^2}{2L}+\frac{x_0'd}{L}=0$$

$$x_0'=\boldsymbol{-\frac{(L+R)d}{2R}+(n-1)\frac{LW}{d}}$$

(シ) (サ)に $x_0'=0$ を代入し，n について解くと

$$0=-\frac{(L+R)d}{2R}+(n-1)\frac{LW}{d}$$

$$n=1+\boldsymbol{\frac{(L+R)d^2}{2LRW}}$$

【51】

(1) 角度 θ の向きに進む回折光の，隣りあう光線の光路差は $d\sin\theta$ と表せる。スクリーン上で光が強めあう条件は

$$\boldsymbol{d\sin\theta=m\lambda}\quad(\boldsymbol{m=0,\ 1,\ 2,\ \cdots})$$

(2) (1)より，隣りあう光線の光路差は $d\sin\theta$ で表すことができ，$L\gg d$ より

$$d\sin\theta\fallingdotseq d\tan\theta=d\frac{x}{L}$$

スクリーン上の明線のうち，m 番目の明線と点Oとの距離を x_m とすれば

$$d\frac{x_m}{L}=m\lambda\quad よって\quad x_m=\frac{mL\lambda}{d}$$

点O上の明線の隣の明線では，$m=1$ となり，点Oからの距離 x は

$$x=\boldsymbol{\frac{L\lambda}{d}}\qquad\cdots\cdots①$$

(3) 媒質が異なると，光の速さも変わるため，屈折の法則「$\frac{v_1}{v_2}=n_{12}$」より

$$\frac{c}{c'}=n_1\quad よって\quad c'=\boldsymbol{\frac{c}{n_1}}$$

(4) (3)と同様にして，屈折の法則「$\frac{\lambda_1}{\lambda_2}=n_{12}$」より

$$\frac{\lambda}{\lambda'}=n_1$$

$$\lambda'=\boldsymbol{\frac{\lambda}{n_1}}\qquad\cdots\cdots②$$

(5) (2)より，点O上の明線とその隣の明線の間隔は①式で表され，回折格子からスクリーンが絶対屈折率 $n_1(n_1>1)$ の液体で満たされているため，(4)より波長は②式の λ' となる。よって，求める間隔を x' とすれば

$$x'=\frac{L\lambda'}{d}=\boldsymbol{\frac{L\lambda}{n_1d}}$$

(6) 回折格子とスクリーンの間に屈折率 n_2 で厚さ D の透明な板が入ったことで，板の所で光が屈折し，スクリーンまでの光路にずれが生じる。これを図aに示す。図aでは，回折格子を通過後に入射光となす角度 θ で進み，透明な板に入射する点を点Aとし，屈折角 θ' で板の中を進んだ光が点Bより板から出て，再度屈折した後，スクリーン上の点Cに達するようすを実線で表している。

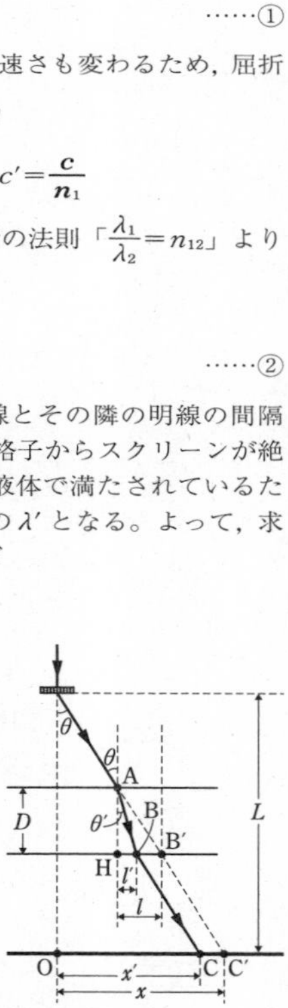

図a

また，透明な板がなかった場合，点A以降は屈折することなく直進するので，それを破線で表し，透明な板の下面との交点をB′，スクリーンとの交点をC′としている。さらに，点Aからスクリーンに垂直な方向に引いた線と，透明な板の下面との交点をHとする。

ここで，求めたい距離 $\mathrm{OC}=x'$ とすれば，x' は OC′ から CC′ の長さ分を引けばよいことがわかる。また，四角形 BB′C′C は平行四辺形であり，$\mathrm{HB'}=l$，$\mathrm{HB}=l'$ とすれば

$$\begin{aligned}x'&=x-(l-l')=x-(D\tan\theta-D\tan\theta')\\&=x-\left(D\tan\theta-D\frac{\tan\theta}{n_2}\right)\\&=x-\left(1-\frac{1}{n_2}\right)D\frac{x}{L}\\&=\frac{L\lambda}{d}-\left(1-\frac{1}{n_2}\right)\frac{D}{L}\cdot\frac{L\lambda}{d}\\&=\boldsymbol{\left(L-D+\frac{D}{n_2}\right)\frac{\lambda}{d}}\end{aligned}$$

(7) 1.0 cm 当たりのスリット数が 5.0×10^2 本の回折格子の格子定数を d_1，3.0×10^2 本の回折格子の格子定数を d_2 とすると

$$d_1=\frac{1.0\times10^{-2}}{5.0\times10^2}=\frac{1}{5.0}\times10^{-4}\ \mathrm{m}$$

$$d_2=\frac{1.0\times10^{-2}}{3.0\times10^2}=\frac{1}{3.0}\times10^{-4}\ \mathrm{m}$$

格子定数 d_1，d_2 の回折格子により，点Oの隣に観察された明線と点Oとの距離をそれぞれ x_1'，x_2' とすると，(6)より

$$x_1'=\left(L-D+\frac{D}{n_2}\right)\frac{\lambda}{d_1}$$

$$x_2'=\left(L-D+\frac{D}{n_2}\right)\frac{\lambda}{d_2}$$

よって，x_1' と x_2' の差が 4.5 mm であることから

$$x_1'-x_2'=\left(L-D+\frac{D}{n_2}\right)\cdot\lambda\left(\frac{1}{d_1}-\frac{1}{d_2}\right)$$

$$\begin{aligned}4.5\times10^{-3}&=\left(0.50-0.20+\frac{0.20}{n_2}\right)\\&\quad\times(5.3\times10^{-7})\times(5.0-3.0)\times10^4\\&=\left(0.30+\frac{0.20}{n_2}\right)\times10.6\times10^{-3}\end{aligned}$$

$$\frac{0.20}{n_2}=\frac{4.5\times10^{-3}}{10.6\times10^{-3}}-0.30=\frac{4.5-3.18}{10.6}=\frac{1.32}{10.6}$$

$$n_2=\frac{10.6\times0.20}{1.32}\fallingdotseq\boldsymbol{1.6}$$

【52】

〔A〕(1) 三平方の定理より

$R_1{}^2=r^2+(R_1-d_1)^2$

$(R_1-d_1)^2=R_1{}^2-r^2$

$R_1-d_1=\sqrt{R_1{}^2-r^2}$

$=R_1\left\{1-\left(\dfrac{r}{R_1}\right)^2\right\}^{\frac{1}{2}}$

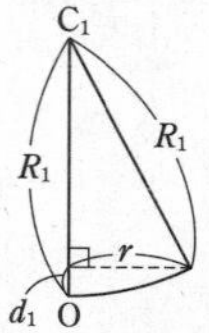

図 a

$r\ll R_1$ より

$\left(\dfrac{r}{R_1}\right)^2\ll 1$

よって，近似式を用いて整理すると

$R_1-d_1\fallingdotseq R_1\left\{1-\dfrac{1}{2}\left(\dfrac{r}{R_1}\right)^2\right\}$

ゆえに　$d_1\fallingdotseq\boldsymbol{\dfrac{r^2}{2R_1}}$

(2) (1)と同様にして解くと　$d_2\fallingdotseq\boldsymbol{\dfrac{r^2}{2R_2}}$

(3) 平凹レンズと平凸レンズの屈折率 n_1 が $n_1>1$ であることから，干渉する 2 つの反射光について，反射時の位相反転は次のようになる。

平凹レンズ上面での反射 → 位相反転あり

平凸レンズ下面での反射 → 位相反転なし

よって，干渉する 2 つの反射光は逆位相であるため，暗環が観察される条件は

$\boldsymbol{2(d_2-d_1)=m\lambda\quad(m=0,\ 1,\ 2,\ \cdots)}$

(4) 4 番目の暗環なので，$m=4$ として，(3)より

$2(d_2-d_1)=4\lambda$

(1)，(2)より　$2\left(\dfrac{r^2}{2R_2}-\dfrac{r^2}{2R_1}\right)=4\lambda$

$\dfrac{1}{R_2}=\dfrac{4\lambda}{r^2}+\dfrac{1}{R_1}$

$=\dfrac{4\times(4.00\times10^{-7})}{(4.00\times10^{-3})^2}+\dfrac{1}{1.00\times10^{-1}}$

$=10.1$

よって　$R_2=\dfrac{1}{10.1}\fallingdotseq\boldsymbol{9.9\times10^{-2}\ \mathrm{m}}$

〔B〕(1) 〔A〕(3)より，2 つの反射光の経路差は $2(d_2-d_1)$ で表され，屈折率 n_2 の透明な液体で満たされているので，その光路差は $2n_2(d_2-d_1)$ と表すことができる。

また，干渉する 2 つの反射光について，反射時の位相反転は $n_2>n_1$ より次のように表せる。

平凹レンズ上面での反射 → 位相反転なし

平凸レンズ下面での反射 → 位相反転あり

よって，干渉する 2 つの反射光は逆位相であるため，暗環が観察される条件は

$2n_2(d_2-d_1)=m\lambda\quad(m=0,\ 1,\ 2,\ \cdots)$

中心から数えて m 番目の暗環の半径を r_m とすれば

$2n_2\left(\dfrac{r_m{}^2}{2R_2}-\dfrac{r_m{}^2}{2R_1}\right)=m\lambda$

よって　$r_m=\boldsymbol{\sqrt{\dfrac{mR_1R_2\lambda}{n_2(R_1-R_2)}}}$

(2) 中心から数えて 4 番目と 9 番目の暗環の半径をそれぞれ r_4，r_9 として，(1)から各々の半径を求めると

$r_4=\sqrt{\dfrac{4\times(1.00\times10^{-1})\times(9.00\times10^{-2})\times(6.00\times10^{-7})}{n_2\times(1.00\times10^{-1}-9.00\times10^{-2})}}$

$=6.00\times10^{-4}\sqrt{\dfrac{6.00}{n_2}}$

$r_9=\sqrt{\dfrac{9\times(1.00\times10^{-1})\times(9.00\times10^{-2})\times(6.00\times10^{-7})}{n_2\times(1.00\times10^{-1}-9.00\times10^{-2})}}$

$=9.00\times10^{-4}\sqrt{\dfrac{6.00}{n_2}}$

r_4 と r_9 の間隔が $6.00\times10^{-4}\ \mathrm{m}$ なので，

$r_9-r_4=6.00\times10^{-4}$

r_4，r_9 を代入して

$9.00\times10^{-4}\sqrt{\dfrac{6.00}{n_2}}-6.00\times10^{-4}\sqrt{\dfrac{6.00}{n_2}}$

$=6.00\times10^{-4}$

整理して　$\sqrt{\dfrac{6.00}{n_2}}=2.00$

両辺を 2 乗して　$\dfrac{6.00}{n_2}=4.00$

よって　$\boldsymbol{n_2=1.5}$

(3) 平凸レンズを距離 L だけ鉛直上向きに移動させたことで，光路差は $2n_2(d_2-d_1+L)$ となる。中心から数えて 1 番目の暗環の条件は，暗環の半径を r' とすれば

$2n_2(d_2-d_1+L)=1\times\lambda$

d_1，d_2 を代入して

$2n_2\left(\dfrac{r'^2}{2R_2}-\dfrac{r'^2}{2R_1}+L\right)=\lambda$

整理して　$r'^2\left(\dfrac{1}{R_2}-\dfrac{1}{R_1}\right)=\dfrac{\lambda}{n_2}-2L$

$r'^2\times\dfrac{R_1-R_2}{R_1R_2}=\dfrac{\lambda-2n_2L}{n_2}$

$r'^2=\dfrac{\lambda-2n_2L}{n_2}\times\dfrac{R_1R_2}{R_1-R_2}$

$=\dfrac{6.00\times10^{-7}-2\times1.5\times(1.00\times10^{-7})}{1.5}$

$\times\dfrac{(1.00\times10^{-1})\times(9.00\times10^{-2})}{(1.00\times10^{-1})-(9.00\times10^{-2})}$

$=1.80\times10^{-7}$

$r'=\sqrt{1.80\times10^{-7}}=3.00\sqrt{2}\times10^{-4}$

$=3.00\times1.41\times10^{-4}$

$\fallingdotseq\boldsymbol{4.2\times10^{-4}\ \mathrm{m}}$

(4) (3)と同様に，$m=1$ として暗環の半径を r'' で表せば

$2n_2(d_2-d_1+L)=1\times\lambda$

(1)，(2)より　$2n_2\left(\dfrac{r''^2}{2R_2}-\dfrac{r''^2}{2R_1}+L\right)=\lambda$

$$r''^2=\frac{\lambda-2n_2L}{n_2}\times\frac{R_1R_2}{R_1-R_2}$$
$$=\frac{6.00\times10^{-7}-2\times1.5\times(2.00\times10^{-7})}{1.5}\times\frac{(1.00\times10^{-1})\times(9.00\times10^{-2})}{(1.00\times10^{-1})-(9.00\times10^{-2})}$$
$$=0$$

よって，$m=1$，$L=2.00\times10^{-7}$ m では暗環が中心に位置してしまっている。$m=2$ にして同じように求めていくと

$$2n_2\left(\frac{r''^2}{2R_2}-\frac{r''^2}{2R_1}+L\right)=2\times\lambda$$
$$r''^2=\frac{2\lambda-2n_2L}{n_2}\times\frac{R_1R_2}{R_1-R_2}$$
$$=\frac{2\times(6.00\times10^{-7})-2\times1.5\times(2.00\times10^{-7})}{1.5}\times\frac{(1.00\times10^{-1})\times(9.00\times10^{-2})}{(1.00\times10^{-1})-(9.00\times10^{-2})}$$
$$=36\times10^{-8}$$
$$r''=\mathbf{6.0\times10^{-4}\ m}$$

【53】

(1) M_2 を L_1 だけ移動させると，M_2 を経由する光線は，その往復分である $2L_1$ だけ距離が長くなる。これにより，再度Dで測定される光が強めあって極大となることから

$$2L_1=m\lambda_0 \quad よって \quad L_1=\boldsymbol{\frac{m\lambda_0}{2}}$$

(2) Hと M_1 の間に厚さ d の薄膜を挿入したことで，2つの光線の光路差の変化量は

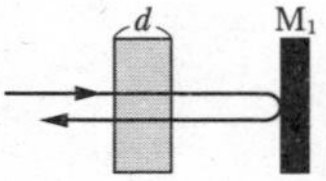

図 a

$$(-d+n_1d)\times2$$
$$=\mathbf{2(n_1-1)d}$$

(3) まず，λ_1 における光が強めあう条件から整数 m を求めると

$$2(n_1-1)d=m\lambda_1$$
$$m=\frac{2(n_1-1)d}{\lambda_1}$$
$$=\frac{2\times(1.5-1)\times(2.5\times10^{-6})}{0.50\times10^{-6}}=5$$

光路差を変えずに波長を長くしていくので，再び極大となるとき，光が強めあう条件で $m=4$ を満たせばよい。

$$2(n_1-1)d=4\lambda_2$$
$$\lambda_2=\frac{2(n_1-1)d}{4}$$
$$=\frac{2\times(1.5-1)\times(2.5\times10^{-6})}{4}$$
$$=0.625\times10^{-6}$$
$$\fallingdotseq0.63\times10^{-6}\ \text{m}=\mathbf{6.3\times10^{-7}\ m}$$

(4) (3)より

$$2(n_1-1)d=4\lambda_2 \quad よって \quad n_1=\frac{2\lambda_2}{d}+1$$

実際には，波長が λ_2' であり，そのときの薄膜の屈折率が n_1' であったとすれば，$\lambda_1<\lambda_2'$ より $n_1>n_1'$ となる。

また，n_1' を λ_2' で表すと　$n_1'=\frac{2\lambda_2'}{d}+1$

よって　$n_1>n_1'$

$$\frac{2\lambda_2}{d}+1>\frac{2\lambda_2'}{d}+1$$
$$\lambda_2>\lambda_2'$$

つまり，実際の波長は(3)で計算した波長よりも**短い**。

(5) 長さ L_2 のAの光路長は n_2L_2 であり，Aがあることによる光路差の変化量は $2(n_2-1)L_2$ と表せる。光の強度の極大が p 回くり返されたことから

$$2(n_2-1)L_2=p\lambda_0 \quad よって \quad n_2=\boldsymbol{\frac{p\lambda_0}{2L_2}+1}$$

(6) Aの熱容量を C_A〔J/K〕とすると，熱量の式「$Q=C\Delta T$」より

$$750=C_A\times(50-25) \quad よって \quad C_A=30\ \text{J/K}$$

また，Aに注入されたアルゴンガスの物質量を n〔mol〕とし，アルゴンガスの定積モル比熱を C_V とすれば，熱量の保存より

$$Q=(C_A+nC_V)\Delta T$$
$$750=(30+nC_V)\times(49-25)$$

ここで，アルゴンガスは単原子分子理想気体なので　$C_V=\frac{3}{2}R$

よって　$750=\left(30+\frac{24.9}{2}n\right)\times24$

$$\frac{24.9}{2}n=31.25-30=1.25$$
$$n\fallingdotseq\mathbf{0.10\ mol}$$

(7) (5)より　$n_2=\frac{95\times(0.59\times10^{-6})}{2\times0.20}+1$

よって　$n_2-1\fallingdotseq1.4\times10^{-4}$

ここで，アルゴンガスのモル質量を M〔g/mol〕とすれば，Aに注入されているアルゴンガスの密度を ρ_A〔g/L〕として　$\rho_A=\frac{M\times0.10}{4.5}$

屈折率 n に対し，$n-1$ の値が気体の密度に比例することから，その比例定数を k とすれば

$$n_2-1=k\times\frac{M\times0.10}{4.5}$$

同様にして，0°C，1気圧での屈折率 n_3 については

$$n_3-1=k\times\frac{M\times1.0}{22.4}$$

以上から　$k=\frac{(n_2-1)\times4.5}{M\times0.10}=\frac{(n_3-1)\times22.4}{M\times1.0}$

$$n_3-1=\frac{(1.4\times10^{-4})\times4.5}{0.10\times22.4}\fallingdotseq\mathbf{2.8\times10^{-4}}$$

13　静電気力と電場

【54】

(1) 等電位線と電気力線は直交する。また，電気力線の向きと電場の向きは一致するので，等電位線と電場は直交する。よって，等電位線が辺に対して垂直であることから，辺の近くの電場はその辺に平行である。
電流は，2 点間に電圧を加えたとき，高電位→低電位という向きに流れるので，電流は等電位線には垂直であり，電場と同じ向きである。
上の 2 つの考察から，辺の近くの電場と辺の近くの電流は，ともにその辺に平行である。

……①

(2) $x=0$ mm の位置の近くで x と V の関係を調べてみると，図から電位の勾配はおよそ

$$\frac{0.20}{31}=\frac{200}{31}\times10^{-3}=6.4\cdots\times10^{-3}\ \text{V/m}$$

……⑥

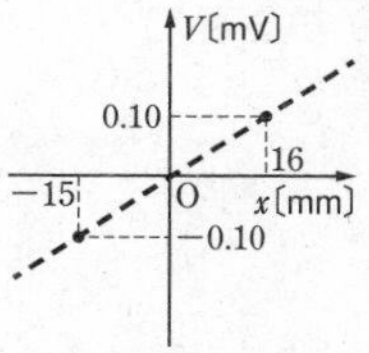

【55】

(1)(ア) 点 A，B にある電荷から点 O にある電荷は図のような向きに力を受ける。力の大きさは，クーロンの法則「$F=k\dfrac{q_1q_2}{r^2}$」より

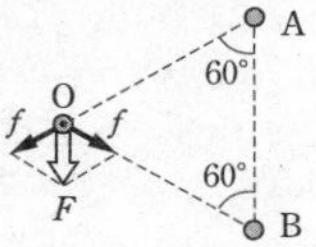

$$f=k\frac{2Q^2}{r^2}$$

である。求める力の大きさ F は

$$F=2f\cos\frac{\pi}{3}=2\times k\frac{2Q^2}{r^2}\times\frac{1}{2}=\boldsymbol{k\frac{2Q^2}{r^2}}$$

(a) 向きは，図のように y 軸負の向き。 ……⑩

(2)(b) 位置エネルギーは無限遠を基準にとるので，点電荷による位置エネルギーの式

「$U=k\dfrac{q_1q_2}{r}$」より

$$U_{\text{OC}}=k\frac{Q^2}{\text{OC}} \quad \cdots\cdots③$$

(c)(d) △OCN に余弦定理を用いると

$$(\text{OC})^2=r^2+\left(\frac{L}{2}\right)^2-2r\frac{L}{2}\cos(\pi-\theta)$$

$$=r^2+\frac{L^2}{4}+rL\cos\theta$$

$$=\left(r+\frac{L\cos\theta}{2}\right)^2-\frac{L^2\cos^2\theta}{4}+\frac{L^2}{4}$$

$$=\left(r+\frac{L\cos\theta}{2}\right)^2+\left(\frac{L\sin\theta}{2}\right)^2$$

(c) $\dfrac{L\cos\theta}{2}$ ……②　(d) $\dfrac{L\sin\theta}{2}$ ……①

(イ) OC と同様にして

$$(\text{OD})^2=r^2+\left(\frac{L}{2}\right)^2-2r\frac{L}{2}\cos\theta$$

$$=\left(r-\frac{L\cos\theta}{2}\right)^2+\left(\frac{L\sin\theta}{2}\right)^2$$

よって

$$U=\frac{kQ^2}{\text{OC}}-\frac{kQ^2}{\text{OD}}$$

$$\fallingdotseq\frac{kQ^2}{r+\dfrac{L\cos\theta}{2}}-\frac{kQ^2}{r-\dfrac{L\cos\theta}{2}}$$

$$=\boldsymbol{-kQ^2L\cos\theta}\times\frac{1}{r^2-\left(\dfrac{L\cos\theta}{2}\right)^2}$$

(e) $U\fallingdotseq-\dfrac{kQ^2L\cos\theta}{r^2}$ である。電場と電位の関係から

$$V=-\frac{kQL\cos\theta}{r^2}$$

と書ける。$\theta=0°$，$180°$ では，$\cos\theta$ はそれぞれ 1，-1 となる。また，$\theta=90°$，$270°$ のときは 0 となるグラフである。 ……④

14 コンデンサー

【56】

(ア) 電場の強さは単位面積当たりの電気力線の本数だから

$$E=\frac{N}{S}=4\pi kQ\times\frac{1}{S}\quad\cdots\cdots⑰$$

(a)「$V=Ed$」の関係を用いると

$$V=4\pi kQ\cdot\frac{1}{S}\cdot d\quad より\quad Q=\boldsymbol{\frac{1}{4\pi k}\cdot\frac{S}{d}}\times V$$

(イ) 導体の左側には負電荷が，右側には正電荷が静電誘導され，導体内部は電場が 0 である。

……②

(ウ) 導体内は同電位である。 ……④

(エ) 電気量Qが一定だから電場の強さEも変化しない。よって，極板間の真空中の距離は $\frac{2}{3}d$ となるから，「$V=Ed$」より電位差は $\frac{2}{3}\times V$ となる。 ……⑦

(オ)「$C=\varepsilon_0\frac{S}{d}$」より，$d$ が $\frac{2}{3}d$ になるから求める電気容量は $\frac{3}{2}\times C$ となる。 ……⑤

(カ) 極板Aの電気量は変わらないから，極板Aから出る電気力線の本数は変わらない。誘電体には誘電分極が発生するから，誘電体内の電気力線の半分が相殺される。 ……③

(キ) 誘電体の外の電場(電位の傾き)は④と同じだが，誘電体の中の電場は外の電場の半分(電位の傾きも半分)となる。 ……⑥

(ク)「$V=Ed$」より，極板間の電位差 V' は

$$V'=E\times\frac{1}{3}d+\frac{1}{2}E\times\frac{1}{3}d+E\times\frac{1}{3}d$$

$$=\frac{5}{6}Ed=\frac{5}{6}\times V\quad\cdots\cdots⑭$$

(ケ)「$Q=CV$」を用いて，求める電気容量を C' とすると

$$Q=CV=C'\times\frac{5}{6}V$$

$$C'=\frac{6}{5}\times C\quad\cdots\cdots⑫$$

(コ) 動かす前の極板間の電位差　$V'=\frac{5}{6}V$

動かした後の電位差 V'' は

$$V''=E\times\frac{1}{3}d+\frac{1}{2}E\times\frac{1}{3}d+E\times\left(\frac{1}{3}+\frac{1}{3}\right)d$$

$$=\frac{7}{6}Ed=\frac{7}{6}V$$

動かす前の静電エネルギー　$U'=\frac{5}{6}\times\frac{1}{2}CV^2$

動かした後の静電エネルギー U'' は

$$U''=\frac{1}{2}QV''=\frac{7}{6}\times\frac{1}{2}QV=\frac{7}{6}\times\frac{1}{2}CV^2$$

よって，静電エネルギーの変化(＝外力がした仕事)は

$$U''-U'=\frac{7}{12}CV^2-\frac{5}{12}CV^2$$

$$=\frac{1}{6}\times CV^2\quad\cdots\cdots⑬$$

(b) 外力のした仕事は「$W=Fd$」より外力の大きさをFとして

$$\frac{1}{6}CV^2=F\times\frac{1}{3}d$$

よって　$F=\boldsymbol{\frac{1}{2d}}\times CV^2$

【57】

(1) ガウスの法則より，電気量Qから出る電気力線の本数Nは「$N=4\pi k_0Q=\frac{Q}{\varepsilon_0}$」である。

電場の強さは，単位面積当たりの電気力線の本数だから，半径xの球の表面積 $4\pi x^2$ を考えて

$$E=\frac{N}{4\pi x^2}=\boldsymbol{\frac{1}{4\pi\varepsilon_0}\cdot\frac{Q}{x^2}}$$

(2) (1)より，金属球AとBの間の空間の電場は，Aの電荷によって決まるので，金属球A，Bの電位を V_A，V_B とすると

$$V_A=\frac{1}{4\pi\varepsilon_0}\cdot\frac{Q}{r},\quad V_B=\frac{1}{4\pi\varepsilon_0}\cdot\frac{Q}{R}$$

電位差 $V=V_A-V_B$ より　$V=\frac{Q}{4\pi\varepsilon_0}\left(\frac{1}{r}-\frac{1}{R}\right)$

よって　$Q=\dfrac{4\pi\varepsilon_0}{\frac{1}{r}-\frac{1}{R}}V$

「$Q=CV$」の関係より求める電気容量Cは

$$C=\frac{4\pi\varepsilon_0}{\frac{1}{r}-\frac{1}{R}}=\boldsymbol{\frac{4\pi\varepsilon_0 Rr}{R-r}}$$

(3) 中空の金属球に現れる電荷は図 a のようになる。よって，中空の金属球の電荷だけがつくる電場は，図 b のようになる。 ……⑦

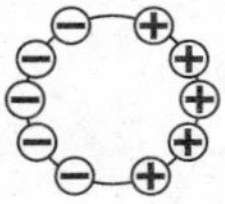

図 a

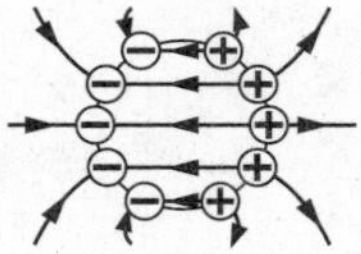

図 b

参考　一様電場と合成された電場のようすは⑨である。

(4) 金属球C，Dの電位 V_C，V_D は導体で結ばれているから等電位である。

$$V_C=\frac{1}{4\pi\varepsilon_0}\frac{Q_1}{r},\quad V_D=\frac{1}{4\pi\varepsilon_0}\cdot\frac{Q_2}{R}$$

$V_C=V_D$ より　$\frac{Q_1}{r}=\frac{Q_2}{R}$

$Q=Q_1+Q_2$ より

$$Q=Q_1+\frac{R}{r}Q_1 \quad よって \quad Q_1=\frac{r}{R+r}Q$$

$$Q=\frac{r}{R}Q_2+Q_2 \quad よって \quad Q_2=\frac{R}{R+r}Q$$

ゆえに

$$\rho_1=\frac{Q_1}{4\pi r^2}=\boldsymbol{\frac{Q}{4\pi r(R+r)}}$$

$$\rho_2=\frac{Q_2}{4\pi R^2}=\boldsymbol{\frac{Q}{4\pi R(R+r)}}$$

(5) (1)と同様に考えて

$$E_1=\frac{Q_1}{4\pi\varepsilon_0 r^2},\ E_2=\frac{Q_2}{4\pi\varepsilon_0 R^2}$$

ここで $Q_1=\frac{r}{R+r}Q$, $Q_2=\frac{R}{R+r}Q$ を代入する。よって

$$E_1=\boldsymbol{\frac{Q}{4\pi\varepsilon_0 r(R+r)}},\ E_2=\boldsymbol{\frac{Q}{4\pi\varepsilon_0 R(R+r)}}$$

【58】

(1) $C=\boldsymbol{\varepsilon_0\frac{S}{d}}$〔F〕

(2) $Q=\boldsymbol{CV}$〔C〕, $U=\boldsymbol{\frac{1}{2}CV^2}$〔J〕

(3) コンデンサー C_2, C_3 の電気容量 C_2, C_3〔F〕は

$$C_2=\varepsilon_0\frac{S}{\frac{1}{3}d}=3\varepsilon_0\frac{S}{d}=3C〔F〕$$

$$C_3=\varepsilon_0\frac{S}{d}=C〔F〕$$

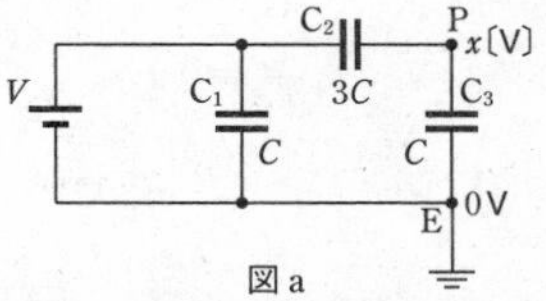

図a

図aの点Eを電位の基準とし，点Pの電位を x〔V〕とすると，点Pの電気量の保存より

$$0=3C(x-V)+C(x-0)$$

よって $x=\frac{3}{4}V$〔V〕

$$Q_1=CV=\boldsymbol{Q}〔C〕$$

$$Q_2=3C(V-x)=\frac{3}{4}CV=\boldsymbol{\frac{3}{4}Q}〔C〕$$

$$Q_3=C(x-0)=\frac{3}{4}CV=\boldsymbol{\frac{3}{4}Q}〔C〕$$

(4)「$U=\frac{1}{2}QV$」を用いて

$$U_1=\frac{1}{2}QV〔J〕$$

$$U_2=\frac{1}{2}\times\frac{3}{4}Q\times\frac{1}{4}V=\frac{3}{32}QV〔J〕$$

$$U_3=\frac{1}{2}\times\frac{3}{4}Q\times\frac{3}{4}V=\frac{9}{32}QV〔J〕$$

よって

$$U_F=U_1+U_2+U_3=\frac{28}{32}QV=\boldsymbol{\frac{7}{8}QV}〔J〕$$

〔別解〕 C_1 と (C_2+C_3) に $Q_1+Q_2=\frac{7}{4}Q$ の電気量が蓄えられているから

$$U_F=\frac{1}{2}\times\frac{7}{4}QV=\boldsymbol{\frac{7}{8}QV}〔J〕$$

(5) スイッチ3を閉じる前後の電気量や電位を図bに示す。

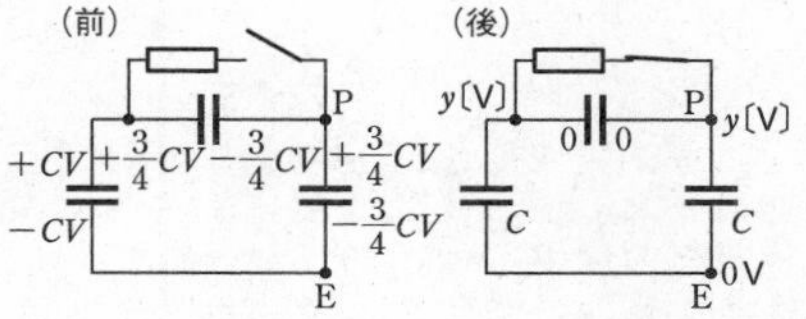

図b

スイッチ3を閉じて十分時間がたつと，抵抗に流れる電流が0となる。そのときの点Pの電位を y〔V〕として電気量の保存の式を立てると

$$+CV+\frac{3}{4}CV-\frac{3}{4}CV+\frac{3}{4}CV$$
$$=C(y-0)+C(y-0)$$

よって $y=\frac{7}{8}V$〔V〕

抵抗左側の電気量は，初め $CV+\frac{3}{4}CV$

後 $C(y-0)=\frac{7}{8}CV$

だから抵抗を流れた電気量 q〔C〕は

$$q=\frac{7}{4}CV-\frac{7}{8}CV=\frac{7}{8}CV=\boldsymbol{\frac{7}{8}Q}〔C〕$$

(6) $V_1=y-0=\boldsymbol{\frac{7}{8}V}$〔V〕, $V_2=\mathbf{0V}$

$V_3=y-0=\boldsymbol{\frac{7}{8}V}$〔V〕

【59】

(1) $C=\boldsymbol{\varepsilon_0\frac{S}{2d}}$

(2) スイッチ S_1 を開いた後，極板Xに蓄えられた電気量 CV_0 は変化しない。また，極板Yには $-CV_0$ の電気量が蓄えられている。スイッチ S_2 を閉じると，極板Yの電気量は抵抗Rを通って金属板Zに移動する。よって $q=\boldsymbol{-CV_0}$

(3) 極板Xには q，金属板Zには $-q$，極板Yには電荷はない。XとZの間の電場は，図2の極板間の電場と同じ強さである。また，極板の面積も同じなので，矢印の本数も等しい。よって，**図a**のようになる。

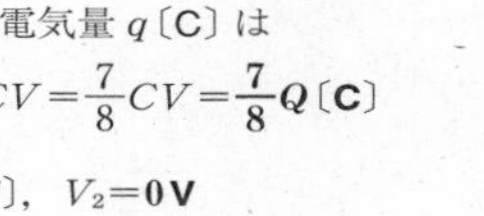

図a

(4) 極板Xと金属板Zによるコンデンサーの電気容量 C_2 は　$C_2=\varepsilon_0\dfrac{S}{d}=2C$

であるから，「$U=\dfrac{Q^2}{2C}$」より，静電エネルギー U は　$U=\dfrac{q^2}{2\times2C}=\boldsymbol{\dfrac{q^2}{4C}}$

(5) 状態1での静電エネルギー U_1 は　$U_1=\dfrac{q^2}{2C}$

よって，抵抗Rで発生した熱量 W は

$U_1=U+W$　より

$$W=U_1-U=\frac{q^2}{2C}-\frac{q^2}{4C}=\boldsymbol{\frac{q^2}{4C}}$$

(6) スイッチ S_2 を開くと，金属板Zの電気量は変化しない。スイッチ S_3 を閉じると，極板Xの電気量が，極板XとYに等分に分配される。

(3)と同様に考えると，矢印の本数は図2の半分となるので，**図b**のようになる。

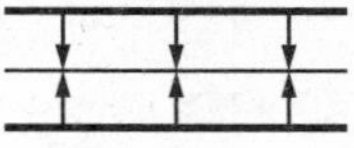

図b

【60】

(1) $C_1=\boldsymbol{\varepsilon_0\dfrac{S}{d}}$

(2) 極板は帯電していないから，静電気力は受けない。ばね定数 k，質量 m のばね振り子の周期だから

$$T_1=\boldsymbol{2\pi\sqrt{\frac{m}{k}}}$$

(3) 電気量 Q からは $\dfrac{Q}{\varepsilon_0}$ 本の電気力線が右側の極板に向かっている。電場の強さは単位面積当たりの電気力線の本数だから

$$E=\boldsymbol{\frac{Q}{\varepsilon_0 S}}$$

(4) (3)より極板間の引力の大きさは

$$\frac{QE}{2}=\frac{Q^2}{2\varepsilon_0 S}$$

この引力と大きさ $k\dfrac{d}{4}$ のばねの弾性力がつりあうから

$$\frac{Q^2}{2\varepsilon_0 S}-\frac{kd}{4}=0$$

$$Q^2=\frac{\varepsilon_0 Skd}{2}\quad よって\quad Q=\boldsymbol{\sqrt{\frac{\varepsilon_0 Skd}{2}}}$$

(5)「$V=Ed$」より

$$V=E\times\frac{3}{4}d=\frac{Q}{\varepsilon_0 S}\cdot\frac{3d}{4}=\frac{3d}{4\varepsilon_0 S}\sqrt{\frac{\varepsilon_0 Skd}{2}}$$

$$=\boldsymbol{\frac{3d}{4}\sqrt{\frac{kd}{2\varepsilon_0 S}}}$$

(6) スイッチ S_1 を開くと，電気量 Q は変化なく，極板間引力も変化しない。極板は極板間引力とばねの弾性力によるつりあいの位置を中心に単振動する。その周期は(2)と同じで

$$T_2=\boldsymbol{2\pi\sqrt{\frac{m}{k}}}$$

参考　横ばねの振動と重力のもとでのたてばねの振動が同じ周期となるのと同様に考えられる。

(7) 極板間の距離は $\dfrac{3}{4}d-x$ だから，x だけずれたときのコンデンサーの電気容量 $C(x)$ は

$$C(x)=\varepsilon_0\frac{S}{\frac{3}{4}d-x}$$

よって「$Q=CV$」より

$$Q(x)=C(x)V=\varepsilon_0\frac{S}{\frac{3}{4}d-x}\cdot\frac{3d}{4}\sqrt{\frac{kd}{2\varepsilon_0 S}}$$

$$=\frac{3\varepsilon_0 Sd}{3d-4x}\sqrt{\frac{kd}{2\varepsilon_0 S}}$$

$$=\boldsymbol{\frac{3d}{3d-4x}\cdot\sqrt{\frac{\varepsilon_0 Skd}{2}}}$$

(8) (4)より極板間引力の大きさは $\dfrac{Q^2}{2\varepsilon_0 S}$ だから

$$F(x)=\frac{1}{2\varepsilon_0 S}\frac{9d^2}{(3d-4x)^2}\cdot\frac{\varepsilon_0 Skd}{2}$$

$$=\boldsymbol{\frac{9kd^3}{4(3d-4x)^2}}$$

(9) 極板にはたらくばねの弾性力は $k\left(\dfrac{1}{4}d+x\right)$ だから，左側の極板の加速度を a として，運動方程式を立てると

$$ma=F(x)-k\left(\frac{d}{4}+x\right)$$

$$=\frac{9kd^3}{4(3d-4x)^2}-k\left(\frac{d}{4}+x\right)$$

$$=\frac{9kd^3}{4^3\left(\frac{3}{4}d-x\right)^2}-\frac{kd}{4}-kx$$

与えられた近似式を用いると

$$ma=\frac{9kd^3}{4^3}\cdot\frac{1}{\left(\frac{3}{4}d\right)^2}+\frac{9kd^3}{4^3}\cdot\frac{2x}{\left(\frac{3}{4}d\right)^3}-\frac{kd}{4}-kx$$

$$=\frac{kd}{4}+\frac{2kx}{3}-\frac{kd}{4}-kx=-\frac{1}{3}kx$$

これは，ばね定数 $\dfrac{1}{3}k$，質量 m の単振動と同じだから

$$T_3=2\pi\sqrt{\frac{m}{\frac{1}{3}k}}=\boldsymbol{2\pi\sqrt{\frac{3m}{k}}}$$

15 直 流 回 路

【61】

(1) 一様な電場の式「$V=Ed$」より　$E=\dfrac{V}{l}$

(2) 静電気力は「$F=qE$」だから，運動方程式は

$$ma=eE-kv$$

よって　$ma=e\dfrac{V}{l}-kv$

(3) つりあったとき，$a=0$ だから，終端速度を v_0 として

$$0=e\frac{V}{l}-kv_0 \quad よって \quad v_0=\frac{eV}{kl}$$

(4) 電流の大きさ I は，「$I=envS$」で表される。この式に終端速度 v_0 を代入して

$$I=en\frac{eV}{kl}S=\frac{ne^2S}{kl}V$$

(5) (4)に「$I=\dfrac{1}{R}V$」を用いると，抵抗値 R は

$$R=\frac{kl}{ne^2S}$$

抵抗率を ρ とすると，「$R=\rho\dfrac{l}{S}$」より

$$\rho=\frac{k}{ne^2}$$

(6) 消費電力の大きさ P は「$P=IV$」より

$$P=\frac{ne^2S}{kl}V^2$$

(7) 自由電子1個にはたらく抵抗力の大きさは kv_0 である。仕事率は「$p=Fv$」より，抵抗力による仕事率 p は

$$p=kv_0\cdot v_0=k\frac{e^2V^2}{k^2l^2}=\frac{e^2}{kl^2}V^2$$

(8) 金属中の自由電子の総数は nSl であるから，すべての自由電子による仕事率は

$$p\cdot nSl=\frac{ne^2S}{kl}V^2$$

注　これは，(6)で求めた消費電力 P と一致する。

(9) もとの金属の長さ $\dfrac{3}{4}l$ の抵抗値 R_1 は(5)より

$$R_1=\frac{k\frac{3}{4}l}{ne^2S}=\frac{3kl}{4ne^2S}$$

同様に異なる金属の長さ $\dfrac{1}{4}l$ の抵抗値 R_2 は

$$R_2=\frac{k'\frac{1}{4}l}{ne^2S}=\frac{k'l}{4ne^2S}$$

直列接続された金属全体の抵抗 R' は

$$R'=R_1+R_2=\frac{3k+k'}{4ne^2}\cdot\frac{l}{S}$$

よって，求める抵抗率 ρ' は　$\rho'=\dfrac{3k+k'}{4ne^2}$

(10) 金属棒を N 等分して考える。1つの厚さは $\dfrac{l}{N}$ で，左から i 番目の位置 x は $x=\dfrac{i}{N}l$ である。その位置の温度 T_i は

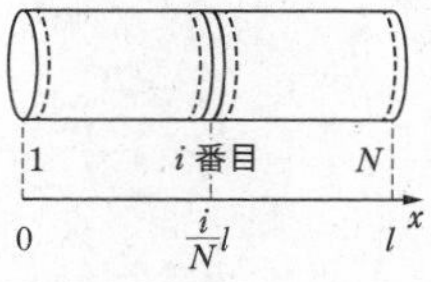

図a

$$T_i=20\times\frac{x}{l}=\frac{20i}{N}\ [°C]$$

抵抗力の比例係数 k_i は　$k_i=k_0\left(1+\alpha\dfrac{20}{N}i\right)$

よって，この位置での厚さ $\dfrac{l}{N}$ の抵抗は

$$R_i=\frac{k_i}{ne^2}\cdot\frac{1}{S}\frac{l}{N}=\frac{k_0\left(1+\alpha\frac{20}{N}i\right)l}{ne^2SN}$$

この抵抗が N 個直列接続されているから，全抵抗 R は

$$\begin{aligned}R&=R_1+R_2+\cdots+R_N\\&=\sum_{i=1}^{N}\frac{k_0l}{ne^2SN}\left(1+\alpha\frac{20}{N}i\right)\\&=\frac{k_0l}{ne^2SN}\sum_{i=1}^{N}\left(1+\alpha\frac{20}{N}i\right)\\&=\frac{k_0l}{ne^2S}\frac{1}{N}\left\{N+\frac{20\alpha}{N}\cdot\frac{N(N+1)}{2}\right\}\\&=\frac{k_0l}{ne^2S}\left(1+10\alpha\frac{N+1}{N}\right)\end{aligned}$$

$N\to\infty$ とすれば　$\dfrac{N+1}{N}\to 1$

$$R=\frac{k_0l}{ne^2S}(1+10\alpha)=\frac{k_0(1+10\alpha)}{ne^2}\cdot\frac{l}{S}$$

よって，抵抗率　$\rho=\dfrac{k_0(1+10\alpha)}{ne^2}$

〔別解〕　この金属の温度 T〔°C〕と位置 x との関係をグラフに示すと，図bのようになる。

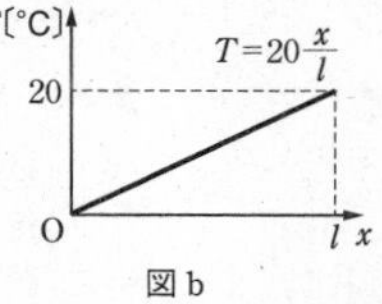

図b

また，抵抗力の比例係数 k と温度 T との関係は図cのようになる。

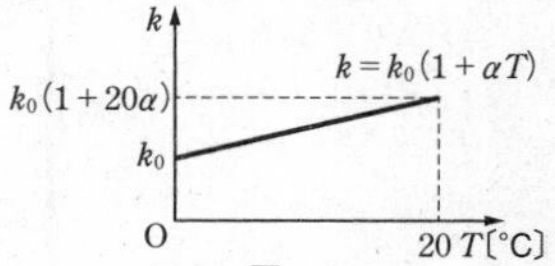

図c

以上から，抵抗力の比例係数 k と位置 x との関係は，図dで表される。

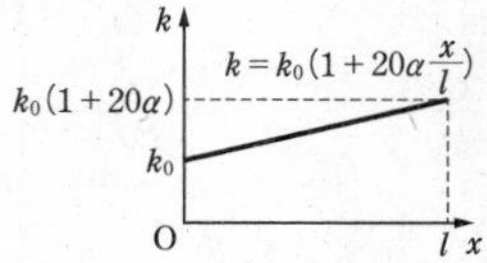

図d

よって，長さ l 内での抵抗力の比例係数の平均 $\bar{k}$ は

$$\bar{k}=\frac{k_0+k_0(1+20\alpha)}{2}=k_0(1+10\alpha)$$

(5)の結果を用いて，求める抵抗率 ρ は

$$\rho=\boldsymbol{\frac{k_0(1+10\alpha)}{ne^2}}$$

【62】

(ア) 抵抗 $\mathrm{R_1}$ に流れる電流を I〔A〕として，図1の回路にキルヒホッフの法則Ⅱを用いると

$$E-rI-R_1I=0 \quad よって \quad I=\boldsymbol{\frac{E}{R_1+r}}〔\mathrm{A}〕$$

(イ) $\mathrm{R_1}$ で消費される電力 P〔W〕は，「$P=RI^2$」を用いて　$P=\boldsymbol{R_1\left(\frac{E}{R_1+r}\right)^2}$〔W〕

(イ)の式から，(ア)を用いて R_1 を消去する。

$R_1=\dfrac{E}{I}-r$ を P の式に代入して整理すると，I に関する式が得られる。

$$P=\left(\frac{E}{I}-r\right)I^2=-rI^2+EI$$
$$=-r\left(I-\frac{E}{2r}\right)^2+\frac{E^2}{4r}$$

このグラフの概形は**図a**になる。

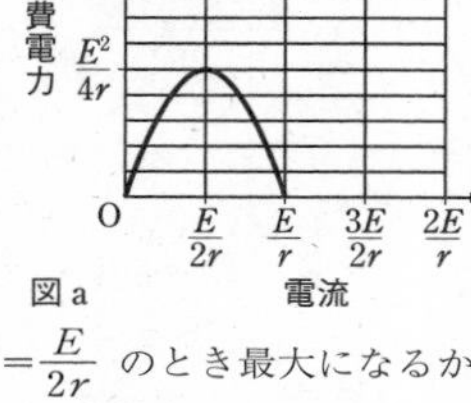

図a

(ウ) P は $I=\dfrac{E}{2r}$ のとき最大になるから

$$\frac{E}{2r}=\frac{E}{R_1+r} \quad よって \quad R_1=\boldsymbol{r}〔\Omega〕$$

(エ) 図3で，電流計，抵抗 $\mathrm{R_2}$，電圧計それぞれに流れる電流を I_A，i_R，i_V〔A〕とおく。キルヒホッフの法則Ⅰより

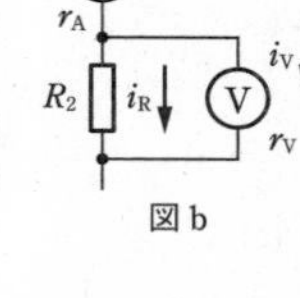

図b

$$I_\mathrm{A}=i_\mathrm{R}+i_\mathrm{V} \quad \cdots\cdots①$$

抵抗 $\mathrm{R_2}$，電圧計による電圧降下は同じだから

$$R_2i_\mathrm{R}=r_\mathrm{V}i_\mathrm{V}=V_\mathrm{A}$$

i_R，i_V を①式に代入して整理すると

$$I_\mathrm{A}=\frac{V_\mathrm{A}}{R_2}+\frac{V_\mathrm{A}}{r_\mathrm{V}}$$

$$よって \quad \frac{V_\mathrm{A}}{I_\mathrm{A}}=\frac{1}{\frac{1}{R_2}+\frac{1}{r_\mathrm{V}}}=\boldsymbol{\frac{R_2r_\mathrm{V}}{R_2+r_\mathrm{V}}}〔\Omega〕$$

(オ) $V_\mathrm{A}I_\mathrm{A}=\left(\dfrac{1}{R_2}+\dfrac{1}{r_\mathrm{V}}\right){V_\mathrm{A}}^2$〔W〕

消費電力の真の値は $\dfrac{{V_\mathrm{A}}^2}{R_2}$〔W〕だから，相対誤差は問題の指示に従って求めると

$$\frac{\left|\left(\frac{1}{R_2}+\frac{1}{r_\mathrm{V}}\right){V_\mathrm{A}}^2-\frac{{V_\mathrm{A}}^2}{R_2}\right|}{\frac{{V_\mathrm{A}}^2}{R_2}}=\boldsymbol{\frac{R_2}{r_\mathrm{V}}}$$

(カ) 図4で，電流計と抵抗 $\mathrm{R_2}$ に流れる電流を I_B〔A〕とすると，電流計と抵抗 R_2 による電位降下は V_B と等しい。

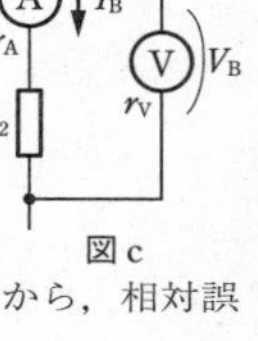

図c

$$r_\mathrm{A}I_\mathrm{B}+R_2I_\mathrm{B}=V_\mathrm{B}$$

$$よって \quad \frac{V_\mathrm{B}}{I_\mathrm{B}}=\boldsymbol{r_\mathrm{A}+R_2}〔\Omega〕$$

(キ) $V_\mathrm{B}I_\mathrm{B}=(r_\mathrm{A}+R_2){I_\mathrm{B}}^2$〔W〕

消費電力の真の値は $R_2{I_\mathrm{B}}^2$〔W〕だから，相対誤差は

$$\frac{|(r_\mathrm{A}+R_2){I_\mathrm{B}}^2-R_2{I_\mathrm{B}}^2|}{R_2{I_\mathrm{B}}^2}=\boldsymbol{\frac{r_\mathrm{A}}{R_2}}$$

(ク) 題意より　$\dfrac{R_2}{r_\mathrm{V}}>\dfrac{r_\mathrm{A}}{R_2}$

よって　$R_2>\boldsymbol{\sqrt{r_\mathrm{V}r_\mathrm{A}}}$〔Ω〕

【63】

(1) 題意に従って回路を図示する。充電を開始した直後は，帯電していないコンデンサーは導線と考えてよい。

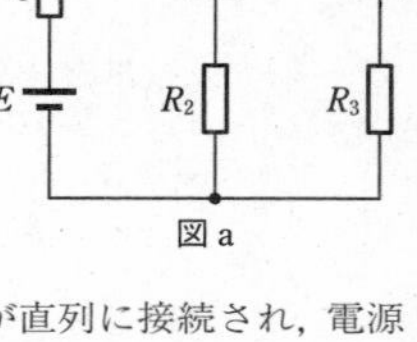

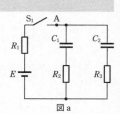

図a

R_2 と R_3 の並列接続の合成抵抗は

$\dfrac{R_2R_3}{R_2+R_3}$ で，これに R_1 が直列に接続され，電源につながれているから

$$E=\left(R_1+\frac{R_2R_3}{R_2+R_3}\right)I_\mathrm{A}$$

$$よって \quad I_\mathrm{A}=\boldsymbol{\frac{(R_2+R_3)E}{R_1R_2+R_1R_3+R_2R_3}}$$

(2)「$Q=CV$」を用いて

$$Q_1=\boldsymbol{C_1E},\ Q_2=\boldsymbol{C_2E}$$

(3) スイッチ $\mathrm{S_2}$ を閉じる前後の回路を図bに示す。

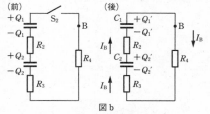

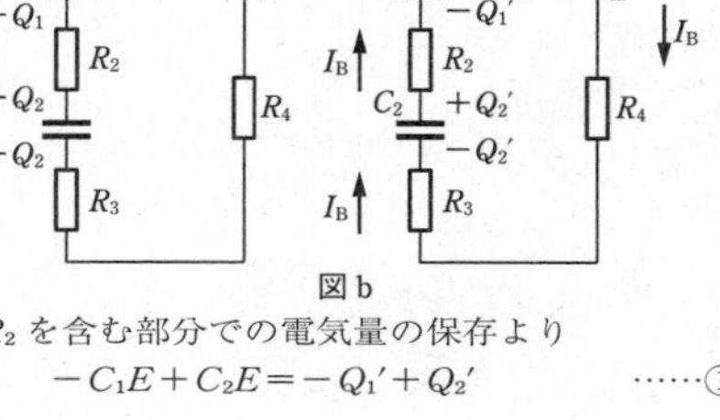

図b

R_2 を含む部分での電気量の保存より

$$-C_1E+C_2E=-Q_1'+Q_2' \quad \cdots\cdots①$$

スイッチS_2を閉じた後，電流がI_Bのとき，キルヒホッフの法則Ⅱを1周で用いると

$$-R_3I_B+\frac{Q_2'}{C_2}-R_2I_B+\frac{Q_1'}{C_1}-R_4I_B=0$$

整理して　$\dfrac{Q_1'}{C_1}+\dfrac{Q_2'}{C_2}=(R_2+R_3+R_4)I_B$ ……②

①式より　$-\dfrac{Q_1'}{C_1}+\dfrac{Q_2'}{C_1}=-E+\dfrac{C_2}{C_1}E$ ……③

②式＋③式とすると

$$\left(\frac{1}{C_1}+\frac{1}{C_2}\right)Q_2'=(R_2+R_3+R_4)I_B+\left(\frac{C_2-C_1}{C_1}\right)E$$

よって　$Q_2'=\dfrac{\boldsymbol{(R_2+R_3+R_4)C_1C_2}}{\boldsymbol{C_1+C_2}}I_B+\dfrac{\boldsymbol{C_2(C_2-C_1)}}{\boldsymbol{C_1+C_2}}E$

同様に　$-\dfrac{Q_1'}{C_2}+\dfrac{Q_2'}{C_2}=\left(1-\dfrac{C_1}{C_2}\right)E$ ……③′

②式－③′式より

$$\left(\frac{1}{C_1}+\frac{1}{C_2}\right)Q_1'=(R_2+R_3+R_4)I_B-\frac{C_2-C_1}{C_2}E$$

よって　$Q_1'=\dfrac{\boldsymbol{(R_2+R_3+R_4)C_1C_2}}{\boldsymbol{C_1+C_2}}I_B+\dfrac{\boldsymbol{C_1(C_1-C_2)}}{\boldsymbol{C_1+C_2}}E$

(4) 図cで，点Bの電位を0とし，点Yの電位をxとして電気量の保存の式を立てると

$$-C_1E+C_2E$$
$$=C_1(x-0)+C_2(x-0)$$

よって　$x=\dfrac{(C_2-C_1)E}{C_1+C_2}$

ゆえに電位差V_1，V_2は

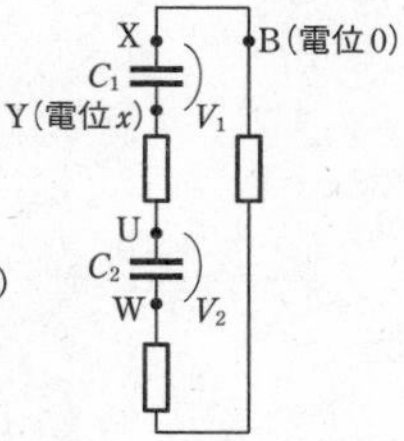

図c

$$V_1=|-x|=\frac{\boldsymbol{|C_1-C_2|}}{\boldsymbol{C_1+C_2}}\boldsymbol{E}$$

$$V_2=|x|=\frac{\boldsymbol{|C_2-C_1|}}{\boldsymbol{C_1+C_2}}\boldsymbol{E}$$

【64】

(1)(a) $E_0-R_0I_0-rI_0=0$　よって　$I_0=\dfrac{\boldsymbol{E_0}}{\boldsymbol{r+R_0}}$

端子電圧V_0は　$V_0=rI_0=\dfrac{\boldsymbol{r}}{\boldsymbol{r+R_0}}\boldsymbol{E_0}$

(b) 図aのように，抵抗R_1，R_2，rに流れる電流をi_1，i_2，Iとする。キルヒホッフの法則より

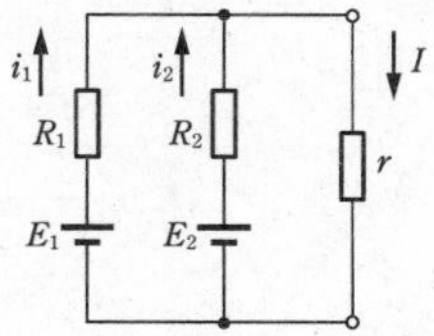

図a

$I=i_1+i_2$ ……①

$E_1-R_1i_1-rI=0$ ……②

$E_2-R_2i_2-rI=0$ ……③

①式に，②，③式のi_1，i_2を代入して

$$I=\frac{E_1-rI}{R_1}+\frac{E_2-rI}{R_2}$$

$$R_1R_2I=R_2E_1-R_2rI+R_1E_2-R_1rI$$

$$(R_1R_2+R_1r+R_2r)I=R_2E_1+R_1E_2$$

よって　$I=\dfrac{\boldsymbol{R_2E_1+R_1E_2}}{\boldsymbol{R_1R_2+(R_1+R_2)r}}$ ……④

端子電圧Vは

$$V=rI=\frac{\boldsymbol{(R_2E_1+R_1E_2)r}}{\boldsymbol{R_1R_2+(R_1+R_2)r}} \quad ……⑤$$

(2) ⑤式の分母，分子を(R_1+R_2)でわると

$$V=\frac{\dfrac{R_2E_1+R_1E_2}{R_1+R_2}\cdot r}{r+\dfrac{R_1R_2}{R_1+R_2}}=\frac{Xr}{r+Y}$$

同様に④式の分母，分子を(R_1+R_2)でわると

$$I=\frac{\dfrac{R_2E_1+R_1E_2}{R_1+R_2}}{r+\dfrac{R_1R_2}{R_1+R_2}}=\frac{X}{r+Y}$$

よって　$X=\dfrac{\boldsymbol{R_2E_1+R_1E_2}}{\boldsymbol{R_1+R_2}}$，$Y=\dfrac{\boldsymbol{R_1R_2}}{\boldsymbol{R_1+R_2}}$

(3) この回路の端子に抵抗値rの抵抗を接続する。それぞれの抵抗に流れる電流を図bに示すように定める。キルヒホッフの法則を用いると

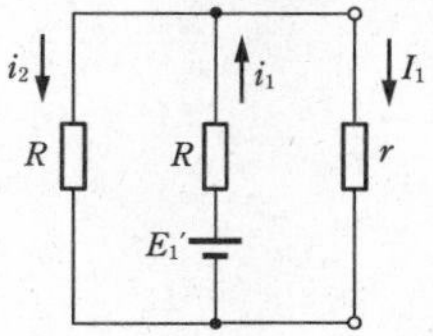

図b

$I_1=i_1-i_2$

$E_1'-Ri_1-rI_1=0$

$Ri_2-rI_1=0$

よって　$I_1=\dfrac{E_1'-rI_1}{R}-\dfrac{r}{R}I_1$

$$RI_1=E_1'-2rI_1$$

$$I_1=\frac{E_1'}{R+2r}=\frac{\dfrac{1}{2}E_1'}{r+\dfrac{1}{2}R}=\frac{X_1}{r+Y_1}$$

よって　$X_1=\dfrac{\boldsymbol{1}}{\boldsymbol{2}}\boldsymbol{E_1'}$，$Y_1=\dfrac{\boldsymbol{1}}{\boldsymbol{2}}\boldsymbol{R}$

(4) 図4の回路は，(3)の結果を用いると図cのような等価回路と考えられる。

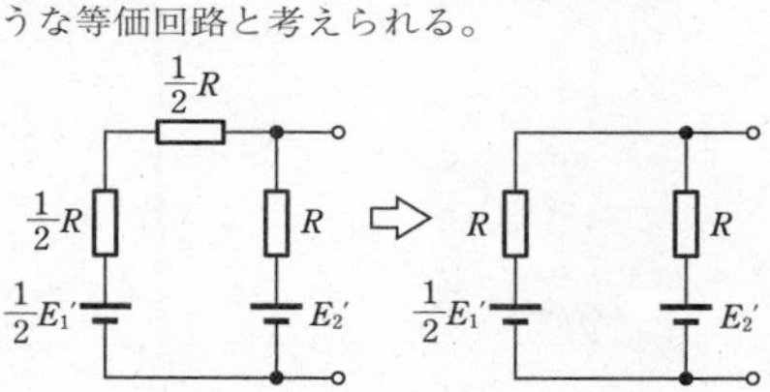

図c

(2)の結果を用いると

$$R_1=R_2=R,\ E_1=\frac{1}{2}E_1',\ E_2=E_2'$$

として

$$X_2=\frac{R\cdot\dfrac{1}{2}E_1'+RE_2'}{R+R}=\frac{\boldsymbol{1}}{\boldsymbol{4}}\boldsymbol{E_1'}+\frac{\boldsymbol{1}}{\boldsymbol{2}}\boldsymbol{E_2'}$$

$$Y_2=\frac{RR}{R+R}=\frac{\boldsymbol{1}}{\boldsymbol{2}}\boldsymbol{R}$$

(5) (4)と同様に等価回路を考えると，図dのようになる。

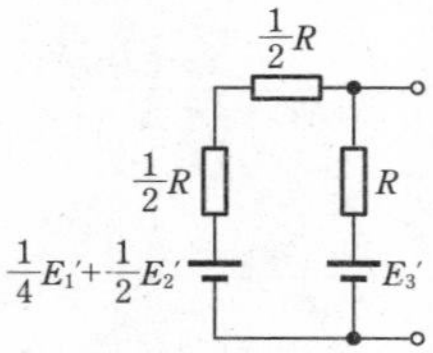

図d

(2)の結果を用いると

$$X_3=\frac{R\left(\frac{1}{4}E_1'+\frac{1}{2}E_2'\right)+RE_3'}{R+R}$$

$$=\boldsymbol{\frac{1}{8}E_1'+\frac{1}{4}E_2'+\frac{1}{2}E_3'}$$

$$Y_3=\frac{RR}{R+R}=\boldsymbol{\frac{1}{2}R}$$

(6) (4), (5)の考え方を用いると，図6の等価回路は図eのようになる。

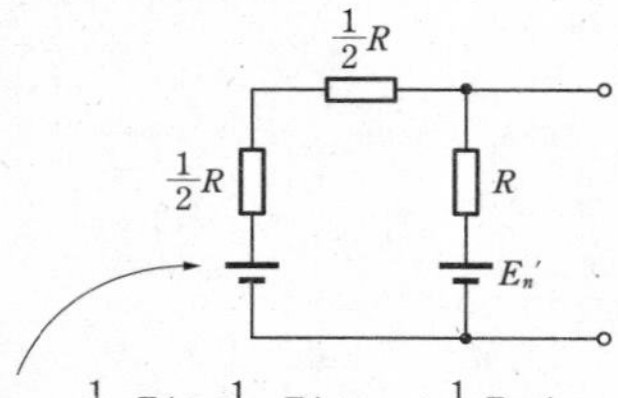

$X_{n-1}=\frac{1}{2^{n-1}}E_1'+\frac{1}{2^{n-2}}E_2'+\cdots+\frac{1}{2}E_{n-1}'$

図e

$E_1'=E_2'=\cdots=E_n'=E$ とするから，この回路の等価回路は図fのようになる。

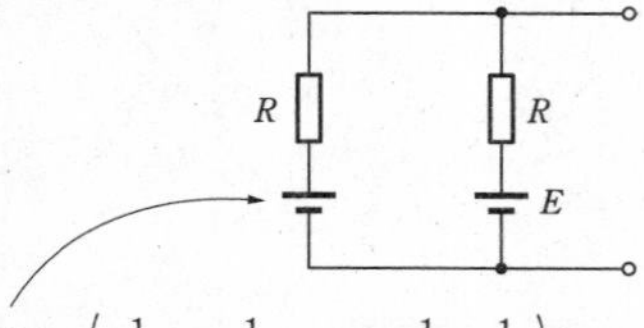

$X_{n-1}=\left(\frac{1}{2^{n-1}}+\frac{1}{2^{n-2}}+\cdots+\frac{1}{4}+\frac{1}{2}\right)E$

図f

(2)の結果を用いると

$$X_n=\frac{RX_{n-1}+RE}{R+R}=\left(\frac{1}{2^n}+\frac{1}{2^{n-1}}+\cdots+\frac{1}{2}\right)E$$

$$=\frac{1}{2}\frac{1-\left(\frac{1}{2}\right)^n}{1-\frac{1}{2}}E=\boldsymbol{\left\{1-\left(\frac{1}{2}\right)^n\right\}E}$$

$$Y_n=\boldsymbol{\frac{1}{2}R}$$

(7) $n\to\infty$ にすれば $\left(\frac{1}{2}\right)^n\to 0$ だから

$$X_\infty=\boldsymbol{E},\ \ Y_\infty=\boldsymbol{\frac{1}{2}R}$$

【65】

(1) コンデンサーC_A，C_Bの電気容量Cは

$$C=\varepsilon_0\frac{l^2}{d}$$

(a)「$Q=CV$」より　$q_1=CV_0=\boldsymbol{\varepsilon_0\frac{l^2}{d}V_0}$

電池がした仕事は，「$W_E=qV$」より

$$W_1=q_1V_0=\boldsymbol{\varepsilon_0\frac{l^2}{d}V_0^2}$$

(b) 閉じた直後，C_Aは起電力V_0の電池，電気量0のC_Bは導線と考えてよいから

$$V_0-ri_1=0\quad よって\quad i_1=\boldsymbol{\frac{V_0}{r}}$$

(c) 十分時間が経過すると，C_AとC_Bにはそれぞれ$\frac{1}{2}q_1$の電気量が蓄えられる。S_Bを閉じる前のC_Aの静電エネルギーU_0は

$$U_0=\frac{q_1^2}{2C}$$

閉じた後のC_AとC_Bの静電エネルギーの和U_0'は

$$U_0'=\frac{\left(\frac{1}{2}q_1\right)^2}{2C}\times 2=\frac{q_1^2}{4C}$$

よってR_Bで発生したジュール熱h_1は

$$h_1=U_0-U_0'=\frac{q_1^2}{4C}=\frac{C^2V_0^2}{4C}$$

$$=\frac{1}{4}CV_0^2=\boldsymbol{\frac{1}{4}\varepsilon_0\frac{l^2}{d}V_0^2}$$

(2)(a) キルヒホッフの法則IIを用いると

$$V(t)-ri_1(t)-V_1(t)=0$$
$$V(t)-ri_1(t)-ri_2(t)-V_2(t)=0$$

よって　$V_1(t)=\boldsymbol{V(t)-ri_1(t)}$

　　　　$V_2(t)=\boldsymbol{V(t)-ri_1(t)-ri_2(t)}$

(b) 誘電体を入れたコンデンサーC_Bの電気容量C_Bは

$$C_B=\varepsilon\frac{l^2}{d}$$

C_A，C_Bに蓄えられている電気量Q_A，Q_Bは

$$Q_A=CV_1(t),\ \ Q_B=C_BV_2(t)$$

時間Δtの間に変化する大きさΔq_1，Δq_2は

$$\Delta q_1=\Delta Q_A=C\Delta V_1(t)$$
$$\Delta q_2=\Delta Q_B=C_B\Delta V_2(t)$$

ここで　$V(t)=V_0+at$ より　$\Delta V(t)=a\Delta t$

また$i_1(t)$，$i_2(t)$は一定値I_1，I_2であるから

$$\Delta V_1(t)=\Delta V(t)=a\Delta t$$

同様に　$\Delta V_2(t)=\Delta V(t)=a\Delta t$

以上から　$\Delta q_1=Ca\Delta t=\boldsymbol{\varepsilon_0\frac{l^2}{d}a\Delta t}$

$$\Delta q_2=C_Ba\Delta t=\boldsymbol{\varepsilon\frac{l^2}{d}a\Delta t}$$

(c) 電流は単位時間に通過する電気量である。コンデンサーC_Aに流れる電流は

$\dfrac{\Delta q_1}{\Delta t}=\varepsilon_0\dfrac{l^2}{d}a=I_1-I_2$

コンデンサー C_B に流れる電流は

$\dfrac{\Delta q_2}{\Delta t}=\varepsilon\dfrac{l^2}{d}a=I_2$

以上から　$I_1=\boldsymbol{(\varepsilon_0+\varepsilon)\dfrac{l^2}{d}a}$，$I_2=\boldsymbol{\varepsilon\dfrac{l^2}{d}a}$

(3)(a) 誘電体を挿入してから時間 t たったときの C_B の電気容量を $C(t)$ とすると

$C(t)=\varepsilon_0\dfrac{l(l-vt)}{d}+\varepsilon\dfrac{lvt}{d}$

$\Delta c=\Delta C(t)=\varepsilon_0\dfrac{l(-v)\Delta t}{d}+\varepsilon\dfrac{lv}{d}\Delta t$

$=(\varepsilon-\varepsilon_0)\dfrac{lv}{d}\Delta t=b\Delta t$

よって　$b=\boldsymbol{\dfrac{(\varepsilon-\varepsilon_0)lv}{d}}$

(b) 向きは　**②**

理由：**電流が一定よりコンデンサーの電圧も一定で，コンデンサー C_B の電気容量の増加により，C_B に蓄えられる電気量が増加するため。**

(c) 電源電圧 V_0 は一定で，電流 I_3 も一定であるから，コンデンサー C_A に加わる電圧 V_0-rI_3 も一定である。コンデンサー C_A の電気容量は変化しないから，C_A には電流は流れない。よって，$I_3=I_4$ となる。この電流を I とする。コンデンサー C_B に加わる電圧は，V_0-2rI の一定値である。C_B に蓄えられている電気量 Q_B は

$Q_B=C(t)(V_0-2rI)$，$\Delta Q_B=\Delta c(V_0-2rI)$

$I=\dfrac{\Delta Q_B}{\Delta t}=\dfrac{b\Delta t(V_0-2rI)}{\Delta t}$

よって　$(1+2br)I=bV_0$

$I_3=I_4=I=\boldsymbol{\dfrac{bV_0}{1+2br}}$

(d) この過程で，回路に対して電池と外力が仕事をする。一方，消費されたエネルギーは抵抗での発熱とコンデンサー C_B に蓄えられたエネルギーである。よって，単位時間当たりのエネルギー収支は

$V_0I+Fv=2rI^2+\dfrac{1}{2}\Delta c(V_0-2rI)^2\dfrac{1}{\Delta t}$

$Fv=2rI^2+\dfrac{1}{2}b(V_0-2rI)^2-V_0I$

$=(2r+2br^2)I^2-(2br+1)V_0I+\dfrac{1}{2}bV_0^2$

(3)(c)の結果を代入して

$Fv=\dfrac{(2r+2br^2)b^2V_0^2}{(1+2br)^2}-\dfrac{(2br+1)bV_0^2}{1+2br}+\dfrac{1}{2}bV_0^2$

$=-\dfrac{bV_0^2}{2(1+2br)^2}$

よって　$F=\boldsymbol{-\dfrac{bV_0^2}{2v(1+2br)^2}}$

F が負であるから，**紙面右向き**。

16　電流と磁場

【66】

(ア) 直線電流が離れた点につくる磁場の公式「$H=\dfrac{I}{2\pi r}$」を用いて，導線 AB を流れる電流がOにつくる磁場の強さ H_1 は

$H_1=\dfrac{2I}{2\pi\times 2d}=\boldsymbol{\dfrac{I}{2\pi d}}$〔A/m〕

(イ) 円形電流が中心につくる磁場の公式「$H=\dfrac{I}{2r}$」を用いて，コイルを流れる電流がOにつくる磁場の強さ H_2 は

$H_2=\boldsymbol{\dfrac{I}{2d}}$〔A/m〕

(ウ) (ア)と同様に考えると，導線 CD を流れる電流がOにつくる磁場の強さ H_3 は

$H_3=\dfrac{I'}{2\pi\times 3d}=\dfrac{I'}{6\pi d}$〔A/m〕

ところで，右ネジの法則より，上記３つの(強さ H_1，H_2，H_3 の)磁場の向きは，順に紙面の裏向き，裏向き，表向きである。よって，Oで磁場の強さが０であるために満たすべき条件は

$H_1+H_2-H_3=0$

つまり

$\dfrac{I}{2\pi d}+\dfrac{I}{2d}-\dfrac{I'}{6\pi d}=0$

このとき

$I'=\boldsymbol{3(1+\pi)I}$〔A〕

【67】

〔A〕(ア) 領域１で粒子Aはローレンツ力を受け，等速円運動を行う。その半径を r_1 とすると，運動方程式は

$m\dfrac{{v_1}^2}{r_1}=qv_1B_1$

よって　$r_1=\dfrac{mv_1}{qB_1}$

図１より，点Qの y 座標は

$y=2r_1=\boldsymbol{\dfrac{2mv_1}{qB_1}}$

(イ) 粒子Aは領域３では力を受けない。そのため，領域１を出た粒子Aは等速で直進して領域２に進入する。領域２では，(ア)と同様に等速円運動を行い，その半径 r_2 は

$r_2=\dfrac{mv_1}{qB_2}$

よって，点Rの y 座標は

$y=2r_1-2r_2=\boldsymbol{\dfrac{2mv_1}{q}\left(\dfrac{1}{B_1}-\dfrac{1}{B_2}\right)}$

(1) (ア)，(イ)で求めた r_1，r_2 をみると，$B_1>B_2$ のとき　$r_2>r_1$　である。また，粒子Aは等速

を保って領域1に再進入するため，2回目の領域1でも半径 r_1 で円運動をする。これを表しているのは，②である。

〔B〕(ウ) 図aより，粒子Aの x' 軸方向の速さは

$\boldsymbol{v_1 \cos\theta}$

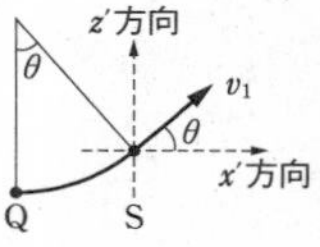

図a

(エ) (ア)と同様に考えると，領域3での，$x'z'$ 平面内の等速円運動の半径 R は

$$R=\frac{mv_1}{qB_3}$$

図4の領域3にこれをかきこんだものが図bである。これより

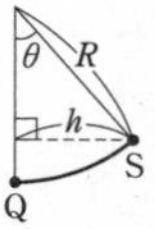

図b

$$\sin\theta=\frac{h}{R}=\boldsymbol{\frac{qB_3h}{mv_1}}$$

(オ) 領域2に進入するときの速度を xy 平面に投影すると，(ウ)より，その大きさは $v_1\cos\theta$ である。領域2での運動を xy 平面に投影したものは，この速さでの等速円運動となる。その半径 r_2' は，(イ)を参考に，(エ)を用いて

$$r_2'=\frac{mv_1}{qB_2}\cos\theta=\frac{mv_1}{qB_2}\sqrt{1-\sin^2\theta}$$
$$=\frac{mv_1}{qB_2}\sqrt{1-\left(\frac{qB_3h}{mv_1}\right)^2}$$
$$=\boldsymbol{\sqrt{\left(\frac{mv_1}{qB_2}\right)^2-\left(\frac{B_3}{B_2}h\right)^2}}$$

(カ) 粒子Aは $y=0$ で境界2に到達したことから，$r_2'=r_1$ である。(ア)，(オ)の結果を用いると，このとき

$$\sqrt{\left(\frac{mv_1}{qB_2}\right)^2-\left(\frac{B_3}{B_2}h\right)^2}=\frac{mv_1}{qB_1}$$

これを整理すると

$$B_3=\boldsymbol{\frac{mv_1}{qh}\sqrt{1-\left(\frac{B_2}{B_1}\right)^2}}$$

【68】

(1) 図中で陽イオンが破線のような軌道を描くためには，磁場領域に入射した直後に紙面の下向きにローレンツ力を受ける必要がある。よって磁場の向きは，**紙面に対し垂直に，裏から表の向き**である。

(2) 加速によって陽イオンが得た運動エネルギーは，電位差による仕事に等しく

$$\frac{1}{2}Mv^2=qV \qquad よって \quad v=\boldsymbol{\sqrt{\frac{2qV}{M}}}$$

(3) ローレンツ力による円運動の運動方程式は，円軌道の半径 r に対して

$$M\frac{v^2}{r}=qvB$$

よって　$r=\boldsymbol{\dfrac{Mv}{qB}}$

(4) 磁束密度 B のもとで，電荷 q，質量 M の陽イオンの軌道半径は，(2)(3)より

$$r=\frac{M}{qB}v=\frac{M}{qB}\sqrt{\frac{2qV}{M}}=\frac{1}{B}\sqrt{\frac{2MV}{q}}$$

これを参考にすると，磁束密度 B' のもとで，電荷 q，質量 M' の陽イオンの軌道半径 r' は

$$r'=\frac{1}{B'}\sqrt{\frac{2M'V}{q}}$$

r と r' が等しいことから

$$\frac{1}{B}\sqrt{\frac{2MV}{q}}=\frac{1}{B'}\sqrt{\frac{2M'V}{q}}$$

これを整理すると

$$\boldsymbol{\frac{M'}{M}=\left(\frac{B'}{B}\right)^2}$$

(5) (4)の結果より，磁束密度が大きいほど質量数の大きい陽イオンを検出できる。よって，質量数の下限は **50**。一方，磁束密度が最大の 2.00×10^{-1} T で検出される陽イオンの質量数を M' とすると，これが質量数の上限となる。(4)の結果より

$$\frac{M'}{50}=\left(\frac{2.00\times10^{-1}}{1.00\times10^{-1}}\right)^2 \qquad よって \quad M'=\boldsymbol{200}$$

また，同じように磁束密度が 1.99×10^{-1} T のときに検出される質量数を M'' とすると

$$\frac{M''}{50}=\left(\frac{1.99\times10^{-1}}{1.00\times10^{-1}}\right)^2$$

よって　$M''=198.005\ (\fallingdotseq 198)$

求める質量数の差は　$M-M''=1.995\fallingdotseq\boldsymbol{2}$

【69】

(1) 求める電気量を Q とすると

$$Q=(単位体積当たりの電気量)\times(体積)$$
$$=qn\times\pi r^2h=\boldsymbol{\pi qnhr^2}$$

(2) Σ は正に帯電した帯電体なので，ガウスの法則より，Σ の内部の電荷から外側に向けて電気力線が貫く。円柱が十分長く電荷分布が一様なので，z 軸からの距離が r の点ならば，どの点でも等しい本数の電気力線が円柱の側面に垂直外向きに貫く。よって，電場の向きは　**③**

(3) 点Aの電場の大きさ E は，Σ の側面を貫く電気力線の，単位面積当たりの本数に等しい。ガウスの法則より，Σ から外側へ貫く電気力線の総数は $4\pi k_0Q$ 本であり，(2)よりそれらは Σ の側面を均一に，垂直外向きに貫く。これと(1)の結果を用いて

$$E=\frac{4\pi k_0Q}{2\pi rh}=\frac{4\pi k_0\cdot\pi qnhr^2}{2\pi rh}=\boldsymbol{2\pi k_0qnr}$$

(4) 図1を，z 軸正の向きから見たものを，図aに示す。円運動の速度が　$v=r\omega$　なので

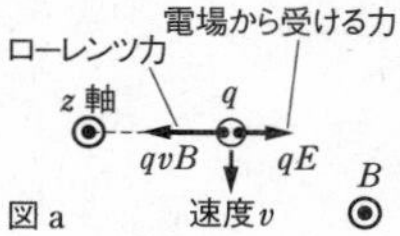

図a

運動方程式は

$$mr\omega^2=qvB-qE$$

であり，(3)の結果とあわせて

$$mr\omega^2=\boldsymbol{qrB}\times\omega-2\pi k_0nq^2r$$

(5) 式ⓐの右辺第２項の力は，(4)で考えたとおり，電場から受ける力，すなわち**静電気力**である。

(6) 試験電荷は正の電気量をもつので，円運動は時計回り　……①

(7) 式ⓐを ω の２次方程式の形に整理すると

$$m\omega^2-qB\omega+2\pi k_0nq^2=0$$

２次方程式の解の公式を用いて，整理すると

$$\omega=\frac{\left(\frac{qB}{m}\right)}{2}\left(1\pm\sqrt{1-2\left\{\frac{2q\sqrt{\frac{\pi k_0n}{m}}}{\left(\frac{qB}{m}\right)}\right\}^2}\right)$$

これと問題文の式を比べて

$$\omega_c=\boldsymbol{\frac{qB}{m}},\ \omega_p=\boldsymbol{2q\sqrt{\frac{\pi k_0n}{m}}}$$

(8) 式ⓐが ω の実数解をもつためには，その解

$$\omega=\frac{\omega_c}{2}\left(1\pm\sqrt{1-2\left(\frac{\omega_p}{\omega_c}\right)^2}\right)$$

の $\sqrt{\ }$ の中身が０以上である必要があり

$$1-2\left(\frac{\omega_p}{\omega_c}\right)^2\geqq 0$$

$$1-2\left\{\frac{2q\sqrt{\frac{\pi k_0n}{m}}}{\left(\frac{qB}{m}\right)}\right\}^2\geqq 0$$

これを n について整理すると

$$n\leqq\frac{B^2}{8\pi k_0m}\quad よって\quad n_B=\boldsymbol{\frac{B^2}{8\pi k_0m}}$$

(9) $\frac{1}{2}(\omega_++\omega_-)=\frac{1}{2}\omega_c$ であり，ω_+ と ω_- の平均値は n によらず $\frac{1}{2}\omega_c$ に等しい。

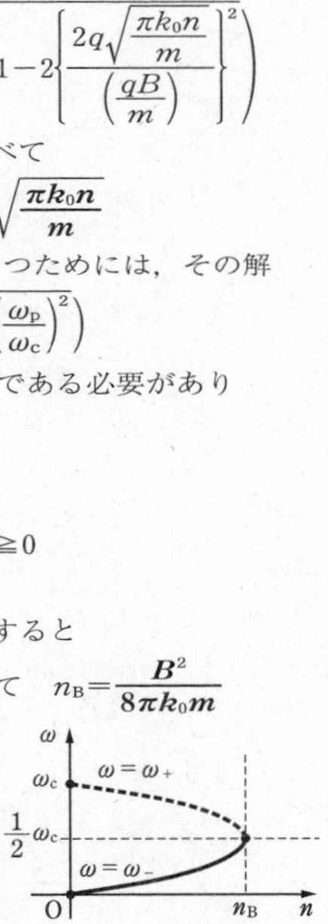

図b

このことから，

$\omega=\omega_-$ のグラフは，**図b**のように $\omega=\frac{1}{2}\omega_c$ に対し，$\omega=\omega_+$ のグラフと対称になる。

(10) 式ⓐを，ω_c，ω_p を用いて書きかえると

$$mr\omega^2=m\omega_cr\omega-\frac{m\omega_p{}^2}{2}r\qquad\cdots\cdots ⓐ'$$

$\omega=\omega_-$ はⓐ′の解であるため

$$mr\omega_-{}^2=m\omega_cr\omega_--\frac{m\omega_p{}^2}{2}r$$

ここで $\omega_-\fallingdotseq\frac{\omega_p{}^2}{2\omega_c}$ とすると

$mr\omega_-{}^2\fallingdotseq\frac{mr\omega_p{}^4}{4\omega_c{}^2}$，$m\omega_cr\omega_-\fallingdotseq\frac{m\omega_p{}^2}{2}r$ より，

$\frac{\omega_p}{\omega_c}\ll 1$ のもとではⓐ′の左辺の項が無視できる。　……①

【70】

〔A〕(ア) 円運動の運動方程式は，求める半径を r_2 として

$$m\frac{v_0{}^2}{r_2}=qv_0B_2\quad よって\quad r_2=\boldsymbol{\frac{mv_0}{qB_2}}$$

(イ) $t=0$ から $x\geqq x_0$ の領域で半円を描き $x=x_0$ にもどる。求める時間 T_2 は，この領域での円運動の周期 t_2 の半分に等しい。ここで

$$t_2=\frac{2\pi r_2}{v_0}=\frac{2\pi m}{qB_2}$$

$$よって\quad T_2=\frac{1}{2}t_2=\boldsymbol{\frac{\pi m}{qB_2}}$$

(1) $x<x_0$ の領域での円運動の半径 r_1 は，(ア)と同様に考えて

$$r_1=\frac{mv_0}{qB_1}$$

ここで，$B_1>B_2$ であるため $r_2>r_1$ となる。よって $t=0$ から $t=T_1+T_2$ までの軌道は，**図a**のとおりである。求めるべきベクトルの大きさは

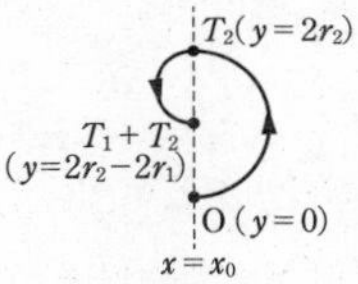

図a

$$2r_2-2r_1=\boldsymbol{\frac{2mv_0}{q}\left(\frac{1}{B_2}-\frac{1}{B_1}\right)}$$

(ウ) T_1 を(イ)と同様に考えると

$$T_1+T_2=\frac{\pi m}{q}\left(\frac{1}{B_1}+\frac{1}{B_2}\right)=\boldsymbol{\frac{2\pi mx_0}{qa}}$$

(エ) (1)と(ウ)を参考にすると，平均の速さは

$$\frac{2mv_0}{q}\left(\frac{1}{B_2}-\frac{1}{B_1}\right)\div\frac{\pi m}{q}\left(\frac{1}{B_2}+\frac{1}{B_1}\right)=\boldsymbol{\frac{2dv_0}{\pi x_0}}$$

(2) これまでの条件と粒子の速さは同じなので，$x\geqq x_0$ の領域で半径 r_2 の円軌道を，$x<x_0$ の領域で半径 $r_1\,(<r_2)$ の円軌道を描く。よって　③

図b

〔B〕(オ) 粒子が $x=x_{\max}$ から $x_{\min}$ にもどるまでの間，外力がした仕事は　$-F(x_{\max}-x_{\min})$　であり，$x=x_{\min}$ を出発してから再び $x_{\min}$ にもどるまでの間に外力がした仕事は０となる。また，ローレンツ力は常に速度に対して垂直な方向にはたらくため，粒子にした仕事は０である。よって，$x_{\min}$ にもどるまでの間，粒子がされる仕事は０であり，もどったときの速さは v_a に等しい。　……③

(カ) (ア)と同様に考えて，求める半径 r_2' は

$$r_2'=\boldsymbol{\frac{mv_2}{qB_0}}$$

(キ) (ウ)と同様に考えて

$$T=\frac{\pi m}{q}\left(\frac{1}{B_0}+\frac{1}{B_0}\right)=\boldsymbol{\frac{2\pi m}{qB_0}}$$

(ク) (ア)と同様に考えて $x<x_0$ の領域での軌道の半径 r_1' は

$$r_1'=\frac{mv_1}{qB_0}$$

ところで $v_1<v_2$ であるため $t=0$ から T までの軌道は図 c のとおりであり，ドリフトは y 軸の正の向き。 ……**②**

図c

(ケ) 図 c より，ドリフトの大きさは　$2r_2'-2r_1'$
(カ)〜(ク)の結果を用いて，平均の速さは

$$\frac{2r_2'-2r_1'}{T}=\left(\frac{2mv_2}{qB_0}-\frac{2mv_1}{qB_0}\right)\div\frac{2\pi m}{qB_0}$$
$$=\boldsymbol{\frac{v_2-v_1}{\pi}}$$

(コ) 問題文の記述より

$$\frac{1}{2}mv_2{}^2-\frac{1}{2}mv_1{}^2=F(\rho_1+\rho_2)$$

ρ_1，ρ_2 は，(カ)，(ク)の r_1'，r_2' に等しく

$$\rho_1=\frac{mv_1}{qB_0},\ \rho_2=\frac{mv_2}{qB_0}$$

である。これを用いて整理すると

$$\frac{1}{2}m(v_2-v_1)(v_2+v_1)=\frac{Fm}{qB_0}(v_2+v_1)$$

よって　$v_2-v_1=\dfrac{2F}{qB_0}$

これを用いて(ケ)を書きかえると平均の速さは

$$\frac{v_2-v_1}{\pi}=\boldsymbol{\frac{2F}{\pi qB_0}}$$

(3) (コ)の結果で $F=qE$ とすると平均の速さは

$$\frac{2F}{\pi qB_0}=\frac{2qE}{\pi qB_0}=\boldsymbol{\frac{2E}{\pi B_0}}$$

ドリフトの平均の速さは粒子がもつ電気量によらないことがわかる。

一方，(キ)より，ドリフトの周期は粒子がもつ電気量に反比例するので，$2q$ の電荷の周期は q の電荷の半分になる。よって，$2q$ の電荷の 1 周期での変位は q の電荷の半分になるので，軌道は**図 d** のとおりである。

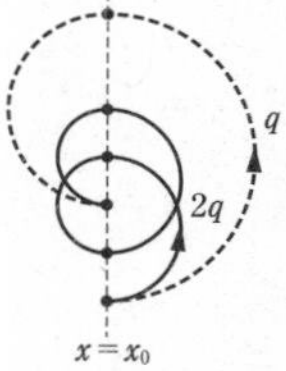

図d

17　電　磁　誘　導

【71】

(1) t が 0s〜2.0s のときは，コイルがまだ磁場領域に入っていないので，コイルを貫く磁束は 0 である。

t が 2.0s〜3.0s のときは，時刻 2.0s にコイルの BC 部分が $x=1.0$m に達し，その後コイルは磁場領域に入っていき，時刻 3.0s にコイルの AD 部分が $x=1.0$m に達する。この間の時刻 t の状態を図 a で示している。

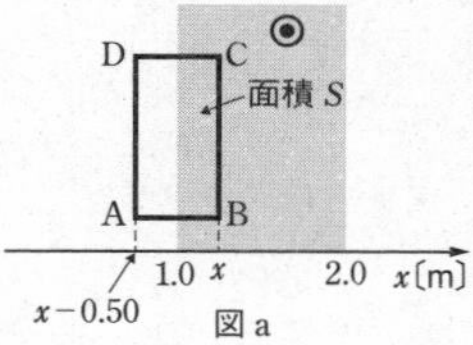

図a

磁場領域に入っている部分の面積 S は

$$S=1.0\times(x-1.0)=x-1.0\,〔\mathrm{m^2}〕$$

$x=0.50t$ であるから

$$S=0.50t-1.0=0.50(t-2.0)\,〔\mathrm{m^2}〕$$

磁束の式「$\Phi=BS$」よりコイルを貫く磁束 Φ は

$$\Phi=8.0\times0.50(t-2.0)=4.0(t-2.0)\,〔\mathrm{Wb}〕$$

t が 3.0s〜4.0s のときは，コイルが磁場領域内にあるので，磁束は

$\Phi=8.0\times1.0\times0.50=4.0\,\mathrm{Wb}$（一定）である。

t が 4.0s〜5.0s のときは，時刻 4.0s にコイルの BC 部分が $x=2.0$m に達し，その後コイルは磁場領域から出ていく。この間の時刻 t の状態を図 b で示している。

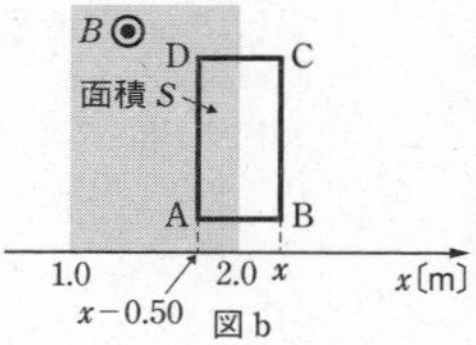

図b

磁場領域にある部分の面積 S は

$$S=1.0\times\{2.0-(x-0.50)\}=2.5-x\,〔\mathrm{m^2}〕$$

$x=0.50t$ であるから

$$S=2.5-0.50t\,〔\mathrm{m^2}〕$$

このときの磁束は

$$\Phi=8.0\times(2.5-0.50t)=4.0\times(5.0-t)\,〔\mathrm{Wb}〕$$

$t\geqq5.0$s のときは，コイルが磁場領域から出ているので，コイルを貫く磁束は 0 である。

以上から，求めるグラフは**図 c** のようになる。

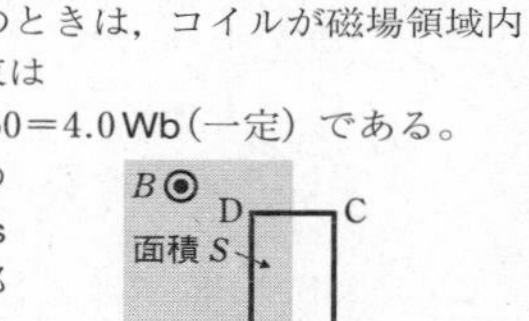

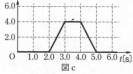

図c

(2) ファラデーの電磁誘導の法則より，コイルに生じる誘導起電力は $V=-\dfrac{\varDelta\Phi}{\varDelta t}$〔V〕で，誘導電流はオームの法則より

$$I=\frac{V}{R}=\frac{V}{2.0}=-0.50\frac{\varDelta\Phi}{\varDelta t}\,〔\mathrm{A}〕 \qquad \cdots\cdots①$$

である。レンツの法則より，$\frac{\varDelta\Phi}{\varDelta t}>0$ のとき電流はB→Aの向き（負の向き）に流れて $I<0$ となり，$\frac{\varDelta\Phi}{\varDelta t}<0$ のときはA→Bの向き（正の向き）に流れて $I>0$ となる。

t が 2.0s〜3.0s では，図cと①式より

$$\frac{\varDelta\Phi}{\varDelta t}=4.0\,\mathrm{V},\ I=-0.50\times4.0=-2.0\,\mathrm{A}$$

t が 4.0s〜5.0s では

$$\frac{\varDelta\Phi}{\varDelta t}=-4.0\,\mathrm{V},\ I=-0.50\times(-4.0)=2.0\,\mathrm{A}$$

それ以外の t の範囲では $I=0\,\mathrm{A}$ である。よって，求めるグラフは**図d**のようになる。

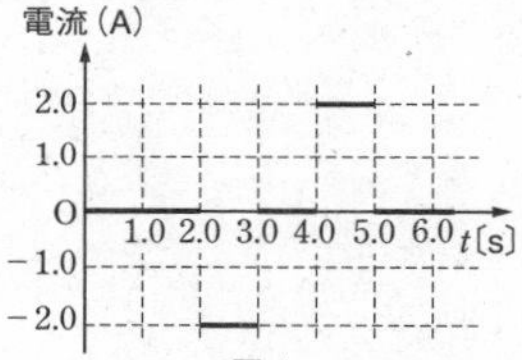

図d

(3) コイルに電流が流れているときにコイルは磁場から力を受ける。フレミングの左手の法則より，t が 2.0s〜3.0s のときと 4.0s〜5.0s のときにコイルが磁場から受ける力は図eのようになる。「$F=IBl$」より

$$F_1=F_2=2.0\times8.0\times1.0=16\,\mathrm{N}$$

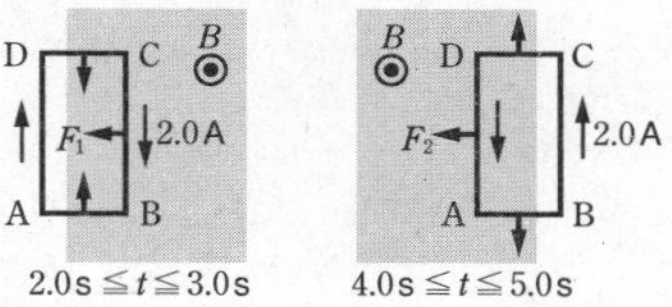

図e

また，AB間とDC間にはたらく力は大きさが等しく逆向きになり打ち消す。したがって，どちらの場合もコイルが磁場から受ける力の合力は，A→Bを正の向きとして $-16\,\mathrm{N}$ である。よって，合力の正の向きを**A→B**としてグラフをかくと**図f**のようになる。

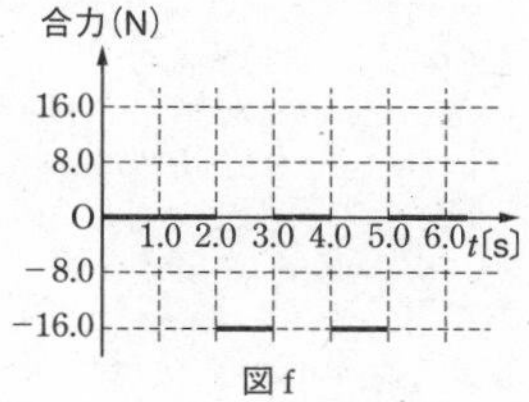

図f

(4) 図eからわかるように，コイルのBC部分が $x=1.0\,\mathrm{m}$ から $x=1.5\,\mathrm{m}$ まで動くときと，$x=2.0\,\mathrm{m}$ から $x=2.5\,\mathrm{m}$ まで動くときに外力は仕事をする。$v=1.0\,\mathrm{m/s}$ のときは速さが 2.0 倍になっているので，BC部分がそれぞれの区間を進むのにかかる時間は $\frac{1}{2.0}$ 倍である。したがって，磁束の単位時間当たりの変化 $\frac{\varDelta\Phi}{\varDelta t}$ は 2.0 倍になり，誘導起電力 $V=-\frac{\varDelta\Phi}{\varDelta t}$，誘導電流 $I=\frac{V}{R}$ も 2.0 倍になる。ゆえに，コイルが磁場から受ける力 $F=IBl$ も 2.0 倍になり，BC部分が合計1.0m動くときに外力がする仕事 $W=F\times1.0$〔J〕も **2.0倍**になる。

【72】

(1) 金属棒PP′がレールをすべり落ちているとき，回路PP′O′Q′QOPを貫く磁束が増加するので，レンツの法則より金属棒PP′にはP→P′の向きに誘導電流を流すような誘導起電力が生じる。この誘導起電力 V は，図aのように速度 v を鉛直方向と水平方向に分けて考えると，v の水平成分 $v\cos\alpha$ によって生じるので

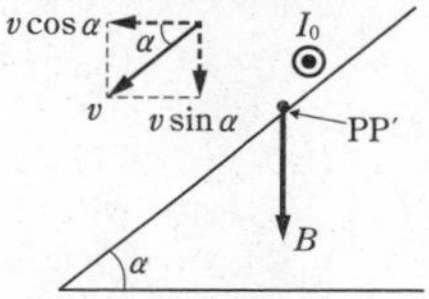

図a

$$V=v\cos\alpha\cdot BL=vBL\cos\alpha$$

である。回路PP′O′Q′QOP全体の抵抗は $R+R'$ であるから，流れる電流を I_0 とすると，オームの法則より

$$I_0=\frac{V}{R+R'}=\boldsymbol{\frac{vBL\cos\alpha}{R+R'}}$$

(2) 求める速さを v_{f} とする。金属棒PP′が磁場から受ける力 F は，フレミングの左手の法則から図bのように右向きになる。「$F=IBl$」より，その大きさは

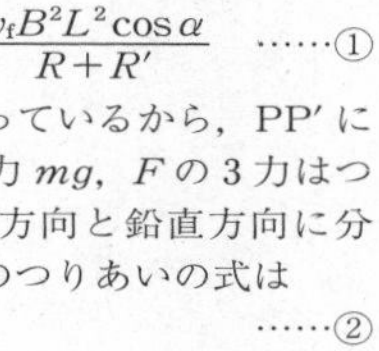

図b

$$F=\frac{v_{\mathrm{f}}BL\cos\alpha}{R+R'}BL=\frac{v_{\mathrm{f}}B^2L^2\cos\alpha}{R+R'}\quad\cdots\cdots①$$

PP′は一定の速度ですべっているから，PP′にはたらく垂直抗力 N，重力 mg，F の3力はつりあっている。N を水平方向と鉛直方向に分けると（図b），水平方向のつりあいの式は

$$F-N\sin\alpha=0\quad\cdots\cdots②$$

鉛直方向のつりあいの式は

$$N\cos\alpha-mg=0\quad\cdots\cdots③$$

②式と③式より

$$F=mg\tan\alpha\quad\cdots\cdots④$$

①式を用いると

$$mg\tan\alpha=\frac{v_{\mathrm{f}}B^2L^2\cos\alpha}{R+R'}$$

よって　$v_{\mathrm{f}}=\boldsymbol{\frac{(R+R')mg\tan\alpha}{B^2L^2\cos\alpha}}$

(3) 金属棒 QQ′ が静止したまま金属棒 PP′ の速度が一定になったと仮定したとき，回路に流れる電流 I_f は，(1)と(2)の結果より

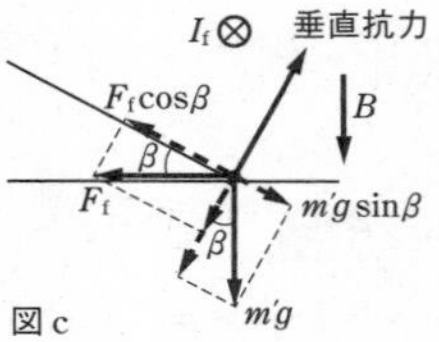

図 c

$$I_f=\frac{v_fBL\cos\alpha}{R+R'}=\frac{mg\tan\alpha}{BL} \quad \cdots\cdots⑤$$

この電流が流れていると仮定したとき，金属棒 QQ′ が磁場から受ける力 F_f の斜面に平行な成分が，重力の斜面に平行な成分よりも大きければよい。したがって，図 c より

$$F_f\cos\beta > m'g\sin\beta$$

$$I_fBL\cos\beta > m'g\sin\beta$$

⑤式より　$\dfrac{mg\tan\alpha}{BL}\cdot BL\cos\beta > m'g\sin\beta$

よって　$\boldsymbol{m\tan\alpha > m'\tan\beta}$ である。

(4) このとき QQ′ には図 d のような力がはたらいている。レールに垂直な方向の力はつりあっているから

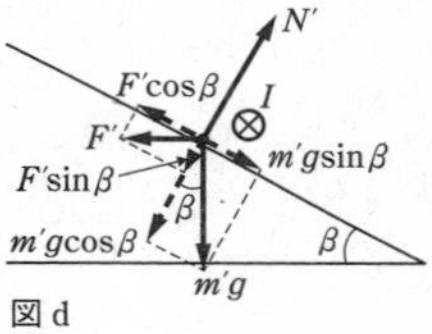

図 d

$$N'-m'g\cos\beta-F'\sin\beta=0$$

「$F=IBl$」より

$$N'-m'g\cos\beta-IBL\sin\beta=0$$

よって，垂直抗力の大きさ N' は

$$\boldsymbol{N'=m'g\cos\beta+IBL\sin\beta}$$

(5) 図 e のように速度 u を鉛直方向と水平方向に分けて考えると，QQ′ には u の水平成分 $u\cos\beta$ によって誘導起電力 V' が生じるので

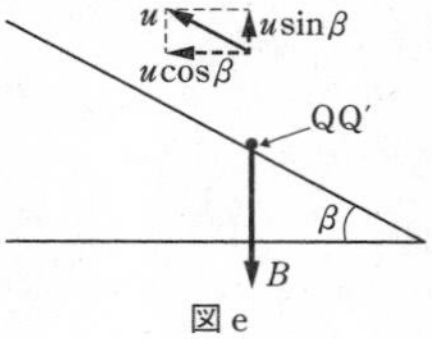

図 e

$$V'=u\cos\beta\cdot BL$$

$$=uBL\cos\beta$$

である。このとき回路 PP′O′Q′QOP には $V-V'$ の起電力が生じている(図 f)。

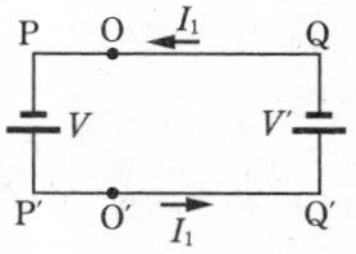

図 f

$$V-V'=vBL\cos\alpha-uBL\cos\beta$$

$$=(v\cos\alpha-u\cos\beta)BL$$

この回路で消費される電力 P は電力の式

「$P=\dfrac{V^2}{R}$」より

$$P=\frac{(V-V')^2}{R+R'}=\boldsymbol{\frac{(v\cos\alpha-u\cos\beta)^2B^2L^2}{R+R'}}$$

(6) この回路を流れる電流 I_1 はオームの法則より

$$I_1=\frac{V-V'}{R+R'}=\frac{(v\cos\alpha-u\cos\beta)BL}{R+R'}$$

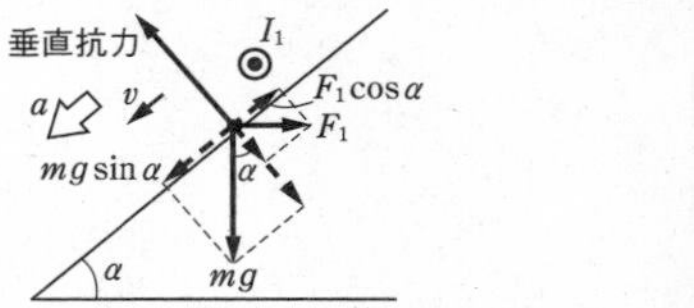

図 g

このとき PP′ にはたらく力は図 g のようになる。PP′ が磁場から受ける力 F_1 は

$$F_1=I_1BL$$

$$=\frac{(v\cos\alpha-u\cos\beta)B^2L^2}{R+R'} \quad \cdots\cdots⑥$$

PP′ のレールに平行な方向の運動方程式は，加速度の大きさを a として

$$ma=mg\sin\alpha-F_1\cos\alpha$$

⑥式を代入すると

$$ma=mg\sin\alpha-\frac{(v\cos\alpha-u\cos\beta)B^2L^2}{R+R'}\cos\alpha$$

よって

$$\boldsymbol{a=g\sin\alpha-\frac{(v\cos\alpha-u\cos\beta)B^2L^2}{m(R+R')}\cos\alpha}$$

【73】

(ア) 磁場中で運動する荷電粒子(電子)にはローレンツ力がはたらく。　……**②**

(イ) OA 上の自由電子は図 a の v の向きに移動しているので，磁場中で図のようにローレンツ力 f を受ける。ゆえに，自由電子は A→O の向きに移動するので，

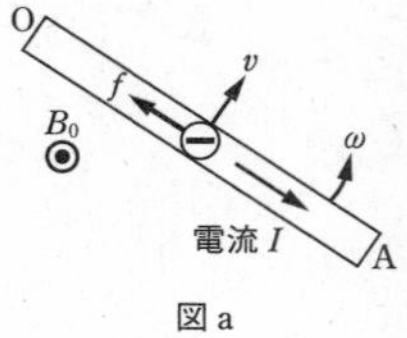

図 a

電流は扇形の回路 OABO を O→A→B→O の向きに流れる。したがって，OB を流れる電流は B→O の向きである。　……**⑦**

(ウ) OB を流れる電流 I は磁場から力を受ける。フレミングの左手の法則から，その向きは図 b の向き，すなわち反時計回りに回転する向きである。

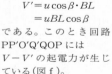

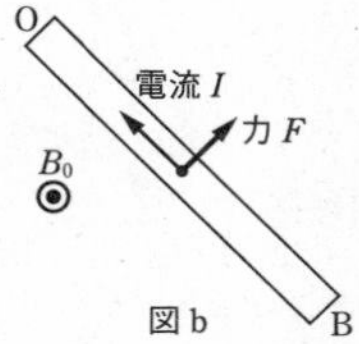

図 b

……**⑨**

(エ) 求める面積を ΔS とすると，扇形の面積と中心角は比例するから

$$\Delta S : \pi a^2=\omega\Delta t : 2\pi$$

ゆえに　$\Delta S=\dfrac{1}{2}a^2\omega\Delta t$　……**②**

(オ) ΔS の面積を貫く磁束は

$$\Delta\Phi = B_0\Delta S = B_0\cdot\frac{1}{2}a^2\omega\Delta t = \frac{B_0a^2\omega}{2}\Delta t$$

したがって

$$V = \left|\frac{\Delta\Phi}{\Delta t}\right| = \frac{B_0a^2\omega}{2} \quad \cdots\cdots⑦$$

(カ) 回路ABO(図c)にオームの法則を用いると，電流 I は

$$I = \frac{V}{R} \quad \cdots\cdots⑨$$

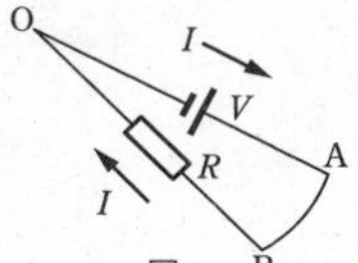

図c

(キ) 単位時間当たりに発生するジュール熱 P は，ジュール熱の式「$Q = \frac{V^2}{R}t$」より

$$P = \frac{V^2}{R}\times 1 = \frac{V^2}{R} \quad \cdots\cdots⑩$$

(ク) 電流が磁場から受ける力の式「$F = IBl$」より

$F = IB_0a$ ……⑯

(ケ) 支点Oのまわりの力 F と重力 mg の力のモーメントの和は0である。力のモーメントの式「$M = F_{\perp}l$」より

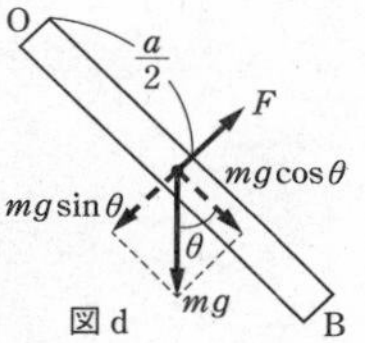

図d

$$F\cdot\frac{a}{2} - mg\sin\theta\cdot\frac{a}{2} = 0$$

ゆえに $\frac{a}{2}\times mg\times\sin\theta = \frac{a}{2}\times F$ ……⑱

(コ) 任意の実数 θ に対して，$|\sin\theta| \leqq 1$ である。 ……⑳

(サ) (ク)の結果に(オ)と(カ)の結果を代入して

$$F = IB_0a = \frac{V}{R}B_0a = \frac{B_0a^2\omega}{2R}B_0a = \frac{B_0{}^2a^3\omega}{2R}$$

よって，点Oのまわりの力のモーメントを M とすると，反時計回りを正として

$$M = \frac{a}{2}\times F - \frac{a}{2}\times mg\sin\theta$$
$$= \frac{a}{2}\left(\frac{B_0{}^2a^3\omega}{2R} - mg\sin\theta\right)$$

ω が十分小さければ，$M=0$ を満たす θ(力のモーメントのつりあいを満たす θ)が存在するが，ω が大きくなり，$\frac{B_0{}^2a^3\omega}{2R}$ が mg をこえると，任意の θ に対して $M>0$ となる。したがって，ω が大きくなると，常に $M>0$ となるから，OBは反時計回りに回転する。 ……⑨

(a) $\omega=\omega_0$ のとき，$\sin\theta=1$ で $M=0$ となるから

$$\frac{B_0{}^2a^3\omega_0}{2R} - mg\times 1 = 0 \quad よって \quad \omega_0 = \boldsymbol{\frac{2Rmg}{B_0{}^2a^3}}$$

【74】

(1)(a) 磁石が落下すると，環1を貫く上向きの磁束線は減少するので，レンツの法則より，これを打ち消すように上向きの磁場をつくる向きに誘導電流が流れる。また，環2を貫く上向きの磁束線は増加するので，これを打ち消すように下向きの磁場をつくる向きに誘導電流が流れる。したがって，誘導電流の向きは図aのようになる。 ……②

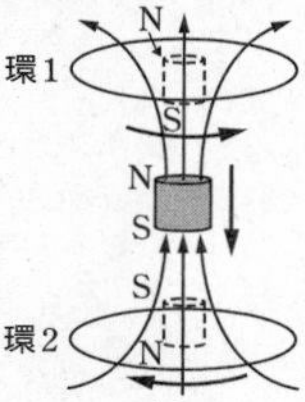

図a

(b) 環1は上向きの磁場をつくるので，これを図aのような上がN極，下がS極の磁石に置きかえて考えると，このS極は落下する磁石のN極を上に引く力を及ぼす。同様に，環2は下向きの磁場をつくるので，上がS極，下がN極の磁石に置きかえて考えると，このS極は落下する磁石のS極を上に押す力を及ぼす。ゆえに，どちらの環も磁石に上向きの力を及ぼす。 ……①

(2) 磁束密度 $\vec{B}$ の円柱側面に垂直な成分は B_r なので，側面の面積を S とすると，円柱側面を貫く磁束の大きさ $|\Delta\Phi|$ は

$$|\Delta\Phi| = SB_r = 2\pi Rv\Delta tB_r \quad \cdots\cdots⑤$$

(3)(a) 環を断面積 $d\Delta z$，長さ $2\pi R$ の抵抗と考えると(図b)，抵抗率の式「$R=\rho\frac{l}{S}$」より環の抵抗 r は

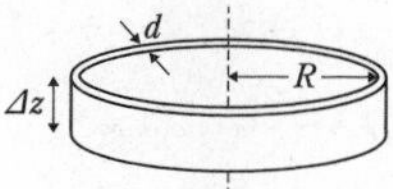

図b

$$r = \frac{2\pi R\rho}{d\Delta z} \quad \cdots\cdots ⓐ$$

したがって ⑪

(b) 環に生じる誘導起電力の大きさ V は

$$V = \frac{|\Delta\Phi|}{\Delta t} = \frac{2\pi Rv\Delta tB_r}{\Delta t} = 2\pi RvB_r \quad \cdots\cdots ⓑ$$

オームの法則より電流 I はⓐ，ⓑ式を用いて

$$I = \frac{V}{r} = \frac{2\pi RvB_r}{\frac{2\pi R\rho}{d\Delta z}} = \frac{dvB_r\Delta z}{\rho} \quad \cdots\cdots ⓒ$$

したがって ⑩

(4) 図cのように，環の微小な長さ Δl の部分が磁場から受ける力を考える。この微小部分が磁場の z 方向の成分 B_z によって受ける力の大きさを ΔF_z，磁場の z 軸に垂直な方向の成分 B_r によって受ける力の大きさを ΔF_r とすると，フレミング

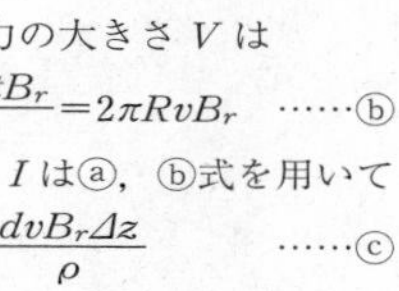

図c

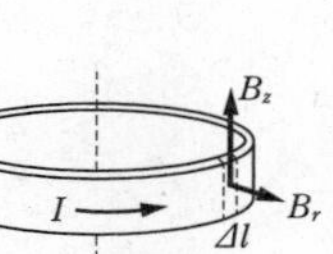

図d

の左手の法則より $\varDelta F_z$ と $\varDelta F_r$ の向きは図 d のようになる。また，その大きさは

$$\varDelta F_z = IB_z \varDelta l,\ \varDelta F_r = IB_r \varDelta l$$

である。環全体で考えると $\varDelta F_z$ は反対側の部分が受ける力と打ち消すため，それらの合力は 0 になる。$\varDelta F_r$ の環全体の合力 F_r は z 軸の負の向きで，大きさは

$$F_r = IB_r \cdot 2\pi R = 2\pi IB_r \cdot R$$

ⓒ式を用いて

$$F_r = 2\pi \frac{dvB_r \varDelta z}{\rho} B_r \cdot R = \frac{2\pi R dv B_r{}^2 \varDelta z}{\rho} \quad \cdots\cdots ⓓ$$

したがって ⑪

(5)(a) パイプ全体が磁石から受ける力の大きさを F とする。磁石はこの力の反作用(大きさ F)と重力 mg を受けて等速 v で落下する(図 e)。これらの 2 力はつりあっているので

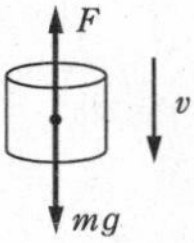

図 e

$$F = mg \quad \cdots\cdots ⓔ$$

よって ❷

(b) 磁石は落下すると重力による位置エネルギーを失うが，運動エネルギーは変化しないので，位置エネルギーの減少はパイプ内のジュール熱に変わると考えられる。磁石は単位時間に v だけ落下し，位置エネルギーは mgv だけ減少する。したがって，パイプ内で単位時間に発生するジュール熱 Q は

$$Q = mgv \quad \cdots\cdots ❾$$

(6) 磁石は(4)の環の部分からⓓ式で与えられる力 F_r を鉛直上向きに受ける。題意より，R，B_r，$\varDelta z$ はパイプや磁石の種類によらないので

$$F_r = \frac{2\pi R dv B_r{}^2 \varDelta z}{\rho} \propto \frac{dv}{\rho}$$

ゆえに $F_r = k\dfrac{dv}{\rho}$ ……ⓕ

(k はパイプや磁石の種類によらない定数)と表せる。これはパイプのどの部分についても成りたつので，磁石がパイプ全体から受ける力 F についても同じことが成りたつ。アルミ製と銅製パイプの厚さを $d_{アルミ}$，$d_{銅}$，アルミと銅の抵抗率を $\rho_{アルミ}$，$\rho_{銅}$ とし，磁石 1 と磁石 2 の質量を m_1，m_2，等速落下中の速さを v_1，v_2 とすると，ⓔ式の F にⓕ式の関係を用いて

$$k\frac{d_{アルミ} v_1}{\rho_{アルミ}} = m_1 g,\ k\frac{d_{銅} v_2}{\rho_{銅}} = m_2 g$$

2 式より

$$\frac{v_2}{v_1} = \frac{m_2}{m_1} \cdot \frac{\rho_{銅}}{\rho_{アルミ}} \cdot \frac{d_{アルミ}}{d_{銅}}$$

$d_{アルミ} = 3d_{銅}$，$m_2 = 2m_1$ であるから

$$\frac{v_2}{v_1} = 2 \times \frac{1.7 \times 10^{-8}}{2.7 \times 10^{-8}} \times 3 = 3.77\cdots \fallingdotseq 3.8 \text{ 倍} \quad \cdots\cdots ⓯$$

【75】

〔A〕(1) コイル A の単位長さ当たりの巻数 n は $\dfrac{N}{d}$ であるからコイル A の内部の磁場の強さ H は，ソレノイド電流がつくる磁場の式「$H = nI$」より

$$H = \frac{N}{d} I$$

コイル A の内部の磁束密度 B は

$$B = \mu_0 H = \mu_0 \frac{N}{d} I$$

コイル A を貫く磁束 $\varPhi$ は

$$\varPhi = BS = \mu_0 \frac{N}{d} IS$$

電流 I を $\varDelta I$ だけ変化させたときの磁束の変化 $\varDelta\varPhi$ は

$$\varDelta\varPhi = \mu_0 \frac{N}{d}(I + \varDelta I)S - \mu_0 \frac{N}{d} IS = \boldsymbol{\mu_0 \frac{NS}{d} \varDelta I}$$

(2) 点 a，点 b の電位を V_a，V_b とすると，ファラデーの電磁誘導の法則より

$$V_L = V_b - V_a = -N\frac{\varDelta\varPhi}{\varDelta t} = -N\mu_0 \frac{NS}{d} \cdot \frac{\varDelta I}{\varDelta t}$$

$$= \boldsymbol{-\mu_0 \frac{N^2 S}{d} \cdot \frac{\varDelta I}{\varDelta t}}$$

〔B〕(1) スイッチを切りかえた直後はコイル A に誘導起電力(逆起電力) V_0 が生じ，

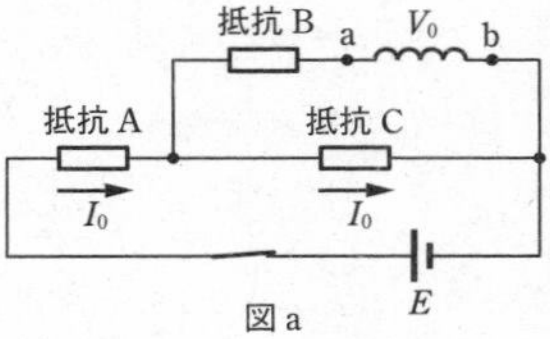

図 a

電流が流れるのを妨げる。したがって，コイル A に流れる電流 I は **0**

図 a において，抵抗 B には電流が流れないので，V_0 は抵抗 C に加わる電圧と等しい。抵抗 A と抵抗 C の抵抗値は等しく，同じ電流 I_0 が流れるので，加わる電圧も等しく $\dfrac{E}{2}$ である。点 a，b の電位を V_a，V_b とすると $V_a > V_b$ より，点 a に対する点 b の電位は

$$V_0 = \boldsymbol{-\frac{E}{2}}$$

(2) このときコイル A には誘導起電力が生じず，回路には図 b のように電流が流れ

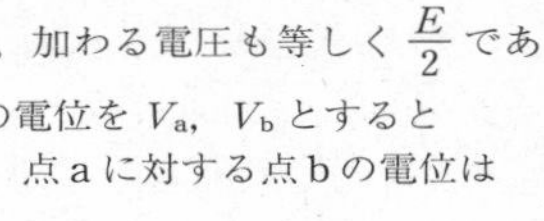

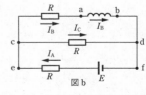

図 b

ている。抵抗 A，B，C を流れる電流を I_A，I_B，I_C として，図 b の点 c でキルヒホッフの法則 I を適用すると

$$I_B + I_C = I_A \quad \cdots\cdots ①$$

また，閉回路 cdfec と閉回路 cabdc にキルヒホッフの法則Ⅱを適用すると

閉回路 cdfec：$I_AR+I_CR=E$ ……②

閉回路 cabdc：$I_BR-I_CR=0$ ……③

①，②，③式より，コイルAに流れる電流 I_B は

$$I_B=\boldsymbol{\frac{E}{3R}}$$

コイルに蓄えられるエネルギーの式

「$U=\frac{1}{2}LI^2$」より

$$U_0=\frac{1}{2}LI_B{}^2=\frac{1}{2}L\left(\frac{E}{3R}\right)^2=\boldsymbol{\frac{LE^2}{18R^2}}$$

(3) スイッチを切るとコイルAは電流 I_B を流し続けようとして誘導起電力 V_2 を生じ，抵抗Bと抵抗Cには図 c のように電流が流れる。$V_b>V_a$ であるから，点 a に対する点 b の電位 $V_2>0$ なので，図 c より

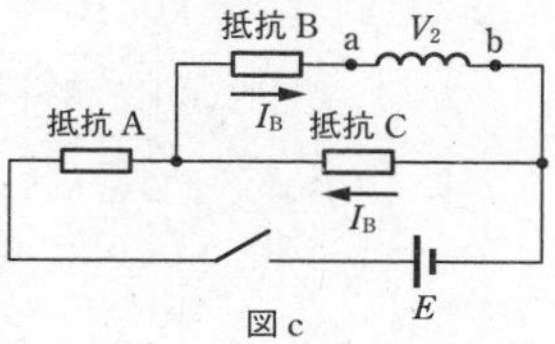

図 c

$$V_2=2RI_B=2R\cdot\frac{E}{3R}=\boldsymbol{\frac{2}{3}E}$$

(1)より　$V_0=-\frac{E}{2}$　であるから

$$|V_2|=\frac{4}{3}|V_0|$$

よって，$V_0<0<V_2$ でこの関係を満たしているグラフは(イ)

(4)〔A〕(2)より，金属棒を挿入する前のコイルAの誘導起電力 V_L は

$$V_L=-\mu_0\frac{N^2S}{d}\cdot\frac{\varDelta I}{\varDelta t}$$

なので，このときの自己インダクタンス L は

$$L=\mu_0\frac{N^2S}{d}$$

同様に，金属棒を挿入した後の自己インダクタンス L_1 は

$$L_1=\mu_1\frac{N^2S}{d}=\frac{\mu_1}{\mu_0}\cdot\mu_0\frac{N^2S}{d}=\boldsymbol{\frac{\mu_1}{\mu_0}L} \quad \cdots\cdots④$$

(2)の結果より，金属棒を挿入する前のエネルギー U_0 は

$$U_0=\frac{LE^2}{18R^2}$$

金属棒を挿入した後のエネルギー U_1 は，④式を用いて

$$U_1=\frac{L_1E^2}{18R^2}=\frac{L_1}{L}\cdot\frac{LE^2}{18R^2}=\frac{\mu_1}{\mu_0}U_0$$

したがって

$$\varDelta U=U_1-U_0=\left(\frac{\mu_1}{\mu_0}-1\right)U_0=\boldsymbol{\left(\frac{\mu_1}{\mu_0}-1\right)\frac{LE^2}{18R^2}}$$

〔変化する理由〕**棒を挿入すると，コイルAの内部の透磁率が大きくなる。そのため，コイルAの自己インダクタンスは大きくなり，十分に時間が経過した後に流れる電流は挿入前と変わらないため，コイルAが蓄えるエネルギーは増加する。**(101 字)

〔C〕(1) このときコイルAに生じる誘導起電力は〔B〕(1)より

$$V_0=-\frac{E}{2}$$

である。コイルAに流れる電流を I_1 として V_0 を自己インダクタンス L_1 で表すと，自己誘導起電力の式より

$$V_0=-L_1\frac{\varDelta I_1}{\varDelta t}$$

したがって

$$-L_1\frac{\varDelta I_1}{\varDelta t}=-\frac{E}{2}\quad ゆえに\quad \frac{\varDelta I_1}{\varDelta t}=\frac{E}{2L_1} \quad \cdots\cdots⑤$$

コイルBにはコイルAと同じ左向きの相互誘導起電力 V_3 が生じるので，$V_3=V_d-V_c<0$ である。相互誘導起電力の式より，⑤式を用いて

$$V_3=-M\frac{\varDelta I_1}{\varDelta t}=-\boldsymbol{\frac{ME}{2L_1}}$$

(2) このときコイルAに生じる誘導起電力は〔B〕(3)より

$$V_2=\frac{2}{3}E$$

これは自己誘導起電力の式より

$$V_2=-L_1\frac{\varDelta I_1}{\varDelta t}$$

したがって

$$-L_1\frac{\varDelta I_1}{\varDelta t}=\frac{2}{3}E\quad ゆえに\quad \frac{\varDelta I_1}{\varDelta t}=-\frac{2E}{3L_1} \quad \cdots\cdots⑥$$

このときコイルBにはコイルAと同じ右向きの相互誘導起電力 V_4 が生じ，

$V_4=V_d-V_c>0$ である。相互誘導起電力の式より，⑥式を用いて

$$V_4=-M\frac{\varDelta I_1}{\varDelta t}=-M\cdot\left(-\frac{2E}{3L_1}\right)=\boldsymbol{\frac{2ME}{3L_1}}$$

(3) スイッチを接点③に切りかえる前にコイルAに蓄えられているエネルギーは，〔B〕(4)より

$$U_1=\frac{L_1E^2}{18R^2}$$

である。このエネルギーが抵抗 A，B，C で発生するジュール熱の合計 Q になるので

$$Q=\boldsymbol{\frac{L_1E^2}{18R^2}}$$

18 交 流 回 路

【76】

(1) 外部抵抗に加わる電圧の位相は，流れる電流と同位相なので，オームの法則「$V=RI$」より

$$V_R(t)=\boldsymbol{RI_0\sin\omega t}\,〔\mathrm{V}〕$$

コイルに加わる電圧の位相は，流れる電流の位相に比べて $\dfrac{\pi}{2}$ rad 進んでいる。また，コイルのリアクタンス「$X_L=\omega L$」を使って

$$V_L(t)=\boldsymbol{\omega LI_0\sin\left(\omega t+\frac{\pi}{2}\right)}\,〔\mathrm{V}〕\quad \text{または}$$

$$V_L(t)=\boldsymbol{\omega LI_0\cos\omega t}\,〔\mathrm{V}〕$$

コンデンサーに加わる電圧の位相は，流れる電流の位相に比べて $\dfrac{\pi}{2}$ rad 遅れている。コンデンサーのリアクタンス「$X_C=\dfrac{1}{\omega C}$」を使って

$$V_C(t)=\boldsymbol{\frac{I_0}{\omega C}\sin\left(\omega t-\frac{\pi}{2}\right)}\,〔\mathrm{V}〕\quad \text{または}$$

$$V_C(t)=\boldsymbol{-\frac{I_0}{\omega C}\cos\omega t}\,〔\mathrm{V}〕$$

(2) 消費電力の式「$P=IV$」より

$$\begin{aligned}P_R(t)&=IV_R=(I_0\sin\omega t)\cdot(RI_0\sin\omega t)\\&=RI_0^2\sin^2\omega t\\&=\frac{RI_0^2}{2}(1-\cos2\omega t)\,〔\mathrm{W}〕\end{aligned}$$

$$\begin{aligned}P_L(t)&=IV_L=(I_0\sin\omega t)\cdot(\omega LI_0\cos\omega t)\\&=\omega LI_0^2\sin\omega t\cos\omega t\\&=\frac{\omega LI_0^2}{2}\sin2\omega t\,〔\mathrm{W}〕\end{aligned}$$

$$\begin{aligned}P_C(t)&=IV_C=(I_0\sin\omega t)\cdot\left(-\frac{I_0}{\omega C}\cos\omega t\right)\\&=-\frac{I_0^2}{\omega C}\sin\omega t\cos\omega t\\&=-\frac{I_0^2}{2\omega C}\sin2\omega t\,〔\mathrm{W}〕\end{aligned}$$

よって，$P_R(t)$，$P_L(t)$，$P_C(t)$ の時間的変化をグラフにすると図のようになる。

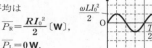

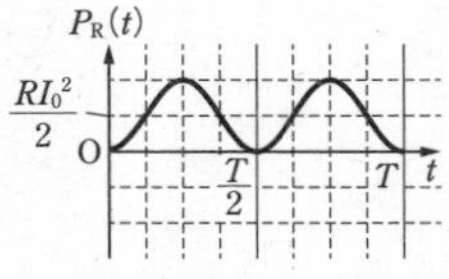

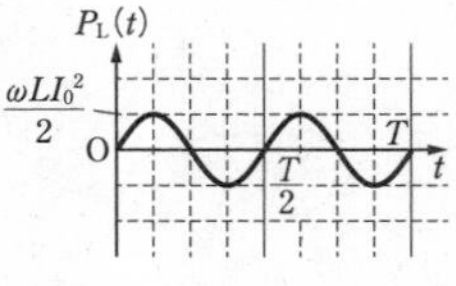

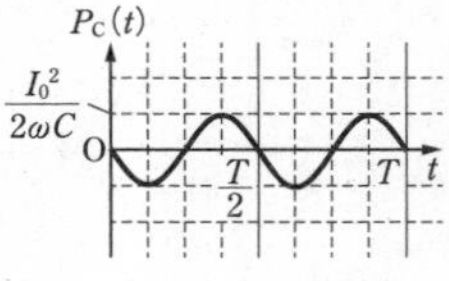

グラフよりそれぞれの消費電力の時間平均は

$$\overline{P_R}=\boldsymbol{\frac{RI_0^2}{2}}\,〔\mathrm{W}〕,$$

$$\overline{P_L}=\boldsymbol{0\,\mathrm{W}},$$

$$\overline{P_C}=\boldsymbol{0\,\mathrm{W}}$$

(3) キルヒホッフの法則Ⅱより，(1)の結果を使って

$$\begin{aligned}V(t)&=V_r(t)+V_R(t)+V_L(t)+V_C(t)\\&=(r+R)I_0\sin\omega t\\&\qquad+\left(\omega L-\frac{1}{\omega C}\right)I_0\cos\omega t\\&=I_0\sqrt{(r+R)^2+\left(\omega L-\frac{1}{\omega C}\right)^2}\\&\qquad\times\sin(\omega t+\phi)\end{aligned}$$

ただし，ϕ は $\tan\phi=\dfrac{\omega L-\dfrac{1}{\omega C}}{r+R}$ を満たす。

よって，$V_0=I_0\sqrt{(r+R)^2+\left(\omega L-\dfrac{1}{\omega C}\right)^2}$ より回路のインピーダンスは

$$Z=\frac{V_0}{I_0}=\boldsymbol{\sqrt{(r+R)^2+\left(\omega L-\frac{1}{\omega C}\right)^2}}\,〔\Omega〕$$

(4) $Z=\dfrac{V_0}{I_0}$ を変形すると $I_0=\dfrac{V_0}{Z}$ となり，V_0 が一定のとき I_0 が最大となるのは Z が最小となるときである。$\omega=\omega_0$ のとき Z が最小となるので，(3)の結果より

$$\omega_0L-\frac{1}{\omega_0C}=0$$

よって　$\omega_0=\boldsymbol{\dfrac{1}{\sqrt{LC}}}\,〔\mathrm{rad/s}〕$

このとき，電流の最大値 I_{max} は $Z=r+R$ より

$$I_{max}=\boldsymbol{\frac{V_0}{r+R}}\,〔\mathrm{A}〕$$

(5) (2)の結果より，$I_0=\dfrac{V_0}{Z}$ を代入すると

$$\overline{P_R}=\frac{RV_0^2}{2Z^2}$$

これに(3)の結果を代入すると

$$\overline{P_R}=\frac{RV_0^2}{2\left\{(r+R)^2+\left(\omega L-\dfrac{1}{\omega C}\right)^2\right\}}$$

ここで，$\omega=\omega_F$ のとき $\overline{P_R}$ が最大となることから

$$\omega_FL-\frac{1}{\omega_FC}=0$$

よって　$C=\boldsymbol{\dfrac{1}{\omega_F^2L}}\,〔\mathrm{F}〕$

また，このとき

$$\overline{P_R}=\frac{RV_0^2}{2(r+R)^2}=\frac{V_0^2}{2\left(R+2r+\dfrac{r^2}{R}\right)}$$

となる。相加平均・相乗平均の関係から

$$R+\frac{r^2}{R}\geqq2\sqrt{R\cdot\frac{r^2}{R}}=2r$$

となり，$R+\dfrac{r^2}{R}=2r$（最小値）となるのは

$$R=\frac{r^2}{R}\qquad\text{よって}\quad R=\boldsymbol{r}\,〔\Omega〕$$

このとき　$\overline{P_R}=\dfrac{V_0^2}{2(2r+2r)}=\dfrac{V_0^2}{8r}$　となり，最

大となる。

【77】

(1) スイッチ S_A を閉じた直後，電気容量 C_A のコンデンサーの電荷は0であるから，コンデンサーに加わる電圧も0である。よって，キルヒホッフの法則Ⅱより

$$E=rI_0$$

よって　$I_0=\boldsymbol{\dfrac{E}{r}}$

(2) スイッチ S_A を閉じた直後に流れる電流は I_0 であるから，微小時間 Δt で電気容量 C_A のコンデンサーに蓄えられる電気量は $I_0\Delta t$ である。

ここで，(1)の結果を用いると　$\boldsymbol{\dfrac{E}{r}\Delta t}$

コンデンサーの基本式「$Q=CV$」より，求める電圧を v とすると

$$\frac{E}{r}\Delta t=C_Av$$

よって　$v=\boldsymbol{\dfrac{E\Delta t}{rC_A}}$

(3) 時刻 $t=\Delta t$ において，電気容量 C_A のコンデンサーに加わる電圧は v であるから，電池の内部抵抗に加わる電圧は $E-v$ である。オームの法則「$V=RI$」より，求める電流を i とすると

$$E-v=ri$$

(1)の結果を代入すると

$$E-\frac{E\Delta t}{rC_A}=ri$$

よって　$i=\boldsymbol{\dfrac{E}{r}-\dfrac{E\Delta t}{r^2C_A}}$

また，I_0 からの減少量は

$$I_0-i=\frac{E}{r}-\left(\frac{E}{r}-\frac{E\Delta t}{r^2C_A}\right)=\boldsymbol{\frac{E\Delta t}{r^2C_A}}$$

(4) 時刻 $t=0$ において，(1)の結果より $I=\dfrac{E}{r}$ であり，電池の内部抵抗の抵抗値が $2r$ のときは $I'=\dfrac{E}{2r}$ であるから，$I=2I'$ となる。また，(3)の結果より，時刻 $t=\Delta t$ における $t=0$ からの電流の減少量は，電池の内部抵抗の抵抗値が r のときに $\dfrac{E\Delta t}{r^2C_A}$ であるのに対して，抵抗値が $2r$ のときは $\dfrac{E\Delta t}{(2r)^2C_A}=\dfrac{E\Delta t}{4r^2C_A}$ となるから，内部抵抗の抵抗値が r のときのほうが減少量が大きい。

よって　**④**

(5) スイッチ S_B を閉じてから微小時間 Δt において，コイルを流れる電流の変化量を ΔI とすると，自己誘導起電力の式「$V=-L\dfrac{\Delta I}{\Delta t}$」と，キルヒホッフの法則Ⅱより

$$V_A-L\frac{\Delta I}{\Delta t}=0\quad よって\quad \Delta I=\frac{V_A}{L}\Delta t \quad\cdots\cdots ⓐ$$

スイッチ S_B を閉じた直後にコイルを流れる電流は0であることから，求める電流はⓐ式より

$\boldsymbol{\dfrac{V_A}{L}\Delta t}$

コイルに蓄えられるエネルギーの式「$U=\dfrac{1}{2}LI^2$」より，求めるエネルギーは

$$\frac{1}{2}L\left(\frac{V_A}{L}\Delta t\right)^2=\boldsymbol{\frac{V_A{}^2(\Delta t)^2}{2L}}$$

(6) 振動電流が最大となるとき，$\Delta I=0$ よりコイルに加わる電圧は0である。電気容量が C_A，C_B のコンデンサーに加わる電圧をそれぞれ V_1，V_2 とすると，キルヒホッフの法則Ⅱより

$$V_1-V_2=0\quad よって\quad V_1=V_2 \quad\cdots\cdots ⓑ$$

また，電気量の保存の式を立てると

$$C_AV_A=C_AV_1+C_BV_2 \quad\cdots\cdots ⓒ$$

ⓑ式をⓒ式に代入すると

$$C_AV_A=(C_A+C_B)V_1$$

ゆえに　$V_1=\dfrac{C_A}{C_A+C_B}V_A$

また　$V_2=\dfrac{C_A}{C_A+C_B}V_A$

したがって，電気容量 C_A，C_B のコンデンサーに蓄えられる電気量は

$$C_AV_1=\boldsymbol{\frac{C_A{}^2}{C_A+C_B}V_A},\quad C_BV_2=\boldsymbol{\frac{C_AC_B}{C_A+C_B}V_A}$$

(7) 求める振動電流の最大値を I' とする。静電エネルギーの式「$U=\dfrac{1}{2}CV^2$」より，エネルギー保存の式を立てると

$$\frac{1}{2}C_AV_A{}^2=\frac{1}{2}C_AV_1{}^2+\frac{1}{2}C_BV_2{}^2+\frac{1}{2}LI'^2$$

$$\frac{1}{2}C_AV_A{}^2=\frac{1}{2}(C_A+C_B)\left(\frac{C_A}{C_A+C_B}V_A\right)^2+\frac{1}{2}LI'^2$$

よって　$I'=\boldsymbol{V_A\sqrt{\dfrac{C_AC_B}{L(C_A+C_B)}}}$

【78】

(1)(ア) 時刻 $t\left(ただし，0<t<\dfrac{a}{u}\right)$ において，図aのように長方形コイル内の斜線部分を磁束が貫く。この斜線部分は1辺が ut の正方形であるから，磁束の式「$\varPhi=BS$」より

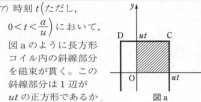

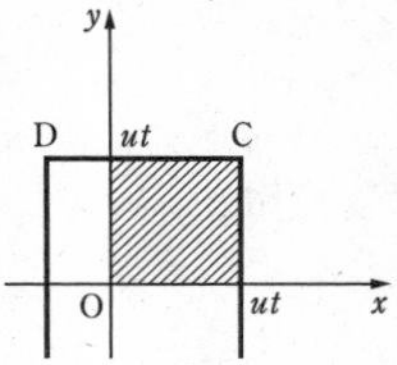

図a

$\boldsymbol{\varPhi=B(ut)^2}$

(イ) 微小時間 $\varDelta t$ における磁束 $\varPhi$ の変化を $\varDelta\varPhi$ とすると，(ア)の結果を用いて

$$\varDelta\varPhi=\varPhi(t+\varDelta t)-\varPhi(t)$$
$$=Bu^2(t+\varDelta t)^2-Bu^2t^2$$
$$=2Bu^2t\varDelta t+Bu^2(\varDelta t)^2$$

題意より，$(\varDelta t)^2$ の項は無視してよいから

$$\varDelta\varPhi\fallingdotseq 2Bu^2t\varDelta t$$

ファラデーの電磁誘導の法則「$V=-N\dfrac{\varDelta\varPhi}{\varDelta t}$」より，生じる誘導起電力の大きさは

$$\frac{\varDelta\varPhi}{\varDelta t}=\frac{2Bu^2t\varDelta t}{\varDelta t}=\boldsymbol{2Bu^2t}$$

〔**別解**〕 図bのように，長さ ut の導体棒が速さ u で磁束密度 B の磁場を垂直に横切っていると考えれば，長方形コイルの辺DCと辺CBに生じる誘導起電力の大きさはそれぞれ $u\cdot B\cdot ut=Bu^2t$ となるので，全体で生じる誘導起電力の大きさは $\boldsymbol{2Bu^2t}$

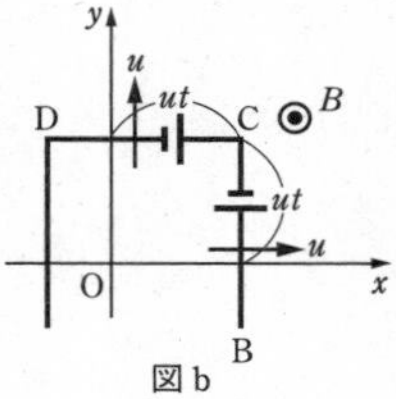

図b

(ウ) 抵抗器に加わる電圧は(イ)で求めた誘導起電力であるから，電力の式「$P=\dfrac{V^2}{R}$」より

$$\boldsymbol{\frac{(2Bu^2t)^2}{R}}$$

(2)(エ) 時刻 $t\left(ただし，\dfrac{a}{u}\leqq t<\dfrac{2a}{u}\right)$ において，図cのように長方形コイル内の斜線部分を磁束が貫く。この斜線部分の面積は aut より

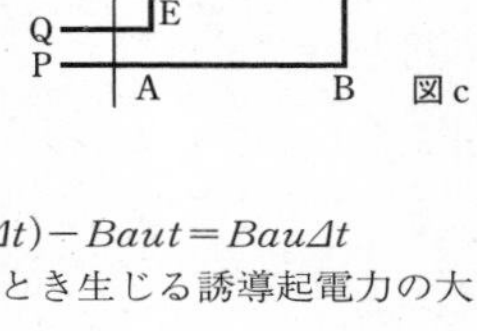

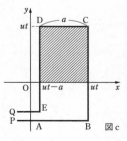

図c

$\varPhi=Baut$

(イ)と同様に

$$\varDelta\varPhi=Bau(t+\varDelta t)-Baut=Bau\varDelta t$$

したがって，このとき生じる誘導起電力の大きさは

$$\frac{\varDelta\varPhi}{\varDelta t}=\frac{Bau\varDelta t}{\varDelta t}=Bau$$

となり，時刻 t によらず一定の値となる。スイッチ S_2 を閉じた直後，コンデンサーの電荷は0であるから，コンデンサーの電圧は0である。このとき，キルヒホッフの法則Ⅱより，抵抗器に加わる電圧は Bau となるので，オームの法則「$I=\dfrac{V}{R}$」より，求める電流の大きさは $\boldsymbol{\dfrac{Bau}{R}}$

(オ) コイルを流れる電流が一定になると，コイルに流れる電流の変化が0となるので，コイルに生じる自己誘導による誘導起電力は0である。このとき，キルヒホッフの法則Ⅱより，抵抗器に加わる電圧は　$\boldsymbol{Bau}$

(カ) (オ)のとき，抵抗器に流れる電流を I とすると

$$I=\frac{Bau}{R}$$

このとき，電流の値が一定でコンデンサーには電流が流れこまないので，抵抗器に流れる電流はすべてコイルに流れる。コイルに蓄えられるエネルギーの式「$U=\dfrac{1}{2}LI^2$」より

$$\boldsymbol{\frac{L}{2}\left(\frac{Bau}{R}\right)^2}$$

(3)(キ) 電気振動の周期　$T=\boldsymbol{2\pi\sqrt{LC}}$

(ク) 長方形コイルを貫く磁束は，紙面に垂直に裏から表へ向かう向きであるので，磁束の変化を打ち消そうと長方形コイルにはQ→Pの向きに誘導起電力が生じるので，これを回路につないだ場合，P側が高電位となる。したがって，スイッチ S_2 を開いた瞬間，コイルにFからGの向きに電流が流れているので　**③**

(ケ) スイッチ S_2 を開いた瞬間，(オ)で述べたようにコイルの両端であるFとGの電位差は0である。また，(ク)で述べたようにFからGの向きに電流が流れているので，この後コンデンサーのG側の極板に正電荷が蓄えられるので，G側が高電位となる。よって　**①**

(コ) コンデンサーに蓄えられる電気量が最大となるとき，点Gの電位も最大となり，コイルに流れる電流が0となる。つまり，最初にコイルがもっていたエネルギーがすべて，コンデンサーに静電エネルギーとして蓄えられる。エネルギー保存の法則より，求める電位の最大値を V_0 とすると(カ)の結果を用いて

$$\frac{L}{2}\left(\frac{Bau}{R}\right)^2=\frac{1}{2}CV_0{}^2$$

よって　$V_0=\boldsymbol{\dfrac{Bau}{R}\sqrt{\dfrac{L}{C}}}$

19 電 子 と 光

【79】

(ア) 加速電圧により飛び出した電子は電場から

$eV = 1.6\times10^{-19}\times30\times10^{3}\,\mathrm{J}$

のエネルギーを得る。これがすべてX線のエネルギーになったとすると，光子のエネルギーの式「$E=\dfrac{hc}{\lambda}$」より

$$\lambda=\frac{hc}{E}=\frac{6.6\times10^{-34}\times3.0\times10^{8}}{1.6\times10^{-19}\times30\times10^{3}}$$
$$=\frac{6.6}{1.6}\times10^{-11}=4.125\times10^{-11}$$

よって　$\mathbf{4.1\times10^{-11}\,m}$

(イ) 陰極に対する陽極の電位が $-1.0\mathrm{V}$ 以上のとき光電流が流れる。$-1.0\mathrm{V}$ のときは，最大エネルギーをもつ光電子だけが，陰極と陽極間にできた電場に逆らってちょうど陽極にたどりつける。したがって，求めるエネルギーは

$1.6\times10^{-19}\times1.0=\mathbf{1.6\times10^{-19}\,J}$

(ウ) 仕事関数を W，最大運動エネルギーを K とする。光子のエネルギーの式「$E=h\nu$」より

$K=h\nu-W$

よって

$$W=h\nu-K$$
$$=6.6\times10^{-34}\times7.9\times10^{14}-1.6\times10^{-19}$$
$$\fallingdotseq3.61\times10^{-19}$$

ゆえに　$\mathbf{3.6\times10^{-19}\,J}$

【80】

(1) 電子は電子銃により，電位差 V で加速される。運動エネルギーの式「$K=\dfrac{1}{2}mv^2$」より

$$\frac{1}{2}mv_1{}^2=eV \quad よって \quad v_1=\sqrt{\frac{2eV}{m}}$$

物質波の波長の式「$\lambda=\dfrac{h}{mv}$」より

$$\lambda_1=\frac{h}{mv_1}=\frac{h}{m}\sqrt{\frac{m}{2eV}}=\frac{\boldsymbol{h}}{\sqrt{\boldsymbol{2meV}}}$$

(2) 経路差は図aの太線の部分である。これが波長 λ_1 の N 倍に等しいから

$\mathbf{2d\sin\theta=N\lambda_1}$

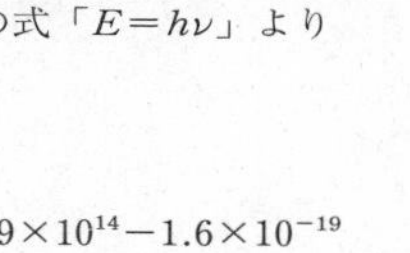
図a

(3) $\theta=\dfrac{\pi}{2}$ のとき，強めあう条件は(2)より

$2d=N\lambda_1$

このとき $N=1$ なら，$\theta=\dfrac{\pi}{2}$ でちょうど強めあい，$0<\theta<\dfrac{\pi}{2}$ では $2d\sin\theta<2d$ より強めあうことはない。したがって，$0<\theta<\dfrac{\pi}{2}$ の範囲で強めあう角度が1つ以上あるための条件は　$\mathbf{2d>\lambda_1}$

(4) $\theta=\theta_A$ で最初に強めあったので，このとき $N=1$ である。(2)より

$$2d\sin\theta_A=\lambda_1 \quad よって \quad d=\frac{\boldsymbol{\lambda_1}}{\mathbf{2\sin\theta_A}}$$

(5) (1)，(4)より

$$4.4\times10^{-10}$$
$$=\frac{1}{2\sin\frac{\pi}{6}}\cdot\frac{6.6\times10^{-34}}{\sqrt{2\times9.1\times10^{-31}\times1.6\times10^{-19}V}}$$
$$2\times9.1\times10^{-31}\times1.6\times10^{-19}V$$
$$=\left(\frac{6.6\times10^{-34}}{2\times\sin\frac{\pi}{6}\times4.4\times10^{-10}}\right)^2$$

よって

$$V=\frac{1}{2\times9.1\times10^{-31}\times1.6\times10^{-19}}\left(\frac{3\times10^{-34}}{2\times10^{-10}}\right)^2$$
$$=\frac{9}{2\times9.1\times1.6\times4}\times10^{2}$$
$$=7.72\cdots\fallingdotseq\mathbf{7.7\,V}$$

同様に強めあうことから，X線の波長は λ_1 である。

$$2d\sin\frac{\pi}{6}=1\cdot\lambda_1$$

よって　$\lambda_1=d=4.4\times10^{-10}\,\mathrm{m}$

したがって，光子のエネルギーの式「$E=\dfrac{hc}{\lambda}$」より

$$E=\frac{6.6\times10^{-34}\times3.0\times10^{8}}{4.4\times10^{-10}}=\frac{3\times3}{2}\times10^{-16}\,\mathrm{J}$$
$$=\frac{4.5\times10^{-16}}{1.6\times10^{-19}}\,\mathrm{eV}=2.81\cdots\times10^{3}\,\mathrm{eV}$$
$$\fallingdotseq\mathbf{2.8\times10^{3}\,eV}$$

(6) $2(d-\varDelta d)\sin(\theta_A+\varDelta\theta_A)=\lambda_1=2d\sin\theta_A$

である。ここで

$$\sin(\theta_A+\varDelta\theta_A)$$
$$=\sin\theta_A\cos\varDelta\theta_A+\cos\theta_A\sin\varDelta\theta_A$$
$$\fallingdotseq\sin\theta_A+\cos\theta_A\cdot\varDelta\theta_A$$

より

$$2(d-\varDelta d)(\sin\theta_A+\cos\theta_A\cdot\varDelta\theta_A)$$
$$=2(d\sin\theta_A+d\varDelta\theta_A\cos\theta_A-\varDelta d\sin\theta_A-\varDelta d\varDelta\theta_A\cos\theta_A)$$
$$\fallingdotseq2(d\sin\theta_A+d\varDelta\theta_A\cos\theta_A-\varDelta d\sin\theta_A)$$

したがって

$$2(d\sin\theta_A+d\varDelta\theta_A\cos\theta_A-\varDelta d\sin\theta_A)=2d\sin\theta_A$$
$$d\varDelta\theta_A\cos\theta_A-\varDelta d\sin\theta_A=0$$

よって　$\dfrac{\varDelta d}{d}=\dfrac{\boldsymbol{\varDelta\theta_A}}{\mathbf{\tan\theta_A}}$

(7)(i) 真空から結晶に入射する際，電子は，電位差 V_0 で加速されるから，波長 λ_2 は，(1)を用いると

$$\lambda_2=\frac{h}{\sqrt{2me(V+V_0)}}$$

したがって　$\dfrac{\lambda_2}{\lambda_1}=\sqrt{\dfrac{\boldsymbol{V}}{\boldsymbol{V+V_0}}}$

(ii)　入射角は $\dfrac{\pi}{2}-\theta_1$，屈折角は $\dfrac{\pi}{2}-\theta_2$ だから屈折の法則より

$$\frac{\lambda_1}{\lambda_2}=\frac{\sin\left(\dfrac{\pi}{2}-\theta_1\right)}{\sin\left(\dfrac{\pi}{2}-\theta_2\right)}=\frac{\cos\theta_1}{\cos\theta_2}$$

したがって　$\dfrac{\lambda_2}{\lambda_1}=\dfrac{\boldsymbol{\cos\theta_2}}{\boldsymbol{\cos\theta_1}}$

(8) 経路差は，図 b の太線の部分である。この長さは　$2d\sin\theta_2$

したがって

$\boldsymbol{2d\sin\theta_2=\lambda_2}$

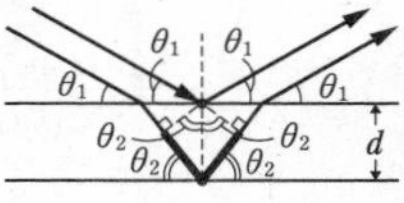

図 b

(9) (7)(i)，(ii)より

$$\sqrt{\frac{V}{V+V_0}}=\frac{\cos\theta_2}{\cos\theta_1}$$

よって　$\dfrac{V}{V+V_0}=\dfrac{\cos^2\theta_2}{\cos^2\theta_1}=\dfrac{1-\sin^2\theta_2}{1-\sin^2\theta_1}$

(8)より

$$\sin\theta_2=\frac{\lambda_2}{2d}=\frac{1}{2d}\cdot\frac{h}{\sqrt{2me(V+V_0)}}$$

よって　$\sin^2\theta_2=\dfrac{1}{4d^2}\cdot\dfrac{h^2}{2me(V+V_0)}$

これを用いて

$$\frac{V}{V+V_0}=\frac{1-\dfrac{h^2}{8med^2(V+V_0)}}{1-\sin^2\theta_1}$$

よって

$$\frac{V(1-\sin^2\theta_1)}{V+V_0}=\frac{8med^2(V+V_0)-h^2}{8med^2(V+V_0)}$$

ゆえに　$V+V_0=\dfrac{h^2}{8med^2}+V-V\sin^2\theta_1$

したがって　$V_0=\dfrac{\boldsymbol{h^2}}{\boldsymbol{8med^2}}\boldsymbol{-V\sin^2\theta_1}$

20　原子と原子核

【81】

〔A〕(ア) 光子のエネルギーの式「$E=\dfrac{hc}{\lambda}$」より

$$\varepsilon=\frac{\boldsymbol{hc}}{\boldsymbol{\lambda}}\text{〔J〕}$$

(イ) 光子の運動量の式「$p=\dfrac{h}{\lambda}$」より

$$p=\frac{\boldsymbol{h}}{\boldsymbol{\lambda}}\text{〔kg·m/s〕}$$

(ウ) 入射 X 線は，散乱される際にエネルギーを失うので，入射 X 線の波長よりも**長く**なる。

〔B〕(エ) 等速円運動の加速度の式「$a=\dfrac{v^2}{r}$」を用いると，運動方程式「$ma=F$」は

$$m\frac{v^2}{r}=k_0\frac{e^2}{r^2}\quad よって\quad r=\frac{\boldsymbol{k_0e^2}}{\boldsymbol{mv^2}}$$

(オ) 静電気力の位置エネルギーは，基準点を無限遠とすると　$\boldsymbol{-k_0\dfrac{e^2}{r}}$

(カ) ③式より　$E=\dfrac{1}{2}mv^2-k_0\dfrac{e^2}{r}$

ここで，(エ)より　$k_0\dfrac{e^2}{r}=mv^2$

を代入して　$E=\dfrac{1}{2}mv^2-mv^2=\boldsymbol{-\dfrac{1}{2}mv^2}$

(1) 各物理量の単位は以下の通り。

k_0：N·m²/C²
e：C
h：J·s＝N·m·s
c：m/s

したがって，α の単位は

$$[\alpha]=\frac{\left[\dfrac{\mathrm{N\cdot m^2}}{\mathrm{C^2}}\right][\mathrm{C^2}]}{[\mathrm{J\cdot s}]\left[\dfrac{\mathrm{m}}{\mathrm{s}}\right]}=\frac{[\mathrm{N\cdot m^2}]}{[\mathrm{J\cdot m}]}$$

$$=\frac{[\mathrm{N\cdot m^2}]}{[\mathrm{N\cdot m\cdot m}]}=1$$

よって，α は無次元量である。

参考　α は，微細構造定数(fine-structure constant)と名づけられ，電磁相互作用の強さを表す無次元の定数である。

(キ) ④式の r に②式を代入する。

$$rmv_n=n\frac{h}{2\pi}\quad よって\quad \frac{k_0e^2}{mv_n{}^2}mv_n=n\frac{h}{2\pi}$$

ゆえに　$\dfrac{k_0e^2}{v_n}=n\dfrac{h}{2\pi}$

ここで $k_0e^2=\dfrac{hc\alpha}{2\pi}$ を代入すると

$$\frac{1}{v_n}\cdot\frac{hc\alpha}{2\pi}=n\frac{h}{2\pi}$$

したがって　$v_n=\dfrac{\boldsymbol{\alpha}}{\boldsymbol{n}}\times c$

(ク) (キ)の結果を(カ)に代入して

$$E_n=-\frac{1}{2}m\left(\frac{\alpha}{n}c\right)^2=-\frac{\boldsymbol{\alpha}^2}{\mathbf{2}}\times mc^2\times\frac{1}{n^2}$$

(ケ) ⑧式より

$$r_1=\frac{1}{2\pi\alpha}\lambda_C$$
$$=\frac{137}{2\times3.14}\times2.43\times10^{-12}$$
$$=5.301\cdots\times10^{-11}\fallingdotseq5.30\times10^{-11}\ \text{m}$$

よって，空欄に入る数値は **−11**

【82】

(1)(ア) ①式の n が生成されるので，**中性子**

(イ) **質量数**　(ウ) **放射**　(エ) **β**

(オ) ②式は β 崩壊であるから

$${}^{14}_{6}\text{C}\longrightarrow{}^{14}_{7}\text{N}+\text{e}^-+\overline{\nu_e}$$

(カ) **12**　(キ) **14**

(ク) 半減期の式「$\dfrac{N}{N_0}=\left(\dfrac{1}{2}\right)^{\frac{t}{T}}$」を用いる。存在比は，^{14}C の数に比例するので

$$\frac{0.078\times10^{-12}}{1.25\times10^{-12}}=\left(\frac{1}{2}\right)^{\frac{t}{5.7\times10^3}}$$

ここで

$$\frac{0.078\times10^{-12}}{1.25\times10^{-12}}=\frac{0.312}{5}\fallingdotseq\frac{1}{16}=\left(\frac{1}{2}\right)^4$$

よって　$\left(\dfrac{1}{2}\right)^4\fallingdotseq\left(\dfrac{1}{2}\right)^{\frac{t}{5.7\times10^3}}$

ゆえに　$t\fallingdotseq5.7\times10^3\times4=2.28\times10^4$

したがって　**2** 万年前

(2)

	${}^{14}_{7}$N	${}^{14}_{6}$C
陽子数	7	6
中性子数	7	8

(3) 2850 年前の木材Aに含まれていた ^{14}C の原子核の個数を N_0，木材Aに含まれる ^{12}C の原子核の個数を N_1 とする。

木材Aの生存中，$\dfrac{{}^{14}\text{C}}{{}^{12}\text{C}}$ の大気中の存在比は今と同じなので

$$\frac{N_0}{N_1}=1.25\times10^{-12}\qquad\cdots\cdots ⓐ$$

半減期の式「$\dfrac{N}{N_0}=\left(\dfrac{1}{2}\right)^{\frac{t}{T}}$」より，今の木材Aに含まれる ^{14}C の原子核の個数 N_2 は

$$N_2=N_0\left(\frac{1}{2}\right)^{\frac{2850}{5700}}=N_0\left(\frac{1}{2}\right)^{\frac{1}{2}}=\frac{1}{\sqrt{2}}N_0$$
$$=\frac{\sqrt{2}}{2}N_0\qquad\cdots\cdots ⓑ$$

ⓐ，ⓑ式より，求める存在比 $\dfrac{{}^{14}\text{C}}{{}^{12}\text{C}}$ は

$$\frac{N_2}{N_1}=\frac{1.25\times10^{-12}}{N_0}\times\frac{\sqrt{2}}{2}N_0\fallingdotseq\mathbf{8.8\times10^{-13}}$$

(4)(ケ) 半減期の式「$\dfrac{N}{N_0}=\left(\dfrac{1}{2}\right)^{\frac{t}{T}}$」より

$$N(t)=N_0\left(\frac{\mathbf{1}}{\mathbf{2}}\right)^{\frac{t}{T}}$$

(コ)
$$I(t)=\left|N_0\left(\log\frac{1}{2}\right)\cdot\left(\frac{1}{2}\right)^{\frac{t}{T}}\cdot\frac{1}{T}\right|$$
$$=\left|N_0\left(\frac{1}{2}\right)^{\frac{t}{T}}\cdot(\log2)\cdot\frac{1}{T}\right|$$

ここで　$N_0\left(\dfrac{1}{2}\right)^{\frac{t}{T}}=N$　より

$$I(t)=\left|N\cdot\frac{\log2}{T}\right|=\frac{\log2}{T}\cdot N=\frac{\mathbf{0.70}}{\boldsymbol{T}}\cdot N$$

参考　$I(t)=\dfrac{dN}{dt}$　である。N は減少するので，それを考慮すれば，この場合 $I(t)$ は負になるので，絶対値をつける必要は本来はない。本問では，単位時間当たりに崩壊する個数を I としたので，正にする必要があった。

(サ) $I(t)=400$ 個/時　である。

$$400=\frac{0.70}{5.7\times10^3\times8760}N$$

よって　$N=\dfrac{400\times5.7\times10^3\times8760}{0.70}$

$$=2.85\cdots\times10^{10}\fallingdotseq\mathbf{2.9\times10^{10}}\ \text{個}$$

(シ) (サ)の結果を用いて

$$\frac{2.85\times10^{10}}{1.2\times10^{25}}=2.37\cdots\times10^{-15}$$
$$\fallingdotseq\mathbf{2.4\times10^{-15}}$$

【83】

〔A〕(1) $\text{X}+{}^{1}_{0}\text{n}\longrightarrow{}^{7}_{3}\text{Li}^*+{}^{4}_{2}\text{He}$

より，質量数と陽子数を両辺で比較する。

$A+1=7+4$　$A=10$　　質量数　**10**

$Z+0=3+2$　$Z=5$　　原子番号　**5**

(2) 核反応後の ${}^{7}_{3}\text{Li}^*$ と ${}^{4}_{2}\text{He}$ の速さをそれぞれ v，V とする。反応前の原子核と中性子の運動量はともに 0 と考えてよく，運動量は反応の前後で保存するので，反応後の原子核の速度は反対の向きである。それぞれの質量を m，M とすると

$$mv-MV=0$$

したがって，速さは質量に反比例するので

$$v:V=\frac{1}{7.0149}:\frac{1}{4.0015}$$

$$\frac{1}{2}mv^2:\frac{1}{2}MV^2$$
$$=7.0149\left(\frac{1}{7.0149}\right)^2:4.0015\left(\frac{1}{4.0015}\right)^2$$
$$\fallingdotseq7\left(\frac{1}{7}\right)^2:4\left(\frac{1}{4}\right)^2=4:7$$

エネルギー保存則より

$$\frac{1}{2}mv^2+\frac{1}{2}MV^2=2.31$$

よって　$\frac{1}{2}MV^2 \fallingdotseq \frac{7}{7+4} \times 2.31 = 1.47$

したがって　**1.5 MeV**

〔B〕(3) 中性子の集まりを単原子分子理想気体とみなすので，運動エネルギーKは，ボルツマン定数を用いると，「$K=\frac{3}{2}kT$」と表せる。

$$\frac{3}{2}kT = \frac{3}{2} \times 1.38 \times 10^{-23} \times (273+27)\,\mathrm{J}$$
$$= \frac{3 \times 1.38 \times 10^{-23} \times 300}{2 \times 1.60 \times 10^{-19}}\,\mathrm{eV}$$
$$= 3.88 \cdots \times 10^{-2}\,\mathrm{eV}$$

よって　$\mathbf{3.9 \times 10^{-2}\,eV}$

(4) 散乱後の陽子の運動エネルギーをE_p，陽子の進む向きとx軸正の向きの間の角度をθ_pとする。運動エネルギーEと運動量pは

$$E = \frac{p^2}{2m}$$

となるので　$p = \sqrt{2mE}$

である。衝突の前後で，エネルギー保存則，運動量保存則を用いると

$$E_1 = E_2 + E_\mathrm{p}$$
$$0 = \sqrt{2mE_2}\sin\theta - \sqrt{2mE_\mathrm{p}}\sin\theta_\mathrm{p}$$
$$\sqrt{2mE_1} = \sqrt{2mE_2}\cos\theta + \sqrt{2mE_\mathrm{p}}\cos\theta_\mathrm{p}$$

3 式よりθ_pを消去する。

$$2mE_2\sin^2\theta = 2mE_\mathrm{p}\sin^2\theta_\mathrm{p}$$
$$+)\ (\sqrt{2mE_1} - \sqrt{2mE_2}\cos\theta)^2 = 2mE_\mathrm{p}\cos^2\theta_\mathrm{p}$$
$$2mE_2\sin^2\theta + (\sqrt{2mE_1} - \sqrt{2mE_2}\cos\theta)^2 = 2mE_\mathrm{p}$$

$$2mE_2\sin^2\theta + 2mE_1 - 4m\sqrt{E_1E_2}\cos\theta + 2mE_2\cos^2\theta = 2mE_\mathrm{p}$$
$$2mE_1 + 2mE_2 - 4m\sqrt{E_1E_2}\cos\theta = 2mE_\mathrm{p}$$

$E_\mathrm{p} = E_1 - E_2$　より

$$E_1 + E_2 - 2\sqrt{E_1E_2}\cos\theta = E_1 - E_2$$

よって　$2E_2 = 2\sqrt{E_1E_2}\cos\theta$

ゆえに　$\frac{E_2}{E_1} = \sqrt{\frac{E_2}{E_1}}\cos\theta$

したがって　$\boldsymbol{\frac{E_2}{E_1} = \cos^2\theta}$

(5) 1 度の衝突で，運動エネルギーが$\frac{1}{3}$になるので　$K_2 = \left(\frac{1}{3}\right)^N K_1$　　よって　$3^N = \frac{K_1}{K_2}$

したがって　$\boldsymbol{N = \log_3\left(\frac{K_1}{K_2}\right) = \frac{\log_{10}\left(\frac{K_1}{K_2}\right)}{\log_{10}3}}$

10 MeV が 3.9×10^{-2} eV になるので

$$\frac{K_1}{K_2} = \frac{10 \times 10^6}{3.9 \times 10^{-2}} = \frac{1}{3.9} \times 10^9 = 2.56 \cdots \times 10^8$$

$\log_{10}2.56$ は，図 2 より 0.4

よって　$N = \frac{0.4+8}{0.477} = 17.6 \cdots$

したがって　**18 回**

21 考 察 問 題

【84】

(1) 棒と砲丸，回転軸の位置関係は図 a のようになっており

$$l = L - \frac{L}{2}\sin\theta$$
$$\boldsymbol{= \frac{2-\sin\theta}{2}L}$$

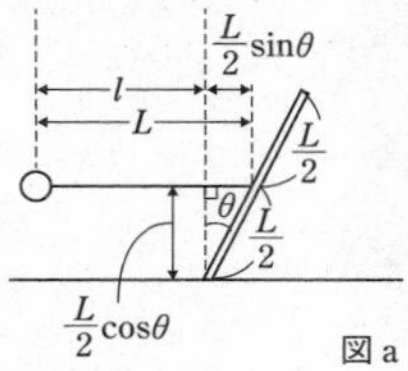

図 a

(2) 砲丸は回転軸のまわりを，半径l，角速度ωで等速円運動していると考えるので，遠心力の大きさは　$f_m = ml\omega^2$

(1)の結果を用いて　$\boldsymbol{f_m = \frac{2-\sin\theta}{2}mL\omega^2}$

(3) 棒の重心は回転軸のまわりを，半径$\frac{L}{2}\sin\theta$，角速度ωで等速円運動していると考えるので，遠心力の大きさは

$$f_M = M \cdot \frac{L}{2}\sin\theta \cdot \omega^2 = \boldsymbol{\frac{ML\omega^2\sin\theta}{2}}$$

(4) ワイヤは軽いので，張力の大きさはワイヤ上のどの点でも等しくTであるとおける。砲丸および棒にはたらく力は図 b のようになる。

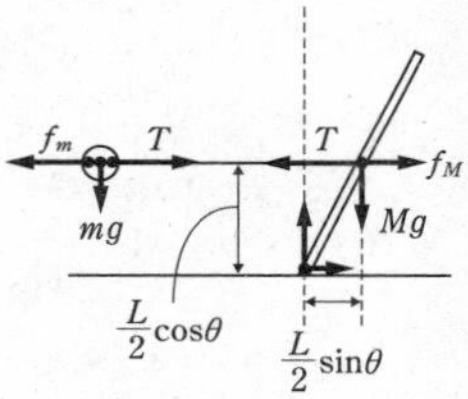

図 b

問題文で，ワイヤは常に水平に張られているとしているので$f_m \gg mg$　を仮定していると考え，砲丸にはたらく力のつりあいの式は　　$T - f_m = 0$

棒にはたらく支点のまわりの力のモーメントのつりあいの式は

$$(T - f_M)\frac{L}{2}\cos\theta - Mg\frac{L}{2}\sin\theta = 0$$

2 式からTを消去して

$$\boldsymbol{(f_m - f_M)\frac{L}{2}\cos\theta - Mg\frac{L}{2}\sin\theta = 0}$$

(5) (4)の式の両辺を$\frac{L}{2}$でわって

$$(f_m - f_M)\cos\theta - Mg\sin\theta = 0 \quad \cdots\cdots ①$$

(2)，(3)の結果と　$m = \alpha M$　を用いて

$$f_m - f_M = \frac{2-\sin\theta}{2}mL\omega^2 - \frac{ML\omega^2\sin\theta}{2}$$
$$= \frac{ML\omega^2}{2}\{(2-\sin\theta)\alpha - \sin\theta\}$$
$$= \frac{ML\omega^2}{2}\{2\alpha - (1+\alpha)\sin\theta\} \quad \cdots\cdots ②$$

①，②式から　$f_m - f_M$　を消去して

$$\frac{ML\omega^2}{2}\{2\alpha - (1+\alpha)\sin\theta\} \times \cos\theta - Mg\sin\theta = 0$$

よって　$\omega^2=\dfrac{2g\sin\theta}{\{2\alpha-(1+\alpha)\sin\theta\}L\cos\theta}$

(6) $0<\theta<\dfrac{\pi}{2}$　であるから

$2g\sin\theta>0$, $L\cos\theta>0$　であり，$\omega^2>0$　なので，(5)の式を満たす ω が存在するのは

$2\alpha-(1+\alpha)\sin\theta>0$

の場合だけである。$\alpha=\dfrac{m}{M}>0$　であるから

$1+\alpha>1$　であり，上式は　$\sin\theta<\dfrac{2\alpha}{1+\alpha}$

と変形できる。

(i) $\dfrac{2\alpha}{1+\alpha}<1$ のとき，

x 軸に $\cos\theta$，y 軸に $\sin\theta$ をとってグラフに表すと図cのようになる。これより

$\sin\theta_*=\dfrac{2\alpha}{1+\alpha}$

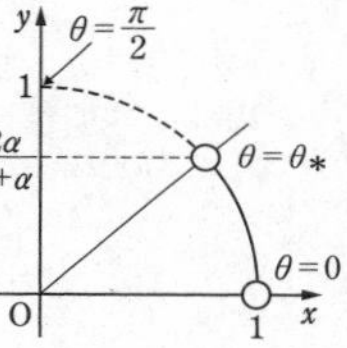

図c

とすれば，θ が θ_* をこえると，つりあいの式を満たす ω が存在しなくなることがわかる。

$\dfrac{2\alpha}{1+\alpha}<1$　$(\alpha>0)$

を解くと，両辺に　$1+\alpha(>0)$　をかけて

$2\alpha<1+\alpha$　よって　$\alpha<1$

$\alpha>0$ と合わせて　$0<\alpha<1$

(ii) $\dfrac{2\alpha}{1+\alpha}\geqq1$ (すなわち $\alpha\geqq1$) のとき，(i)と同様に $\sin\theta$ と $\cos\theta$ をグラフに表すと図dのようになり，これにより常に

$\sin\theta<(1\leqq)\dfrac{2\alpha}{1+\alpha}$

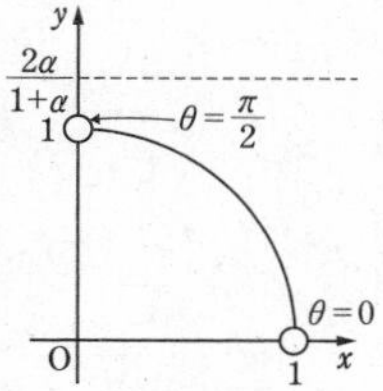

図d

となり，θ_* は存在しない。

以上より　$\sin\theta_*=\boldsymbol{\dfrac{2\alpha}{1+\alpha}}$　$\boldsymbol{(0<\alpha<1)}$

(ア) (5)の式をさらに変形して

$$\omega^2=\frac{2g\tan\theta}{\{2\alpha-(1+\alpha)\sin\theta\}L}$$

この式で θ の値を　$0<\theta<\theta_*\left(\leqq\dfrac{\pi}{2}\right)$

の範囲で大きくしていくと，分子の $2g\tan\theta$ (>0)は増加し，分母(>0)は $1+\alpha>0$, $L>0$ より，$\sin\theta$ の増加とともに減少する。したがって分数全体としては，θ が大きくなるほど大きくなる(ω^2 が大きくなる)。つまり，θ を**大きく**するほど ω が大きくなる。

(イ) $m=7.5\,\text{kg}$, $M=100\,\text{kg}$ のとき

$$\alpha=\frac{m}{M}=\frac{7.5\,\text{kg}}{100\,\text{kg}}=0.075$$

よって　$\sin\theta_*=\dfrac{2\alpha}{1+\alpha}=\dfrac{0.15}{1.075}$

分子・分母を 40 倍すると

$$\sin\theta_*=\frac{6.0}{43}=0.1395\cdots$$

$\theta_*=\sin\theta_*$　と近似すると　$\theta_*=\mathbf{0.14\,rad}$

(ウ) (イ)の式より

$$\theta_*=\frac{6.0}{43}\,\text{rad}=\frac{6.0}{43}\times\frac{180^\circ}{\pi}$$

$$=\frac{1080^\circ}{43\times3.14}=7.998\cdots^\circ$$

したがって　$\theta_*=\mathbf{8.0^\circ}$

(エ) ワイヤの張力 T が Xg に一致するとき $T=Xg$　であり，(4)の考察より　$T=f_m$ と考えているので　$f_m=Xg$　である。また，(2)の式で　$\omega=\omega_{max}$　とし，$\theta=0$ とみなすと $\sin\theta=0$ となるので　$f_m=mL\omega_{max}{}^2$

よって　$mL\omega_{max}{}^2=Xg$

したがって　$\omega_{max}{}^2=\boldsymbol{\dfrac{Xg}{mL}}$

(オ) $X=300\,\text{kg}$, $L=2.0\,\text{m}$, $g=9.8\,\text{m/s}^2$, $m=7.5\,\text{kg}$ を(エ)の式に代入して

$$\omega_{max}{}^2=\frac{300\times9.8}{7.5\times2.0}=40\times4.9=(2.0\times7.0)^2$$

よって　$\omega_{max}=\mathbf{14\,rad/s}$

(カ) 砲丸の円運動の半径は(1)，(2)の考察より

$l=\dfrac{2-\sin\theta}{2}L$　であるが $\theta=0$ とみなすので $l=L$ である。

よって，砲丸の回転方向の速さは

$L\omega_{max}=2.0\times14=\mathbf{28\,m/s}$

(キ) 図eのように，水平方向に x 軸，鉛直方向に y 軸をとり，原点から砲丸が，初速度ベクトル $v_0(\cos\varphi,\ \sin\varphi)$ で

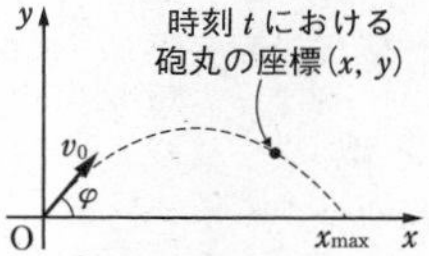

図e

発射されたとすると，発射してから時間 t が経過したときの砲丸の座標は

$$x=(v_0\cos\varphi)t$$

$$y=(v_0\sin\varphi)t-\frac{1}{2}gt^2$$

$y=0$ となるのは $t\neq0$ として

$$t=\frac{2v_0\sin\varphi}{g}$$

このときの x が飛距離 x_{max} を表すので

$$x_{max}=(v_0\cos\varphi)\frac{2v_0\sin\varphi}{g}=\frac{v_0{}^2\sin2\varphi}{g}$$

(カ)の結果から $v_0=28\,\text{m/s}$ であり，$\varphi=45^\circ$, $g=9.8\,\text{m/s}^2$ より　$x_{max}=\dfrac{28^2\times1}{9.8}=\mathbf{80\,m}$

【85】

(1) 半円部分の内面を図aのような細かい階段状の面で近似することを考える。ただし，階段状の面のうち，x 軸に垂直なものの面積を図aのように

左半分　S_{-1}，S_{-2}，…，S_{-n}

右半分　S_1，S_2，…，S_n

とおき，y 軸に垂直なものの面積を図aのように

$T_{-(n-1)}$，…，T_{-2}，T_{-1}，T_0，T_1，T_2，…，T_{n-1}

とおく。

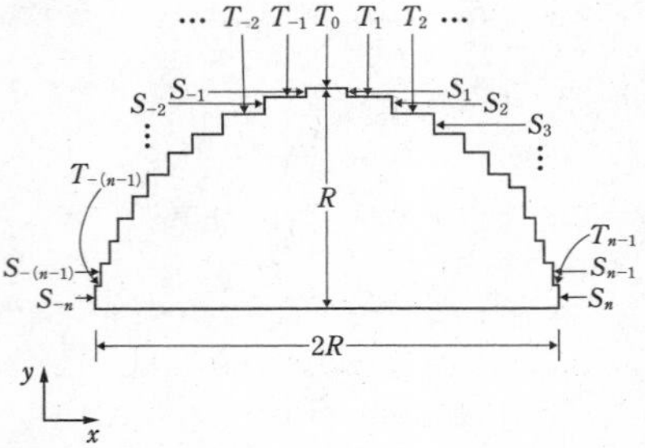

図a

n が十分に大きい自然数であれば，階段状の面は非常に細かいギザギザとなり，なめらかな面のよい近似となる。

さて，S_{-1}，S_{-2}，…，S_{-n} の面積をもつ細長い面を x 方向に平行移動して1枚の平面をなすように並べてみると，図bのように縦横の長さがそれぞれ R，D である長方形をなすことがわかる。

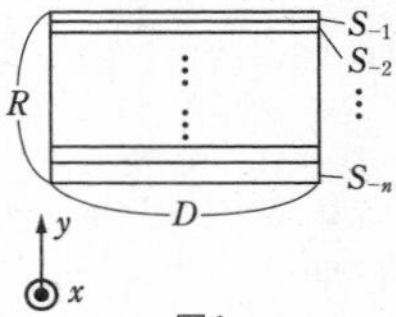

図b

よって　$S_{-1}+S_{-2}+\cdots+S_{-n}=RD$

面積が S_1，S_2，…，S_n である面についても同様の操作を行うことにより

$S_1+S_2+\cdots+S_n=RD$

面積が　$T_{-(n-1)}$，…，T_{-1}，T_0，T_1，T_2，…，T_{n-1}　である面については，y 方向に平行移動して1枚の平面をなすように並べることで，図cのように縦横の長さが D，$2R$ であるような長方形をなすことがわかる。

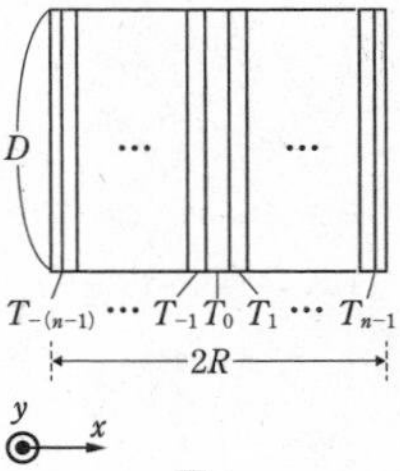

図c

よって

$T_{-(n-1)}+\cdots+T_{-1}+T_0+T_1+T_2+\cdots+T_{n-1}=2RD$

ゆえに，これらの面にかかる気体の圧力による力を考えると，図dのように，x 軸正の向きに大きさ PRD の力，x 軸負の向きに大きさ PRD の力，y 軸正の向きに大きさ $2PRD$ の力がそれぞれはたらく。x 軸方向の力は左右で相殺するので，合力は　**y 軸正の向きに大きさ $2PRD$**

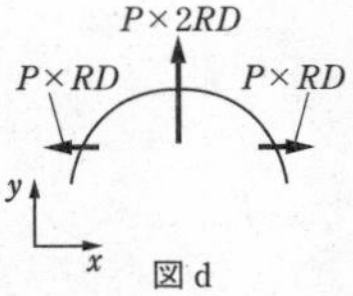

図d

〔**別解**〕板の側面に加わる気体の圧力による力は，前後左右それぞれつりあっている。板の上面と半円部分の下面それぞれに加わる気体の圧力による力の合力もつりあっていて，半円部分に加わる気体の圧力による力の合力は上面に加わる気体の圧力による力の合力と大きさが等しく向きが反対であることから求まる。

(2)(a) 質点の1つに着目し，質点とともに回転する座標系で考えると，質点にはたらく遠心力の大きさは $\dfrac{mv^2}{r}$ であり，質点には図eのように力がはたらく。図eの左右方向の力のつりあいから，左右の糸の張力の大きさは等しいことがわかる。質点と中心を結ぶ直線の向きの力のつりあいから

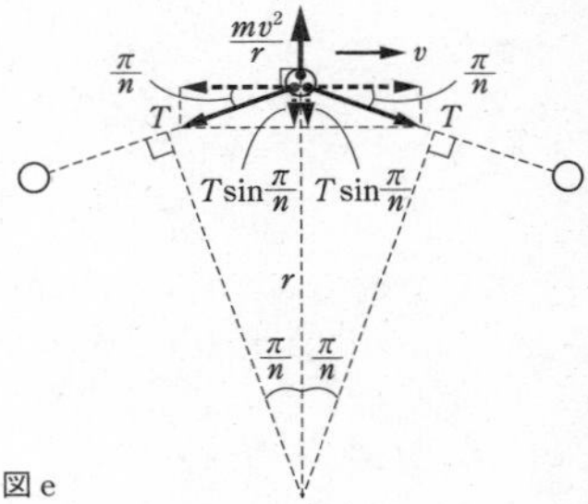

図e

$$T\sin\frac{\pi}{n}+T\sin\frac{\pi}{n}-\frac{mv^2}{r}=0$$

よって　$\boldsymbol{T=\dfrac{mv^2}{2r\sin\dfrac{\pi}{n}}}$

(b) 図eの直角三角形より　$r\sin\dfrac{\pi}{n}=\dfrac{s}{2}$

これを(a)の式に代入して　$T=\dfrac{mv^2}{s}$

s が小さいとき　$\rho=\dfrac{m}{s}$　と表されるので

$\boldsymbol{T=\rho v^2}$

(c) s が小さいとき，長さ s の微小円弧の質量は ρs（単位長さ当たりの質量が ρ であるから）であり，図fのように半径 r，速さ v で円運動しているとき，この

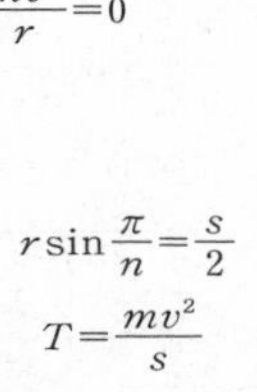

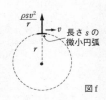

図f

微小円弧にはたらく遠心力の大きさは

$$\frac{\rho s v^2}{r}$$

よって，単位長さ当たりの遠心力の大きさは

$$\frac{\frac{\rho s v^2}{r}}{s}=\boldsymbol{\frac{\rho v^2}{r}}$$

(3)(ア) 静止した質量 m の質点1個を速さ v にするとき，運動量の変化の大きさは

$$mv-m\cdot 0=mv$$

与えた力積の分，運動量が変化するので，必要な力積の大きさは　$\boldsymbol{mv}$

(イ) ひもが s 上昇するごとに質点に撃力がはたらく。ひもが上昇する速さは v で一定なので，s 上昇するのにかかる時間を求めて　$\boldsymbol{\frac{s}{v}}$

(ウ) この一連の作業を，横軸に時間，縦軸に加えた力をとってグラフに表すと図gのようになり，グラフと時間軸ではさまれた部分の面積が力積を表す。

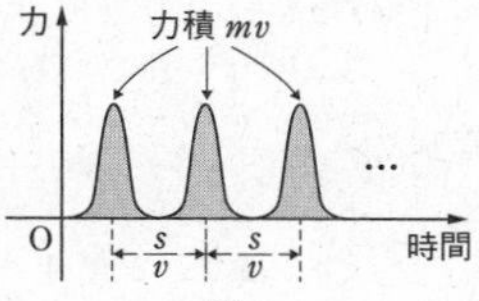

図g

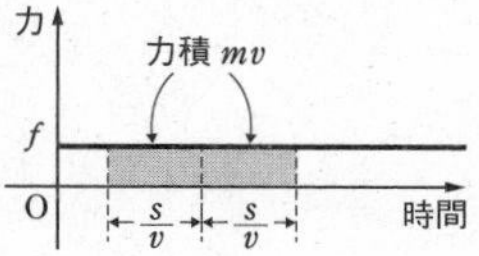

図h

図hのように一定の力 f がはたらき，時間 $\frac{s}{v}$ の間に図gと同じ mv の力積を与えたと考えると，図hの方の力積は

$$f\times\frac{s}{v}\quad だから\quad f\times\frac{s}{v}=mv$$

よって　$f=\boldsymbol{\frac{mv^2}{s}}$

(d)(エ) s が小さく均質なひもとみなせるとき，(b)と同様に $\rho=\frac{m}{s}$ と表されるので　$f=\boldsymbol{\rho v^2}$

ひもを一定の外力 f を加えながら長さ s だけ持ち上げたとき，外力がひもにした仕事は $f\times s$ であり，(エ)の結果を用いると　$fs=\rho s v^2$

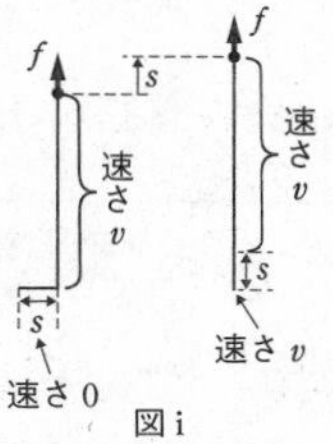

図i

また，このとき，ひもの運動エネルギーの変化を考えると，図iのように，一番下の長さ s の部分だけが速さ0から速さ v へと変化している。この部分の質量は ρs だから，ひもの運動エネルギーは $\frac{1}{2}\rho s v^2$ 増加している。

(無重力中なので位置エネルギーは考えない。)

つまり，外力 f はひもに $\rho s v^2$ の仕事をしたが，運動エネルギーの変化に寄与したのはその半分の $\frac{1}{2}\rho s v^2$ だけである。

すなわち，外力がひもにした仕事がすべて運動エネルギーの変化に寄与するわけではない。

(4)(e) (2)(c)で考えた単位長さ当たりの遠心力は，図jのように半円の弧上に放射状に分布しており，これらの合成を考える。

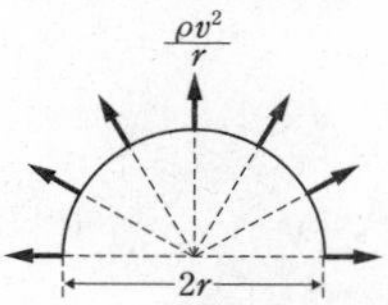

図j

単位面積当たりの力 P

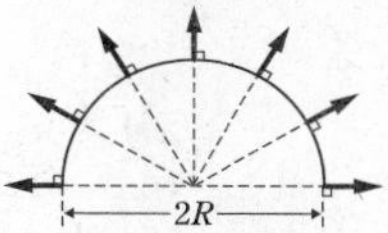

図k　(奥行 D)

ところで，(1)で合成した圧力であるが，半円状になった面にかかる気体の圧力の向きは面に垂直になるので，図kのように半円(奥行きが D)の弧上に単位面積当たりの力(圧力 P)が放射状に分布し，その合力は

$$P\times\underbrace{2R\times\underbrace{D}_{奥行き}}_{面積}$$

と計算された。

よって，同様にして単位長さ当たりの遠心力を合成することができ

$$\frac{\rho v^2}{r}\times\underbrace{2r}_{長さ}=\boldsymbol{2\rho v^2}$$

(f) 半円部への重力を無視すると，半円部以外のひもの長さは，上昇している部分が L，下降している部分が $L+H$ なので，合わせて長さは $2L+H$，質量は $\rho(2L+H)$ なので，これにはたらく重力の大きさは

$$\rho(2L+H)g$$

(d)，(e)の結果を用いて，問題文の指示通りに立式すると

$$2\rho v^2=\rho(2L+H)g+\rho v^2$$

よって　$v^2=(2L+H)g$　より

$$L=\boldsymbol{\frac{1}{2}\left(\frac{v^2}{g}-H\right)}$$

(5) 想定1：床からの高さ H の位置にあるコップ内のひもが，単位時間当たり長さ v (質量 ρv) だけ減り，その分床に横たわるひもが増える。

よって，単位時間当たりにひもが失う位置エネルギーは　$\rho v g H$　である。

また，単位時間当たり長さ v (質量 ρv) のひもが速さ v から速さ0となるので，単位時間当たりに失われる運動エネルギーは

$$\frac{1}{2}\rho v\cdot v^2$$

よって　$\rho vgH=\frac{1}{2}\rho v\cdot v^2$　と想定すれば

$$v=\boldsymbol{\sqrt{2gH}}$$

これを(f)の式に代入して

$$L=\frac{1}{2}\left(\frac{2gH}{g}-H\right)$$

よって　$L=\boldsymbol{\frac{1}{2}H}$

想定2：床からの高さHよりも下部で落下しているひもは，長さH，質量ρHであり，これにはたらく重力の大きさは

$$\rho Hg$$

同じ高さHで上昇しているひもの張力はコップの位置での張力であり，これは(3)(d)で $f=\rho v^2$　と求めている。

よって　$\rho Hg=\rho v^2$　と想定すれば

$$v=\boldsymbol{\sqrt{gH}}$$

これを(f)の式に代入して

$$L=\frac{1}{2}\left(\frac{gH}{g}-H\right)$$

よって　$L=\boldsymbol{0}$

(6) 想定1では力学的エネルギーが保存すると仮定しているが，(3)(d)での考察のとおり，ひもが等しい速さで運動するという状況が実現されているとすれば力学的エネルギーは保存せず，想定1で得た結果は信頼できない。
想定2では　$L=0$　という結論が得られたが，これは，ニュートンビーズとよばれる現象は生じないという結論であり，実験事実と反するため，モデル化するときに仮定したことの一部あるいは全部が不適当であったということである。
想定2では，同じ高さにおいて左右のひもの張力が一致すると仮定しているが，一方で(4)(f)では半円部への重力は無視すると仮定しているし，(3)(d)でも，ひもに重力がはたらいていない状況を設定して式を導いている。すると半円部への重力を無視していることから，(2)(b)の円周部分でのひもの張力の式　$T=\rho v^2$　が得られる一方で，(3)(d)のコップの位置でのひもの張力の式 $f=\rho v^2$　があり，高さがLずれた2か所でもひもの張力が一致してしまう(これにより $L=0$　が得られる)。このように，複数の仮定が妥当ではないと予想され，モデルの見直しが必要となる。

2024

物理入試問題集

物理基礎・物理

解答編

▶編集協力者　石田和弘　伊藤金作
岩井薫　榎園隼人
小原寿子　小島智之
清水正　土谷國雄
古田匡　安田正幸

※解答・解説は数研出版株式会社が作成したものです。

編　者　数研出版編集部
発行者　星野 泰也
発行所　**数研出版株式会社**
〒101-0052 東京都千代田区神田小川町2丁目3番地3
〔振替〕 00140-4-118431
〒604-0861 京都市中京区烏丸通竹屋町上る大倉町205番地
〔電話〕代表(075)231-0161
ホームページ　https://www.chart.co.jp
印刷　寿印刷株式会社

乱丁本・落丁本はお取り替えいたします。　240601